UTE LAVE 7.12.88

Fucke / Kirch / Nickel · Darstellende Geometrie

Reihe Mathematik für Ingenieure:

Ergänzungsbände

Darstellende Geometrie

Verfaßt von Prof. Rudolf Fucke · Konrad Kirch · Dr. Heinz Nickel

12. Auflage

Mit 529 Bildern, 97 Beispielen und 65 Aufgaben mit Lösungen

VERLAG HARRI DEUTSCH · THUN · FRANKFURT/M.

HERAUSGEBER H. Birnbaum, Dr.-Ing. H. Götzke, Prof. Dr.-Ing. H. Kreul, Dr.-Ing. W. Leupold, Dr. F. Müller, Prof. Dr. P. H. Müller, Dr. H. Nickel, Prof. Dr. H. Sachs

AUTOREN Federführung:
Prof. Rudolf Fucke

Autoren:
Prof. Rudolf Fucke (1., 2., 5. und 6.)
Konrad Kirch (7.)
Dr. Heinz Nickel (3. und 4.)

ISBN 3 87144 030 2

Lizenzausgabe für den Verlag Harri Deutsch · Thun
12. Auflage
Fotomechanischer Nachdruck: Grafische Werke Zwickau
Gestaltung: Egon Hunger, Leipzig
Redaktionsschluß: 15. 3. 1987
Printed in GDR

Vorwort

Die darstellende Geometrie gehört zu den wesentlichen Grundlagenfächern für das Studium eines jeden Ingenieurs. Ihr Bildungsziel, in dem lernenden Ingenieur ein räumliches Anschauungsvermögen zu entwickeln, macht die darstellende Geometrie in den Stoffplänen des ersten Studienjahrs der Ingenieurschulen unentbehrlich. Im technischen Zeichnen, beim Konstruieren und in zahlreichen Gebieten der Mathematik muß der Ingenieur oft genug Probleme vorerst in der Raumvorstellung lösen können, bevor er sie dann konstruktiv oder rechnerisch erfassen kann.

Im einführenden Kapitel werden die geometrischen Eigenschaften des Projektionsvorgangs zusammenhängend dargestellt. Von der Symbolik der Mengenlehre wird insoweit Gebrauch gemacht, als dadurch das für den Lernenden oftmals verständlichere beschreibende Wort nicht allzu stark verdrängt wird. Die Betrachtungen über die Affinität haben, um den Rahmen des Buches nicht zu sprengen, lediglich orientierenden Charakter und sollen vor allem den ökonomischen Nutzeffekt aufzeigen, den die Anwendung affiner Beziehungen beim Konstruieren bietet.

Die Verfasser danken dem Verlag für die verständnisvolle und sorgfältige Arbeit, die er abermals dem Werden dieser Auflage widmete, und sie geben der Hoffnung Ausdruck, daß dieses Buch weiterhin dem Lernenden ein verständlicher Lehrer und dem tätigen Ingenieur und Lehrer ein guter Berater sein möge.

Die Verfasser

Inhaltsverzeichnis

1. Einleitung

1.1. Methode und Aufgabe der darstellenden Geometrie

Die Aufgabe der darstellenden Geometrie besteht darin, von räumlichen Gebilden Bilder auf ein Zeichenblatt zu zeichnen. Umgekehrt soll aus den Bildern das abgebildete Objekt in seinen geometrischen Einzelheiten erkannt werden. Eine Fotografie z. B. erfüllt diese letztere Aufgabe nicht. Man kann sich wohl nach einer Fotografie den abgebildeten Gegenstand vorstellen, aber man kann keine exakten Aussagen über seine wirkliche Größe machen.
Die darstellende Geometrie hat somit zwei Forderungen zu erfüllen:

1. Ein räumliches, dreidimensionales Gebilde soll in der Zeichenebene, also in zwei Dimensionen, wiedergegeben werden.
2. Die Abbildung soll – mit Ausnahme der Perspektive – alle Maße des abgebildeten Objekts erkennen lassen.

Zur Lösung ihrer Aufgabe bedient sich die darstellende Geometrie geometrischer Methoden. Jedem Vorgang im Raum, z. B. dem Durchstoßen einer Geraden durch eine Ebene, entspricht eine Konstruktion in der Zeichenebene. Da also in der zweidimensionalen Ebene gezeichnet wird, muß man sich den dreidimensionalen Raumvorgang vorstellen. Ursprünglich gegeben ist dieser räumliche Vorgang; das bedeutet, daß jede Aufgabe in der darstellenden Geometrie zunächst räumlich und im Kopfe gelöst wird. Erst dann erfolgt die Lösung in der Abbildung auf die Zeichenebene. Man erkennt hieraus, daß die darstellende Geometrie ein räumliches Anschauungsvermögen verlangt; dieses zu wecken und auszubilden ist ein wesentliches Ziel des Studiums der darstellenden Geometrie. Die Erreichung dieses Zieles ist für den konstruierenden Ingenieur unerläßlich!
Wenn man beim Lesen dieses Buches die Methoden der darstellenden Geometrie mit Erfolg erlernen will, ist es notwendig, daß man jede im Buch vorgelegte Figur, die ja durch eine Konstruktion entstanden ist, selbst nachzeichnet, um das Werden der Figur stets mitzuerleben. Bei diesem Nachkonstruieren stellt man sich in jeder Phase des Konstruktionsvorgangs den dazugehörigen Raumvorgang vor.

1.2. Stereometrische Voraussetzungen

1.2.1. Geometrische Grundgebilde

Die geometrischen Grundgebilde sind
der Punkt,
die Gerade,
die Ebene.

Für diese sind die folgenden Bezeichnungen üblich:
Punkte: Große lateinische Buchstaben (A, B, C, ...)
und arabische bzw. römische Zahlen (1, 2, 3, ..., I, II, III, ...),
Geraden: Kleine lateinische Buchstaben (a, b, c, ...),
Ebenen: Große griechische Buchstaben (Σ, Π, Γ, ...).
In geometrischen Figuren haben die Grundgebilde alle möglichen Lagen zueinander. Es kann ein Punkt auf einer Geraden liegen oder auf einer Ebene; es kann eine Gerade durch eine Ebene stoßen usw. Solche Lagebeziehungen lassen sich einfach beschreiben, wenn man Begriffe und Symbole aus der Mengenlehre einführt. Man kann festlegen:

Definition

Eine Gerade ist eine eindimensionale Punktmenge.
Die Elemente der Menge sind Punkte der Geraden.

Definition

Eine Ebene ist eine zweidimensionale Punktmenge.

Nun gelten z. B. die folgenden Deutungen und symbolischen Schreibweisen:

P liegt auf g	P ist Element von g	$P \in g$
P liegt nicht auf g	P ist nicht Element von g	$P \notin g$
P liegt in Σ	P ist Element von Σ	$P \in \Sigma$
g liegt in Σ	g ist Teilmenge von Σ	$g \subset \Sigma$
g liegt nicht in Σ	g ist nicht Teilmenge von Σ	$g \not\subset \Sigma$
g schneidet h in P	P ist Durchschnitt von g und h	$g \cap h = P$
Σ schneidet Γ in g	g ist Durchschnitt von Σ und Γ	$\Sigma \cap \Gamma = g$
g und h schneiden sich nicht (im Raume)	Durchschnitt von g und h ist die Leermenge	$g \cap h = \emptyset$
g stößt durch Σ in P	P ist Durchschnitt von Σ und g	$\Sigma \cap g = P$

1.2.2. Axiome und Sätze

Auf Grund der dem Menschen eigenen geometrischen Raumanschauung ergeben sich folgende „geometrische Selbstverständlichkeiten“, die der griechische Mathematiker EUKLID **Axiome** nannte:

1. Durch zwei nicht zusammenfallende Punkte im Raume ist eine Gerade in ihrer Raumlage bestimmt.
2. Zwei Ebenen schneiden sich in einer Geraden.
3. a) Zwei Geraden, die in einer Ebene liegen, schneiden sich in einem Punkte.
b) Zwei Geraden, die sich schneiden, bestimmen eine Ebene im Raume.
4. Eine Ebene ist weiterhin bestimmt durch
a) drei Punkte, die nicht in einer Geraden liegen,
b) eine Gerade und einen Punkt, der nicht auf dieser Geraden liegt.

Diese Axiome gelten zunächst unter der Voraussetzung, daß es unter den Geraden und Ebenen keine parallelen gibt. Parallele Geraden haben die gleiche *Richtung* im Raume, und man sagt, daß auch sie sich in einem Punkte schneiden, der „unendlich fern“ liegt. Parallele Ebenen haben die gleiche *Stellung* im Raume; auch hier sagt man, daß sich parallele Ebenen in einer „unendlich fernen Geraden“ schneiden. Man beachte, daß unter Hinzunahme dieser „unendlich fernen Elemente“ (in der projektiven Geometrie als uneigentliche Elemente bezeichnet) die obengenannten Axiome gelten, d. h. auch für parallele Lagen! Das Axiom 3b z. B. gilt nun auch für parallele Geraden, die durch die gemachte Erweiterung zwei sich schneidende Geraden darstellen; in der Tat bestimmen ja zwei parallele Geraden im Raume eine Ebene, wie die Anschauung lehrt.
Neben den Axiomen gibt es auch **Sätze,** die nicht mehr als „geometrische Selbstverständlichkeiten“ anzusehen sind, die aber unter Anwendung der Axiome *bewiesen* werden können. Als Beispiel hierfür diene der folgende Satz:

Drei Ebenen schneiden sich bei allgemeiner Lage in einem Punkte.

Beweis

Die Ebenen seien E_1, E_2 und E_3. Nach dem zweiten Axiom schneiden sich je zwei Ebenen in einer Geraden; also gilt:

$E_1 \cap E_2 = s_{12}$ (gelesen s-eins-zwei)

$E_2 \cap E_3 = s_{23}$

$E_3 \cap E_1 = s_{31}$

Die Schnittgeraden s_{12} und s_{23} liegen offenbar in der Ebene E_2, müssen sich also nach Axiom 3a in einem Punkte P schneiden. P liegt nun weiterhin in E_1, weil s_{12} in E_1 liegt; ebenso liegt P in E_3, weil s_{23} in E_3 liegt. Also liegt P in allen drei Ebenen und stellt den gemeinsamen Schnittpunkt dar.

Spezielle Lagen dreier Ebenen sind

a) das Ebenenbüschel (alle drei Ebenen schneiden sich in einer Geraden, der sog. Trägergeraden des Büschels),

b) drei zueinander parallele Ebenen,
c) zwei parallele und eine schneidende Ebene,
d) drei Ebenen mit parallelen, voneinander verschiedenen Schnittgeraden (man denke an ein dreiseitiges Prisma).

Zur Übung der eingeführten Begriffe sei ein Beispiel gegeben:

BEISPIEL 1

Gegeben seien zwei „windschiefe" Geraden g_1 und g_2, d. h. zwei Geraden, die nicht parallel sind und sich nicht schneiden (im Raume!). Weiterhin sei der Raumpunkt P gegeben, der auf keiner der beiden Geraden liegt. Durch P soll eine Gerade so gelegt werden, daß sie g_1 und g_2 schneidet.

Kurzfassung der Aufgabe:

Gegeben g_1 und g_2, wobei $g_1 \cap g_2 = \emptyset$,
und P, wobei $P \notin g_1$ und $P \notin g_2$.

Gesucht x, so daß gilt: $P \in x$; $g_1 \cap x = A$; $g_2 \cap x = B$.

Lösung
(Nur in der Raumvorstellung)

x soll durch P und g_1 gehen, also liegt x in der durch P und g_1 bestimmten Ebene E_1. x soll durch P und g_2 gehen, also liegt P in der durch P und g_2 bestimmten Ebene E_2. Also ist x die Schnittgerade von E_1 und E_2, d. h.,

$E_1 \cap E_2 = x$.

1.2.3. Projektionsvorgang und Projektionsarten

Um von Raumgegenständen Bilder in einer Ebene zu erhalten, bedient sich die darstellende Geometrie der Methode der **Projektion.** Es ist dies im Prinzip die gleiche Methode, die das Auge beim Sehen anwendet, indem hier durch Einschalten der Augenlinse ein Bild des betrachteten Gegenstandes auf die Netzhaut „projiziert" wird [projicere (lat.) hinwerfen]. Der Netzhaut entspricht in der darstellenden Geometrie die **Projektionsebene,** die Lichtstrahlen entsprechen den **Projektionsstrahlen.**

Die Projektionsebene ist die Ebene, auf die ein Gegenstand des Raumes projiziert wird; sie wird mit Π bezeichnet.

Jedem Raumpunkte entspricht ein Bildpunkt P', oder, wie man auch sagt, P' ist die Projektion von P.
Folgende Projektionsarten finden in der darstellenden Geometrie Anwendung:

1. **Die Parallelprojektion:** Die Projektionsstrahlen sind zueinander parallel.
Je nach dem Einfallswinkel der Projektionsstrahlen bezüglich der Projektionsebene unterscheidet man
schiefe Parallelprojektion (Einfallswinkel $\neq 90°$) und
orthogonale Parallelprojektion (Einfallswinkel $= 90°$).

2. **Die Zentralprojektion** (auch Zentralperspektive genannt):
Die Projektionsstrahlen gehen von einem punktförmigen Projektionszentrum aus, sind also nicht parallel.

Das Bild des räumlichen Gegenstandes soll
möglichst anschaulich und
möglichst maßgerecht sein.

Während die Zentralprojektion als Nachahmung des natürlichen Sehvorgangs die erste Forderung weitgehend erfüllt, liefert die orthogonale Parallelprojektion im allgemeinen Bilder, denen die notwendigen Maße ohne weiteres entnommen werden können. Die schiefe Parallelprojektion ist am besten geeignet, beiden Forderungen gleichzeitig weitestgehend gerecht zu werden. Die in diesem Buche vielfach verwendeten „Raumskizzen" sind Bilder in schiefer Parallelprojektion.
Für den darstellenden Geometer ist es wichtig zu wissen, welche geometrischen Eigenschaften eines *ebenen* Gebildes beim Projektionsvorgang erhalten bleiben. Man bezeichnet solche erhalten bleibenden Eigenschaften als *Invarianten*. Die hierbei zu untersuchenden Eigenschaften sind

Flächentreue	Teilverhältnis
Winkeltreue	Doppelverhältnis
Streckenverhältnis	Inzidenz von Punkt und Gerade
Parallelität	(d. h., P liegt auf g).

Es soll nun die Invarianz der genannten Eigenschaften für die einzelnen Projektionsarten untersucht werden. Als Projektionsmodelle dienen das schiefe Prisma und die Pyramide. Die Seitenkanten dieser Körper stellen die Projektionsstrahlen dar. Werden diese Körper von zwei Ebenen E und Π geschnitten, so wird die Schnittfigur in E durch die Seitenkanten auf die Schnittfigur in Π projiziert. Hierbei schließt das schiefe Prisma den Sonderfall des geraden Prismas ein, so daß die Orthogonalprojektion als Sonderfall der schiefen Parallelprojektion nicht gesondert zu behandeln ist. E und Π können parallel sein oder sich in einer Geraden a schneiden. Bei parallelen Ebenen liegt diese im Unendlichen. Während bei der Pyramide das Projektionszentrum Z im Endlichen liegt (Spitze der Pyramide), befindet sich Z beim Prisma im Unendlichen. Es ergeben sich nun vier mögliche Fälle des Projektionsvorgangs, die im folgenden behandelt werden sollen.

Fall I: $a = \infty$; $Z = \infty$ (Bild 1a)

Parallelprojektion zwischen parallelen Ebenen

Aus Bild 1a ist ohne weiteres zu erkennen, daß sich das Dreieck ABC parallel nach $A'B'C'$ verschiebt. Somit sind ABC und $A'B'C'$ kongruente

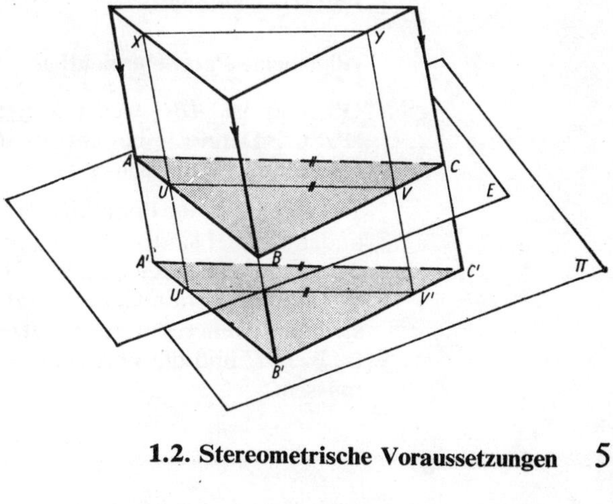

Bild 1a

Figuren; es liegt der Fall der **Kongruenz** vor, und alle obengenannten Eigenschaften bleiben beim Projektionsvorgang erhalten.

Fall II: $a = \infty$; Z endlich (Bild 1 b)

Zentralprojektion zwischen parallelen Ebenen

Unter Anwendung der Strahlensätze erkennt man, daß die Dreiecke ABC und $A'B'C'$ einander ähnlich sind. Winkel und Streckenverhältnisse bleiben also erhalten. Die in Bild 1 b eingezeichnete Strecke $UV \parallel AC$ ($\parallel$ Symbol für parallel) zeigt weiterhin, daß die Teilverhältnisse erhalten bleiben (z. B. $\overline{BV} : \overline{VC} = \overline{B'V'} : \overline{V'C'}$). Auch in der Projektion ist $\overline{A'C'} \parallel \overline{U'V'}$. Man erkennt dies an dem parallel zu $\overline{AC}$ und $\overline{UV}$ gezogenen Projektionsstrahl p, der den unendlich fernen Schnittpunkt von AC und UV ins Unendliche abbildet; also schneiden sich auch $A'C'$ und $U'V'$ im Unendlichen, sind also parallel.

Diese Projektionsart stellt insgesamt den Fall der **Ähnlichkeit** dar; alle Eigenschaften bleiben erhalten, lediglich die Flächentreue geht verloren.

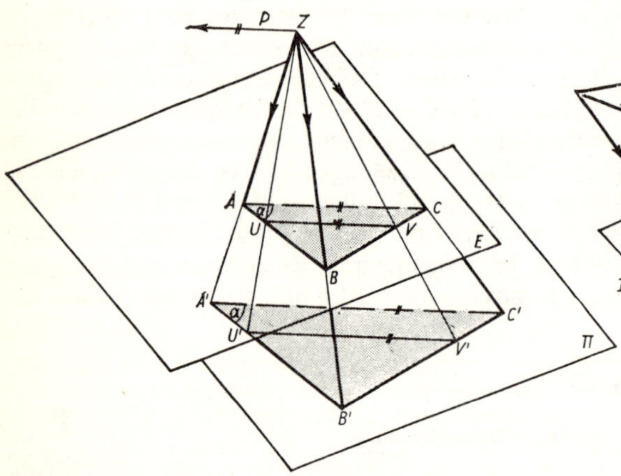

Bild 1 b

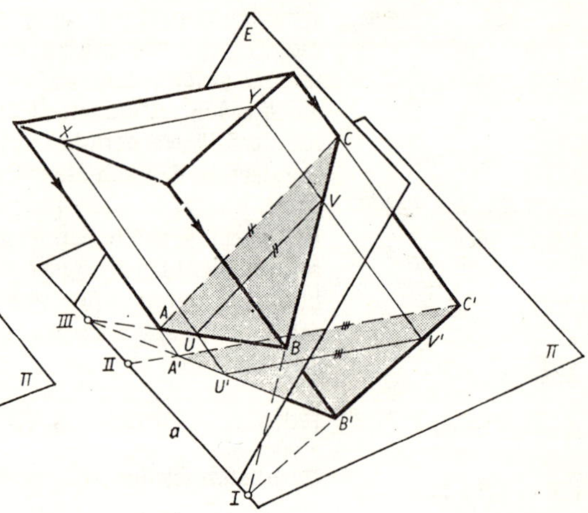

Bild 2

Fall III: a endlich; $Z = \infty$ (Bild 2)

Allgemeine Parallelprojektion

Offenbar ist ABC weder kongruent noch ähnlich mit seiner Projektion $A'B'C'$. Dennoch besteht zwischen beiden Dreiecken eine geometrische Verknüpfung, die sich in zwei Merkmalen zeigt:

1. Entsprechende Punkte (z. B. A und A') liegen auf Geraden, die zueinander parallel sind.
2. Entsprechende Geraden (z. B. AB und $A'B'$) schneiden sich in Punkten, die alle auf einer Geraden (a) liegen. Der Beweis dieser Tatsache ergibt sich ohne weiteres mit dem Satze, daß sich die Schnittgeraden dreier Ebenen (z. B. E, Π und die Vorderebene des Prismas) in einem Punkte (I) schneiden müssen.

Diese geometrische Verwandtschaft zwischen den Dreiecken ABC und $A'B'C'$ nennt man **perspektive Affinität.** Bei dieser bleibt auch die Parallelität erhalten. Ist $\overline{UV} \parallel \overline{AC}$, so ist auch $\overline{U'V'} \parallel \overline{A'C'}$, da ja die Ebenen $A'C'CA$ und $U'V'VU$ zueinander parallel liegen müssen. Weiterhin erkennt man z. B. aus dem von I ausgehenden Strahlenbüschel mit den Strahlen IC und IC', daß auch die Teilverhältnisse erhalten bleiben. Es gilt

$$\overline{BV} : \overline{VC} = \overline{B'V'} : \overline{V'C'}.$$

Insgesamt wurde erkannt:

Bei ebenen Figuren, die durch Parallelprojektion auseinander hervorgehen, bleiben stets folgende Eigenschaften erhalten:

Parallelität	Doppelverhältnis
Teilverhältnis	Inzidenz von Punkt und Gerade.

Solche Figuren sind zueinander perspektiv affin.

Hieraus folgt:

Affine Punktepaare liegen auf zueinander parallelen Affinitätsstrahlen.
Affine Geradenpaare schneiden sich auf einer Affinitätsachse.

Fall IV: *a* endlich; *Z* endlich (Bild 3)

Zentralprojektion

Zwischen den Dreiecken ABC und $A'B'C'$ besteht jetzt die „loseste" Verwandtschaft. Man erkennt, daß alle bisher genannten geometrischen Eigenschaften beim Projektionsvorgang verlorengehen. Auch die Parallelität bleibt nicht erhalten. Dies sieht man ein, wenn man den unendlich fernen Schnittpunkt der parallelen Geraden UV und AC abbildet. Der Projektions-

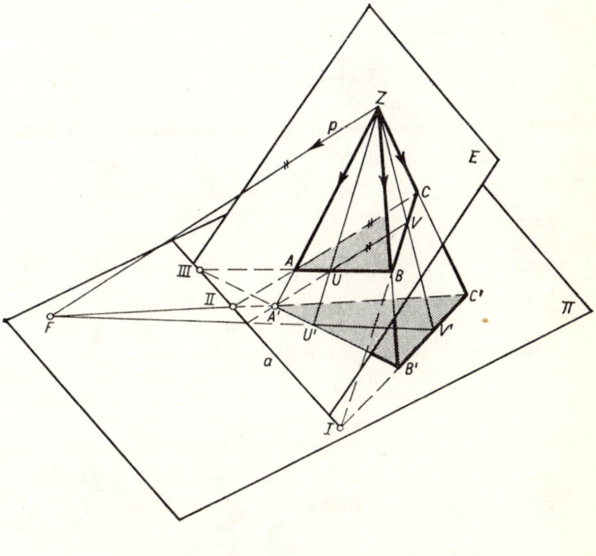

Bild 3

strahl $p \parallel \overline{AC}$ schneidet Π in dem endlichen Punkt F (Fluchtpunkt), durch den nun $A'C'$ und $U'V'$ gehen müssen.

Die zwischen den Dreiecken ABC und $A'B'C'$ vorliegende geometrische Kopplung heißt **perspektive Kollineation.**

Es gilt:

Bei ebenen Figuren, die durch Zentralprojektion auseinander hervorgehen, bleiben stets invariant:
Doppelverhältnis
Inzidenz von Punkt und Gerade.
Solche Figuren heißen zueinander perspektiv kollinear,

und es gilt:

Kollineare Punktepaare liegen auf Kollineationsstrahlen, die sich in einem Punkte schneiden. (In Bild 3 Punkt Z).
Kollineare Geraden schneiden sich auf einer Kollineationsachse. (In Bild 3 Achse a).

Der Beweis für die Erhaltung des Doppelverhältnisses soll noch gegeben werden. Wird eine Strecke AB innen durch U und außen durch V geteilt, so ist der Quotient aus dem inneren und dem äußeren Teilverhältnis das Doppelverhältnis, also

$$(\overline{AU} : \overline{BU}) : (\overline{AV} : \overline{BV}).$$

Es ist nun zu beweisen:

$$\frac{\overline{AU}}{\overline{BU}} : \frac{\overline{AV}}{\overline{BV}} = \frac{\overline{A'U'}}{\overline{B'U'}} : \frac{\overline{A'V'}}{\overline{B'V'}}.$$

Bild 4 stellt in der Ebene eine Zentralprojektion der Punktreihe A, B, U, V auf die Punktreihe A', B', U', V' dar. Nach dem Sinussatz liest man folgende Beziehungen ab:

$$\frac{\overline{AU}}{\overline{AZ}} = \frac{\sin\alpha}{\sin\varphi} \quad \text{und} \quad \frac{\overline{BU}}{\overline{BZ}} = \frac{\sin\beta}{\sin(180^\circ - \varphi)} = \frac{\sin\beta}{\sin\varphi}$$

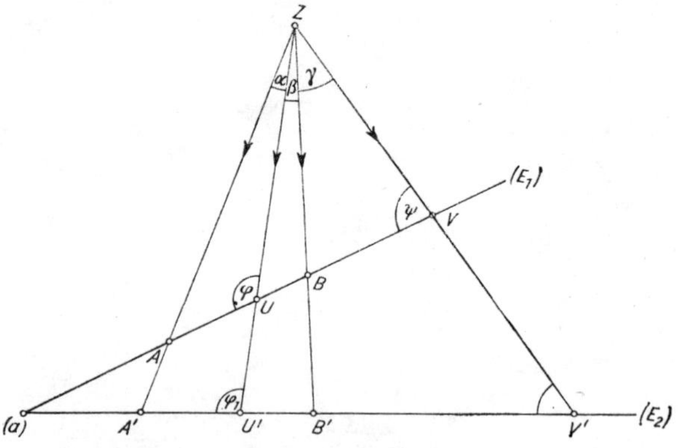

Bild 4

$$\frac{\overline{AV}}{\overline{AZ}} = \frac{\sin(\alpha + \beta + \gamma)}{\sin \psi} \quad \text{und} \quad \frac{\overline{BV}}{\overline{BZ}} = \frac{\sin \gamma}{\sin \psi}$$

Hieraus folgt:

$$\left(\frac{\overline{AU}}{\overline{AZ}} : \frac{\overline{BU}}{\overline{BZ}}\right) : \left(\frac{\overline{AV}}{\overline{AZ}} : \frac{\overline{BV}}{\overline{BZ}}\right) = \frac{\sin \alpha}{\sin \beta} : \frac{\sin(\alpha + \beta + \gamma)}{\sin \gamma} = c$$

$$\frac{\overline{AU}}{\overline{BU}} : \frac{\overline{AV}}{\overline{BV}} = c. \qquad \text{(I)}$$

In gleicher Weise kann man herleiten

$$\frac{\overline{A'U'}}{\overline{B'U'}} : \frac{\overline{A'V'}}{\overline{B'V'}} = c. \qquad \text{(II)}$$

Die Konstante c hängt nur von den Winkeln bei Z ab, ist also für jede beliebige Schnittgerade durch das Strahlenbündel vom gleichen Werte. Aus (I) und (II) folgt somit die zu beweisende Gleichung.

Die folgende Tabelle faßt nochmals die wichtigen Erkenntnisse über die geometrischen Verwandtschaften zweier ebener Figuren zusammen, die durch Projektion auseinander hervorgehen.

	Z im Unendlichen		Z im Endlichen.	
a im Unendlichen	**Kongruenz** (Parallelprojektion zwischen parallelen Ebenen)	Invariant: Fläche, Winkel, Streckenverhältnis, Parallelität, Teilverhältnis, Doppelverhältnis, Inzidenz	**Ähnlichkeit** (Zentralprojektion zwischen parallelen Ebenen)	Invariant: Winkel, Streckenverhältnis, Parallelität, Teilverhältnis, Doppelverhältnis, Inzidenz
a im Endlichen	**Perspektive Affinität** (Parallelprojektion zwischen sich schneidenden Ebenen)	Parallelität, Teilverhältnis, Doppelverhältnis, Inzidenz	**Perspektive Kollineation** (Zentralprojektion zwischen sich schneidenden Ebenen)	Doppelverhältnis, Inzidenz

2. Orthogonale Mehrtafelprojektion

2.1. Grundlagen der Zweitafelprojektion

2.1.1. Das Projektionsverfahren

Um von einem Gegenstand ein vollkommeneres Bild zu erhalten, betrachtet man ihn oft von mehreren Seiten. Dasselbe tut man auch in der **Zweitafelprojektion,** indem man den Raumgegenstand auf zwei zueinander senkrecht stehende Projektionsebenen Π_1 und Π_2 projiziert. In Bild 5 ist dieser Vorgang in einer Raumskizze dargestellt. Die waagerecht liegende Ebene Π_1 heißt die **Grundrißebene,** die vertikal stehende Ebene Π_2 die **Aufrißebene.** Der Gegenstand wird gewissermaßen von oben (Grundriß) und von vorn (Aufriß) betrachtet. Die Gerade, in der sich die beiden Projektionsebenen schneiden, wird die **Rißachse** genannt und mit x_{12} bezeichnet. Die Indizes deuten an, daß sie das Schnittergebnis der ersten und zweiten Projektionsebene ist.

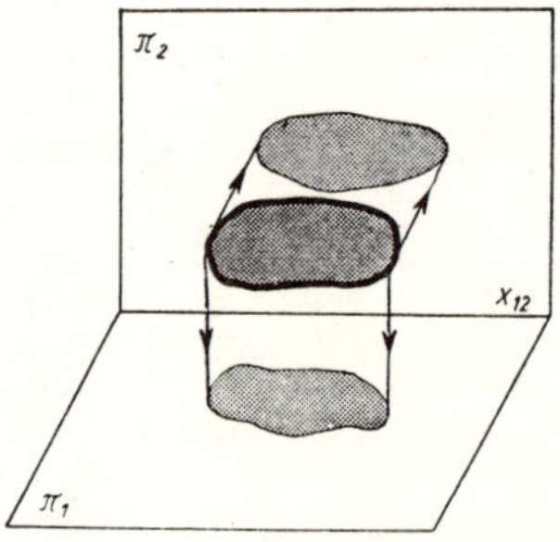

Bild 5

2.1.2. Darstellung des Punktes

Projiziert man einen Raumpunkt P orthogonal in die beiden Projektionsebenen Π_1 und Π_2, so entstehen vom Punkte P die

Grundrißprojektion P'

und die

Aufrißprojektion P''.

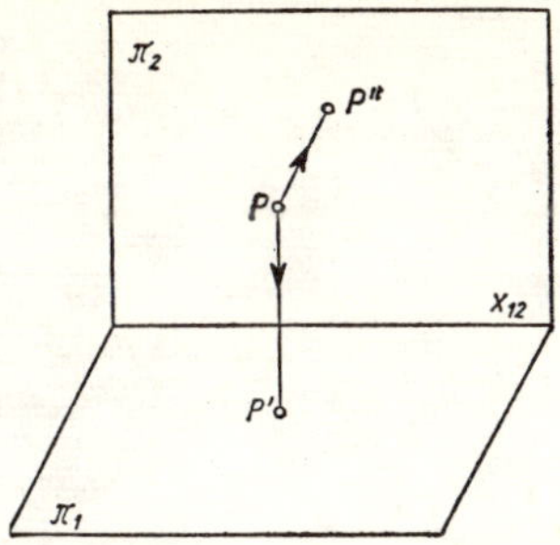

Bild 6

Bild 7

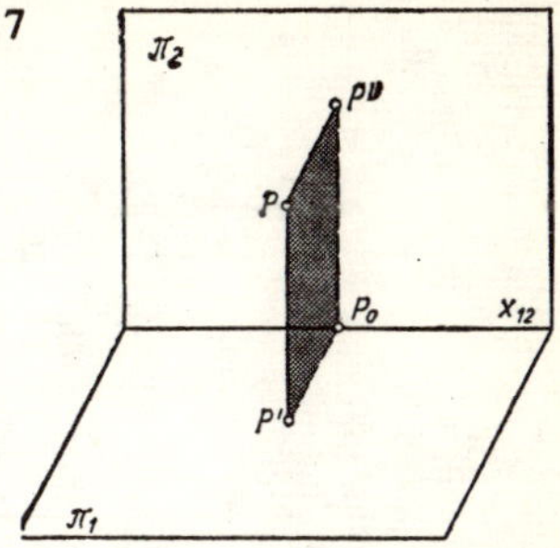

Die oben an den Buchstaben angehängten Striche deuten somit die jeweilige Projektion an. In Bild 6 ist dieser Projektionsvorgang wiederum in einer Raumskizze dargestellt.

Da $\overline{PP'}$ senkrecht auf Π_1 und $\overline{PP''}$ senkrecht auf Π_2 stehen, können die Punkte P, P', P'' zu dem Rechteck $PP'P_0P''$ ergänzt werden, dessen Ebene senkrecht auf x_{12} steht (Bild 7). Man erkennt:

1. $\overline{P'P_0}$ gibt den Abstand des Punktes P von der Aufrißebene an.
2. $\overline{P''P_0}$ gibt den Abstand des Punktes P von der Grundrißebene an.

Um nun die eben besprochenen Projektionsvorgänge in **einer** Zeichenebene darzustellen, wird folgende wichtige Festlegung getroffen:

1. *Die Grundrißebene ist die Zeichenebene.*
2. *Die Aufrißebene wird nach hinten um die x_{12}-Achse als Drehachse in die Grundrißebene geklappt* (Bild 8).

Man erkennt, daß bei dieser Umklappung $\overline{P_0P''}$ in die Verlängerung $P'P_0$ fällt; also gilt:

Die Projektionen P' und P'' eines Raumpunktes liegen stets auf einer Senkrechten zur Rißachse.

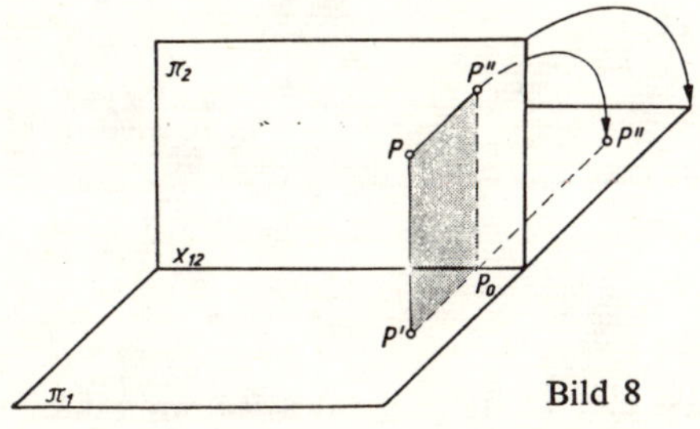

Bild 8

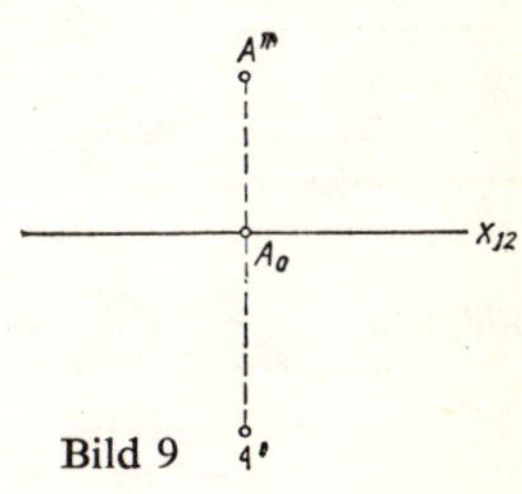

Bild 9

Diese Senkrechte heißt **der Ordner** des Punktes P und die soeben genannte Lagebeziehung die **Ordnerbedingung.**

In Bild 9 ist ein Raumpunkt A durch seine Projektionen A' und A'' gegeben. Um den Raumpunkt selbst aufzufinden, ist folgende Überlegung anzustellen:

1. Der Punkt A liegt senkrecht über A'.
2. Wie hoch er über A' liegt, gibt die Strecke A_0A'' an.

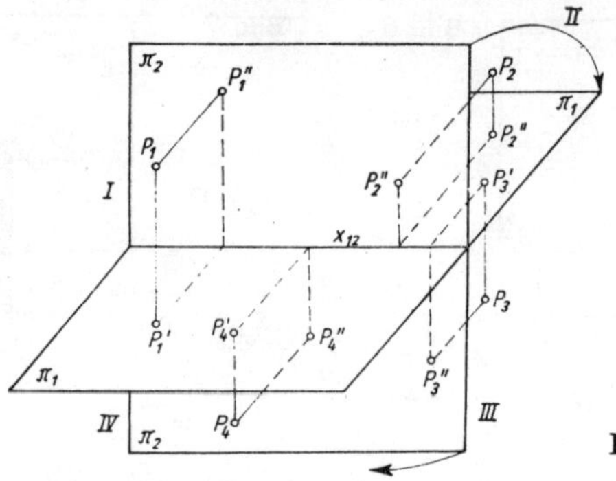

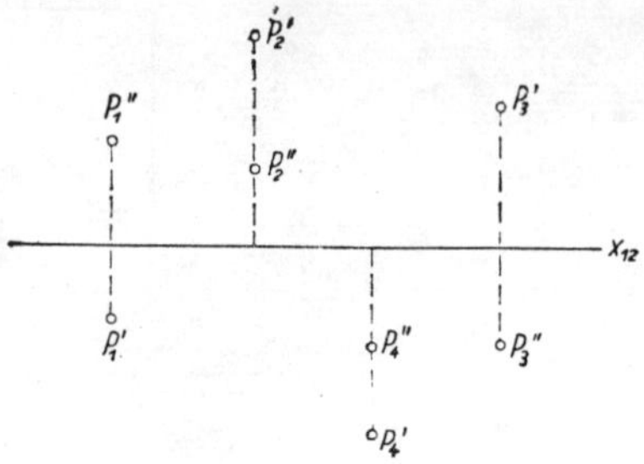

Bild 10 Bild 11

Der Leser mache sich diese Überlegung besonders klar, da sie für die Zweitafelprojektion von fundamentaler Bedeutung ist!

Natürlich kann der Raumpunkt P auch *unter der Grundrißebene* bzw. *hinter der Aufrißebene* liegen. In Bild 10 sind die vier möglichen Lagen mit der dazugehörigen Projektion zunächst in einer Raumskizze dargestellt. Der Punkt P liegt jeweils in einem der vier in der Skizze angedeuteten „Raumquadranten" I bis IV. Die nach obiger Festlegung erfolgende Umklappung der Π_2-Ebene ergibt dann die in Bild 11 dargestellten Lagebeziehungen der Projektionen.

Man merke sich:

1. Liegt P' vor der x_{12}-Achse, so liegt P vor der Aufrißebene (Quadrant I oder IV) – (Bild 12a);
2. Liegt P' hinter der x_{12}-Achse, so liegt P hinter der Aufrißebene (Quadrant II oder III) – (Bild 12b);
3. Liegt P'' oberhalb der x_{12}-Achse, so liegt P über der Grundrißebene (Quadrant II oder I) – (Bild 12c);
4. Liegt P'' unterhalb der x_{12}-Achse, so liegt P unter der Grundrißebene (Quadrant III oder IV) – (Bild 12d).

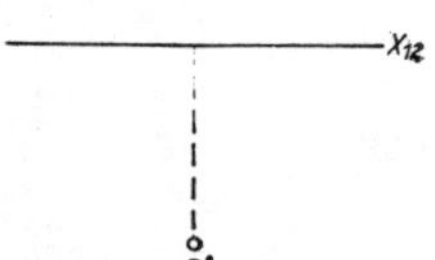

Bild 12a

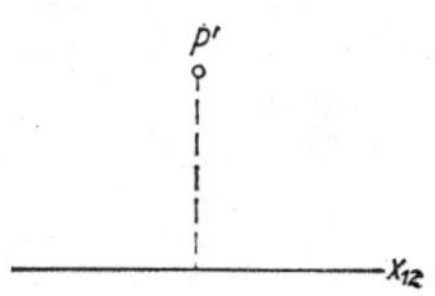

Bild 12b

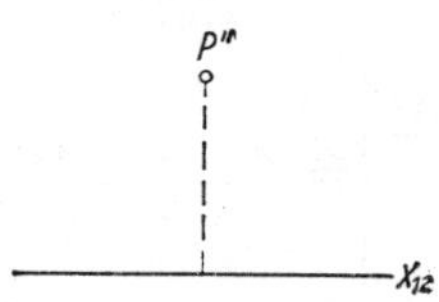

Bild 12c

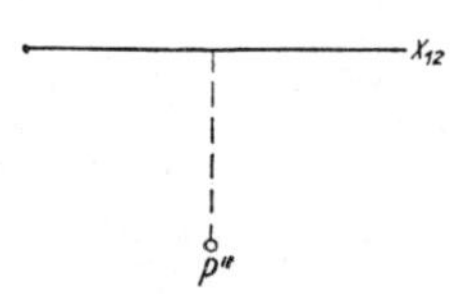

Bild 12d

In jedem Falle gibt P' die Lage des Raumpunktes zur *Aufrißebene* (vorn oder hinten) und P'' *die Lage des Raumpunktes zur Grundrißebene* (oben oder unten) an.

Spezielle Raumlagen des Punktes P

1. P liegt in der Grundrißebene; dann ist $P' = P$ und P'' liegt auf der x_{12}-Achse (Bild 13a).
2. P liegt in der Aufrißebene; dann ist $P'' = P$ und P' liegt auf der x_{12}-Achse (Bild 13b).

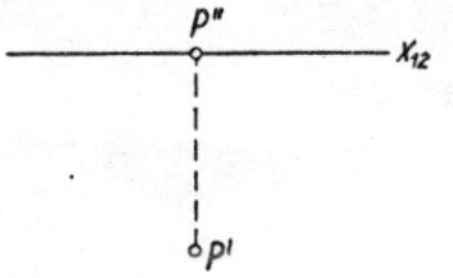

Bild 13a

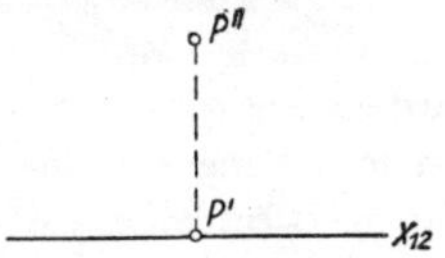

Bild 13b

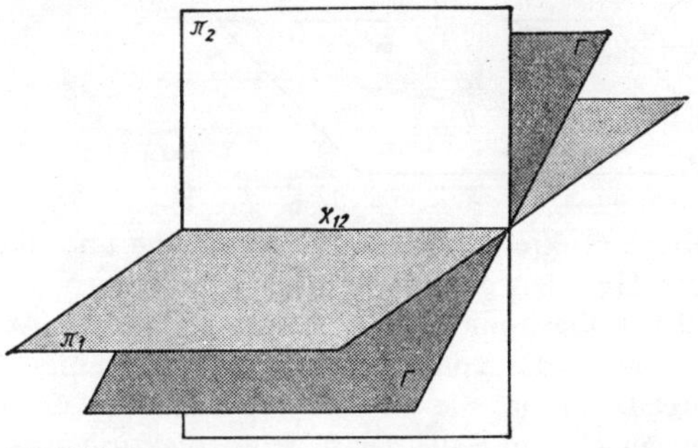

Bild 13d

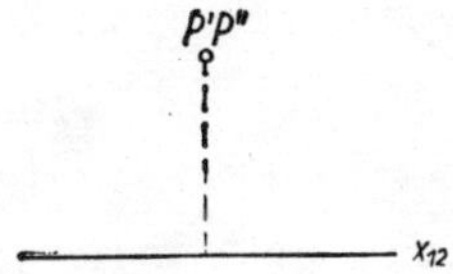

Bild 13d₁

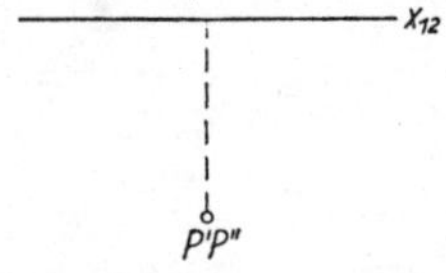

Bild 13d₂

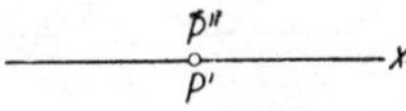

Bild 13c

3. P liegt auf der x_{12}-Achse; dann ist $P' = P'' = P$ (Bild 13c).
4. Alle Punkte, für die P' und P'' zusammenfallen, liegen in der Ebene, die den zweiten und vierten Quadranten halbiert („Koinzidenzebene").

In Bild 13d ist diese Ebene Γ in einer Raumskizze dargestellt. Im Falle des Bildes 13d₁ liegt P ebensoweit hinten wie oben, während P im Falle des Bildes 13d₂ ebensoweit vorn wie unten liegt.
Einen Raumpunkt kann man nunmehr durch drei Raumkoordinaten x, y, z seiner Lage nach festlegen. Die x, y-Ebene wird die Grundrißebene und die y, z-Ebene die Aufrißebene. Der y-Achse kommt damit die Bedeutung der Rißachse zu.
Wählt man nun einen beliebigen Punkt der Rißachse als Koordinatenursprung, so kann man sich durch diesen Punkt senkrecht zur y-Achse nach oben die umgeklappte, positive z-Achse, nach unten die positive x-Achse denken. In Bild 14 sind die Punkte
$A(2; 3; 5)$; $B(-2; 4; 3)$ und $C(3; 5; -4)$
dargestellt; deren Raumlage sich der Leser klarmachen möge.

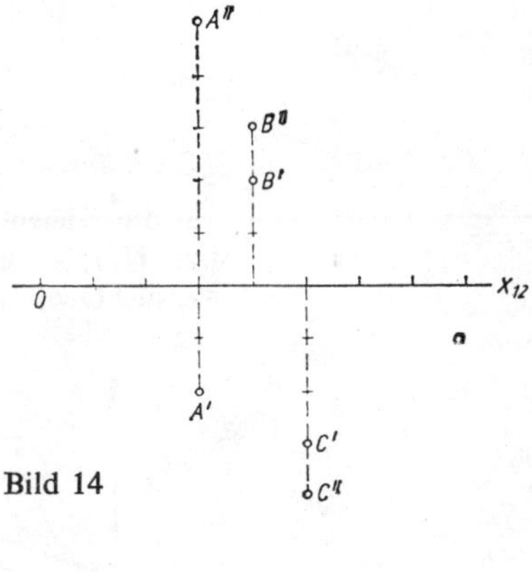

Bild 14

2.1.3. Darstellung der Geraden

Die Projektion einer Raumgeraden g ist im allgemeinen wieder eine Gerade. Denkt man sich nämlich alle Punkte der Geraden einzeln, z. B. auf die Grundrißebene projiziert, so bilden die Projektionsstrahlen eine zur Grund-

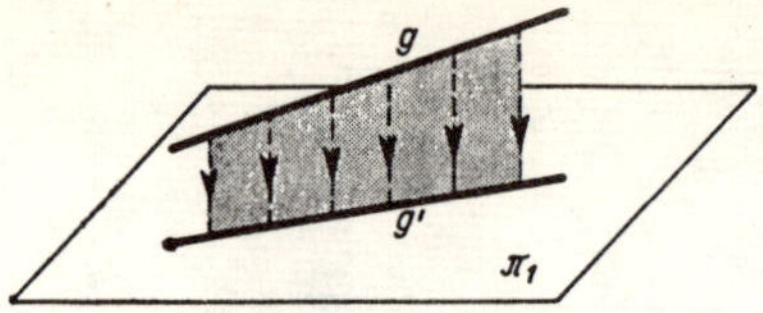

Bild 15

rißebene senkrechte Ebene. Diese Ebene und die Π_1-Ebene schneiden sich in der Geraden g', welche die Grundrißprojektion der Geraden darstellt (Bild 15). Die analoge Überlegung gilt für die Aufrißprojektion g''.
Man nennt die von allen Projektionsstrahlen gebildete Ebene die **projizierende Ebene.** Sie ist also im Falle der Grundrißprojektion eine Lotebene zu Π_1, im Falle der Aufrißprojektion eine Lotebene zu Π_2.

Spezielle Raumlagen von Geraden und Strecken

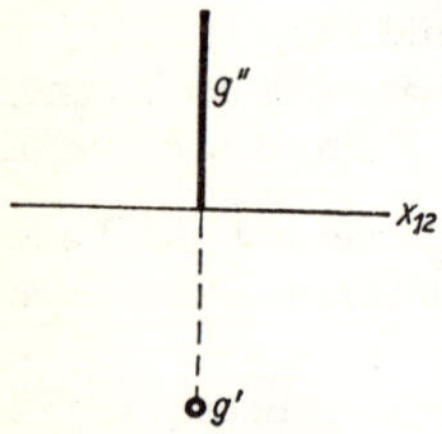

Bild 16

1. Die Gerade steht senkrecht auf Π_1; dann ist g' ein Punkt und g'' eine Senkrechte auf der x_{12}-Achse (Bild 16).
2. Die Gerade steht senkrecht auf Π_2; dann ist g'' ein Punkt und g' eine Senkrechte auf der x_{12}-Achse (Bild 17).
3. Die Gerade „lehnt" an der Aufrißebene (Bild 18a); dann bilden g' und g'' eine Gerade senkrecht zur x_{12}-Achse (Bild 18b). In diesem Falle ist die Raumlage von g durch g' und g'' nicht eindeutig bestimmt.

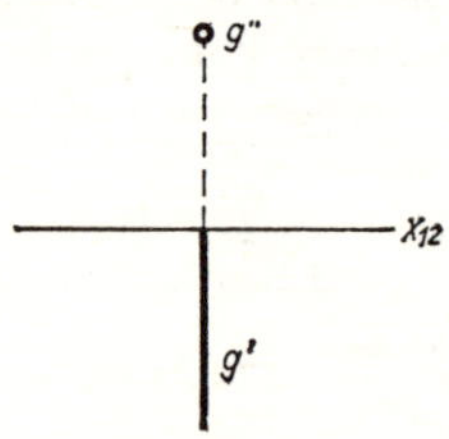

Bild 17

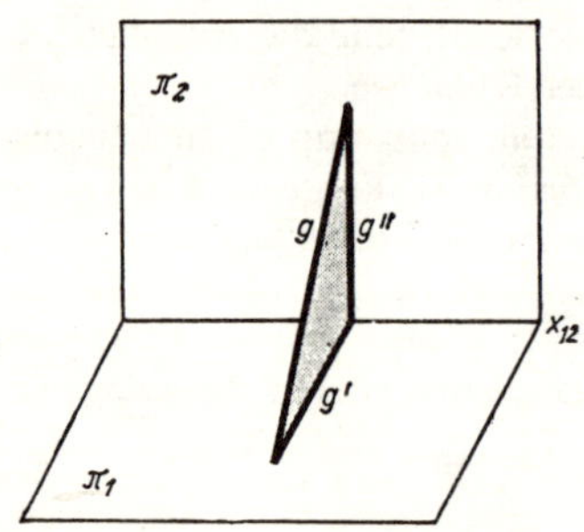

Bild 18a

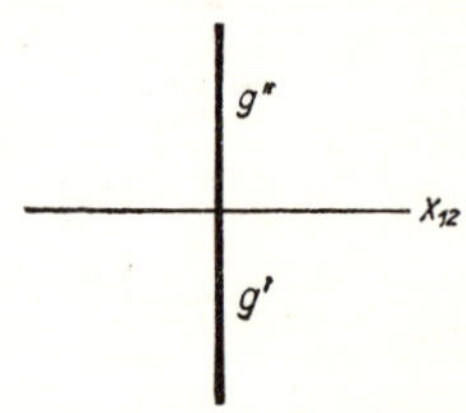

Bild 18b

Zwei besonders wichtige spezielle Raumlagen sind

1. die **Höhenlinie.** Die Raumgerade verläuft in gleicher Höhe (also parallel zu Π_1); g'' ist dann eine Parallele zu x_{12} (Bilder 19a und b) (Hauptlinie erster Ordnung);

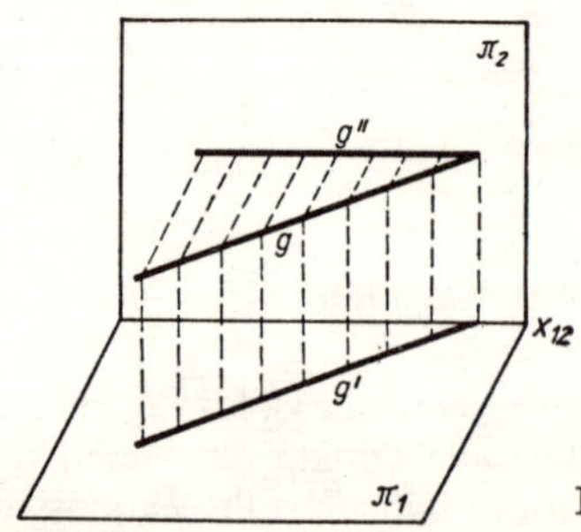

Bild 19a

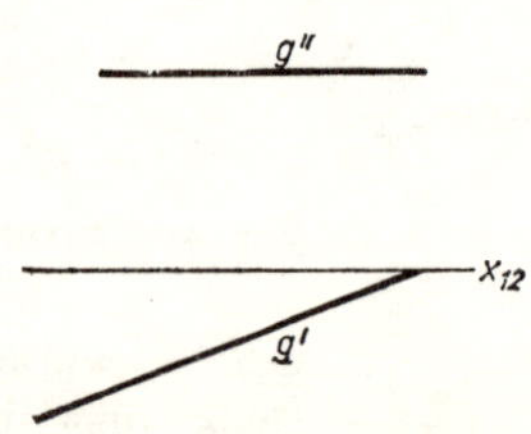

Bild 19b

2. die **Frontlinie.** Die Raumgerade verläuft in gleichem Abstand von der Aufrißebene (also parallel zu Π_2); g' ist dann eine Parallele zu x_{12} (Bilder 20a und b) (Hauptlinie zweiter Ordnung).

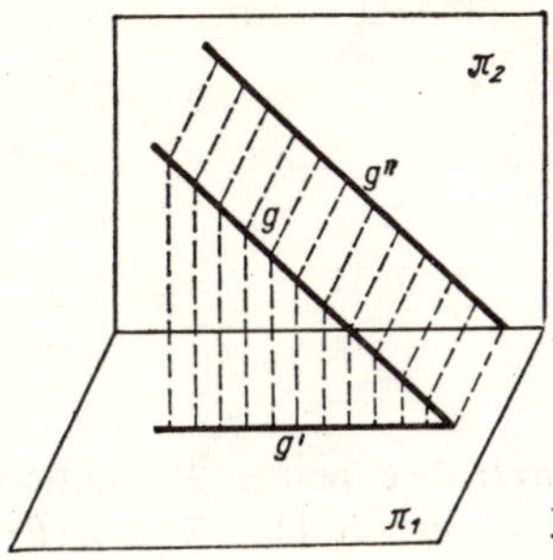

Bild 20a

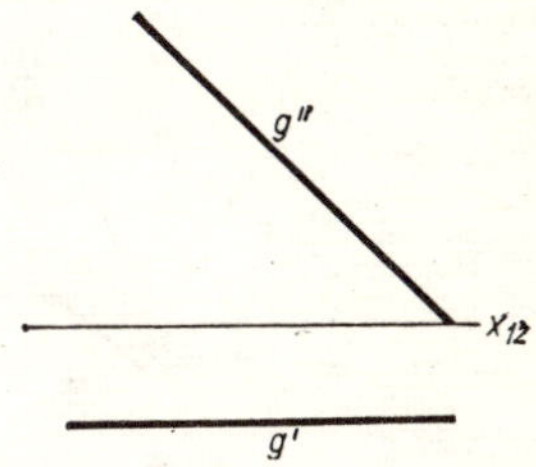

Bild 20b

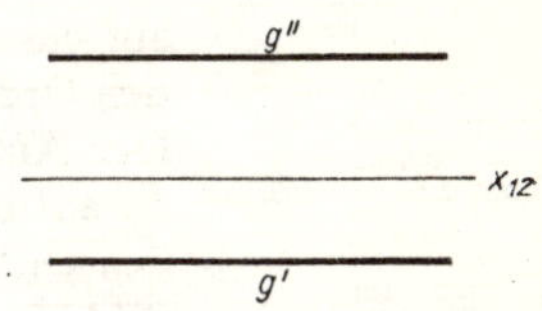

Bild 21

Eine zur x_{12}-Achse parallele Raumgerade ist Höhen- und Frontlinie zugleich (Bild 21). Eine Gerade, deren Projektionen g' und g'' zusammenfallen, liegt in der Halbierungsebene, weil sie nur Punkte mit zusammenfallenden Projektionen enthält; solche Punkte liegen aber, wie bereits erkannt wurde, in der Koinzidenzebene.

Bei einer beliebigen Raumlage der Geraden schneiden sich die Projektionen in einem Punkte, der die zusammenfallenden Projektionen eines Punktes H darstellen muß. H liegt also in der Halbierungsebene und ist somit der Durchstoßpunkt der Geraden g durch die Halbierungsebene. Bild 22a erklärt den Sachverhalt in einer Raumskizze und 22b in Zweitafelprojektion.

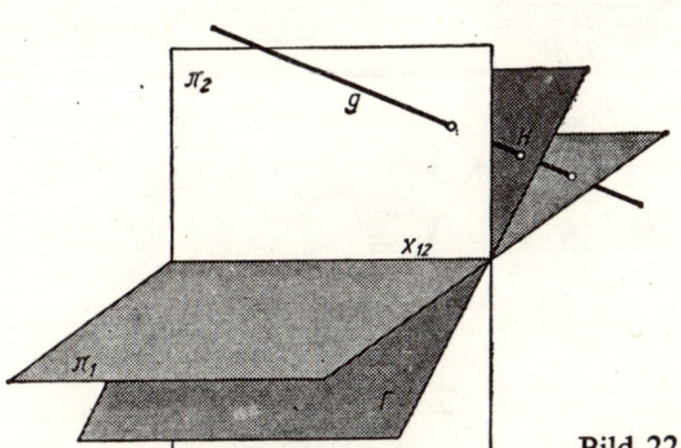

Bild 22a

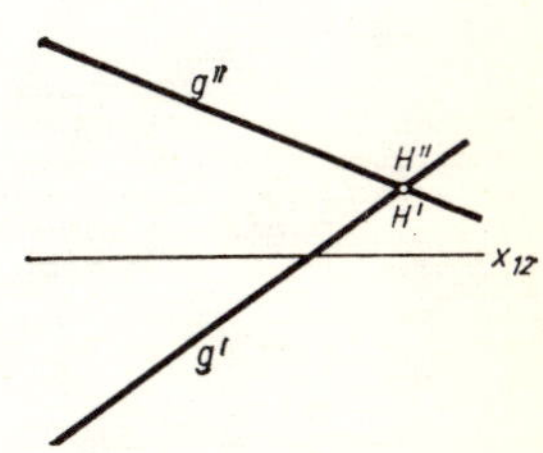

Bild 22b

Die **Spurpunkte der Geraden** g sind die Punkte D_1 und D_2, in denen die Raumgerade die Projektionsebenen Π_1 und Π_2 durchstößt (Bild 23).

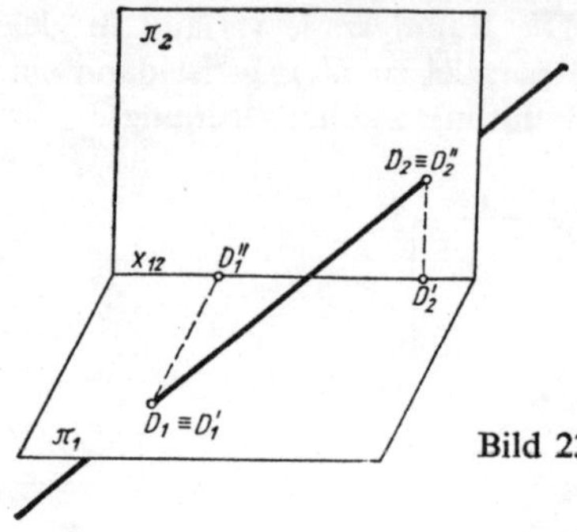

Bild 23

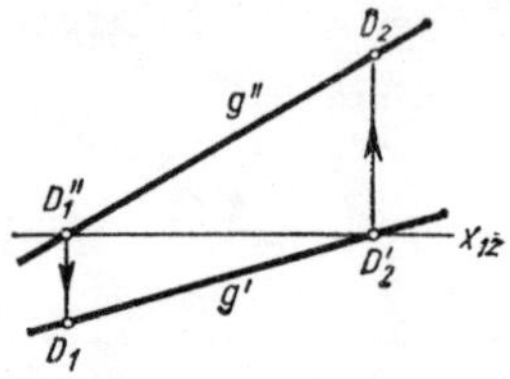

Bild 24

Ist eine Raumgerade durch ihre beiden Projektionen gegeben, so findet man die Spurpunkte durch folgende Überlegung (Bild 24):
Der Grundrißpunkt D_1 liegt in Π_1, also liegt seine Aufrißprojektion D_1'' auf der x_{12}-Achse; D_1'' ist somit der Schnittpunkt von g'' mit x_{12}. Durch den Ordner findet man dann auf g' den Punkt $D_1' \equiv D_1$.
Der Aufrißspurpunkt D_2 liegt in Π_2, also liegt seine Grundrißprojektion D_2' auf der x_{12}-Achse; D_2' ist somit der Schnittpunkt von g' mit x_{12}. Durch den Ordner findet man dann auf g'' den Punkt $D_2'' \equiv D_2$.
Bild 23 erklärt diese Lagebeziehungen in einer Raumskizze. Der Leser bemühe sich aber mehr und mehr, die geometrischen Sachverhalte *„räumlich im Geiste zu schauen"*, *wenn der Tatbestand in Zweitafelprojektion vorliegt.* Denn sehr bald wird in komplizierteren Lagebeziehungen die Raumskizze nicht mehr helfend zur Seite stehen können!
Bild 25 zeigt die Spurpunkte der Höhen- und Frontlinie. In Bild 26a ist nochmals eine Gerade g in Zweitafelprojektion gegeben und das Auffinden der Spurpunkte gezeigt. Bild 26b ist die Raumskizze dazu.

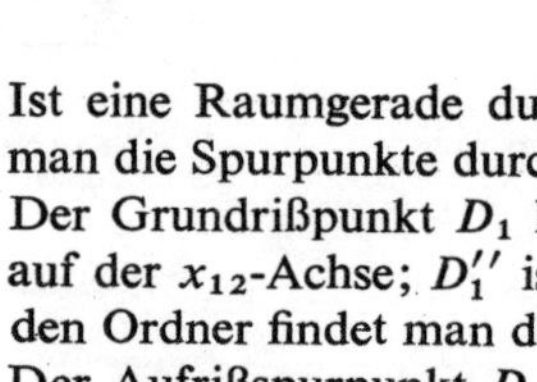

Bild 25

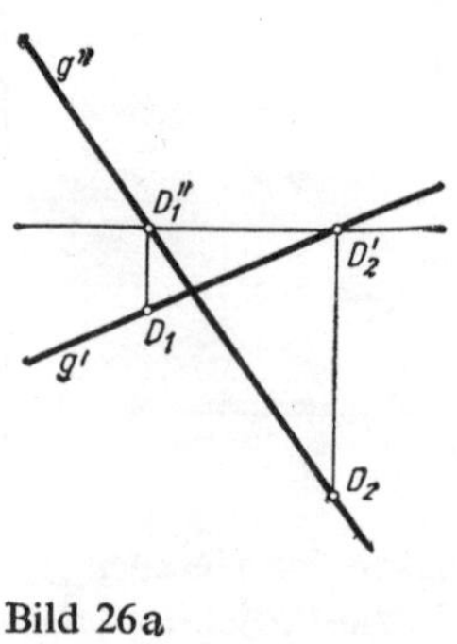

Bild 26a

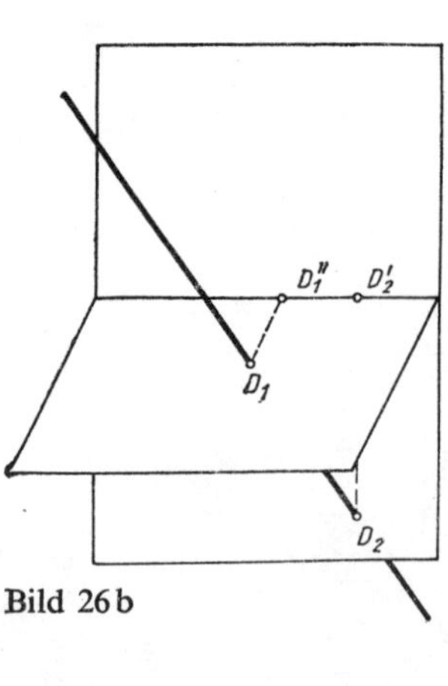

Bild 26b

2.1.4. Darstellung der Ebene

Eine im Raum liegende Ebene kann nicht durch ihre Projektion auf Π_1 und Π_2 dargestellt werden; denn die Projektion einer im Raum liegenden Ebene kann die gesamte Π_1- bzw. Π_2-Ebene ergeben. Aus diesem Grunde muß die Ebene in der Zweitafelprojektion auf anderem Wege dargestellt werden.

Die in Bild 27 in Raumskizze vorgelegte Ebene E schneidet die Projektionsebenen Π_1 und Π_2 in den Geraden e_1 und e_2. Diese *Schnittgeraden einer Ebene mit den Projektionsebenen* heißen die **Spuren der Ebene:**

e_1 **Grundrißspur,**
e_2 **Aufrißspur.**

Bild 27

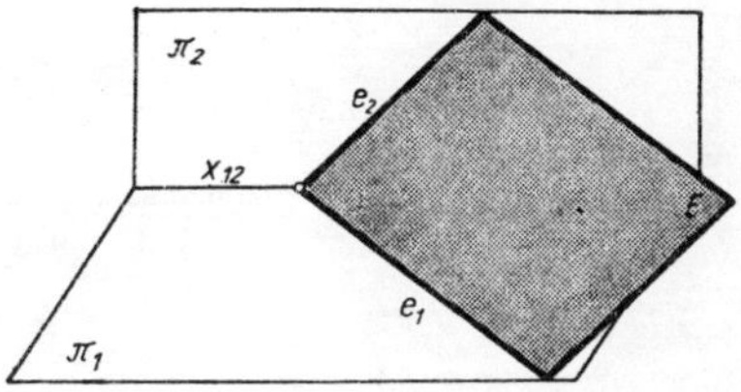

Aus dem Satz, daß sich drei Ebenen in einem Punkte schneiden, folgt für die Ebenen E, Π_1 und Π_2, daß sich die *Spuren* e_1 *und* e_2 *auf der* x_{12}*-Achse schneiden müssen.*

Eine Ebene ist nun durch zwei sich schneidende Geraden bestimmt, also kann die Festlegung getroffen werden:

Eine Ebene wird im allgemeinen durch ihre beiden Spuren e_1 und e_2 dargestellt.

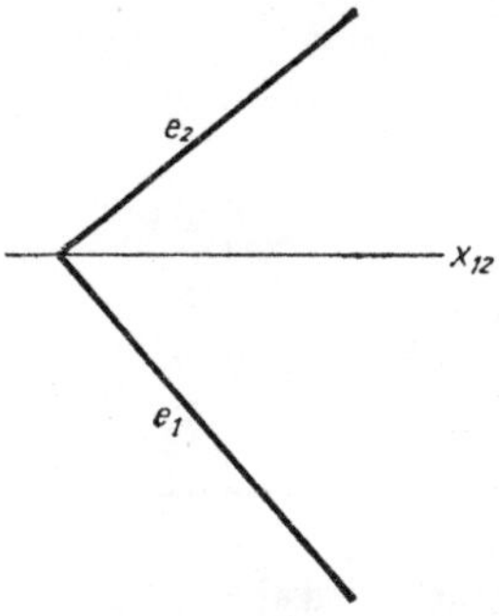

Bild 28

Man beachte also, daß eine Ebene nicht durch ihre Projektion dargestellt wird!

In Bild 28 ist eine Ebene durch ihre Spuren vorgegeben. Um sich von ihrer Raumlage zu überzeugen, klappt man in Gedanken die Aufrißebene wieder senkrecht nach oben und nimmt dabei die Aufrißspur e_2 mit. Damit erhält man die wirkliche Raumlage von e_2, und nun erkennt man ohne weiteres die Lage der durch e_1 und e_2 bestimmten Ebene im Raume.

Spezielle Lagen einer Ebene

1. Die Ebene steht senkrecht auf Π_1 bzw. Π_2 (Lotebene): Die Bilder 29a und b zeigen, daß e_2 senkrecht auf x_{12} steht (symbolisch: $e_2 \perp x_{12}$).
2. Die Ebene steht senkrecht auf Π_2; dann ist e_1 senkrecht auf x_{12} ($e_1 \perp x_{12}$).

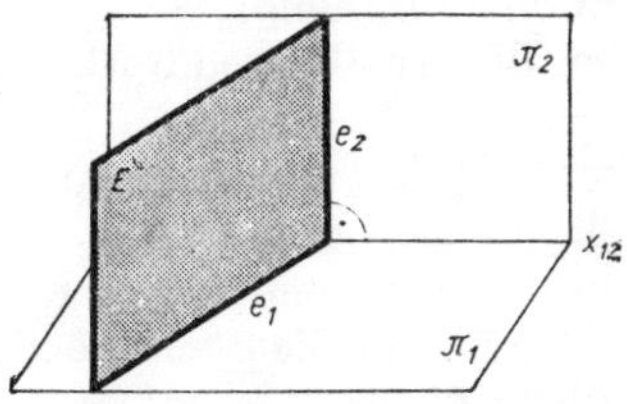

Bild 29a

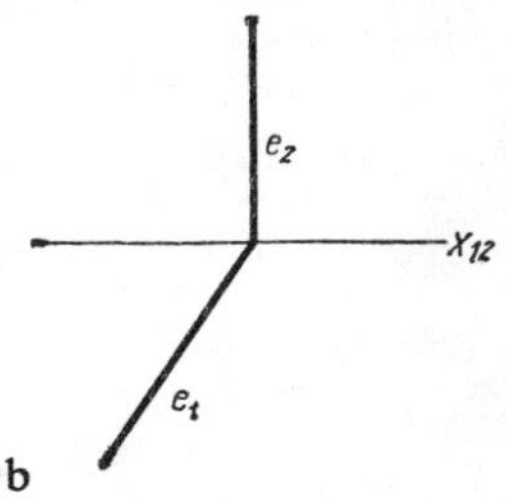

Bild 29b

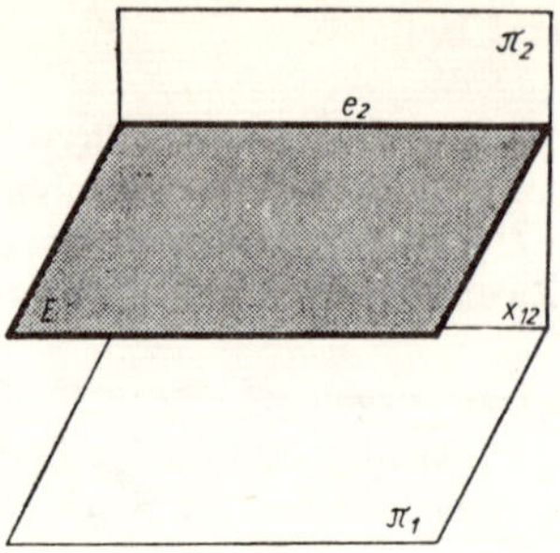

Bild 30a

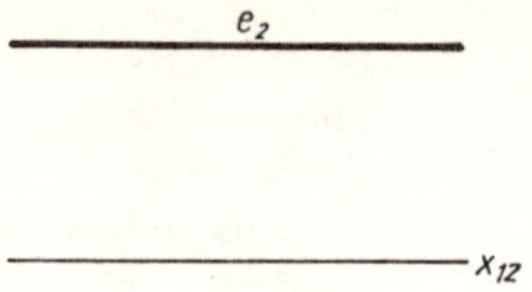

Bild 30b

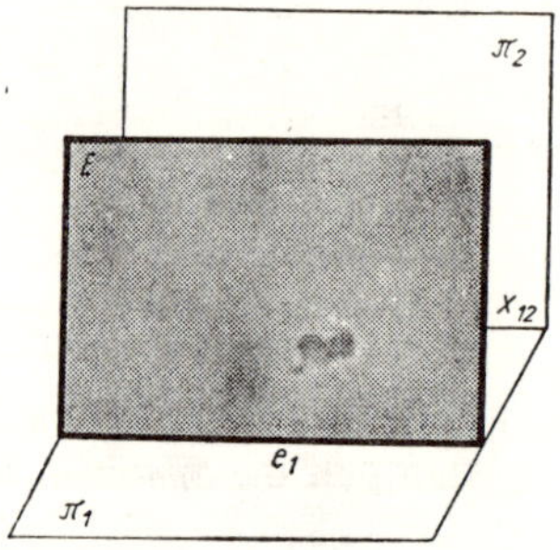

Bild 31a

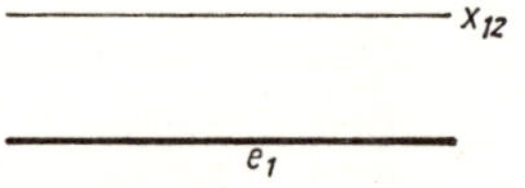

Bild 31b

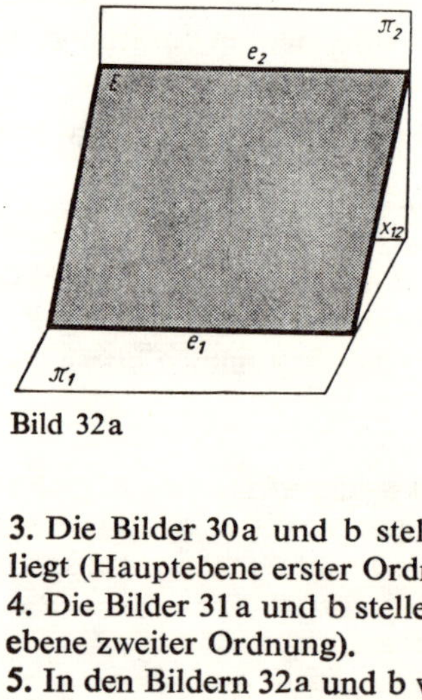

Bild 32a

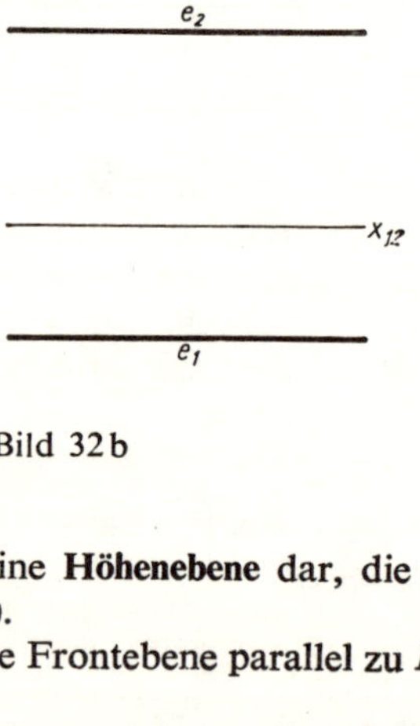

Bild 32b

3. Die Bilder 30a und b stellen eine **Höhenebene** dar, die parallel zu Π_1 liegt (Hauptebene erster Ordnung).
4. Die Bilder 31a und b stellen eine Frontebene parallel zu Π_2 dar (Hauptebene zweiter Ordnung).
5. In den Bildern 32a und b wird eine „gelehnte" Ebene gezeigt.

Man beachte, daß die Darstellung einer Ebene durch ihre Spuren versagt, wenn die Ebene durch die x_{12}-Achse geht, wie es z. B. die Halbierungsebene tut. Beide Spuren fallen mit der Rißachse zusammen. In einem solchen Falle gibt man sich die Ebene noch zusätzlich durch einen weiteren Punkt P, der in dieser Ebene liegt, an; denn eine Ebene ist ja durch eine Gerade (x_{12}) und durch einen weiteren Punkt P eindeutig bestimmt.

2.1.5. Lagebeziehungen von Punkt, Gerade und Ebene zueinander

In diesem Abschnitt sollen die Lagebeziehungen zueinander behandelt werden von

I. zwei Geraden
II. Punkt und Ebene
III. Gerade und Ebene
IV. zwei Ebenen
V. Punkt, Gerade und Ebene.

I. *Zwei Geraden*

Liegen zwei Geraden im Raume zueinander *parallel*, so haben sie im Endlichen keinen gemeinsamen Punkt; auf Grund des Projektionsvorgangs der orthogonalen Projektion können dann auch die Projektionen der Geraden keinen Schnittpunkt haben, d. h., die Projektionen laufen ebenfalls parallel. Es gilt also der Satz:

Parallele Raumgeraden ergeben in orthogonaler Zweitafelprojektion parallele Projektionen.

Man sagt auch: Die Eigenschaft der Parallelität bleibt bei orthogonaler Projektion erhalten. Bild 33a zeigt für zwei zueinander parallele Geraden r und s die Raumskizze, Bild 33b stellt die Projektionen dar.
Laufen die beiden Geraden r und s nicht parallel, so sind zwei Fälle zu unterscheiden:

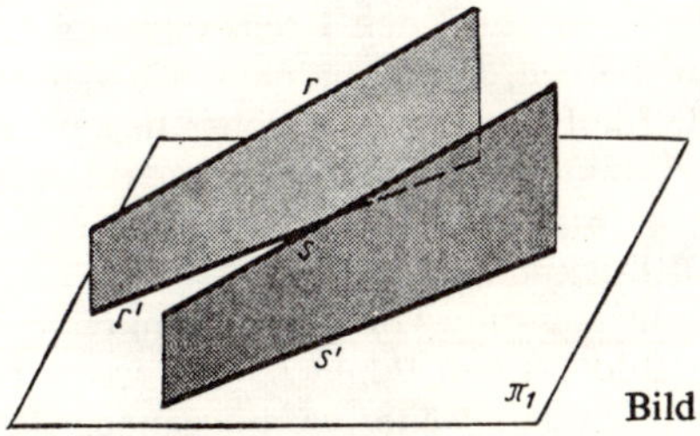

Bild 33a

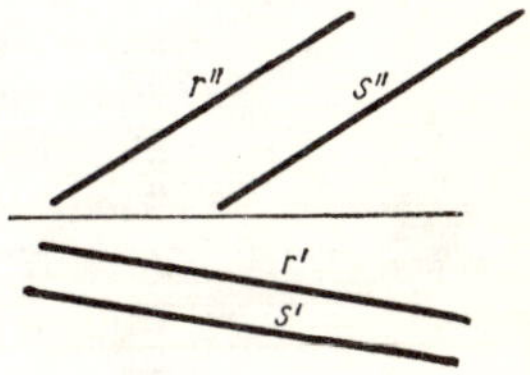

Bild 33b

1. Die Geraden schneiden sich (Bild 34).
2. Die Geraden meiden sich, sie sind windschief (Bild 35).

Im ersten Falle haben beide Geraden einen *gemeinsamen* Schnittpunkt S, dessen Projektionen natürlich die Ordnerbedingung erfüllen. Da r' und s' sich in S' und r'' und s'' sich in S'' schneiden, ergibt sich somit (Bild 36) für sich schneidende Geraden der Satz:

Bei sich schneidenden Geraden liegen der Schnittpunkt der Grundrißprojektionen und der Schnittpunkt der Aufrißprojektionen auf einem Ordner.

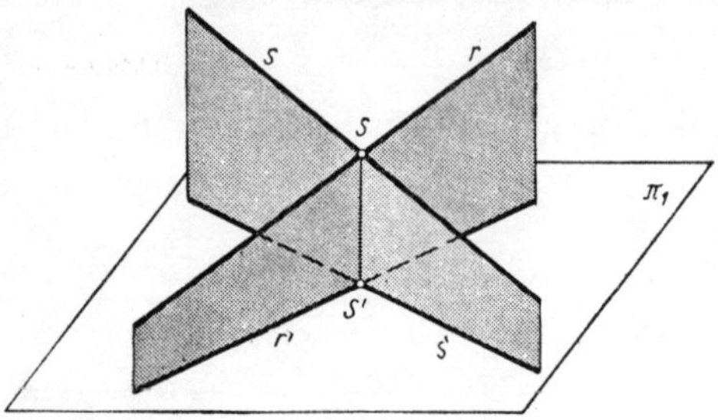

Bild 34

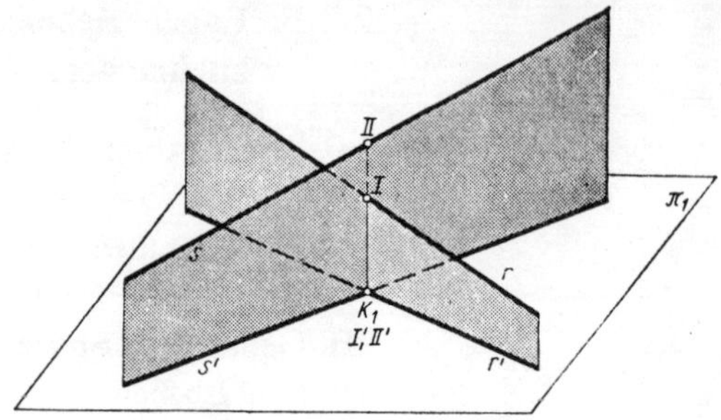

Bild 35

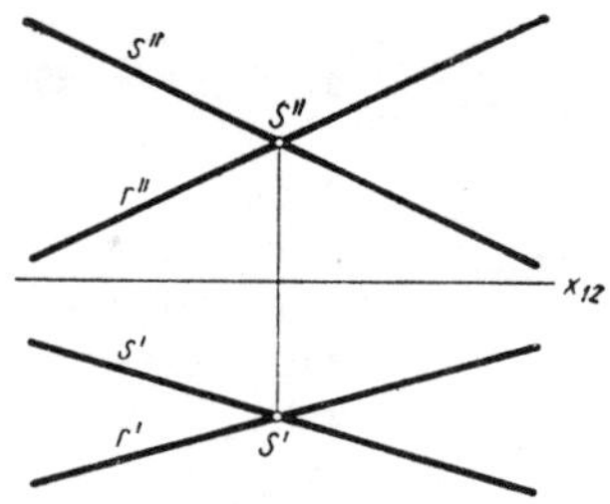

Bild 36

Im Falle *windschiefer Geraden* gilt diese Bedingung nicht; wohl aber schneiden sich, wie Bild 35 zeigt, die Projektionen. Ein solcher in der Projektion entstehender „scheinbarer" Schnittpunkt wird **Kreuzungspunkt** genannt. Man beobachtet z. B. auch beim Blicken durch das Fenster, daß sich die vertikale Fensterkante etwa mit der horizontalen Dachrinne des gegenüberliegenden Hauses „kreuzt", d. h. scheinbar schneidet.

In Bild 37 sind zwei windschiefe Geraden r und s in Zweitafelprojektion gegeben. Der Grundriß (Blick von oben) liefert den Kreuzungspunkt K_1, der Aufriß (Blick von vorn) den Kreuzungspunkt K_2. Geht man von K_1 aus senkrecht nach oben, so gelangt man, wie man aus dem Aufriß erkennt, erst zum Punkte I auf r, dann zum höher liegenden Punkte II auf s. Also läuft über dem Punkte K_1 die Gerade s über die Gerade r hinweg. Dieser Sachverhalt ist in Bild 35 in einer Raumskizze dargestellt. Man erkennt $I' \equiv II' \equiv K_1$ („Deckpunkte").

Entsprechend geht man nun von K_2 aus senkrecht zu Π_2 nach vorn; man erreicht zuerst (Bild 37) den Punkt III auf r, wie der Grundriß zeigt, sodann kommt man zu dem weiter vorn liegenden Punkt IV auf s; also läuft vor K_2 die Gerade r hinter der Geraden s vorbei, und es gilt $III'' \equiv IV'' \equiv K_2$.

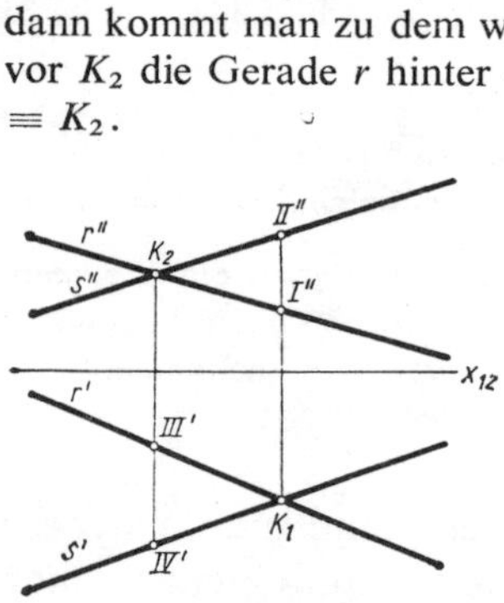

Bild 37

Der Leser ermüde beim Lesen dieser Zeilen nicht! Hier hat er beste Gelegenheit, die Raumanschauung zu schulen. Spätere Untersuchungen über Sichtbarkeitsverhältnisse werden die Kenntnis des eben Dargestellten voraussetzen.

Eine *Übung am ebenen Viereck* soll das soeben Behandelte vertiefen.

Die Endpunkte A, B, C, D eines ebenen Vierecks können nicht beliebig gewählt werden, da bereits drei Punkte eine Ebene bestimmen. Man kann also z. B. die drei Punkte A, B, C beliebig wählen, der vierte Punkt D muß dann in die durch A, B, C bestimmte Ebene gelegt werden. (Man vergleiche diese Überlegungen mit der Tatsache, daß ein dreibeiniger Tisch niemals wackelt, weil er auf einer durch die Endpunkte der Beine bestimmten Ebene steht. Ein vierbeiniger Tisch minderer Güteklasse wackelt, wenn nicht alle vier Beinfußpunkte in einer Ebene liegen, der Tisch aber auf ebenen Boden gestellt wird.) Liegt nun ein ebenes Viereck vor, so liegen die Diagonalen AC und BD in einer Ebene, müssen sich also in einem Punkte S schneiden; im Falle eines nichtebenen (räumlichen) Vierecks sind die Diagonalen windschief. Nun soll dieses Beispiel gelöst werden.

BEISPIEL 1

Ein beliebiges, ebenes Viereck soll in Zweitafelprojektion dargestellt werden.

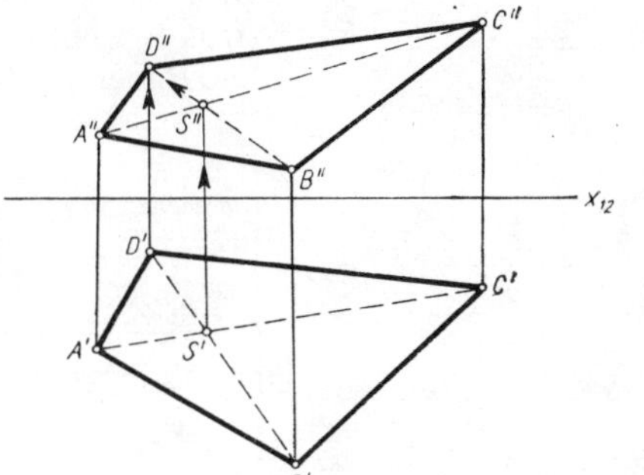

Bild 38

Lösung (Bild 38)

Man wählt zunächst beliebig unter Beachtung der Ordnerbedingung die Punkte A, B und C durch ihre Projektionen. Sodann wählt man D' beliebig, so daß also im Grundriß das Viereck vorliegt. Die Diagonalen $A'C'$ und $B'D'$ ergeben S', die Projektion des Schnittpunktes der Diagonalen. Der Ordner durch S' schneidet im Aufriß die Strecke $A''C''$ in S'', da ja S auf $\overline{AC}$ liegt. Die verlängerte Verbindung $B''S''$ ergibt mit dem Ordner durch D' den Schnittpunkt D'', womit auch die Aufrißprojektion des Vierecks gefunden ist. Die Lösung könnte auch mit D'' begonnen werden.

II. *Punkt und Ebene*

Ein Punkt P liege in einer durch ihre Spuren e_1 und e_2 gegebenen Ebene E. Dann kann man durch P eine Höhenlinie in die Ebene legen, wie es in Bild 39 (Raumskizze) gezeigt ist. Diese Höhenlinie h läuft parallel zur Grundrißspur e_1 und schneidet die Aufrißspur im Punkte L, L' liegt also auf x_{12}. Da e_1 und h parallel laufen, sind auch e_1 und h' zueinander parallel. Weiter sieht man ein, daß h' durch L' und h'' durch $L = L''$ gehen muß. Insgesamt also ergibt sich in Zweitafelprojektion das Bild 40 für die Höhenlinie durch Punkt P. Nur wenn diese Lagebeziehung vorhanden ist, liegt P in der Ebene!

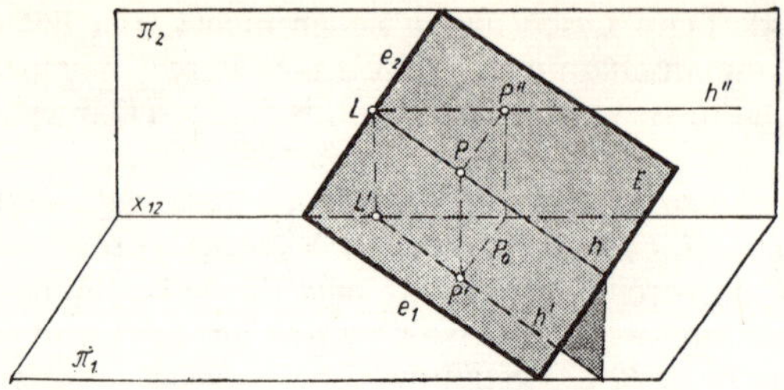

Bild 39

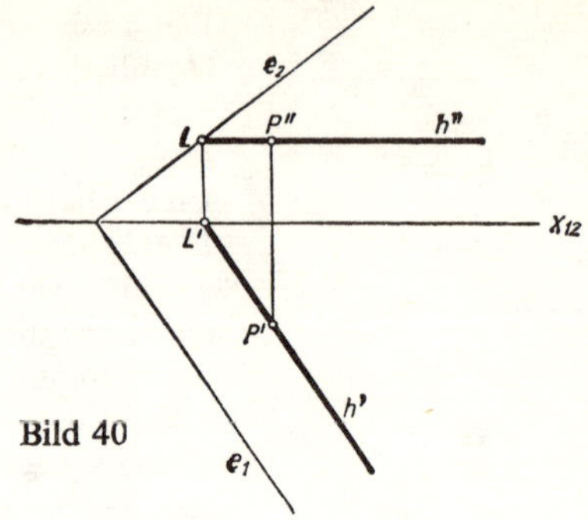

Bild 40

Also:

Ein Punkt liegt in einer Ebene, wenn er auf einer Höhenlinie der Ebene liegt.

Bild 41 zeigt einen Punkt über und Bild 42 einen Punkt unter der Ebene *E*. Will man einen Punkt *P* in eine vorgegebene Ebene legen, so wählt man zunächst beliebig *P′* und findet dann durch die Projektionen der Höhenlinien und den Ordner von *P* die Aufrißprojektion *P″*.

Da sich die Ebene *E* auf alle vier Quadranten erstreckt, kann diese Konstruktion entsprechend für die anderen Quadranten durchgeführt werden. Die Bilder 43, 44, 45 zeigen dies für den zweiten, dritten und vierten Qua-

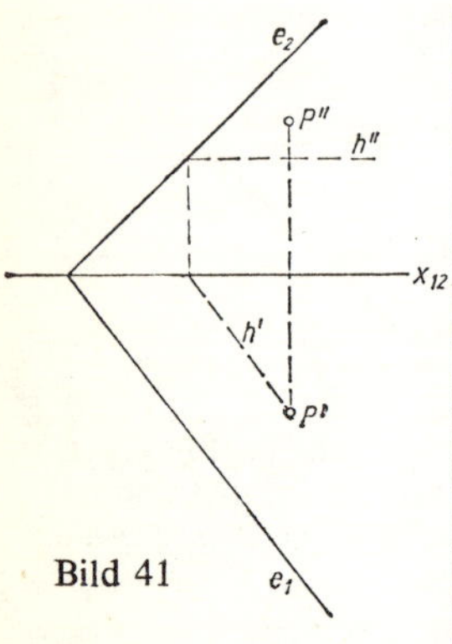

Bild 41

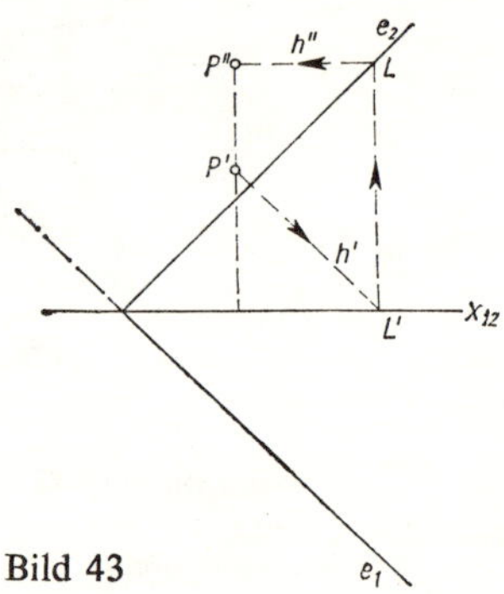

Bild 43

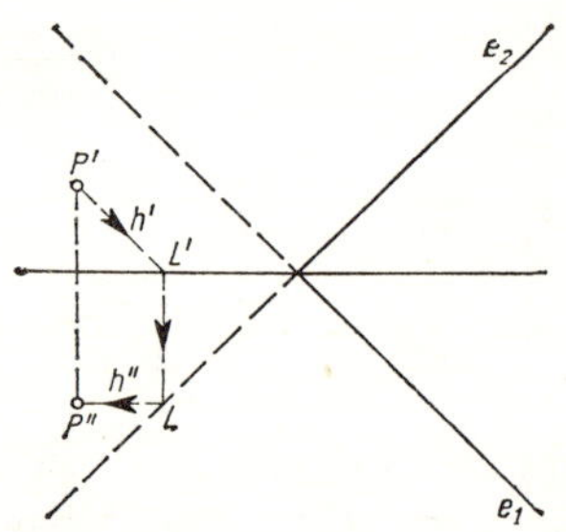

Bild 44

Bild 42

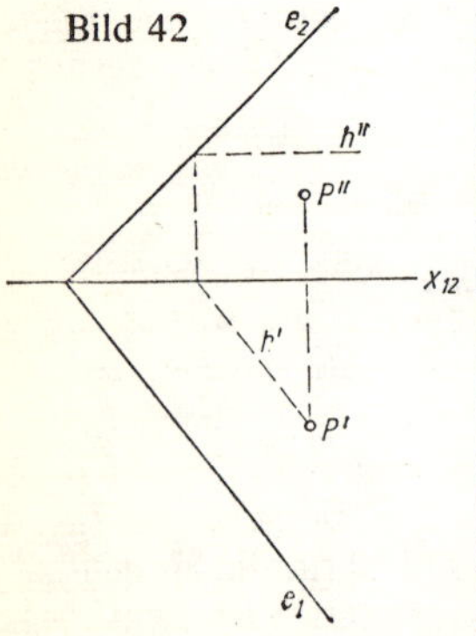

Bild 45

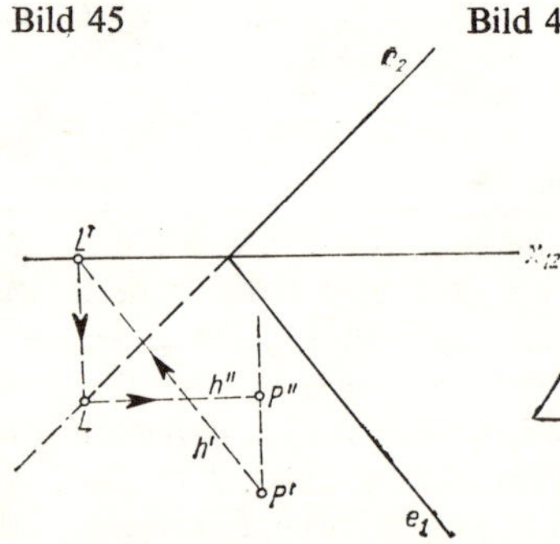

Bild 46

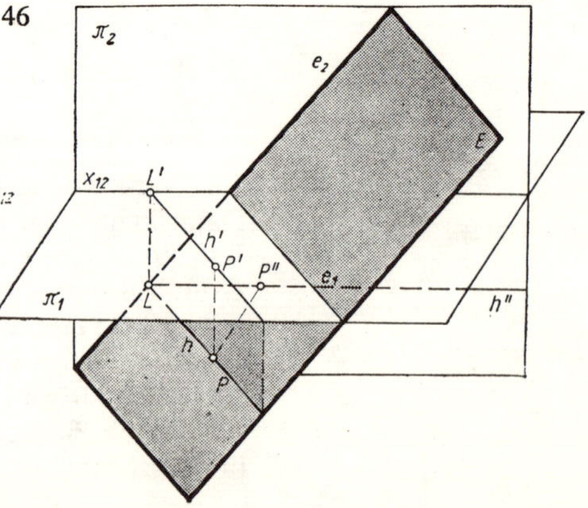

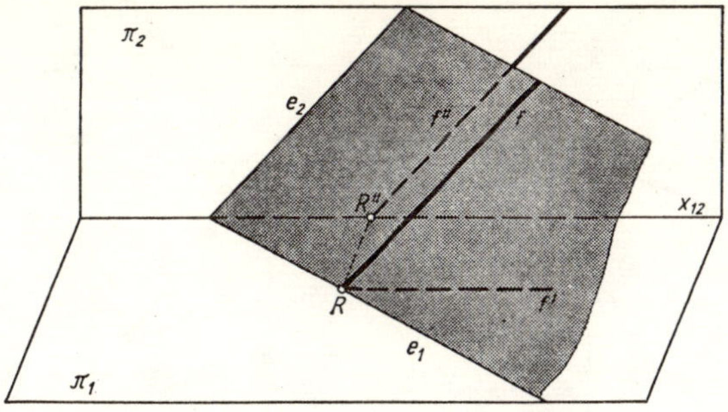

Bild 47

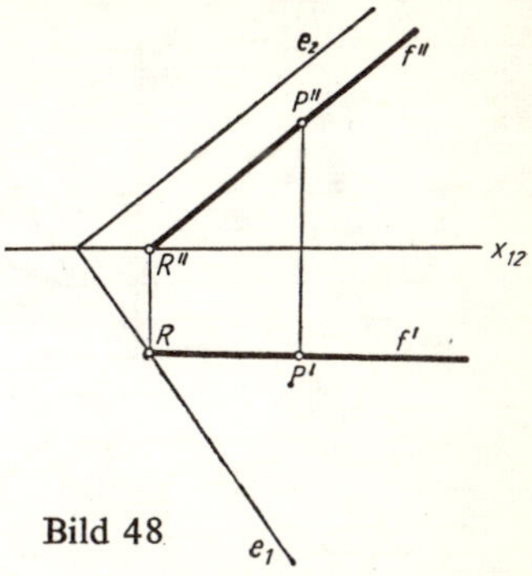

Bild 48

dranten. Bild 46 ist die Raumskizze zu Bild 45. Der Leser bemühe sich, die Bilder 43 und 44 auch räumlich zu sehen! In entsprechender Weise kann man auch durch P die Frontlinie f in die Ebene E legen. Diese schneidet e_1 in R (Bild 47), so daß R'' auf x_{12} liegt. Durch R'' läuft f'' parallel zu e_2, weil ja bereits f und e_2 selbst Parallelen sind. f' geht durch R parallel zur x_{12}-Achse. Bild 48 stellt den Sachverhalt in Zweitafelprojektion dar. Es gilt also analog der Satz:

Ein Punkt liegt in einer Ebene, wenn er auf einer Frontlinie der Ebene liegt.

Auch hier kann die Konstruktion entsprechend auf alle vier Quadranten übertragen werden, was der Leser als Übung selbst durchführen möge. In der folgenden Übung soll das Behandelte zur Anwendung kommen.

BEISPIEL 2

In eine durch ihre Spuren gegebene Ebene soll der Punkt P gelegt werden, der 3 cm vor der Aufrißebene und 2 cm über der Grundrißebene liegt.

Lösung (Bild 49)

Da P 3 cm vor der Π_2-Ebene liegen soll, muß P auf der Frontlinie f in E liegen, die von Π_2 den Abstand 3 cm hat; f' ist also die Parallele zu x_{12} im Abstand 3 cm; damit findet man auch über R und R'' hinweg die Aufrißprojektion f''. P soll weiterhin 2 cm über dem Grundriß liegen, d. h., P muß auf der Höhenlinie h in E liegen, welche 2 cm Höhe über Π_1 hat; also ist h'' die Parallele zu x_{12} im Abstand 2 cm. Über L und L' hinweg findet man h'. Nun gilt:

$h' \cap f' = P'$ und $h'' \cap f'' = P''$.

Als *Zeichenprobe* für die Genauigkeit der Zeichnung dient die Ordnerbedingung für den Punkt P.

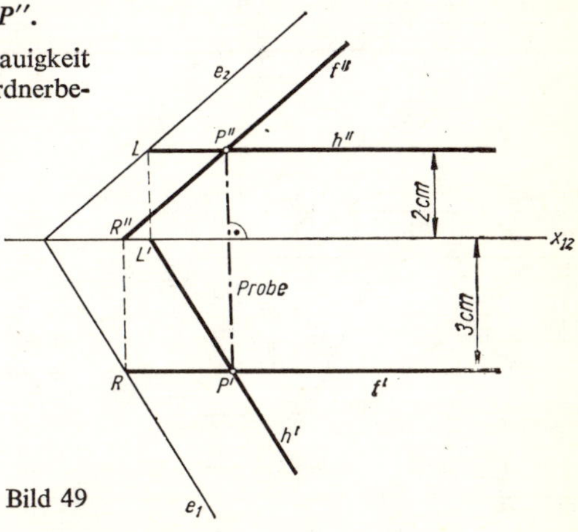

Bild 49

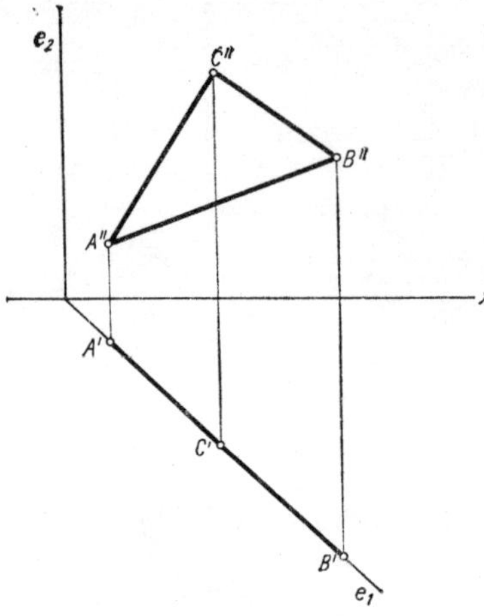

Bild 50

In Bild 50 sind in eine zur Π_1-Ebene senkrechte Ebene mit den Spuren e_1 und e_2 drei beliebige Punkte A, B und C gelegt. Man erkennt, daß in diesem Falle sich alle Höhenlinien im Grundriß auf e_1 projizieren, daß also hier die obige Konstruktion „entartet".

III. *Gerade und Ebene*

Soll in eine Ebene E eine Gerade g gelegt werden, so kann man sich in E zunächst zwei Punkte A und B wählen und dann diese verbinden (Bild 51). Um aber ein allgemeines Kriterium dafür zu finden, daß eine Gerade g in einer Ebene E liegt, hat man zu beachten, daß sich die Spuren natürlich als Geraden dieser Ebene mit g schneiden müssen. Die Raumskizze des Bildes 52 läßt weiter erkennen, daß diese Schnittpunkte die Spurpunkte D_1 auf e_1 und D_2 auf e_2 der Geraden sind. Es gilt somit der Satz:

Eine Gerade liegt in einer Ebene, wenn die Spurpunkte der Geraden auf den entsprechenden Spuren der Ebene liegen.

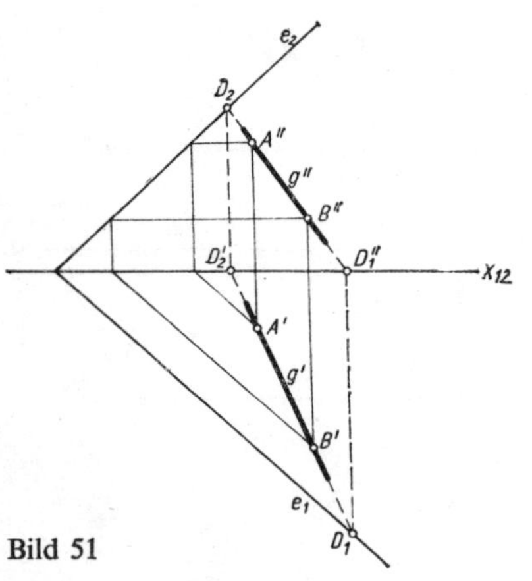

Bild 51

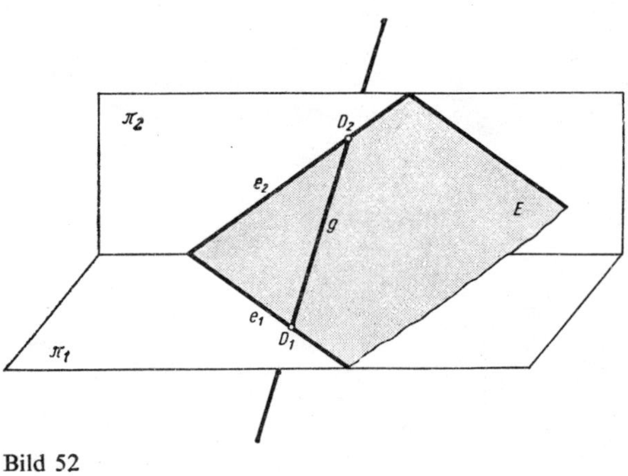

Bild 52

Daher ergibt sich also, wenn man an die Spurpunktekonstruktion des Bildes 24 denkt, für eine *in einer Ebene liegende Gerade* in Zweitafelprojektion die *wichtige Lagebeziehung*, die in Bild 53 dargestellt ist.
Würde man also von der in Bild 51 durch die Punkte A und B gelegten Geraden die Spurpunkte D_1 und D_2 konstruieren (in Bild 51 gestrichelt angedeutet), so müssen D_1 auf e_1 und D_2 auf e_2 liegen. Wiederum liegt eine Zeichenprobe vor.
Einige Beispiele, die *zugleich fundamentale* Bedeutung haben, sollen die gewonnenen Tatsachen in der Erkenntnis festigen.

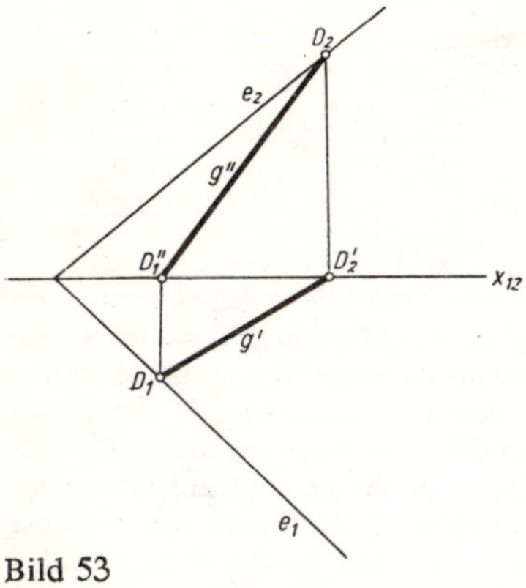

Bild 53

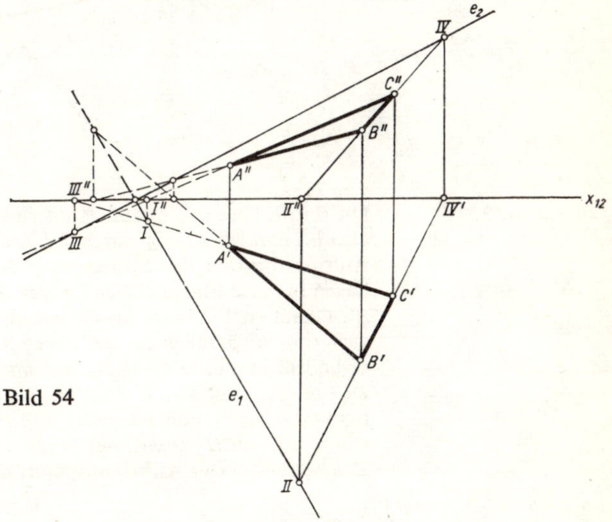

Bild 54

BEISPIEL 3

Gegeben sind die Punkte A, B, C durch ihre Projektionen. Man konstruiere die Spuren der durch diese Punkte bestimmten Ebene.

Lösung (Bild 54)

Man bestimme die Grundrißspurpunkte I und II von AC und BC. Diese müssen, da AC und BC in der gesuchten Ebene E liegen, auf der Grundrißspur e_1 liegen. Durch I und II ist also e_1 bestimmt. Die Aufrißspurpunkte III und IV von AC und BC bestimmen aus gleichem Grunde e_2.
Als Zeichenprobe dient einmal die Tatsache, daß sich e_1 und e_2 auf der Rißachse schneiden müssen, zum anderen die Tatsache, daß auch die Spurpunkte von AB auf den entsprechenden Ebenenspuren liegen müssen (in Bild 54 gestrichelt gezeichnet).

BEISPIEL 4

Gegeben sind zwei sich schneidende Geraden r und s durch ihre Projektionen. Man ermittele die Spuren der durch r und s bestimmten Ebene.

Lösung (Bild 55)

Die Grundrißspurpunkte I und II von r und s bestimmen e_1, die Aufrißspurpunkte III und IV entsprechend e_2. Zeichenprobe: e_1 und e_2 schneiden sich auf der x_{12}-Achse.

BEISPIEL 5

Gegeben ist die Gerade g und der nicht auf ihr liegende Punkt P in Zweitafelprojektion. Man bestimme die Spuren der durch g und P gegebenen Ebene E.

Bild 55

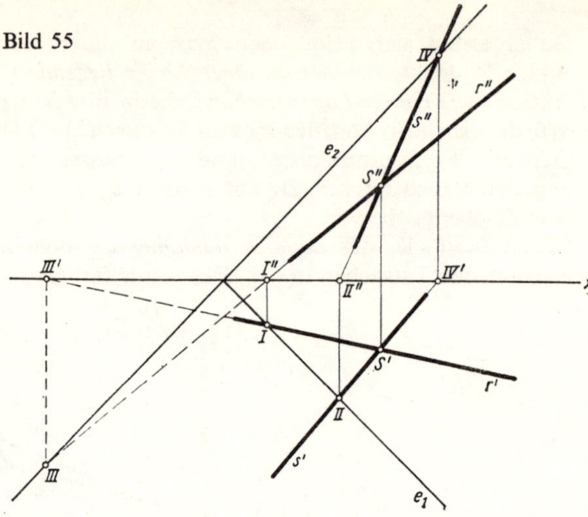

Lösung (Bild 56)

Da P in E liegen soll, muß P auf einer Höhenlinie h der Ebene liegen. Man kann also h'' parallel zu x_{12} durch P'' zeichnen. h'' schneidet g'' in S'', wobei S'' die Aufrißprojektion des existierenden Schnittpunktes S von h und g ist (h und g liegen in einer Ebene!). Der Ordner durch S'' liefert im Schnitt mit g' den Punkt S'. Damit ist $P'S' = h'$ als Grundrißprojektion der Höhenlinie gefunden. Da nun weiterhin h' parallel zur gesuchten Grundrißspur e_1 laufen und auf dieser der Grundrißspurpunkt D_1 von g liegen muß (g liegt ja in E), bestimmt man zunächst D_1 und zieht dann zu h' die Parallele e_1 durch D_1. e_2 geht durch den Aufrißspurpunkt D_2 von g und schneidet sich mit e_1 auf x_{12}, e_2 kann also auch nach Bestimmung von D_2 gezeichnet werden.

Zeichenprobe: Der Aufrißspurpunkt L von der Höhenlinie h muß auf e_2 liegen.

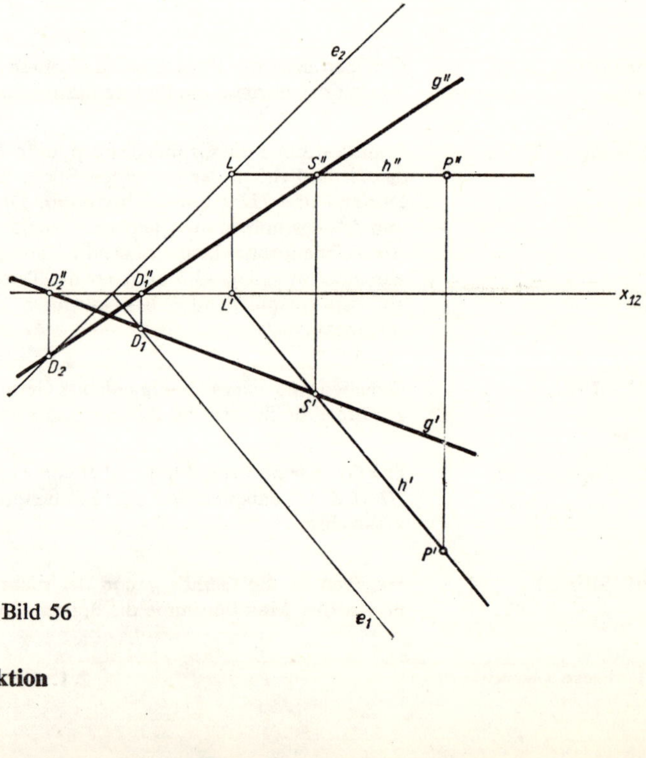

Bild 56

Es ist für den Leser eine sehr nützliche Übung, die eben behandelten Beispiele auf die vier Raumquadranten zu übertragen.
Eine für viele Konstruktionen wichtige Ebene ist die *Lotebene*, die auf einer der beiden Projektionsebenen senkrecht steht (vgl. Bild 29). Es leuchtet ein, daß alle geometrischen Figuren, die in einer Lotebene zu Π_1 liegen, sich im Grundriß auf e_1 projizieren. Liegen z. B. zwei Geraden r und s in dieser Ebene, so gilt $r' = s' = e_1$, die Grundrißprojektionen decken sich also, weshalb solche Geraden **Deckgeraden** genannt werden. Bild 57 zeigt zwei Deckgeraden in bezug auf Π_1 und Bild 58 entsprechend in bezug auf Π_2.

Deckgeraden sind Geraden, die in einer der beiden Projektionsebenen zusammenfallende Projektionen haben. Sie bestimmen eine Lotebene auf der Projektionsebene, in der die Projektionen sich decken.

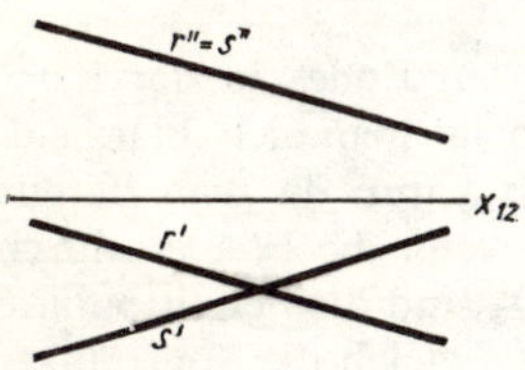

Bild 57 .

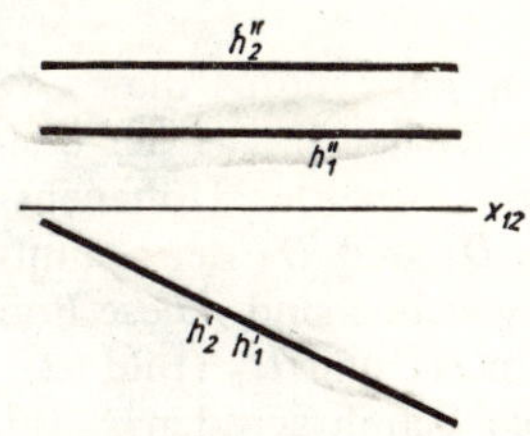

Bild 59a

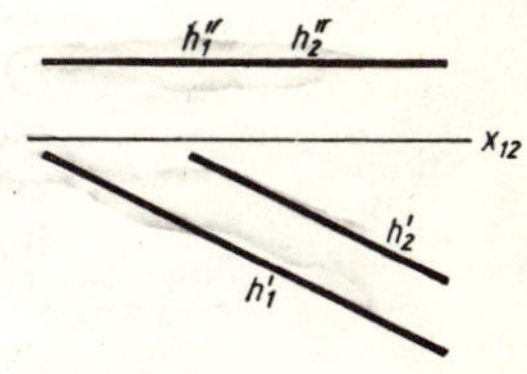

Bild 59b

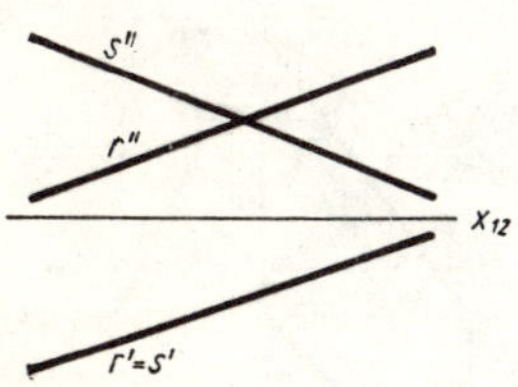

Bild 58

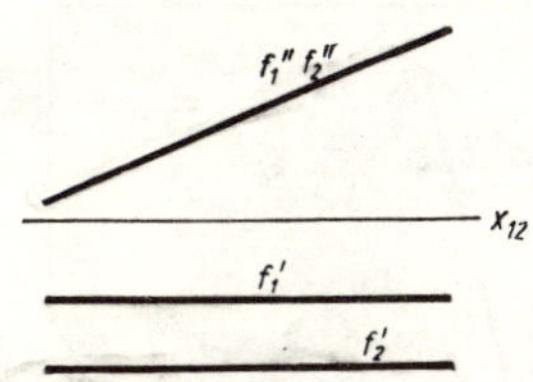

Bild 59c

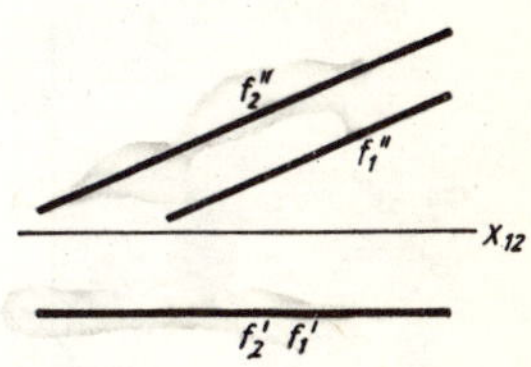

Bild 59d

Natürlich können auch Höhenlinien bzw. Frontlinien Deckgeraden sein, wie die Bilder 59a bis d zeigen.

IV. *Zwei Ebenen*

Zwei Ebenen schneiden sich im allgemeinen in einer im Endlichen liegenden Schnittgeraden. Die Bestimmung dieser Schnittgeraden soll auf zwei verschiedenen Wegen durchgeführt werden.

I. Weg: Legt man durch die beiden gegebenen Ebenen E_1 und E_2 in verschiedener Höhe zwei Höhenebenen (Bild 60), so schneiden diese die Ebenen in Höhenlinien. Höhenlinien in *einer* Höhenebene schneiden sich (in Bild 60 z. B. h_1 und $\overline{h_1}$ in S_1). Die Schnittpunkte S_1 und S_2 liegen somit in beiden Ebenen E_1 und E_2, sie bestimmen also die Schnittgerade s.
In Bild 61 ist dieser Weg in Zweitafelprojektion dargestellt. Die Ebenen E_1 und E_2 sind durch ihre Spuren e_1 und e_2 bzw. $\overline{e_1}$ und $\overline{e_2}$ gegeben.

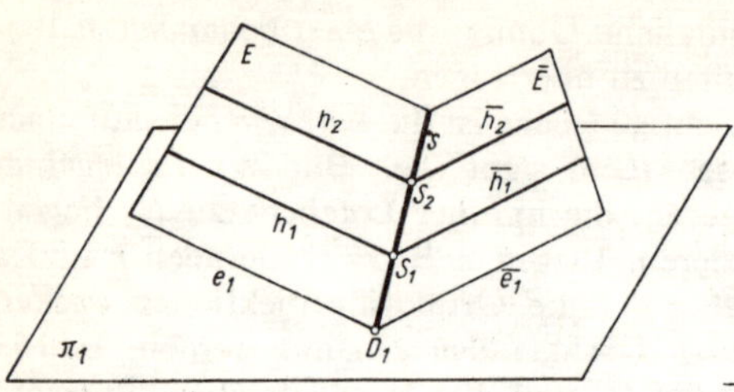

Bild 60

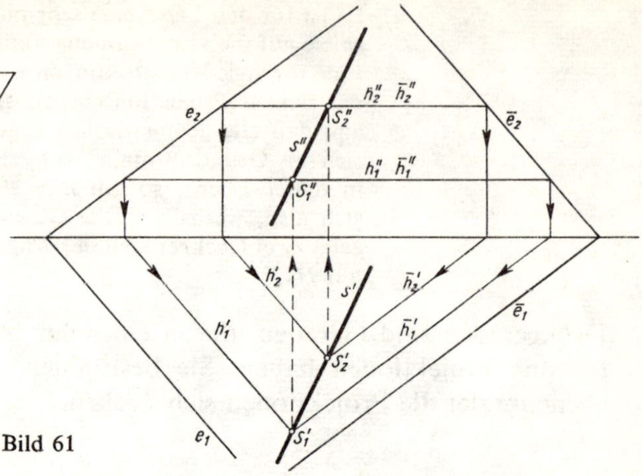

Bild 61

2. Weg: Zum Verständnis dieses Weges, der letzten Endes in der Konstruktion „linienärmer" als der erste Weg ist, mache man sich klar, daß man auf das Legen der Höhenebenen verzichten kann, da man bereits zwei Punkte D_1 und D_2 der Schnittgeraden hat, wenn die Ebenen durch ihre Spuren gegeben sind. Diese Punkte D_1 und D_2 sind die Schnittpunkte der Spuren in Π_1 und Π_2 (Bild 62); sie sind also zugleich die Spurpunkte der gesuchten Schnittgeraden s. Bild 63 zeigt die Konstruktion in Zweitafelprojektion.

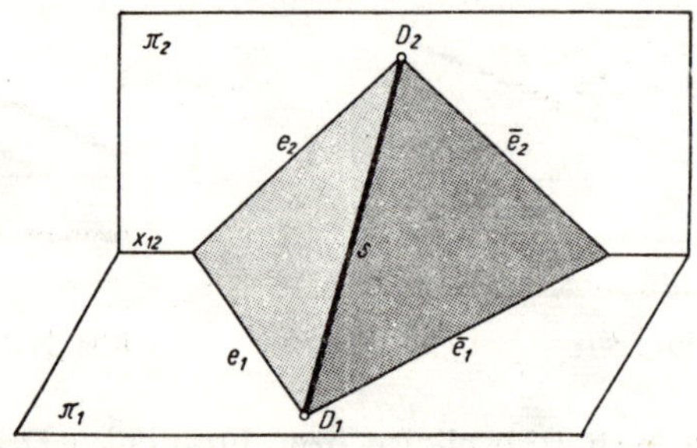

Bild 62

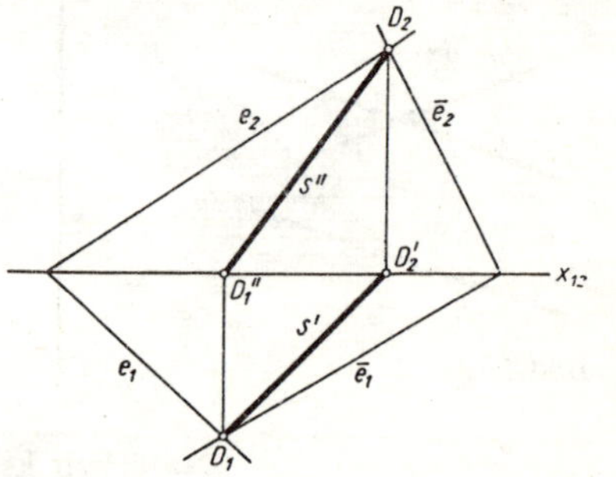

Bild 63

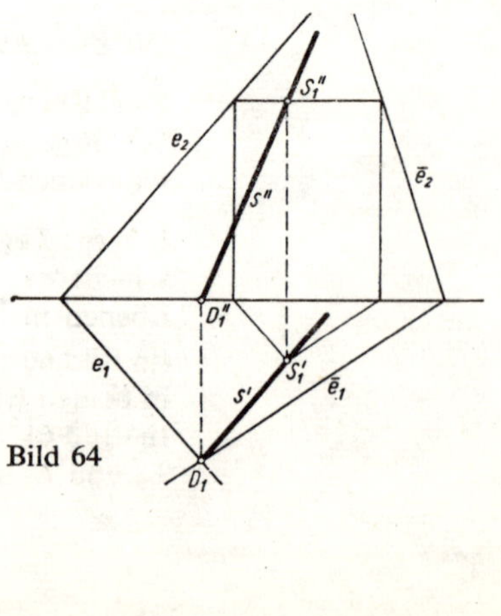

Bild 64

Der erste Weg wird im allgemeinen nur dann beschritten, wenn die Schnittpunkte der Spuren (oder einer von ihnen) auf dem Zeichenblatt nicht erreichbar sind (Bild 64).
Parallele Ebenen haben im Endlichen keine gemeinsamen Punkte, also schneiden sich auch entsprechende Spuren nicht, d. h.:

Bei parallelen Ebenen sind die Grundrißspuren und die Aufrißspuren je zueinander parallel

Nun kann folgendes Beispiel gelöst werden:

BEISPIEL 6

Zu der gegebenen Ebene E soll durch den gegebenen Punkt P (außerhalb E) die zu E parallele Ebene gelegt werden.

Lösung (Bild 65)

Die gesuchte Ebene hat zu e_1 bzw. e_2 parallele Spuren. Man kann also durch P die Höhenlinie h in der gesuchten Ebene legen (h' parallel zu e_1, h'' parallel zu x_{12}). Man findet L und durch L die Spur e_2 und damit auch durch O die Spur e_1 für die gesuchte Ebene.

Bild 65

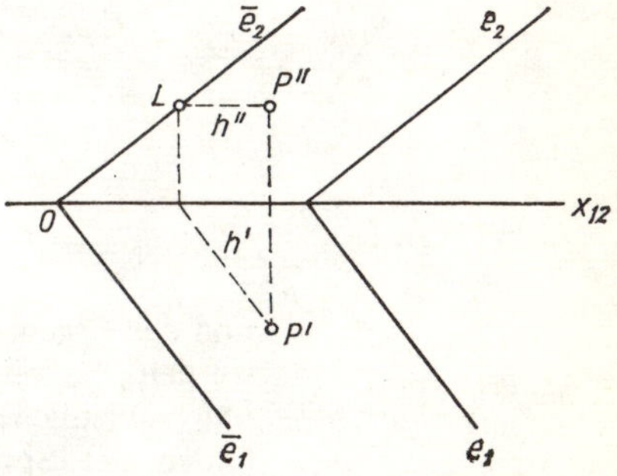

Eine weitere Aufgabe diene zur Vertiefung der entwickelten Begriffe und Tatsachen und speziell auch der *Zeichentechnik*.

BEISPIEL 7

Durch die Spitze S einer im Raum schwebenden, dreiseitigen Pyramide mit der Basisebene ABC soll die zur Basisebene parallele Ebene gelegt werden.

Lösung (Bild 66)

Die Pyramide ist in Zweitafelprojektion gegeben. Man denkt sich diesen Körper *massiv* (kein Stabmodell!). Dann sind im Grundriß, den man von oben schaut, alle vier Endpunkte und damit alle Kanten sichtbar. Im Aufriß, der von vorn geschaut wird, ist der Punkt C nicht sichtbar, da er (wie der Grundriß zeigt) am weitesten hinten liegt und durch die Ebene ABS (wie der Aufriß zeigt) verdeckt wird. Also sind auch die von C ausgehenden Kanten *nicht sichtbar*; sie werden daher im Aufriß *gestrichelt* gezeichnet.
Die Lösung des Beispiels geschieht in zwei Schritten. Man bestimmt zunächst die Spuren e_1 und e_2 der Basisebene, indem man die Grundrißspurpunkte I und II und den Aufrißspurpunkt III ermittelt. Beide Spuren schneiden sich auf x_{12}. Dann legt man nach dem Konstruktionsgang des vorigen Beispiels die gesuchte Parallelebene durch S mit den Spuren $\overline{e_1}$ und $\overline{e_2}$.

Zur *Ausführung der Konstruktion* des Bildes 66 ist zu beachten, daß sie, wie *jede* Konstruktion der darstellenden Geometrie, den *Konstruktionsgang* erkennen läßt. Natürlich läßt man die oft zahlreichen, notwendigen Hilfslinien an Dicke gegenüber den Hauptlinien (die gegebenen Stücke

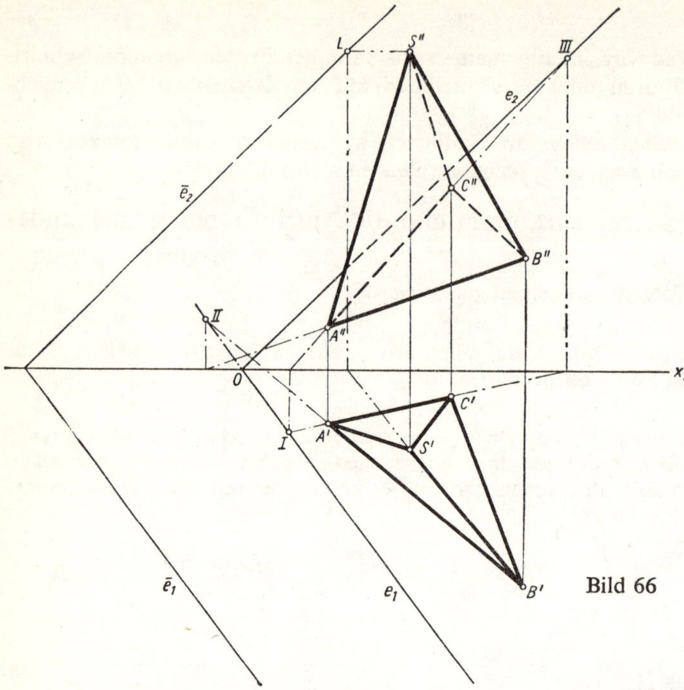

Bild 66

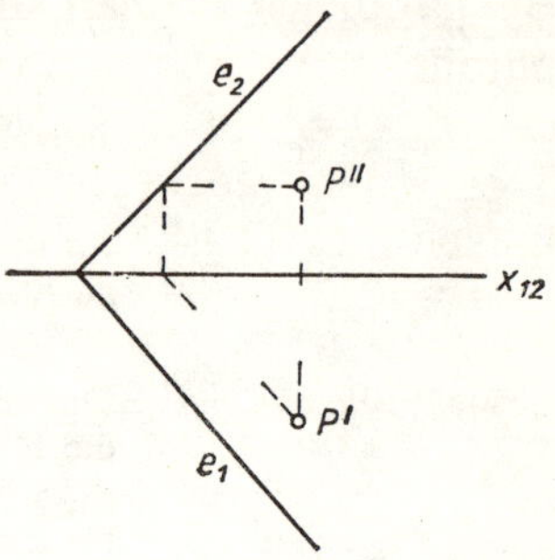

Bild 67

und das Ergebnis) zurücktreten. Um das „Lesen" der Figur zu erleichtern, werden die einzelnen, zusammenhängenden Konstruktionsgänge durch unterschiedliche Linienführung gekennzeichnet. In Bild 66 z. B. ist das Auffinden der Spurpunkte mit Strich-Punkt-Linien, die Konstruktion der Spuren $\overline{e_1}$ und $\overline{e_2}$ mit Strich-Punkt-Punkt-Linien durchgeführt.
Man beachte also stets:

1. Erkennbarkeit des Konstruktionsgangs.
2. Unterschiedliche Linienführung für die einzelnen, zusammenhängenden Konstruktionsgänge.

In diesem Zusammenhang sei noch bemerkt, daß man oft, um die Figur nicht zu belasten, die Nebenlinien nur „anreißt", wie es in Bild 67 am Beispiel der Höhenlinie und des Ordners gezeigt wird.

BEISPIEL 8

Gegeben sind zwei Ebenen E_1 und E_2 durch je drei Punkte A, B, C bzw. U, V, W. Man konstruiere die Schnittgerade der beiden Ebenen.

Lösung (Bild 68)

Man könnte das Beispiel so lösen, daß man zunächst die Spuren der beiden Dreiecksebenen konstruiert und dann die Schnittgerade nach Bild 63 findet.
Man kommt aber hier eher zum Ziele, wenn man in die beiden Dreiecksebenen zwei Höhenlinien von je gleicher Höhe legt, die sich dann in Punkten der gesuchten Schnittgeraden s schneiden (vgl. Bild 60). Legt man z. B. im Dreieck ABC die Höhenlinie h_1 durch A, so schneidet h_1 die Dreiecksseite BC (bzw. deren Verlängerung) in einem Punkte S_1, denn h_1 und $\overline{BC}$ liegen in einer Ebene. Man findet im Aufriß S_1'' dann durch Ordner S_1' und somit $\overline{A'S'} = h_1'$. Der Konstruktionsgang ist damit nach Bild 68 ohne weiteres verständlich. Als Zeichenprobe

dient die Parallelität der Grundrißprojektionen der Höhenlinien einer Ebene (h'_1, h'_2 und $\overline{h}'_1$, $\overline{h}'_2$).

V. *Punkt, Gerade und Ebene*

Es soll das *Durchstoßen einer Geraden g durch eine Ebene E* behandelt werden. Der Punkt D, in welchem die Gerade die Ebene durchstößt, wird oft auch der *Spurpunkt von g in E* genannt.
Vorbetrachtung: In Bild 69 durchstößt die Gerade g die Ebene E. Legt man durch g die projizierende Ebene Φ, so schneidet sich diese mit E in der Schnittgeraden s. Da g und s in der Ebene Φ liegen, ergeben sie den Schnittpunkt D. D liegt also auf g und in E, weil s in E liegt. Somit ist D der gesuchte Spurpunkt. Bild 69 läßt weiterhin erkennen, daß g' und s' zusammenfallen, da g und s in der Lotebene Φ liegen, d. h., g und s sind in bezug auf den Grundriß Deckgeraden.
Die Lösung des gestellten Beispiels vollzieht sich nunmehr in zwei Schritten, die symbolisch geschrieben werden können:

1. $\Phi \cap E = s$.
2. $s \cap g = D$.

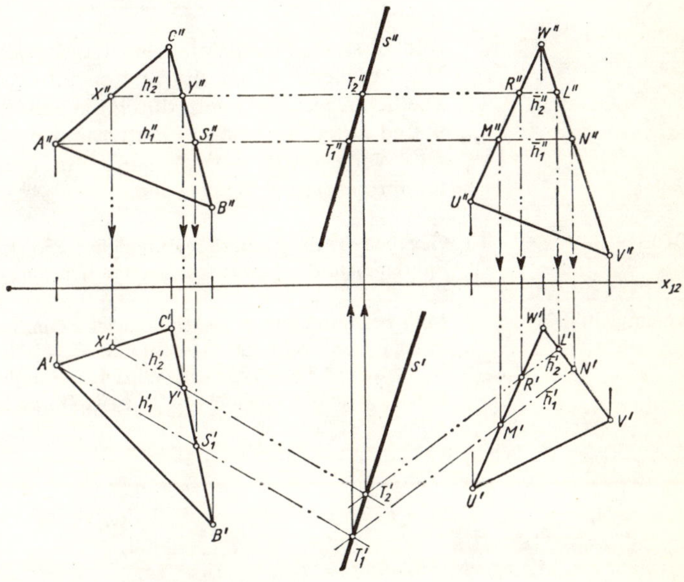

Bild 68

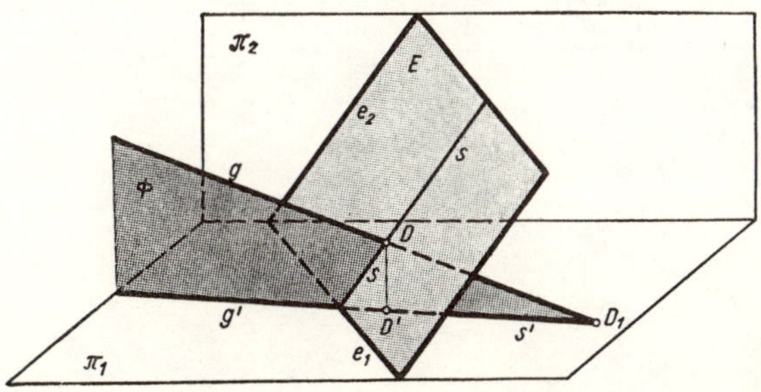

Bild 69

Bild 70

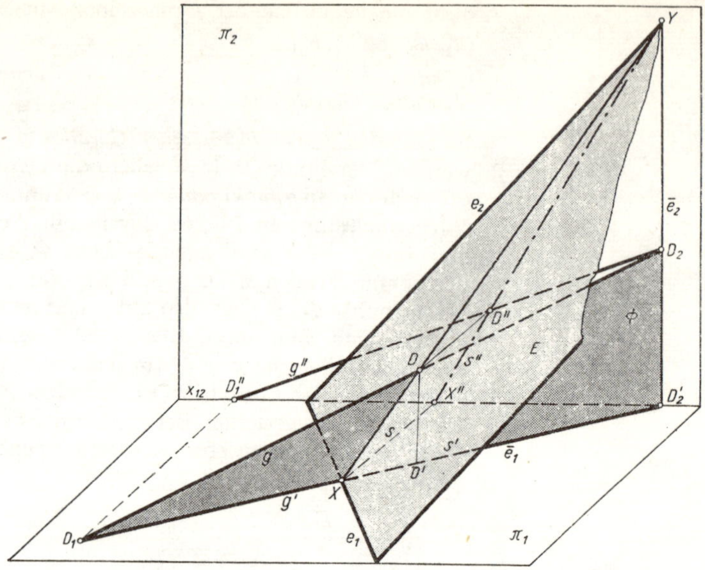

Bild 70 stellt die entstehenden Lagebeziehungen in einer Raumskizze dar. Die Lotebene Φ hat die Spuren $\overline{e_1} \equiv g'$ und $\overline{e_2}$ (rechtwinklig auf x_{12}). Die Schnittgerade s geht durch die Schnittpunkte X und Y der Spuren von Φ und E (vgl. Bild 62). s'' läuft von Y nach X'' und ergibt mit g'' den Punkt D''. Weiterhin ist $s' \equiv g' \equiv \overline{e_1}$. Nun kann das folgende Beispiel in Zweitafelprojektion gelöst werden.

BEISPIEL 9

Gegeben ist die Gerade g durch ihre Projektionen und die Ebene E durch ihre Spuren e_1 und e_2. Man konstruiere den *Spurpunkt von g in E.*

Lösung (Bild 71)

Man bestimmt die Projektionen der Schnittgeraden von Φ und E nach Bild 63, wobei $\overline{e_2}$ senkrecht auf x_{12} steht und $\overline{e_1} = g'$ ist. s'' schneidet g'' in D''. Der Ordner ergibt auf s' den Punkt D'. Wird E als undurchsichtig angenommen, so sind in Bild 71 g' und g'' rechts von D' bzw. D'' als unsichtbar gestrichelt zu zeichnen.

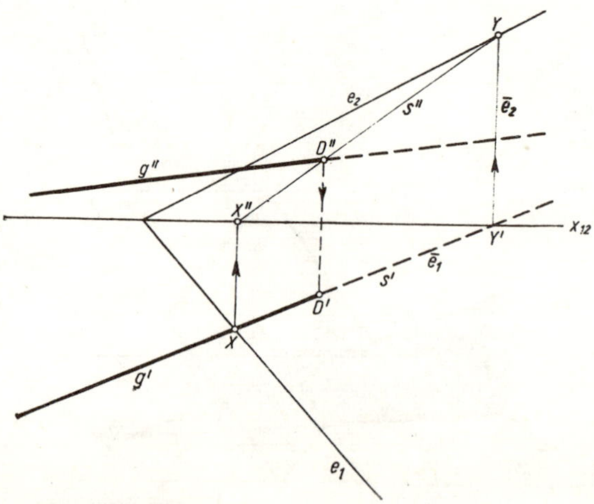

Bild 71

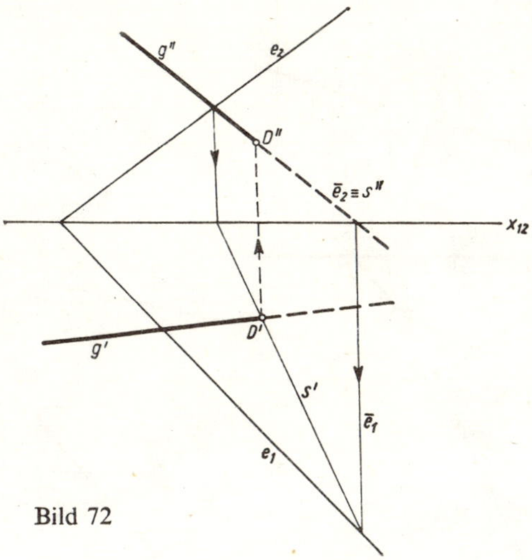

Bild 72

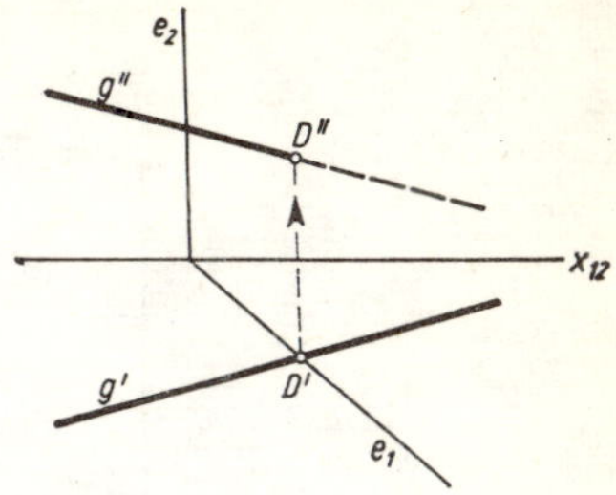

Bild 73a

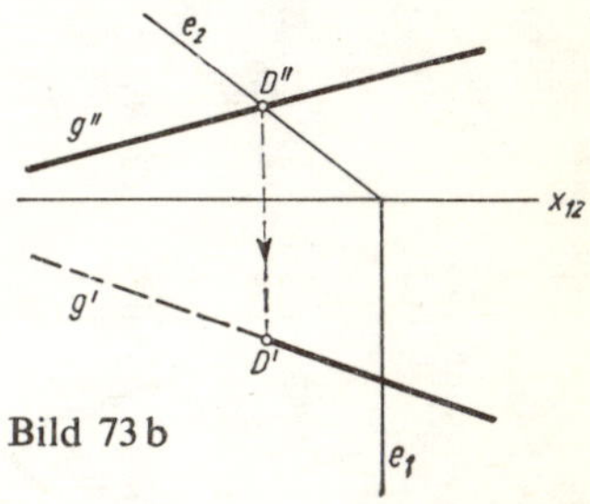

Bild 73b

Der Leser präge sich den eben geschilderten Konstruktionsgang formal ein; er gehört zu den Fundamentalkonstruktionen der darstellenden Geometrie und muß so gekonnt werden, wie man etwa einen Winkel halbiert, ohne noch dabei nachzudenken, daß man hier mit kongruenten Dreiecken arbeitet.

Das gleiche Beispiel kann auch so gelöst werden, daß man durch g die projizierende Ebene Φ *in bezug auf den Aufriß* legt. Die Überlegungen bleiben die gleichen, nur vertauschen jetzt Grundriß und Aufriß ihre Rollen. Bild 72 zeigt den Konstruktionsgang in Zweitafelprojektion.

Das eben gelöste Beispiel vereinfacht sich, wenn die Ebene E selbst eine Lotebene zu Π_1 oder zu Π_2 ist. Bilder 73a und b geben den Konstruktionsverlauf an.

Die Konstruktion entartet, wenn die Gerade g zur Ebene E parallel läuft. In diesem Falle würden in Bild 71 die Projektionen s'' und g'' bzw. in Bild 72 s' und g' keinen Schnittpunkt im Endlichen geben. Das leuchtet auch ein, weil ja s und g parallel laufen müssen. Würden sich beide Geraden schneiden, so müßte der Schnittpunkt in E liegen, weil s in E liegt; dies widerspricht aber der Tatsache, daß g parallel zu E läuft, also keinen Punkt in E hat. Der geübte Leser wird das eben Gesagte auch räumlich schauen.

Oft liegt die Ebene nicht durch ihre Spuren, sondern durch ein Dreieck oder durch zwei sich schneidende Geraden vor. An einem Beispiel soll der Lösungsgang zur Bestimmung des Durchstoßpunktes einer Geraden durch die Ebene entwickelt werden.

BEISPIEL 10

Es ist der Spurpunkt einer Geraden in einer Dreiecksebene zu ermitteln.

Lösung

In Bild 74a ist der Sachverhalt in einer Raumskizze dargestellt. Die durch die Gerade g gelegte projizierende Ebene Γ schneidet sich mit der Dreiecksebene E in der Schnittgeraden $12 = s$, wobei nun s und g im Grundriß als Deckgeraden

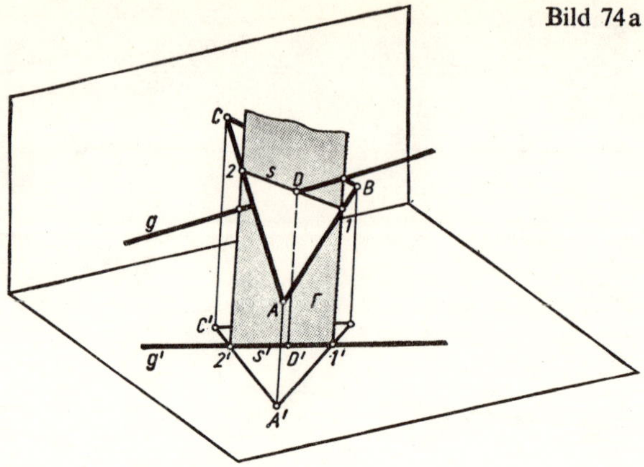

Bild 74a

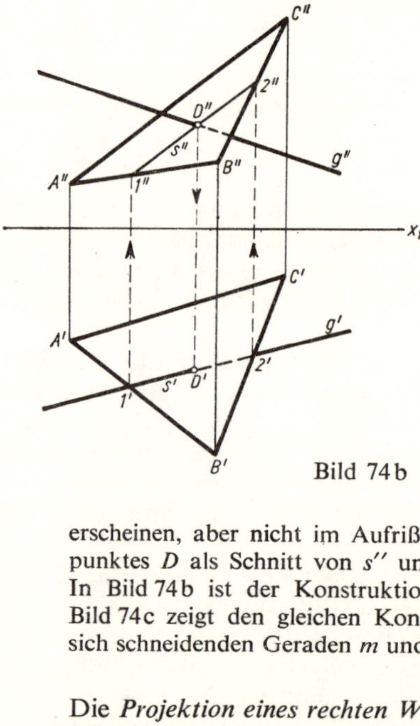

Bild 74b

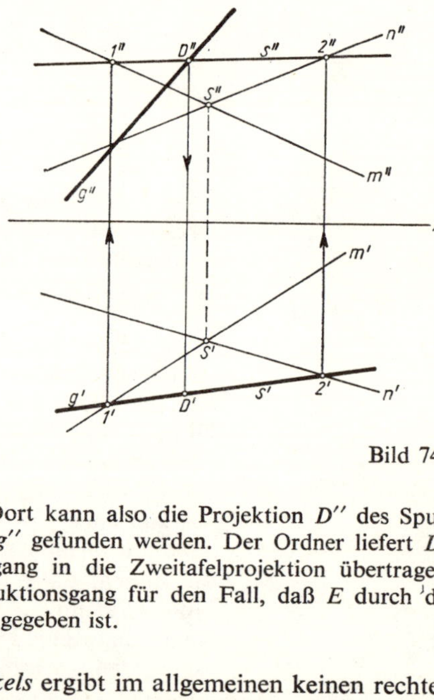

Bild 74c

erscheinen, aber nicht im Aufriß. Dort kann also die Projektion D'' des Spurpunktes D als Schnitt von s'' und g'' gefunden werden. Der Ordner liefert D'. In Bild 74b ist der Konstruktionsgang in die Zweitafelprojektion übertragen. Bild 74c zeigt den gleichen Konstruktionsgang für den Fall, daß E durch die sich schneidenden Geraden m und n gegeben ist.

Die *Projektion eines rechten Winkels* ergibt im allgemeinen keinen rechten Winkel. Um dies einzusehen, lege man ein rechtwinkliges Dreieck ABC in die Π_1-Ebene (Bild 75a). Dreht man nun das Dreieck um die festgehaltene Hypotenuse AB, so wandert C' auf die Hypotenuse zu. C' liegt also nun innerhalb des Thales-Kreises über $\overline{AB}$, so daß ABC' kein rechtwinkliges Dreieck mehr sein kann. Steht die Ebene des gedrehten Dreiecks ABC lotrecht zu Π_1, so liegt C' auf $\overline{AB}$, und der rechte Winkel bei C projiziert sich als $\sphericalangle AC'B = 180°$. Die gleichen Überlegungen gelten, wenn man das Dreieck ABC in der Ausgangsstellung parallel zu Π_2 legt und dann wieder um $\overline{AB}$ dreht. Ein rechter Winkel projiziert sich also dann als rechter Winkel, wenn seine Schenkel parallel zur Projektionsebene laufen.

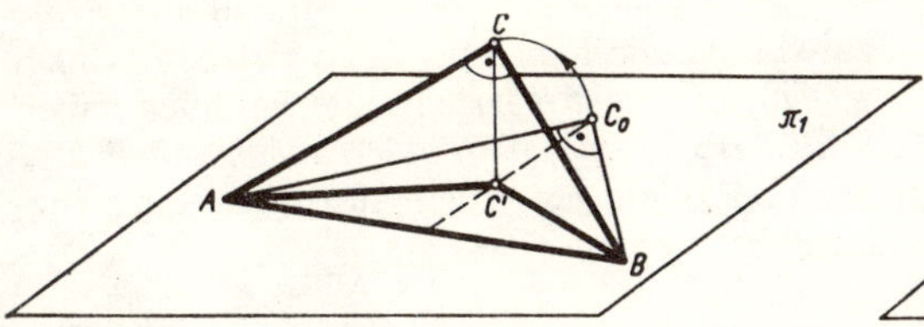

Bild 75a

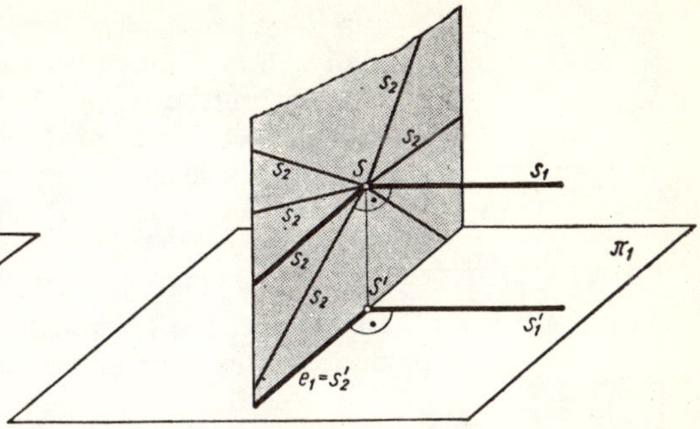

Bild 75b

Liegt dagegen ein rechter Winkel so im Raum (Bild 75b), daß einer seiner Schenkel, z. B. s_1, parallel zur Projektionsebene liegt, so kann man den Winkel um den festgehaltenen Schenkel s_1 drehen, wobei sich der gedrehte Schenkel s_2 in einer Lotebene zur Projektionsebene bewegt. Seine Projektion s_2' liegt also ständig auf der Spur e_1 der Lotebene. Bei Parallellage von s_2 zur Projektionsebene ist aber nach dem eben aufgestellten Satz $s_2' \perp s_1'$; also ist stets, weil $s_2' = e_1$ ist, $s_2' \perp s_1'$. Zusammengefaßt gilt:

Ein rechter Winkel projiziert sich dann und nur dann als rechter Winkel, wenn mindestens einer seiner Schenkel parallel zur Projektionsebene läuft und kein Schenkel senkrecht auf der Projektionsebene steht.

Legt man in eine Ebene E einen rechten Winkel so, daß ein Schenkel zur Höhenlinie der Ebene wird, so nennt man den anderen Schenkel **Fallinie** (v). Längs einer solchen Geraden würde ein Körper unter der Wirkung der Schwerkraft „fallen", z. B. die Regentropfen auf einem geneigten Dach. Die Fallinie bildet mit allen Höhenlinien, also auch mit der Grundrißspur e_1, rechte Winkel. Auch die Projektion der Fallinie steht auf e_1 senkrecht, weil ja der Winkel zwischen Fallinie und e_1 einen

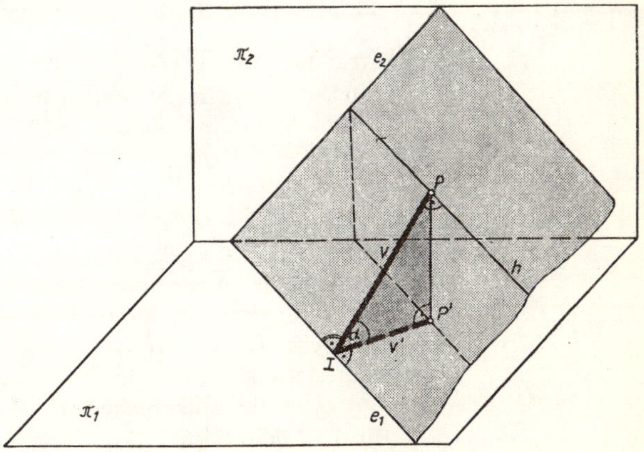

Bild 76

zur Π_1-Ebene parallelen Schenkel (e_1) hat. Man erhält somit, wenn man sich in E einen beliebigen Punkt P wählt, ein Dreieck IPP', bei dem I der Schnittpunkt der Fallinie mit e_1 ist (Bild 76). Dieses Dreieck heißt **Stützdreieck**; es ist gewissermaßen als „Stütze" unter die Ebene geschoben worden. Zu jedem Punkt der Ebene gehört ein solches Stützdreieck. Alle Stützdreiecke sind bei P' rechtwinklig und haben bei I den gleichen Winkel (*Neigungswinkel der Ebene gegen den Grundriß*); denn alle Fallinien haben das gleiche „Gefälle". *Alle Stützdreiecke sind somit untereinander ähnlich.*
In analoger Weise kann auch eine Fallinie gegen den Aufriß und ein Stützdreieck gegen den Aufriß eingeführt werden.

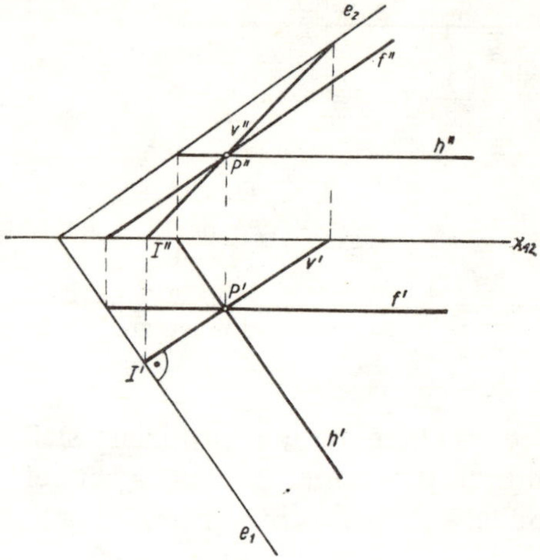

Bild 77

Man beachte besonders, daß die Frontlinie einer Ebene zu e_2 parallel läuft, während die Fallinie dies nicht tut! Nur im Falle einer Lotebene zum Aufriß fallen Front- und Fallinie zusammen. In Bild 77 sind durch einen Punkt einer Ebene Höhen-, Front- und Fallinie gelegt worden. Das Bild zeigt die unterschiedlichen Lagen der drei Geraden.
Es soll nun das *Lot auf einer Ebene* (Normale, Senkrechte) dargestellt werden. Man definiert:

Ein Lot auf einer Ebene ist eine Gerade, die mit allen Geraden der Ebene rechte Winkel bildet.

Errichtet man also (Bild 78) in einem Punkte P einer Ebene die Senkrechte l von der Länge l_0, so muß l u. a. senkrecht auf der Höhenlinie h und der Fallinie v durch P stehen. Man könnte also bei festgehaltenem h die Senkrechte l in v drehen, da l und v rechtwinklig auf h stehen. l und v liegen also in der Lotebene Γ auf h, in der auch das Stützdreieck $IP'P$ liegt. Somit kann man die Ebene des Stützdreiecks mit dem in ihr liegenden Lot um $\overline{IP'}$ in den Grundriß umlegen, wobei dann das Lot in seiner wahren Länge l_0 erscheint. Andererseits erkennt man, daß die Grundrißprojektion des Lotes mit der von der Fallinie zusammenfällt, weil beide Geraden in der Lotebene Γ zum Grundriß liegen, eben in der Ebene des Stützdreiecks. Nun steht aber, wie bereits erkannt, v' senkrecht auf e_1, also gilt auch $l' \perp e_1$. Die entsprechende Überlegung in Projektionsrichtung Aufriß führt zu dem Satz:

Die Projektionen des Lotes einer Ebene bilden mit den entsprechenden Spuren rechte Winkel.

Im folgenden seien nun einige Beispiele durchgeführt, die den soeben entwickelten Satz mit seinen Vorüberlegungen anwenden.

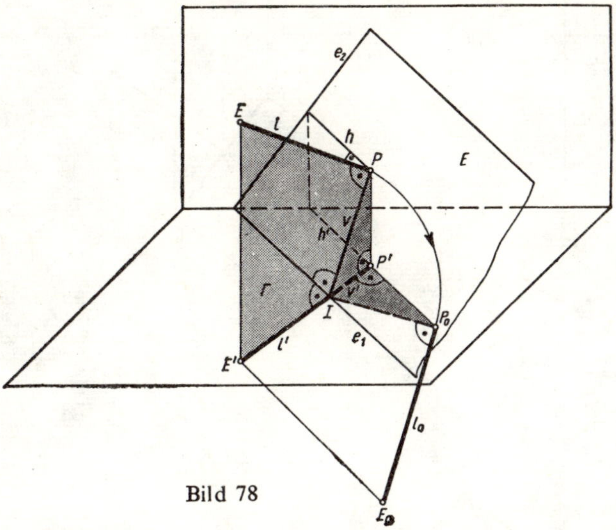

Bild 78

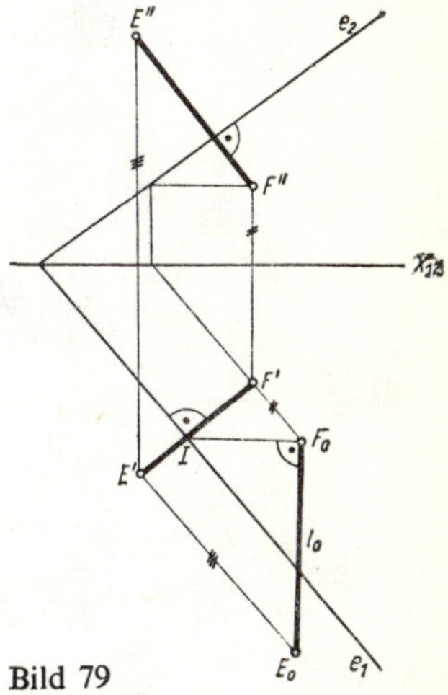

Bild 79

BEISPIEL 11

Auf eine durch ihre Spuren gegebene Ebene E soll eine senkrechte Strecke von der gegebenen Länge l_0 in dem gegebenen Punkte F errichtet werden.

Lösung (Bild 79)

Die durch F' bzw. F'' auf e_1 bzw. e_2 gefällten Lote l' und l'' stellen bereits die Projektionen des noch unbegrenzten Lotes l dar. Das zu F gehörige Stützdreieck IFF' wird um $\overline{IF'}$ in die Π_1-Ebene umgelegt, wobei F in F_0 übergeht. $\overline{F'F_0}$ findet man aus der Höhenlage von F über Π_1, also aus dem Abstand des Punktes F'' von der Rißachse. Die zu $\overline{IF_0}$ in F_0 errichtete Senkrechte erhält die Länge $F_0E_0 = l_0$. Durch Aufrichten des Stützdreiecks wandert die Projektion des Lotendpunktes parallel zu e_1 von E_0 bis E', d. h. auf das Lot l', das von F' aus auf e_1 gefällt wurde. Durch Ordner findet man E'' auf l''. Zeichenprobe: $\overline{E'E_0}$ gibt die Höhenlage von E an, also muß der Abstand von E'' von der Rißachse gleich $\overline{E'E_0}$ sein.

BEISPIEL 12

Man errichte im Mittelpunkt M einer Strecke AB die zu $\overline{AB}$ senkrechte Ebene.

Lösung (Bild 80a)

Weil $\overline{AB}$ Lot zur gesuchten Ebene ist, müssen die Spuren e_1 und e_2 der Ebene senkrecht auf den entsprechenden Projektionen von $\overline{AB}$ stehen. Da die Höhenlinien parallel zu e_1 laufen, muß $\overline{A'B'}$ auch senkrecht auf der Grundrißprojektion der Höhenlinie h durch M stehen. Also kann durch M' die Projektion h' gezeichnet werden; man findet dann auf h'' den Punkt L, durch den $e_2 \perp \overline{A''B''}$ läuft. Damit ist auch $e_1 \parallel h'$ gefunden. In Bild 80b ist ergänzend gezeigt, daß der Mittelpunkt einer Strecke in den Mittelpunkt der Projektion der Strecke übergeht (Strahlenbüschel mit dem Scheitel S).

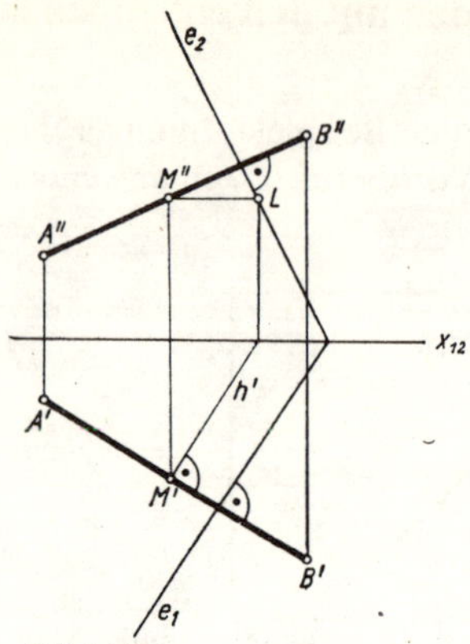

Bild 80a

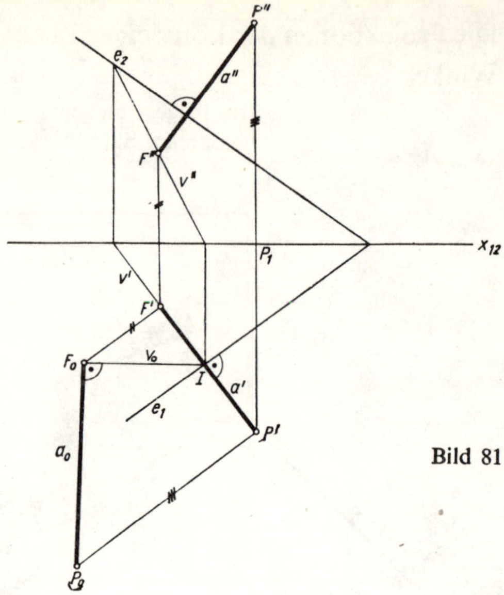

Bild 81

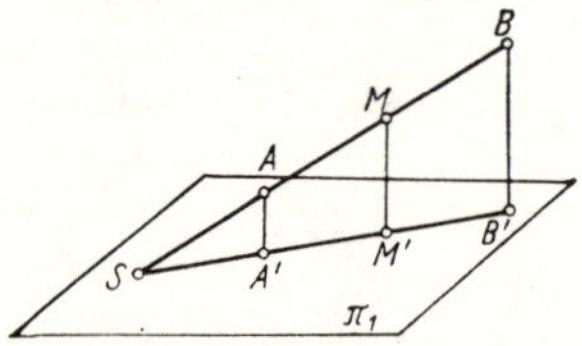

Bild 80b

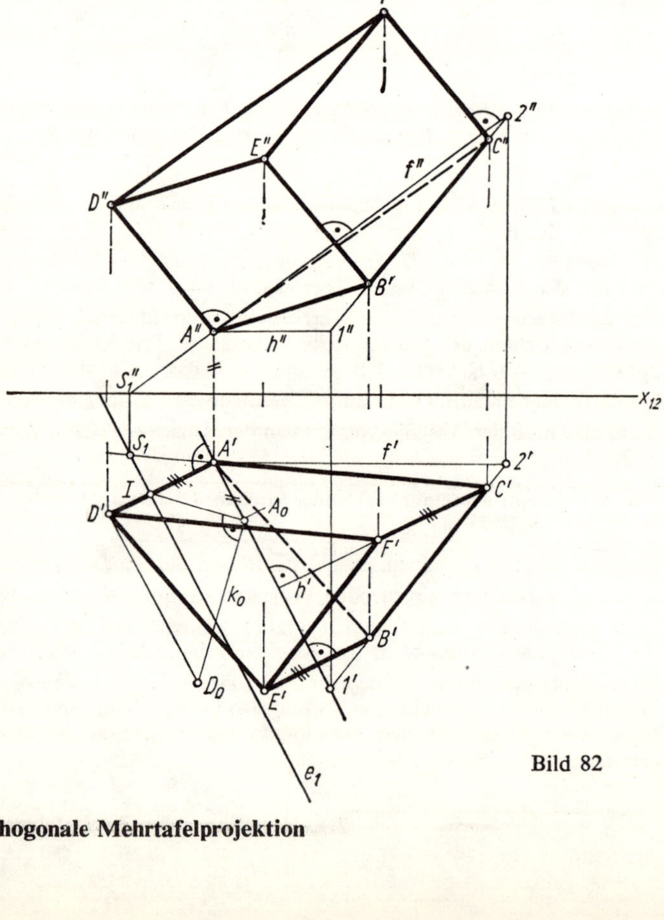

Bild 82

BEISPIEL 13

Man bestimme den Abstand a_0 eines Punktes P von einer gegebenen Ebene E.

Lösung (Bild 81)

Man fällt von P das Lot a auf E, wobei $a' \perp e_1$ und $a'' \perp e_2$ verläuft. Der Fußpunkt F des Lotes ergibt sich als Spurpunkt von a in E (vgl. Bild 71). Nun kann man die Ebene des Stützdreiecks von F in den Grundriß umlegen. In dieser Ebene liegt auch $\overline{PF}$, so daß auch P mit umgelegt werden kann ($\overline{P''P_1} = \overline{P'P_0}$). $\overline{F_0P_0} = a_0$ ist der gesuchte Abstand.
Zeichenprobe: $\overline{F_0I} \perp \overline{F_0P_0}$.

BEISPIEL 14

Auf ein durch seine Projektionen gegebenes Dreieck ABC soll ein gerades Prisma von der gegebenen Höhe k_0 gesetzt werden.

Lösung (Bild 82)

Man legt zunächst z. B. durch den Punkt A die Höhenlinie h in die Dreiecksebene (vgl. Bild 68); die Seitenkanten des Prismas ergeben dann im Grundriß Senkrechte zu h' durch die Punkte A', B' und C'. Entsprechend laufen die Aufrißprojektionen der Prismakanten senkrecht zur Aufrißprojektion f'' der Frontlinie f durch A. Durch den Spurpunkt S_1 von $\overline{AC}$ in Π_1 geht $e_1 \parallel h'$. Man findet nun den Punkt I des Stützdreiecks von A, das man umlegen kann. Senkrecht zu $\overline{IA_0}$ trägt man in A_0 die gegebene Länge k_0 der Prismakante ab und findet D_0. Durch Aufrichten des Stützdreiecks erhält man D' und damit die beiden anderen Kanten $B'E'$ und $C'F'$, die beide gleich $\overline{A'D'}$ sind. Durch Ordner ergeben sich schließlich D'', E'' und F'' (Parallelenprobe!).

2.1.6. Bestimmung wahrer Größen und Gestalten

Aus den gegebenen Projektionen einer im Raum liegenden Strecke AB soll die wahre Länge der Strecke ermittelt werden. Man kann dies auf zwei verschiedenen Wegen tun:

1. Die Strecke AB bildet mit ihrer Projektion $A'B'$ das *projizierende Trapez* $ABB'A'$. Klappt man dieses Trapez um $\overline{A'B'}$ in die Π_1-Ebene um, so legt sich $\overline{AB}$ als $\overline{A_0B_0}$ in die Grundrißebene (Bild 83). Die Längen $\overline{A'A_0}$ und $\overline{B'B_0}$ können dem Aufriß entnommen und müssen rechtwinklig zu $\overline{A'B'}$ aufgetragen werden. $\overline{A_0B_0}$ ist die wahre Länge der Strecke.
In gleicher Weise kann das projizierende Trapez gegen den Aufriß verwendet und in die Aufrißebene umgelegt werden (Bild 84).
In Bild 85 ist die Konstruktion der **wahren Länge einer Strecke** AB dargestellt, bei der A unter und B über dem Grundriß liegt.
2. Der zweite Weg verwendet die Tatsache, daß *ebene Figuren, die parallel zu einer Projektionsebene liegen, sich in wahrer Größe und Gestalt projizieren.* In Bild 86 ist dieser Sachverhalt in einer Raumskizze für ein Dreieck dargestellt. Die wahre Länge einer Strecke AB kann daher so bestimmt werden, daß man $\overline{AB}$ z. B. um A so dreht, daß $\overline{AB}$ einen Kegelmantel beschreibt und B sich auf dem zu Π_1 parallel liegenden Kegelgrundkreis bewegt. B' wandert daher in Π_1 auf dem kongruenten Kreis, B'' auf einer Parallelen zur Rißachse. Dreht man nun $\overline{AB}$ in Frontallage, also parallel zur Π_2-Ebene, so erscheint $\overline{AB}$ im Aufriß in wahrer Länge (Bild 87; $\overline{A''B''}$ = wahre Größe).

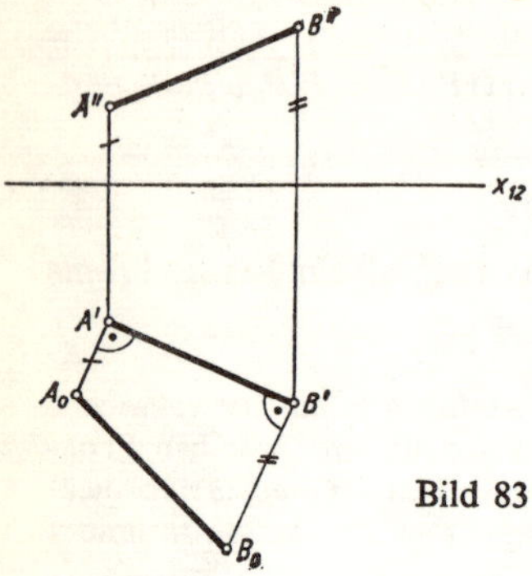

Bild 83

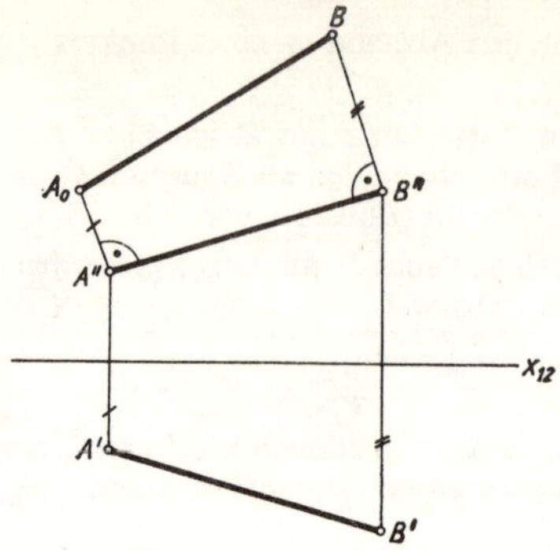

Bild 84

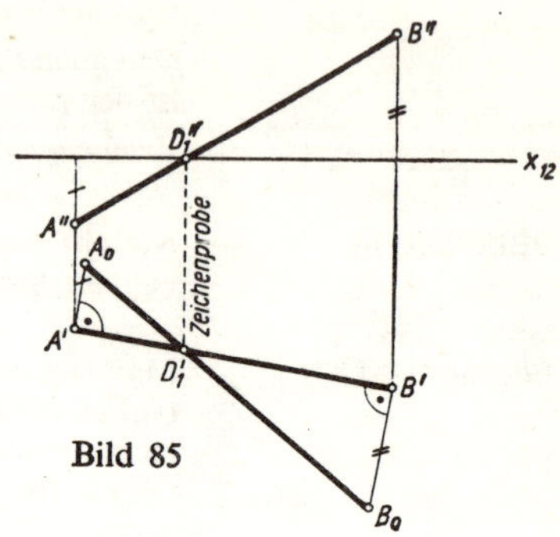

Bild 85

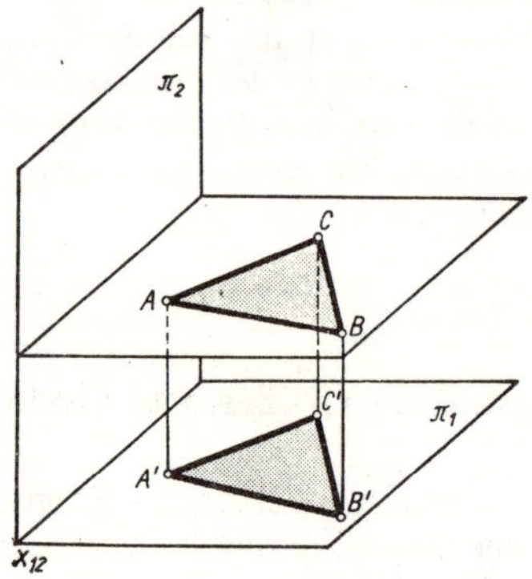

Bild 86

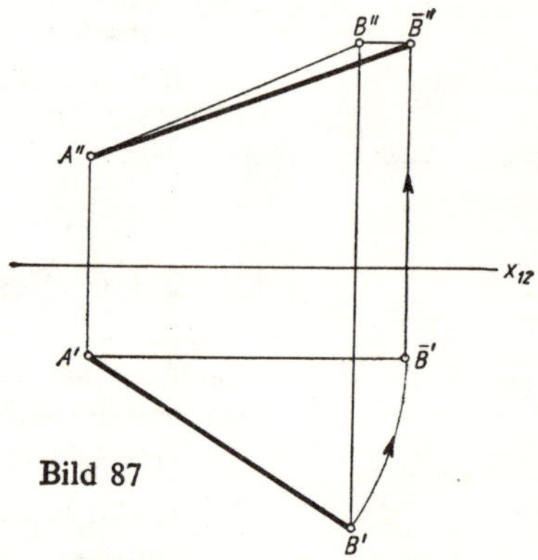

Bild 87

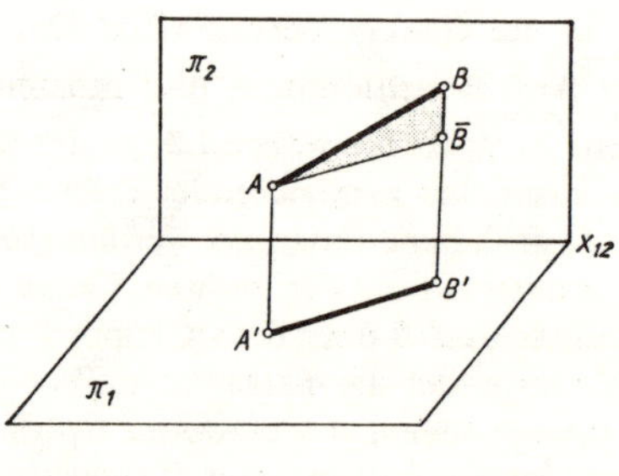

Bild 88a

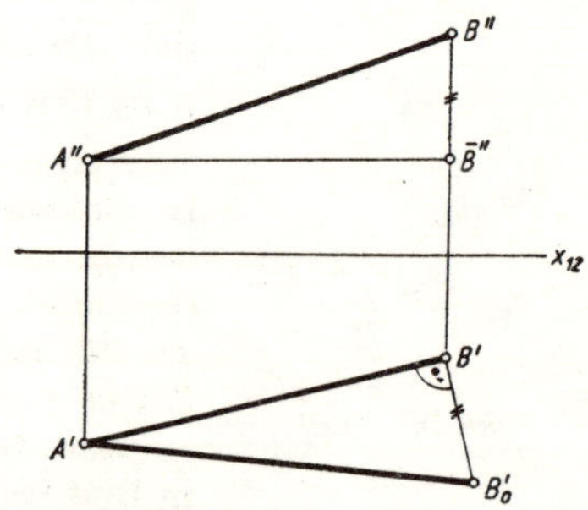

Bild 88b

Oftmals wird auch die Parallellage der Strecke AB zu einer Projektionsebene dadurch erreicht, daß man das unter $\overline{AB}$ liegende Stützdreieck (Bilder 88a und b) parallel zu einer Projektionsebene umklappt.
Gilt es, die **wahre Größe eines Winkels** zu ermitteln, so wird man die Ebene, welche der Winkel bestimmt, so umlegen, daß sie zu einer Projektionsebene parallel liegt.

Bild 89

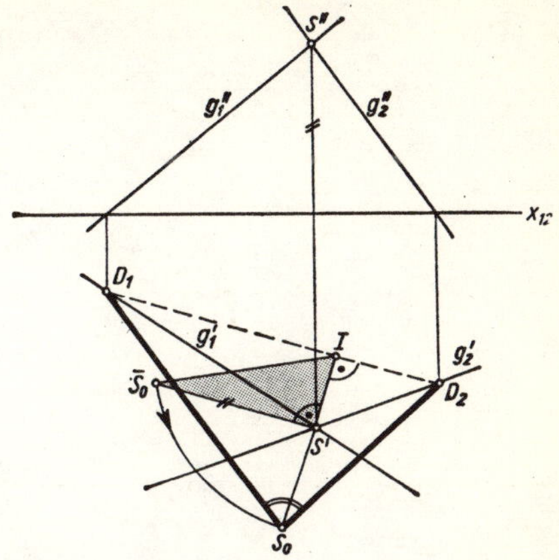

In Bild 89 sind zwei sich in S schneidende Geraden g_1 und g_2 gegeben. Um ihren Schnittwinkel zu erhalten, bestimmt man zunächst die Spurpunkte D_1 und D_2 beider Geraden im Grundriß. Sodann klappt man das Dreieck D_1D_2S um $\overline{D_1D_2}$ in die Grundrißebene um. Hierbei legt sich der Punkt S in S_0. Der Punkt S dreht sich bei der Umklappung auf einem Kreis, dessen Mittelpunkt I auf der Drehachse D_1D_2 liegt; sein Radius ist die Fallinie SI der Dreiecksebene. Er kann gefunden werden als Hypotenuse des umgelegten Stützdreiecks ISS' zu $\overline{I\bar{S}_0}$. S_0 liegt in der Entfernung $\overline{I\bar{S}_0}$ von der Drehachse auf der Verlängerung von $\overline{IS'}$. Der Winkel $D_1S_0D_2$ ist der gesuchte Winkel in wahrer Größe. Der Leser beachte, daß bei der Lösung dieser Aufgabe der Punkt S zweimal umgeklappt wird, das erste Mal mit seinem Stützdreieck zu $\bar{S}_0$, das zweite Mal mit der Dreiecksebene D_1D_2S um $\overline{D_1D_2}$ zu S_0.

Die *Bestimmung wahrer Gestalten ebener Figuren* geschieht nach folgendem Prinzip:

Man bestimmt die Grundrißspur e_1 der Ebene E, in der die Figur liegt, und klappt sodann E um e_1 in die Grundrißebene um (Bild 90).

Mitunter ist es vorteilhafter, die Ebene E um die Höhenlinie h in die Parallellage zum Grundriß umzuklappen, vor allem dann, wenn e_1 zeichentech-

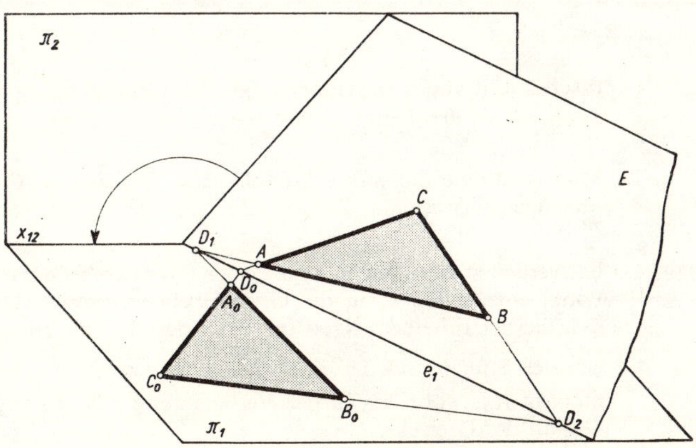

Bild 90

Bild 91

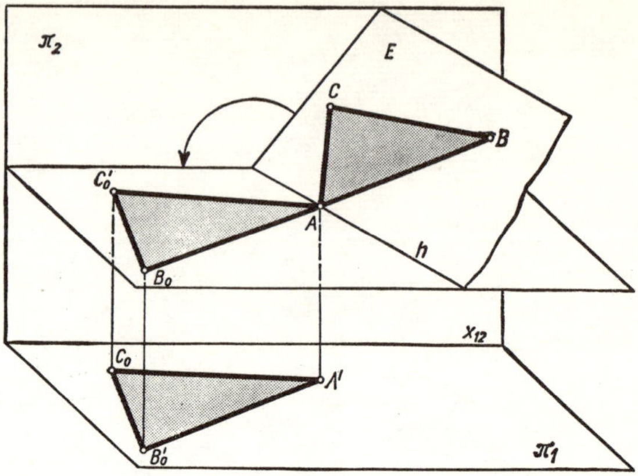

Bild 92

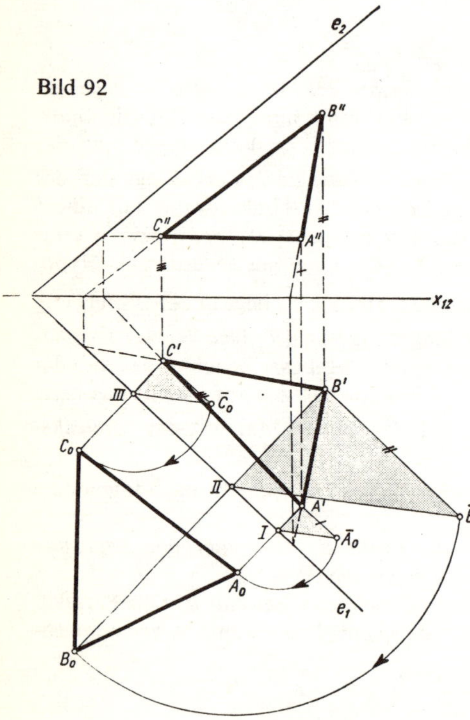

Bild 93

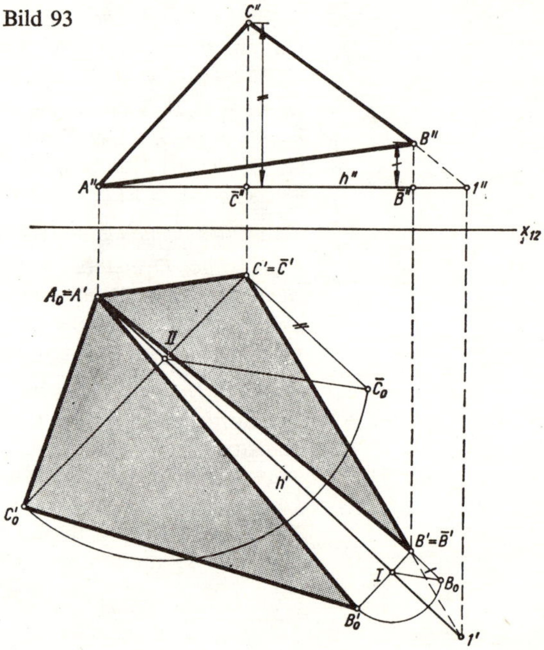

nisch nicht mehr erreichbar ist (Bild 91). Analog kann die Umklappung auch um e_2 erfolgen.

BEISPIEL 15

Man bestimme die wahre Gestalt eines Dreiecks ABC, das durch seine Projektionen gegeben ist.

Lösung (Bild 92)

Es werden die Spuren e_1 und e_2 der Dreiecksebene ermittelt. Sodann wird jeder Punkt einzeln um e_1 in die Grundrißebene gedreht. Der Punkt A z. B. bewegt sich hierbei auf einem Kreis um I mit dem Radius IA, wobei dieser aus dem umgelegten Stützdreieck $IA'\overline{A_0}$ als $\overline{I\overline{A_0}}$ gefunden wird. A legt sich nach der Umklappung in A_0, wobei A_0 in der Verlängerung von $\overline{A'I}$ liegt. $A_0B_0C_0$ ist die wahre Gestalt des Dreiecks.

In Bild 93 wird gezeigt, wie die wahre Gestalt eines Dreiecks ABC durch Umklappen der Dreiecksebene um die Höhenlinie durch A ermittelt werden kann. A bleibt in diesem Falle bei der Umklappung fest, während B und C mit den Stützdreiecken $IB'B$ und $IIC'C$ umgelegt werden.

BEISPIEL 16

Es soll der Neigungswinkel bestimmt werden, den eine gegebene Gerade g mit einer gegebenen Dreiecksebene (ABC) bildet.

Lösung

Unter dem **Neigungswinkel einer Geraden gegen eine Ebene** versteht man den Winkel, den die Gerade mit ihrer Orthogonalprojektion auf diese Ebene bildet (Bild 94a). Man wähle auf g (Bild 94b) den Hilfspunkt H. Sodann bestimme man nach Bild 74b den Durchstoßpunkt D von g durch die Dreiecksebene. Von H

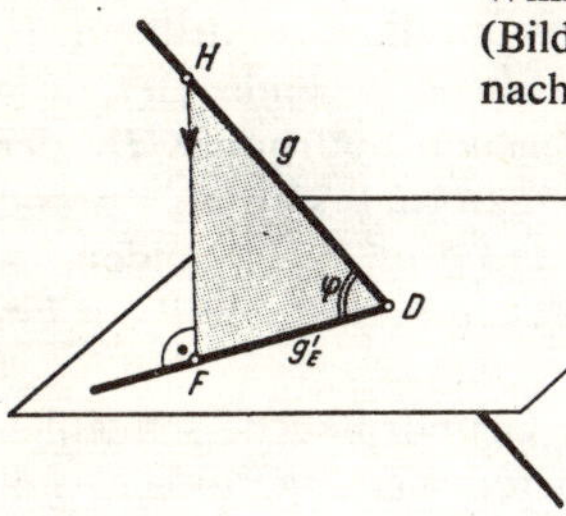

Bild 94a

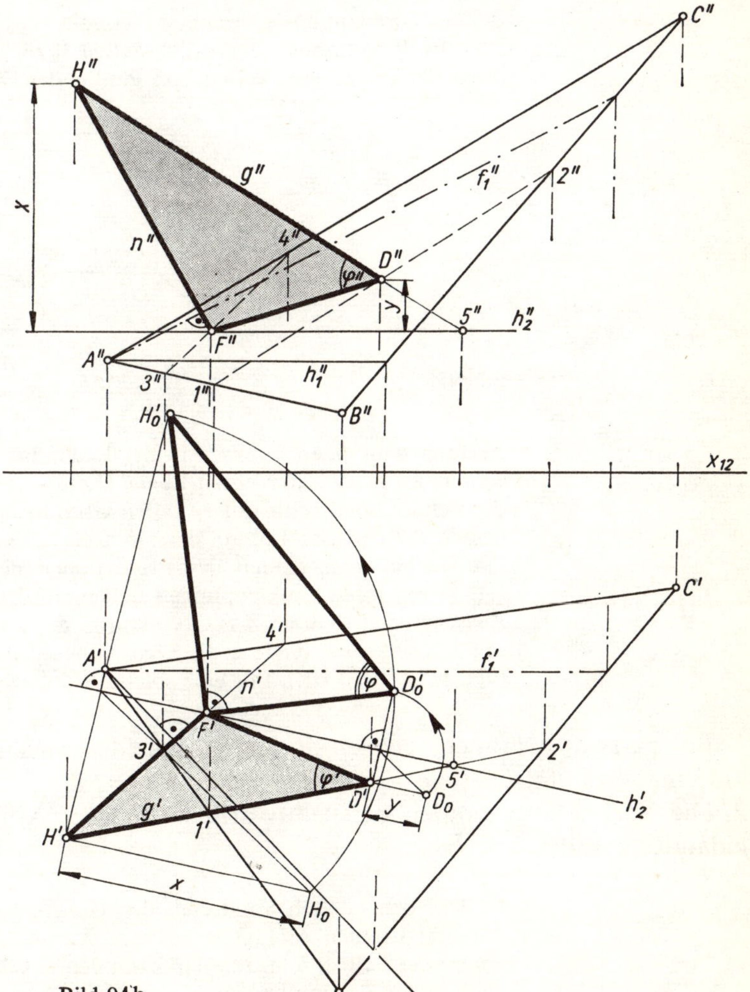

Bild 94b

aus fällt man das Lot n auf die Ebene, wobei $n' \perp h_1'$ steht (h_1 Höhenlinie durch A) und $n'' \perp f_1''$ steht (f_1 Frontlinie durch A). Nun ergibt sich der Durchstoßpunkt F von n durch die Dreiecksebene. In dem entstandenen $\triangle FHD$ ist der Winkel bei D der gesuchte. In Bild 94b wird $\triangle FHD$ zur Π_1-Ebene um h parallel gedreht, so daß nun der Winkel φ in wahrer Größe erscheint.

2.1.7. Affinität

Bei der Umlegung einer Ebene E in die Π_1-Ebene um die Grundrißspur e_1 bleiben alle Punkte der Spur fest. Eine in der Ebene liegende Gerade g wird nach der Umlegung zu g_0. Der auf e_1 liegende Spurpunkt D_1 der Geraden ist in seiner Lage unverändert geblieben, so daß sich also g und g_0 in D_1 schneiden (Bild 95a). Da sich auch g' und g in D_1 schneiden, ist dies auch für g' und g_0 der Fall. Verallgemeinert ergibt sich somit für ein ebenes n-Eck:
Bei der Umklappung eines ebenen n-Ecks in die Grundrißebene schneiden sich die Projektionen der n-Eck-Seiten (bzw. deren Verlängerungen) mit ihren Umklappungen je in einem Punkte der Drehachse e_1.

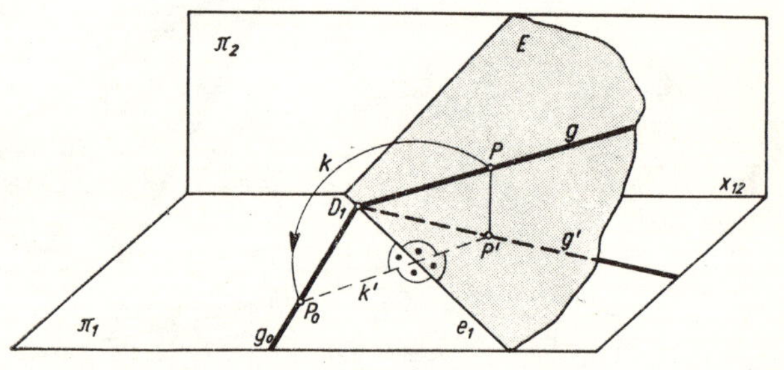

Bild 95a

Verfolgt man einen Punkt P in der Ebene bei der Umlegung, so wandert er in einer zu e_1 senkrechten Ebene (Lotebene auf Π_1) auf einem Kreis k, der sich als Senkrechte auf e_1 in den Grundriß projiziert. Die Verbindungsgerade $P'P_0$ ist also Lot auf der Drehachse. Es gilt weiterhin:
Die Verbindungsgeraden der Projektionen der Eckpunkte eines ebenen n-Ecks mit ihren Umklappungen stehen auf der Drehachse e_1 senkrecht.
Zwischen den Figuren $A'B'C'$ ... und $A_0B_0C_0$ ... bestehen also „verwandtschaftliche“ Beziehungen; die Figuren nennt man **perspektiv-affine Figuren** (vgl. 1.2.3., Fall III.). Für eine solche Affinität gilt allgemein:

1. Bei perspektiv-affinen, ebenen Figuren schneiden sich entsprechende Geraden auf einer Affinitätsachse a.
2. Die Verbindungsgeraden perspektiv-affiner Punkte (Affinitätsstrahlen) sind zueinander parallel.

In dem behandelten Sonderfall der Umklappung einer Ebene stehen die Affinitätsstrahlen senkrecht auf der Affinitätsachse. Dies braucht nicht immer der Fall zu sein. Ja, man kann den Begriff der perspektiven Affinität auch in den Raum übertragen und definieren:

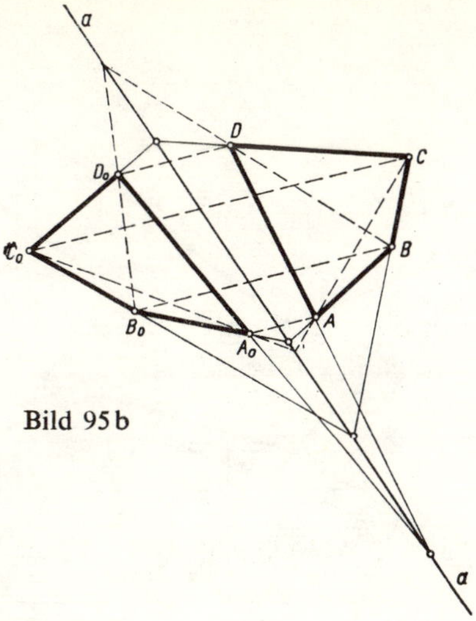

Bild 95b

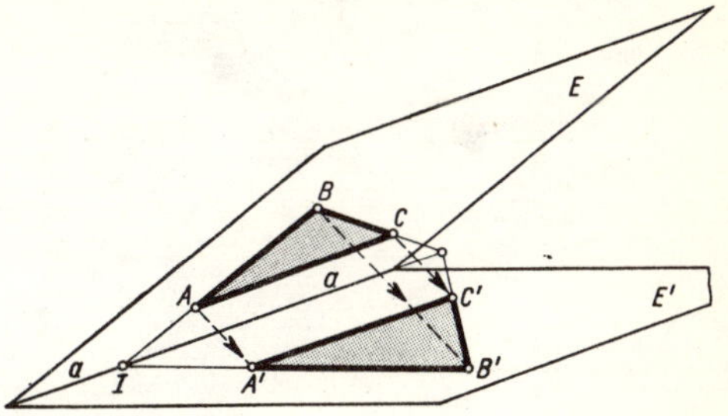

Bild 96

Ebene Figuren, die durch Parallelprojektionen auseinander hervorgehen, sind zueinander perspektiv-affin.

Bild 95b zeigt eine „ebene perspektive Affinität“ zwischen zwei Vierecken mit beliebiger Richtung der Affinitätsstrahlen. Bild 96 stellt eine „räumliche perspektive Affinität“ dar. Die Projektionsstrahlen AA', BB' und CC' sind die Affinitätsstrahlen, und die Schnittgerade der beiden Ebenen E und E' ist die Affinitätsachse a. Daß sich z. B. $\overline{AB}$ und $\overline{A'B'}$ auf dieser Achse a in I schneiden müssen, folgt aus der Tatsache, daß sich die Ebenen E, E' und die durch $\overline{AA'}$ und $\overline{BB'}$ bestimmte Ebene in *einem* Punkte (nämlich I) schneiden.

Die im vorhergehenden Abschnitt behandelte Umklappung einer ebenen Figur kann nun insofern vereinfacht werden, als man zunächst einen Punkt mittels Stützdreiecks umklappt. Sei dies der Punkt P, so ist P_0, P' ein affines Punktepaar, und man kann mit P_0 als „Angelpunkt“ die affine Figur schrittweise zusammensetzen. Ein Beispiel soll dies zeigen.

BEISPIEL 17

Es soll die wahre Gestalt eines ebenen Fünfecks bestimmt werden.

Lösung (Bild 97)

Das ebene Fünfeck $ABCDE$ liege in seinen Projektionen vor. Man ermittelt die Spuren e_1, e_2 der Fünfeckebene E. Sodann klappt man mit dem Stützdreieck $AA'I$ den Punkt A in $\overline{A_0}$ um und erhält den Angelpunkt A_0. Nun findet man unter Beachtung der beiden Affinitätsgesetze durch Verlängern von $\overline{A'E'}$ bis II und Verbinden von A_0 mit II auf dem Affinitätsstrahl durch E' den Punkt E_0. D_0 findet man entsprechend über V hinweg. C_0 ergibt sich, indem man die Diagonale $C'E'$ über IV hinweg affin überträgt. Endlich folgt B_0 über III aus der Übertragung von $B'C'$.

Zeichenproben müssen ergeben, daß sich alle verlängerten Seiten und Diagonalen je in einem Punkte auf e_1 schneiden. Die Konstruktion mittels „affiner Abbildung“ hat den Vorteil, daß sie nur das Lineal gebraucht und auf den Zirkel verzichtet, nachdem der Angelpunkt gefunden wurde.

Bild 97

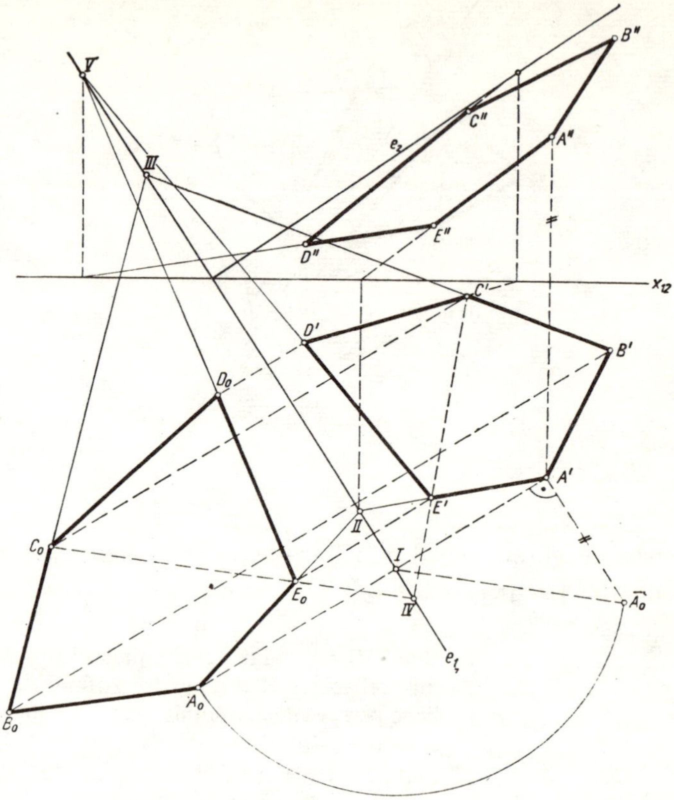

2.1.8. Vorgegebene ebene Figuren in einer Ebene

Soll eine in ihrer Gestalt vorgegebene ebene Figur in einer bestimmten Raumlage dargestellt werden, so muß die Ebene E der Figur unter den gegebenen Bedingungen gezeichnet werden. Ist E gefunden, kann man um e_1 umklappen, die Figur in ihrer wahren Gestalt zeichnen und sodann E mit der Figur in die gewünschte Raumlage zurückklappen.

BEISPIEL 18

Ein gleichseitiges Dreieck ABC mit $\overline{AB} = 5$ cm soll so dargestellt werden, daß A 2 cm vor dem Aufriß und 3 cm über dem Grundriß liegt. Die Neigung der Dreiecksebene gegen den Grundriß sei 45°; ABC liege im ersten Quadranten.

Lösung (Bild 98)

Da von der Dreiecksebene E lediglich die Neigung gegen Π_1 gefordert ist, wählt man e_1 beliebig. Ein auf der noch unbekannten Spur e_2 liegender Hilfspunkt H (H' auf x_{12}-Achse) ergibt das umgelegte Stützdreieck $I\overline{H}_0H'$ mit dem Neigungswinkel $\alpha = 45°$. Klappt man E um e_1 in Π_1 um, so findet man H_0 und die mit umgelegte Aufrißspur e_{20}. A_0 und A' sind ein affines Punktepaar. e_2 selbst geht durch H'', wobei $\overline{H'H''} = \overline{H'\overline{H}_0}$ sein muß. Nach Forderung der Aufgabe liegt A auf der Frontlinie f der Ebene in 2 cm Abstand vor Π_2 und auf der Höhenlinie h 3 cm über Π_1. Es gilt also: $h \cap f = A$. A kann nun zu A_0 umgeklappt werden, wobei man beachtet, daß die umgelegte Frontlinie f_0 zu e_{20} parallel läuft, wie es im Raum schon für f und e_2 der Fall ist. Man legt nun an A_0 das verlangte gleichseitige Dreieck $A_0B_0C_0$ so an, daß sich seine Fläche innerhalb des von e_1 und e_{20} gebildeten Winkelgebietes befindet. Dieses fällt nämlich beim Zurückklappen der Ebene genau in den ersten Quadranten. B' und C' werden durch Affinität gefunden; B'' und C'' ergeben sich mittels Höhenlinien. (In Bild 98 wurde C' als affiner Punkt von C_0 mit dem auf $\overline{A_0B_0}$ gewählten Hilfspunkt l_0 gefunden; dadurch wurden die nahe an e_1 liegenden Punkte B_0 und B' umgangen, die beim Anlegen des Lineals infolge ihres geringen Abstandes von e_1 Anlegefehler verursachen.)

Bild 98

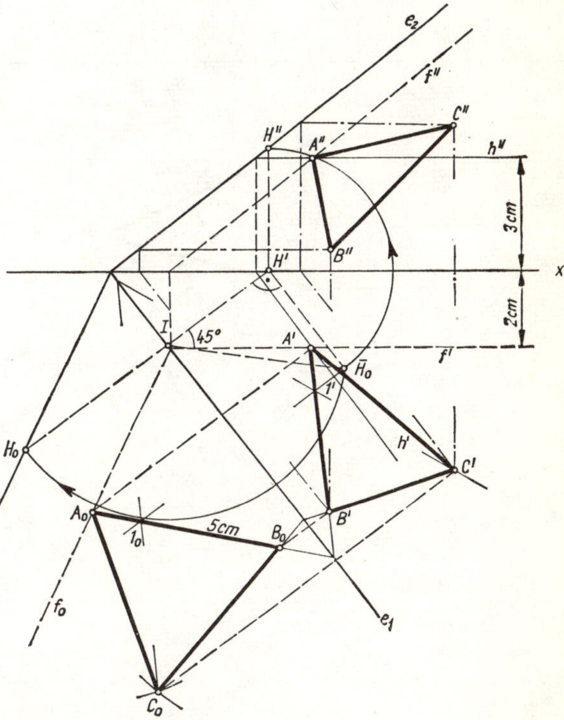

BEISPIEL 19 Die durch ihre Projektionen gegebene Strecke AB ist die Seite des gleichseitigen Dreiecks ABC, dessen Eckpunkt C im ersten Quadranten $a = 6$ cm vor dem Aufriß liegt. Man konstruiere die Projektionen des Dreiecks.

Lösung (Bild 99) Dreht man das Dreieck um die festgehaltene Seite AB, so bewegt sich C auf dem Kreise k, dessen Mittelpunkt M zugleich Mittelpunkt von $\overline{AB}$ ist; der Radius r ist die Höhe des Dreiecks. Die Ebene des Kreises steht auf $\overline{AB}$ senkrecht. Die Durchstoßpunkte dieses Kreises durch die Frontalebene im Abstand a sind die gesuchten Eckpunkte C_1 und C_2 des Dreiecks in der geforderten Raumlage. Diese räumliche Lösung ergibt die Konstruktion in den folgenden Schritten (Bild 99):

1. Bestimmung der Spuren e_1, e_2 der Ebene $E \perp \overline{AB}$ durch M.
2. Bestimmung der wahren Länge von $\overline{AB}$ ergibt $\overline{A''B''}$; aus ihr folgt die Höhe r des gleichseitigen Dreiecks. Die wahre Länge wurde in Bild 99 durch Drehung von $\overline{AB}$ parallel zu Π_2 gefunden.

Bild 99

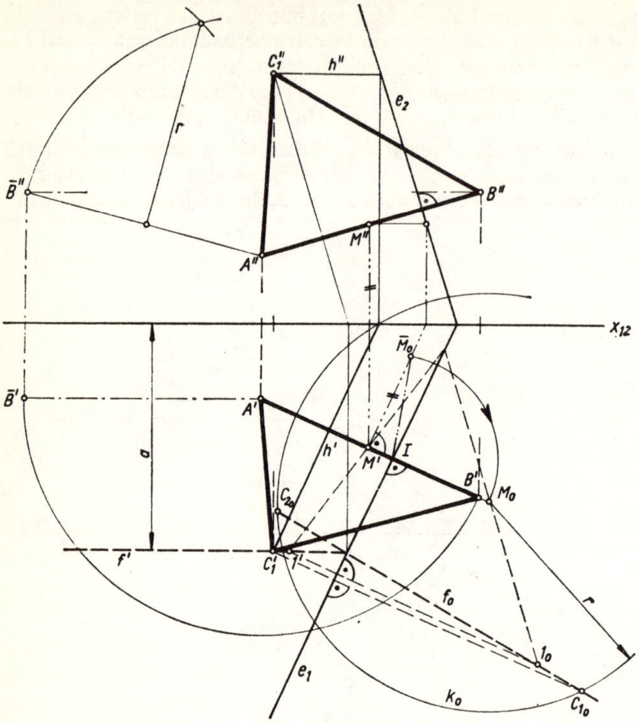

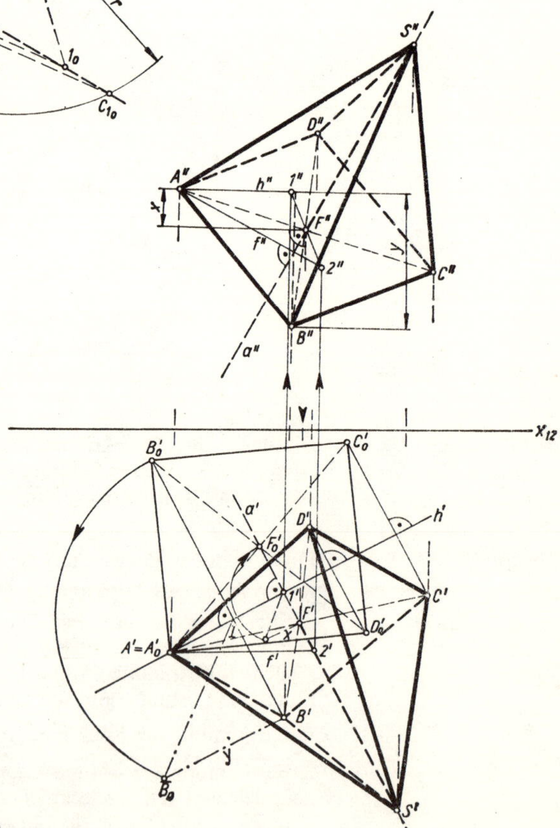

Bild 100

3. Umklappung von E um e_1; hierbei geht M in M_0 über. Gleichzeitig wird die in E liegende Frontlinie f vom Abstand a mit dem Hilfspunkt *1* umgeklappt.
4. In der umgeklappten Ebene erscheint der Drehkreis k von C in wahrer Gestalt um M_0 mit r als Radius. Seine Schnittpunkte mit f_0 ergeben C_{10} und C_{20}, wobei nur C_{10} in Frage kommt, weil C im ersten Quadranten liegen soll.
5. C_1' wird sodann auf f' mit dem Affinitätsstrahl durch C_{10} gefunden. C_1'' ergibt sich durch die Höhenlinie h.

BEISPIEL 20

Von einer quadratischen Pyramide ist die Spitze S, die Lage ihrer Achse a und ein Eckpunkt A gegeben. Die Pyramide ist in ihren Projektionen darzustellen.

Lösung (Bild 100)

Das Basisquadrat $ABCD$ der Pyramide liegt in der Ebene E, die durch A geht und senkrecht auf a steht. Der Durchstoßpunkt F von a durch E ist der Mittelpunkt des Quadrates. Der Konstruktionsgang vollzieht sich wiederum in Einzelschritten.

1. Bestimmung der Lotebene zu a durch A mittels der Höhenlinie h und der Frontlinie f durch A.
2. Bestimmung des Durchstoßpunktes F durch die Lotebene. In Bild 100 ist hierzu durch a die Lotebene zu Π_1 gelegt worden, welche von h in *1* und von f in *2* durchstoßen wird. Die Gerade *1 2* schneidet daher die Achse a; der Schnittpunkt ist F (Bild 74b).
3. Die Ebene E wird um h parallel zu Π_1 gedreht, wobei F' in F_0' übergeht und $A' = A_0'$ in seiner Lage verharrt.
4. In die umgelegte Ebene kann das Quadrat $A_0'B_0'C_0'D_0'$ gelegt werden, dessen Mittelpunkt F_0' bekannt ist. $A_0 = A'$.
5. Die Rückdrehung des Quadrats mittels Affinität ergibt $A'B'C'D'$ (h' ist Affinitätsachse).
6. Im Aufriß findet man zunächst B'', indem man aus dem Stützdreieck von B ($\triangle\, I\overline{B}_0B'$) die Höhendifferenz y zwischen B und A ermittelt. C'' und D'' ergeben sich dann durch Ergänzung zum Parallelogramm.
7. Schließlich werden die Sichtbarkeitsverhältnisse in den Projektionsebenen beachtet.

2.2. Drei- und Mehrtafelprojektion

2.2.1. Einführung von Seitenrissen

Manche Raumgebilde sind aus ihrer Grund- und Aufrißprojektion schwer zu erkennen. Ein zu den beiden Projektionsebenen parallel gestellter Würfel erscheint z. B. in der Π_1- und in der Π_2-Ebene als Quadrat. In Bild 101 ist ein Körper dargestellt, dessen wahre Gestalt nur mit Mühe aus den Projektionen „geschaut" werden kann. Aus diesem Grunde führt man eine neue Projektionsebene Π_3 ein, auf die der Körper orthogonal projiziert wird. Dieser Vorgang entspricht einer neuen Blickrichtung, in der der Körper betrachtet wird.
Jede neu eingeführte Projektionsebene ist eine Seitenrißebene.
Bild 102 zeigt in einer Raumskizze die Einführung einer Seitenrißebene, die in diesem Falle senkrecht auf Π_1 steht. Im allgemeinsten Fall kann die Π_3-Ebene eine *beliebige* Raumlage haben. Man wird sie so wählen, daß die Projektion in der Seitenrißebene die Punkte und Geraden nicht mehr zusammenfallen läßt, die im Grund- oder Aufrißbild sich deckende Bilder ergeben.

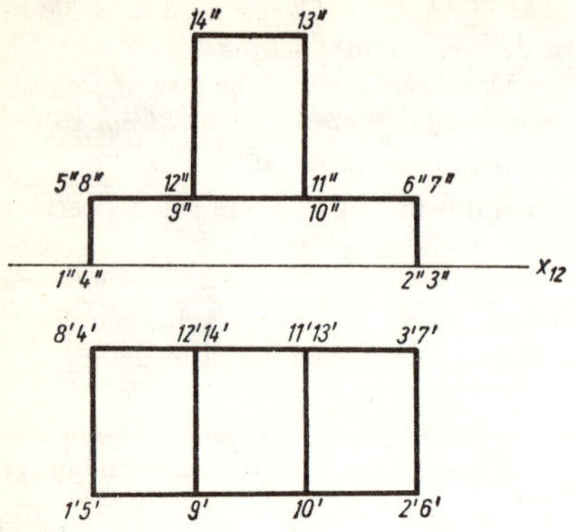

Bild 101

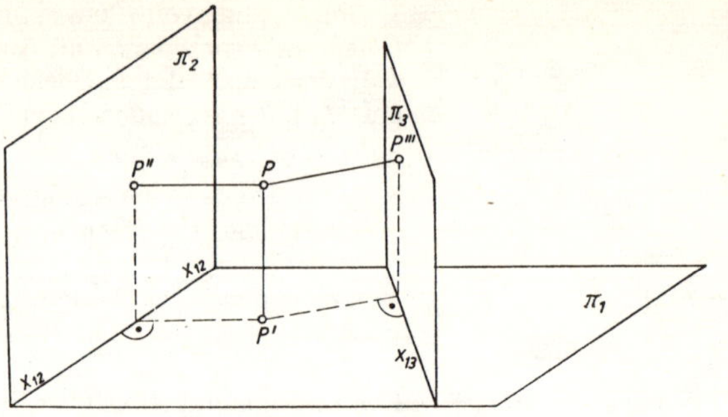

Bild 102

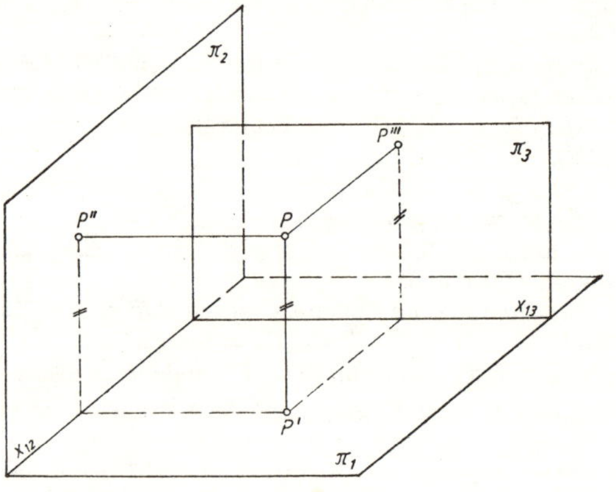

Bild 103

Wird die Seitenrißebene speziell so gewählt, daß sie auf der Π_1- und auf der Π_2-Ebene senkrecht steht, so heißt diese dritte Projektionsebene **Kreuzrißebene** (Bild 103).

Die Kreuzrißebene steht auf beiden Projektionsebenen Π_1 und Π_2 senkrecht.

Es ist nun festzulegen, in welcher Weise die Seitenrißebene in die Zeichenebene gebracht wird, wobei als Zeichenebene die Π_1-Ebene genommen wurde. Für den Fall, daß die *Π_3-Ebene senkrecht auf der Π_1*-Ebene steht, werden folgende zwei Möglichkeiten festgesetzt:

1. *Die Π_3-Ebene wird um ihre „Rißachse x_{13}" in die Π_1-Ebene umgeklappt* (Bild 104).
2. *Die Π_3-Ebene wird zunächst in die Π_2-Ebene um die „Rißachse x_{23}" gedreht und sodann mit der Π_2-Ebene in die Π_1-Ebene um x_{12} geklappt* (Bild 105).

Beide Verfahren bieten, wie sich noch zeigen wird, ihre entsprechenden Zeichenvorteile.
Ohne weiteres leuchtet ein, daß die Höhenlage, welche die Aufrißprojektion P'' über dem Grundriß hat, auch im Seitenriß für P''' auftritt. Betrachtet

Bild 104

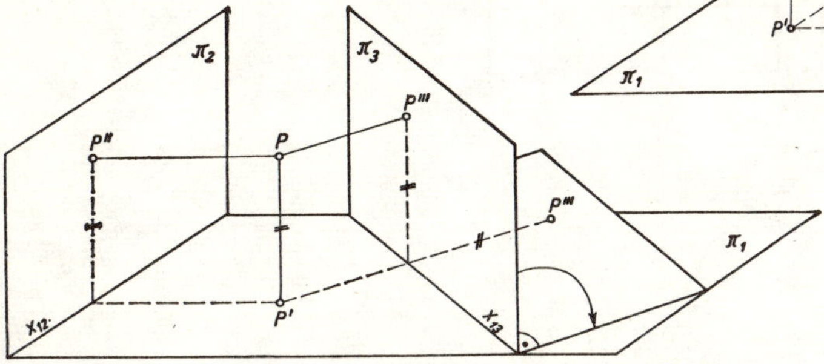

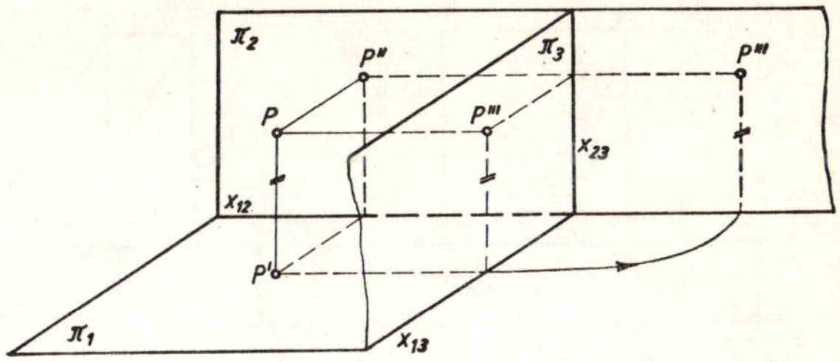

Bild 105

man daher die Π_1- und Π_3-Ebene als neue „zugeordnete Projektionsebenen“ mit der Rißachse x_{13}, so kann man sagen:

Der Abstand der neuen Projektion P''' von der neuen Rißachse x_{13} ist gleich dem Abstand der „wegfallenden“ Projektion P'' von der „wegfallenden“ Rißachse x_{12}.

Bild 106a und Bild 106b zeigen diesen Sachverhalt für einen Punkt P in den oben eingeführten zwei Verfahren.
In Bild 107 ist eine „gelehnte“ Gerade durch zwei Punkte A und B gegeben. Die Raumlage der Geraden wird durch Einführung eines Kreuzrisses sofort erkennbar.

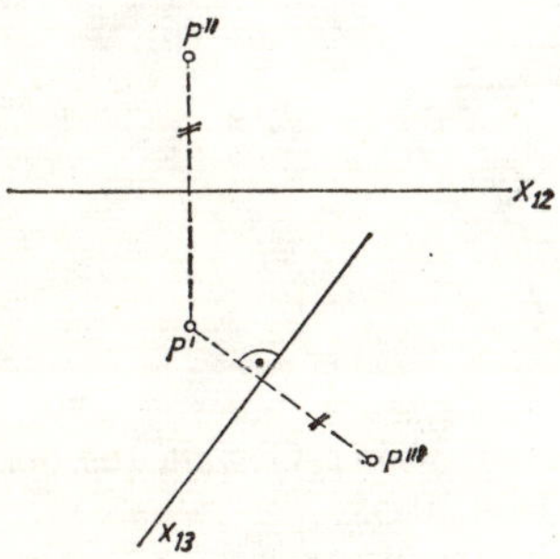

Bild 106a

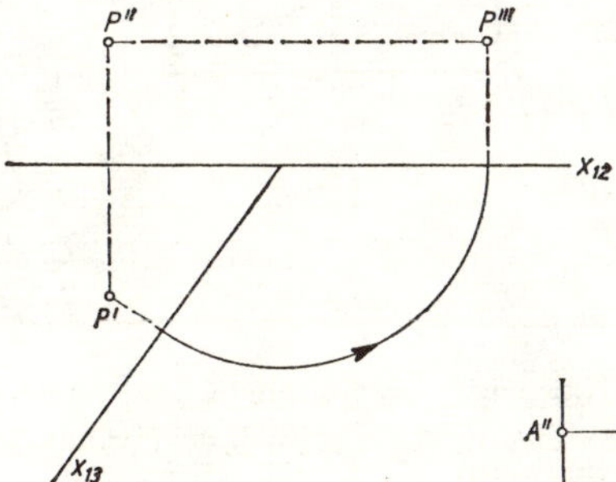

Bild 106b

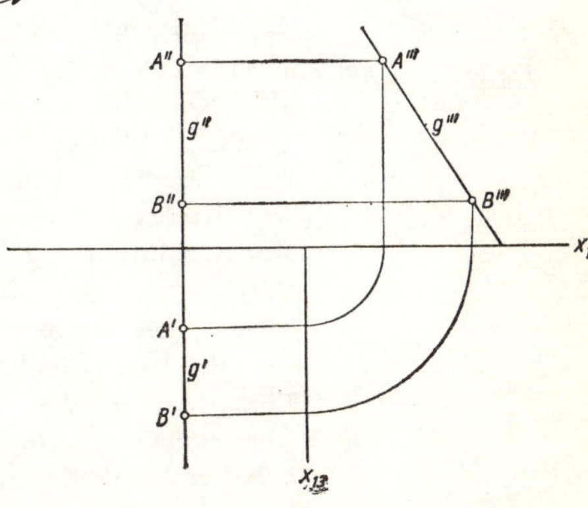

Bild 107

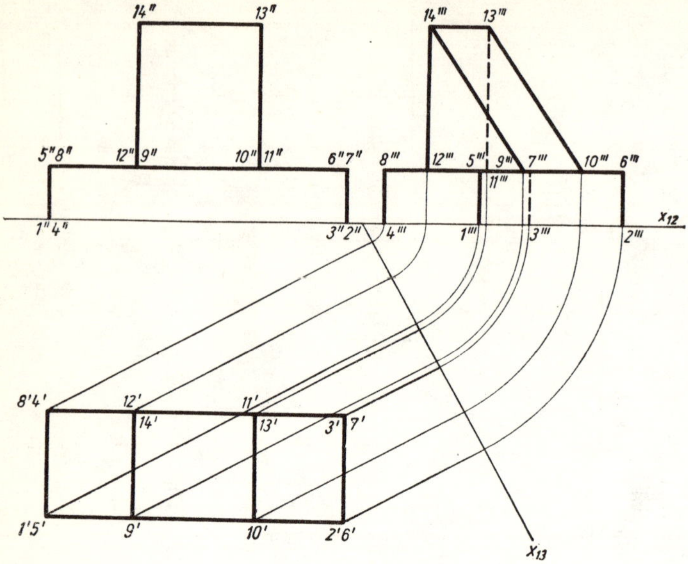

Bild 108

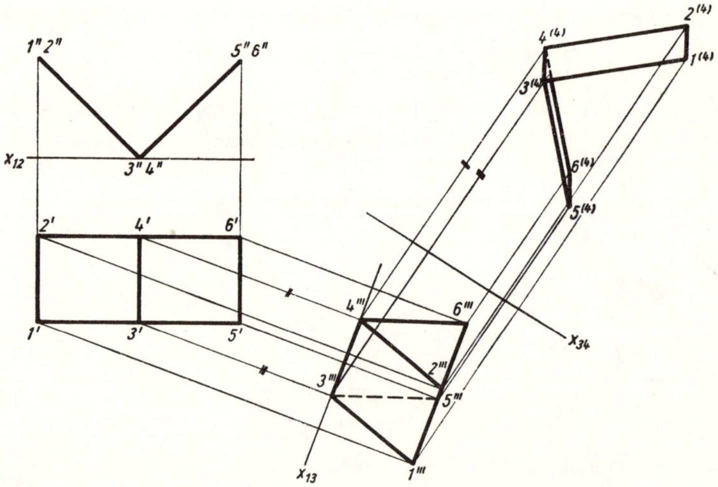

Bild 109

Bild 108 zeigt den Seitenriß eines Körpers, dessen wahre Gestalt aus der Zweitafelprojektion schwer erkennbar ist (vgl. Bild 101).

Bild 109 stellt die nacheinander erfolgende Einführung von zwei Seitenrissen dar. Der erste Seitenriß gehört zur Rißachse x_{13}, der zweite zu x_{34}. Der Gegenstand ist zunächst in Zweitafelprojektion gegeben. Man konstruiert den ersten Seitenriß mit der Achse x_{13}. Es entsteht das Bild mit den Punkten *1‴*; *2‴*; ... Nun wiederholt man das Verfahren, indem man zur neu gewählten Rißachse x_{34} den Seitenriß konstruiert. Die Punkte $1^{(4)}$; $2^{(4)}$; ... ergeben sich, indem die Entfernungen der Punkte *1′*; *2′*; ... von der wegfallenden Rißachse x_{13} nun von der neuen Rißachse x_{34} aus abgetragen werden. Das entstandene Bild ist bereits anschaulich.

Das soeben durchgeführte Verfahren, zwei Seitenrisse hintereinanderzuschalten, bedeutet räumlich, daß man den Körper auf eine *beliebig* im

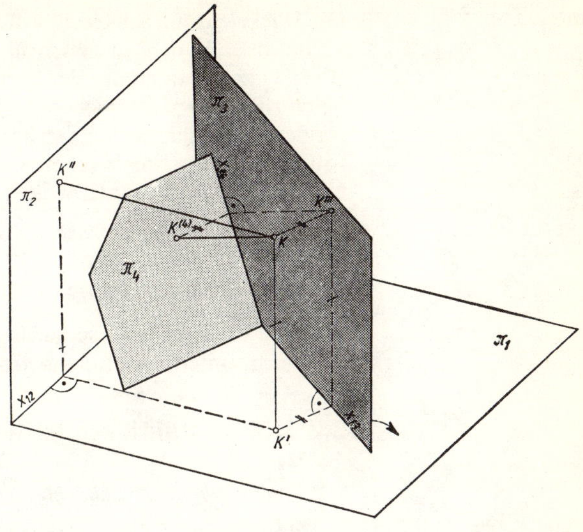

Bild 110

Raum stehende Seitenrißebene Π_4 senkrecht projiziert hat. Mittels Bildes 110 ist dies einzusehen. Die Grund- und Aufrißprojektion des Körpers K liegen als K' und K'' in Π_1 und Π_2. Der erste Seitenriß K''' liegt in Π_3, so daß man K' und K''' als *zugeordnete Projektionen* von K auf die beiden zueinander senkrecht stehenden Projektionsebenen Π_1 und Π_3 ansehen kann. K'' in Π_2 ist somit ausgeschaltet. Nun kann man auf Π_3 die zu Π_3 senkrechte Ebene Π_4 stellen, so daß nun wiederum Π_3 und Π_4 zugeordnete Projektionsebenen werden; damit wird Π_1 als Projektionsebene ausgeschaltet, und in Π_4 erscheint die Projektion von K als $K^{(4)}$. In der Konstruktion in der Zeichenebene selbst erscheint Π_3 mit der zunächst starr verbundenen Ebene Π_4 in Π_1 umgeklappt (Π_4 steht also zunächst senkrecht zur Zeichenebene); schließlich wird Π_4 um x_{34} ebenfalls in die Zeichenebene umgelegt. Mit einfachen Pappebenen lassen sich diese Vorgänge sehr gut im Modell veranschaulichen.

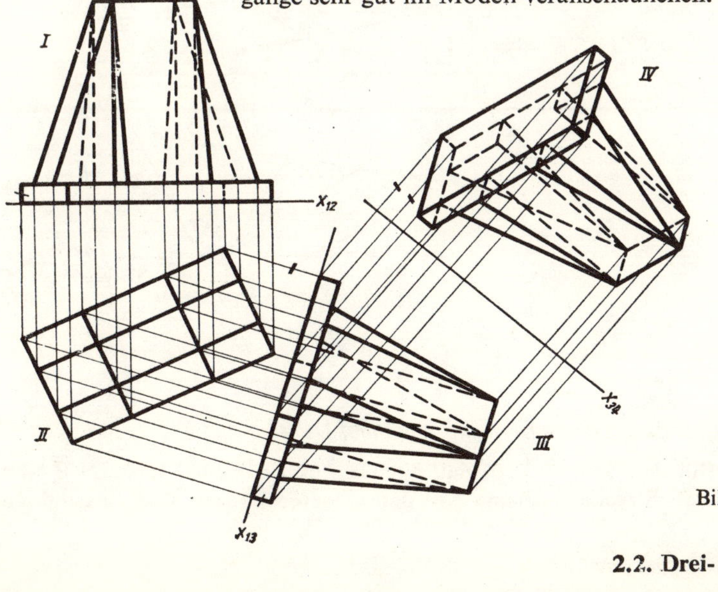

Bild 111

Die Blickrichtung senkrecht auf die Π_4-Ebene entscheidet die Sichtbarkeitsverhältnisse in diesem Seitenriß.
Bild 111 zeigt nochmals die Darstellung eines Körpergebildes, die im zweiten Seitenriß ein anschauliches Bild liefert. Man beachte an diesem Bild besonders die Sichtbarkeitsverhältnisse in den Bildern I bis IV. Weiterhin soll das Bild nochmals erkennen lassen, daß der Körper in diesem Gesamtbild dreimal in Zweitafelprojektion erscheint. Es gehören zusammen:

I und II mit x_{12}-Achse,
II und III mit x_{13}-Achse,
III und IV mit x_{34}-Achse.

In Bild IV wird der in seiner ursprünglichen Raumlage befindliche Körper von vorn, unten, halblinks betrachtet.

2.2.2. Konstruktionen mittels Seitenrisses

1. *Verschneidung (Durchdringung) einer Geraden mit einem Dreieck*

In Bild 112 sind das Dreieck ABC und die Gerade g in Zweitafelprojektion gegeben. Man projiziert das Dreieck in einen *Seitenriß, der senkrecht auf den Höhenlinien der Dreiecksebene* steht. Zieht man durch A die Höhenlinie h, so ergibt sich senkrecht auf h' die Seitenrißachse x_{13}. $\triangle\ ABC$ kann nun in den Seitenriß projiziert werden, wobei als Bild die Strecke $A'''B'''C'''$ entsteht, welche ein Stück der Schnittgeraden von Dreiecksebene und Seitenrißebene darstellt. Mit den Hilfspunkten X und Y auf g wird g''' gefunden. Der im Seitenriß entstehende Durchstoßpunkt D''' kann mit dem „Seitenrißordner" in den Grundriß und dann in den Aufriß übertragen werden.

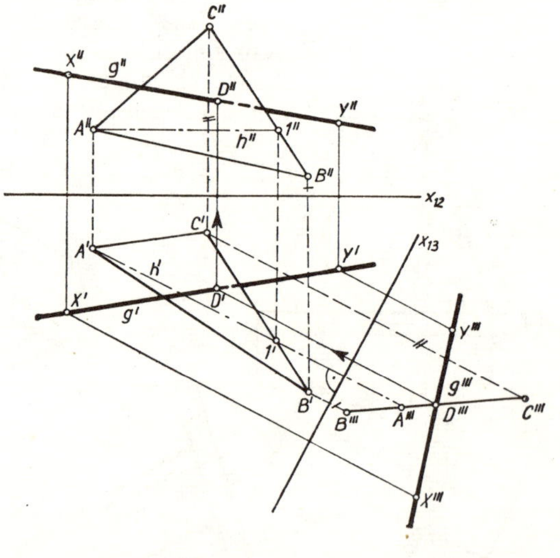

Bild 112

2. *Verschneidung zweier Dreiecke ABC und UVW*

Man wählt den Seitenriß so, daß ein Dreieck (in Bild 113: $\triangle\ UVW$) im Seitenriß als Strecke erscheint. Mit dem anderen Dreieck findet man dann

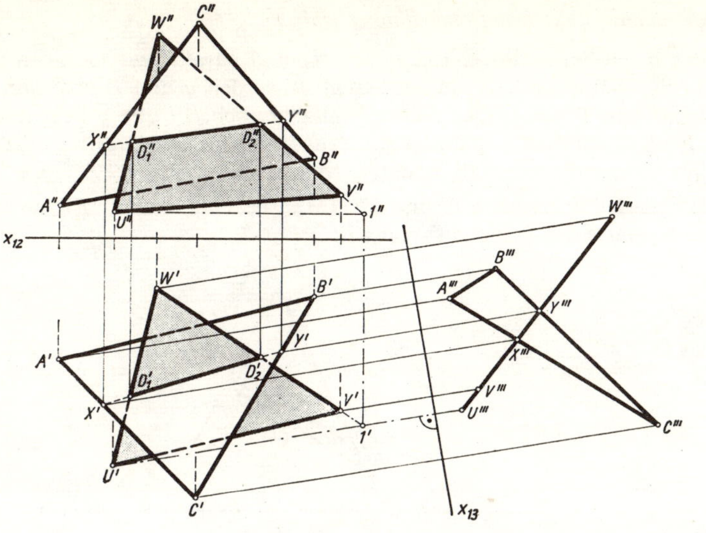

Bild 113

dessen Durchstoßpunkte X und Y (in Bild 113 durchstoßen $\overline{AC}$ die Ebene UVW in X und $\overline{BC}$ in Y). Diese Punkte werden in den Grund- und Aufriß übertragen. Die Strecke XY stellt ein Stück der Schnittgeraden der beiden Dreiecksebenen dar. Als Ergebnis interessiert nur das Stück D_1D_2, das innerhalb beider Dreiecke liegt. (Zeichenprobe: D_1 und D_2 müssen die Ordnerbedingung erfüllen.) Bild 114 zeigt die gleiche Aufgabe nochmals. Bild 113 ergibt eine *einseitige*, Bild 114 eine *gegenseitige Verschneidung* der beiden Dreiecke. In beiden Bildern werden die Sichtbarkeitsverhältnisse durch Untersuchung von Kreuzungspunkten festgestellt.

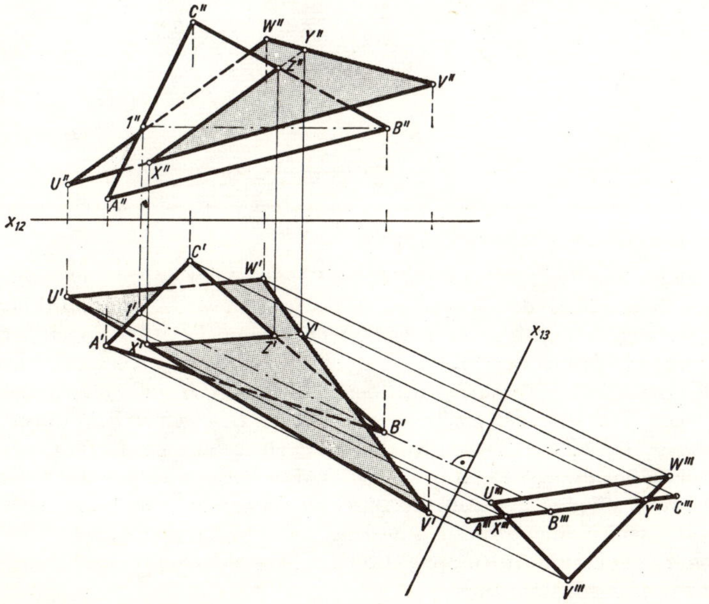

Bild 114

3. *Lot von einem Punkt P auf eine Raumgerade g*

Man wählt einen Seitenriß senkrecht auf Π_1 und parallel zur Geraden g (Bild 115: x_{13}-Achse $\parallel g'$). In diesen Seitenriß werden g und P projiziert. l sei das Lot von P auf g. Der rechte Winkel zwischen l und g liegt mit einem Schenkel, nämlich g, parallel zur Seitenrißebene und projiziert sich deshalb im Seitenriß wieder als Rechter. Man zeichnet also $P'''F''' \perp g'''$ und findet durch Zurückloten F' und F''. (Man beachte, daß $\overline{P'''F'''}$ nicht der wahre Abstand des Punktes P von g ist!)

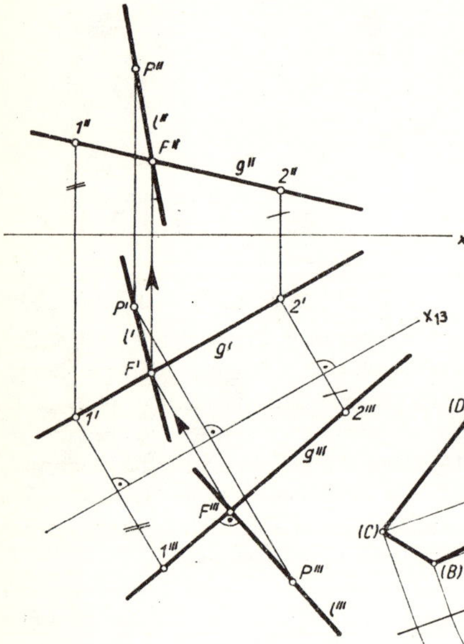

Bild 115

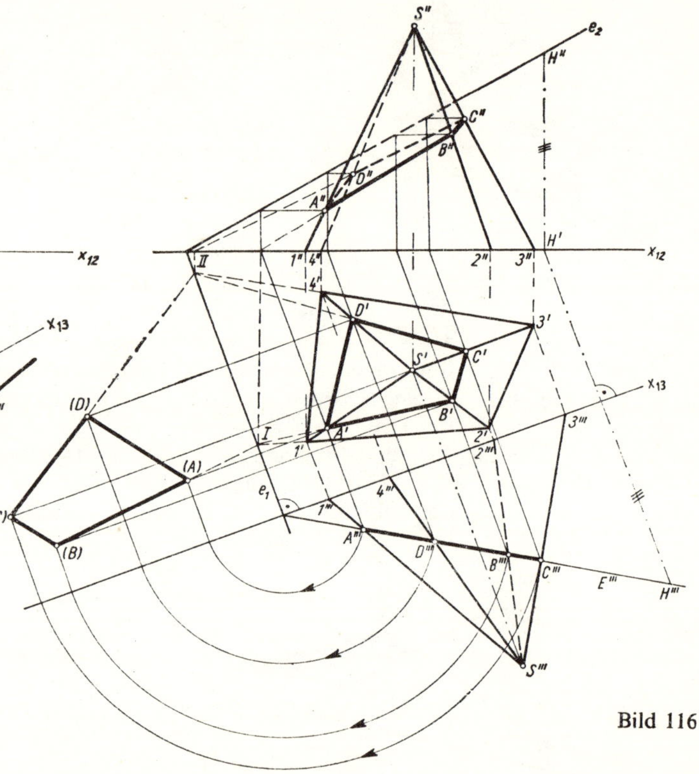

Bild 116

4. *Schnitt einer Ebene mit einer Pyramide*

In Bild 116 ist eine Pyramide mit der Basis *1234* und der Spitze S gegeben, die von der Ebene E mit den Spuren e_1, e_2 geschnitten wird. Zur Ermittlung der entstehenden Schnittfigur wird die Seitenrißebene $\Pi_3 \perp \Pi_1$ eingeführt, die senkrecht auf den Höhenlinien in E steht, also $e_1 \perp x_{13}$. E erscheint im Seitenriß als Gerade E''', welche mit dem Hilfspunkt H auf e_2 gefunden werden kann. Im Seitenriß erscheint nun die in E liegende Schnittfigur als Strecke $A'''D'''B'''C'''$. Durch Rückprojizieren erhält man A', B', C', D' und mittels Höhenlinien A'', B'', C'', D''. (Man kann natürlich auch die Ordner zum Auffinden der Aufrißprojektion verwenden, doch entstehen hierbei oft „schleifende Schnitte“, welche infolge des geringen Schnittwinkels von Ordner und Aufrißprojektion der Pyramidenkante den Schnittpunkt nur unklar erfassen lassen.)

Die wahre Gestalt der Schnittfigur $(A)(B)(C)(D)$ ergibt sich durch Umklappen von E um e_1 in Π_1, wobei dieser Vorgang im Seitenriß konstruktiv einfach verfolgt werden kann (Bild 116). Im Bild sind mehrere Zeichenproben angegeben:

a) Zwischen wahrer Gestalt und Grundrißprojektion muß Affinität mit e_1 als Affinitätsachse bestehen.
b) $A'B'$ und $1'2'$ müssen sich auf e_1 schneiden, weil sich die Grundrißebene, die schneidende Ebene E und die Seitenebene *1 2 S* der Pyramide in einem Punkte *I* schneiden. (Wenn sich die entsprechenden Seiten der ebenen Schnittfigur und der Basisfigur der Pyramide auf einer Achse e_1 schneiden und die Verbindungsgeraden entsprechender Punkte, z. B. *1* und *A* oder *2* und *B* usw. durch einen Punkt *S* gehen, spricht man von „perspektiver Kollineation" (vgl. Abschnitt 1.).
c) Der Schnittpunkt von $\overline{A''B''}$ mit x_{12} muß mit dem Schnittpunkt von $\overline{A'B'}$ mit e_1 (*I*) die Ordnerbedingung erfüllen.

2.3. Kreis und Ellipse

2.3.1. Projektion des Kreises

Wird ein Kreis in beliebiger Raumlage auf eine Ebene parallel projiziert, so entsteht als *Bild des Kreises eine Ellipse.*
Bild 117 zeigt den Vorgang für Orthogonalprojektion. Denkt man sich in dem Kreis den Durchmesser um *M* drehend, so nimmt er unter anderem einmal die Lage einer Höhenlinie in der Kreisebene *E*, das andere Mal die Lage einer Fallinie ein. In der ersten Lage projiziert sich der Durchmesser in wahrer Größe in den Grundriß. In allen anderen Lagen erscheint er im Grundriß verkürzt. Die größte Verkürzung tritt auf, wenn der Durchmesser gegen die Projektionsebene Π_1 die größte Neigung hat. In diesem Falle ist er in der Kreisebene *E* Fallinie. Da sich Höhenlinie und Fallinie in der Projektion auch senkrecht schneiden, hat die Ellipse zwei zueinander senkrechte Achsen, die Hauptachse als größten und die Nebenachse als kleinsten Durchmesser. In bezug auf diese Achsen ist die Ellipse symmetrisch. Es gilt also:

Höhenlinien- und Falliniendurchmesser eines Kreises ergeben bei Orthogonalprojektion die Achsen der Ellipse. Die Hauptachse ist gleich dem Kreisdurchmesser.

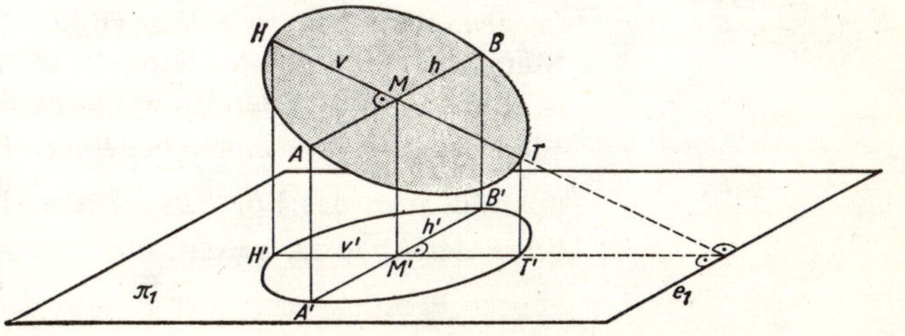

Bild 117

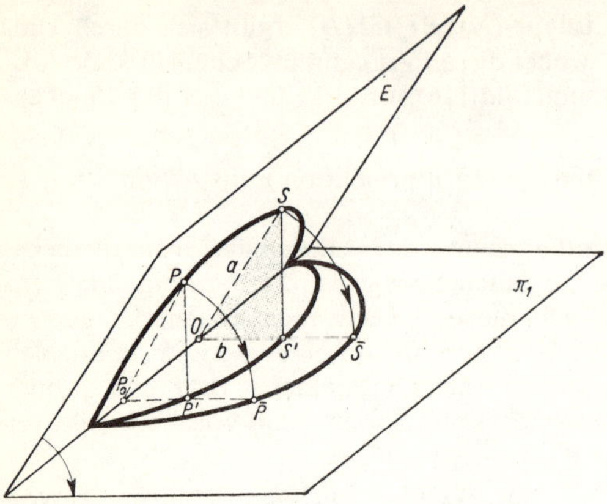

Bild 118

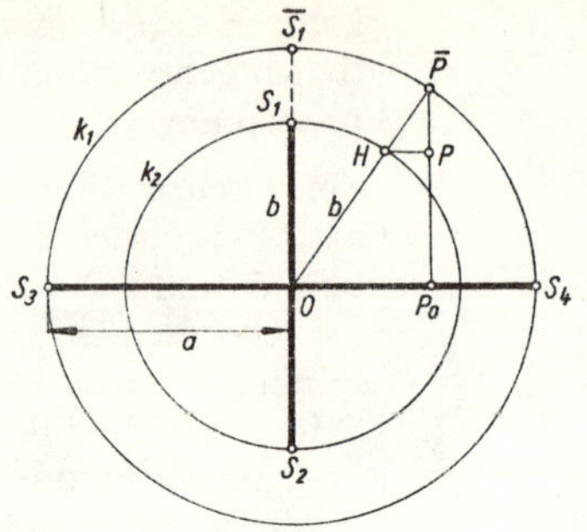

Bild 119

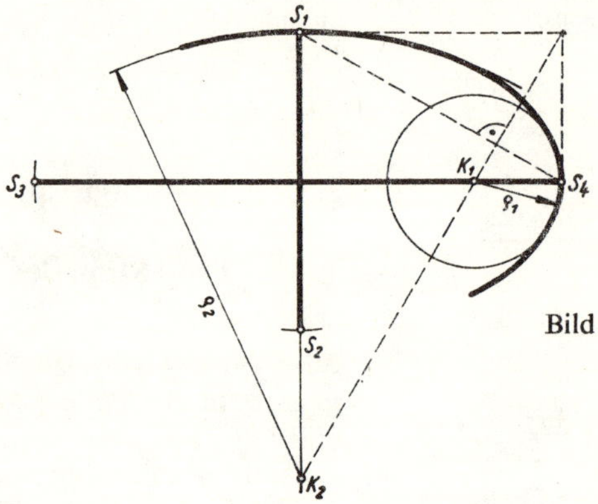

Bild 120

In Bild 118 ist der Kreis mit dem Radius a so gelegt, daß sein Höhenliniendurchmesser in der Projektionsebene Π_1 liegt und somit mit der Grundrißspur e_1 der Ebene zusammenfällt. Der obere Endpunkt S des Falliniendurchmessers ergibt projiziert S', ein beliebiger Kreispunkt P wird zu P'. Aus der Ähnlichkeit der Stützdreiecke von S und P liest man aus der Figur ab:

$$a : b = \overline{PP_0} : \overline{P'P_0}.$$

Hierbei sind a und b die Halbachsen der Ellipse. Klappt man nun die Kreisebene E um e_1 in die Grundrißebene, so geht S in $\bar{S}$ und P in $\bar{P}$ über, und die Proportion heißt jetzt

$$a : b = \overline{\bar{P}P_0} : \overline{P'P_0}.$$

Hieraus ergibt sich eine Möglichkeit, eine Ellipse punktweise zu konstruieren, wenn ihre Achsen bekannt sind; diese Konstruktion ist die *Zweikreisekonstruktion der Ellipse* (Bild 119).

Man schlägt um den Mittelpunkt O der Ellipse die beiden „Scheitelkreise" k_1 und k_2, welche durch die Endpunkte der Achsen (genannt Scheitel der Ellipse) gehen. Von einem beliebigen Punkt $\bar{P}$ des großen Scheitelkreises k_1 aus fällt man das Lot $\bar{P}P_0$ auf die Hauptachse. Die Verbindung $\overline{\bar{P}O} = a$ schneidet k_2 in H, so daß $\overline{OH} = b$ ist. Die zur Hauptachse durch H gezogene Parallele schneidet $\overline{\bar{P}P_0}$ in dem Ellipsenpunkt P. Man liest sofort aus dem Strahlenbüschel mit dem Scheitel $\bar{P}$ und den Parallelen HP und OP_0 die obige Proportion $a : b = \overline{\bar{P}P_0} : \overline{PP_0}$ ab; P ist also in der Tat ein Punkt der Ellipse.

In Bild 120 ist eine *Näherungskonstruktion der Ellipse* gegeben, welche die Ellipse in der Umgebung ihrer Scheitelpunkte durch Kreise um K_1 bzw. K_2 sehr gut nähert. Mit der Differentialgeometrie kann bewiesen werden, daß diese Kreise die gleiche Krümmung wie die Ellipse in den Scheiteln haben.

Da somit eine Ellipse aus ihren beiden Achsen punktweise beliebig genau bzw. durch Näherung hinreichend gut dargestellt werden kann, ist man bei Konstruktionen, die auf Ellipsen führen, stets bemüht, die *Achsen der Ellipsen konstruktiv exakt zu finden.*

BEISPIEL 21

In eine durch ihre Spuren gegebene Ebene soll ein Kreis gelegt werden, dessen Mittelpunkt und Radius gegeben sind.

Lösung (Bild 121)

Im Grundriß erscheint der Höhenliniendurchmesser als $\overline{A'B'} = 2r$, im Aufriß der Frontliniendurchmesser $\overline{C''D''} = 2r$. Für die im Grundriß entstehende Ellipse liegt also die Hauptachse $A'B'$ vor. Projiziert man mittels Frontlinie D in den Grundriß, so ist D' ein beliebiger Punkt der Grundrißellipse. Aus ihm läßt sich über die Zweikreisekonstruktion hinweg rückwärts die Nebenachse der Ellipse ermitteln. Entsprechend kann aus B' mittels Höhenlinie B'' konstruiert werden und hieraus die Nebenachse der Aufrißellipse, deren Hauptachse $C''D''$ ist. Die Ellipsen selbst sind näherungsweise konstruiert. (Bild 122 zeigt ergänzend, wie die Nebenachse der Ellipse gefunden wird, wenn von der Ellipse die Hauptachse $2a$ und ein Punkt P gegeben sind.)

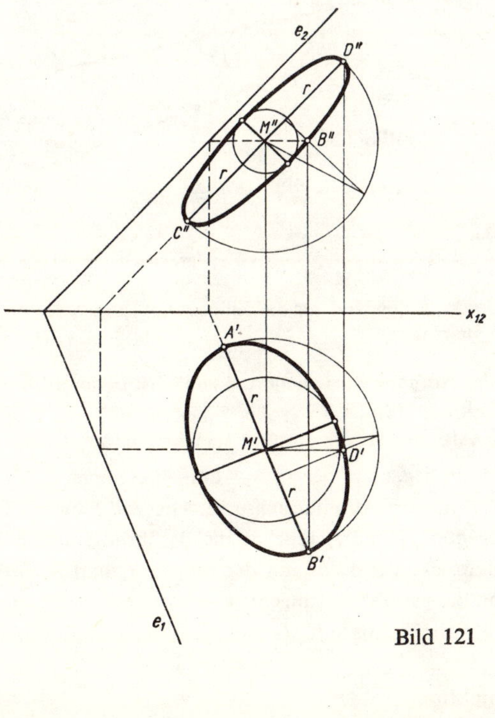

Bild 121

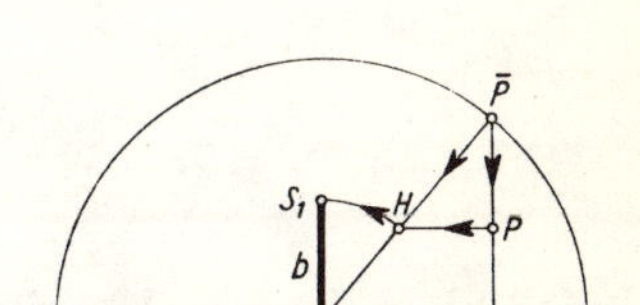

Bild 122

2.3.2. Affinität zwischen Kreis und Ellipse

In 2.1.7. war bereits festgestellt worden, daß ebene Figuren, die durch Parallelprojektion auseinander hervorgehen, zueinander affin sind und für sie die beiden Affinitätsgesetze gelten. Daher kann gefolgert werden:
Die Ellipse ist das affine Bild eines Kreises.
In Bild 119 war die Zweikreisekonstruktion der Ellipse gegeben worden. Diese Konstruktion kann nun auch gedeutet werden als die *affine Abbildung des großen Scheitelkreises auf die Ellipse.* Die große Achse der Ellipse wird zur Affinitätsachse; affine Punkte ($\bar{P}$ und P) liegen auf Affinitätsstrahlen, die auf der Affinitätsachse senkrecht stehen. Der Scheitel S_1 der Ellipse entspricht dem Gipfelpunkt $\bar{S}_1$ des Kreises. Mit dieser Erkenntnis können die folgenden *Aufgaben von fundamentaler Bedeutung* gelöst werden:

BEISPIEL 22

In einem Ellipsenpunkt P soll an die Ellipse die Tangente gelegt werden.

Lösung (Bild 123)

Statt an die Ellipse in P die Tangente zu legen, legt man zunächst in dem affinen Punkt $\bar{P}$ die Tangente $\bar{t}$ an den affinen Scheitelkreis $\bar{k}$. Diese schneidet die Affinitätsachse in I; also geht die Ellipsentangente von I aus nach P.

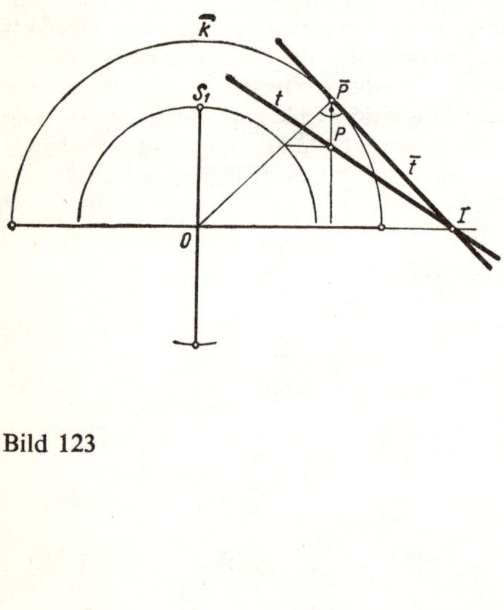

Bild 123

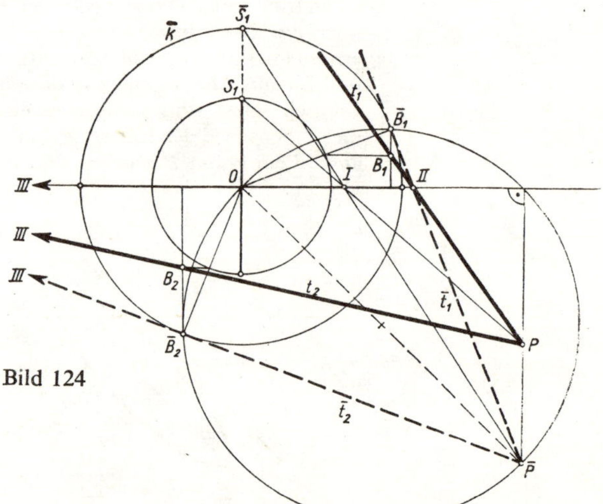

Bild 124

BEISPIEL 23

Von einem Punkt P aus sind an die Ellipse die Tangenten mit ihren Berührungspunkten zu konstruieren.

Lösung (Bild 124)

Die Lösung der Aufgabe wird wiederum zunächst in der affinen Kreisebene durchgeführt. Zur Ellipse affin ist ihr großer Scheitelkreis $\bar{k}$; zu P affin ist der Punkt $\bar{P}$, der auf dem Affinitätsstrahl durch P (senkrecht auf Ellipsenhauptachse) liegt. Er muß weiterhin liegen auf der zu $\overline{S_1P}$ affinen Geraden $\overline{\bar{S}_1 I}$, wobei I der Schnittpunkt von $\overline{S_1P}$ mit der Affinitätsachse ist. Die von $\bar{P}$ mittels THALES-Kreises an $\bar{k}$ gelegten Tangenten $\bar{t}_1$ und $\bar{t}_2$ ergeben die Berührungspunkte $\bar{B}_1$ und $\bar{B}_2$, welche mit der Zweikreisekonstruktion auf der Ellipse B_1 und B_2 liefern. $\overline{B_1P} = t_1$ und $\overline{B_2P} = t_2$ sind die gesuchten Tangenten.
Zeichenprobe: Schnittpunkte t_1, $\bar{t}_1$ und t_2, $\bar{t}_2$ liegen auf der Affinitätsachse.

BEISPIEL 24

An die Ellipse sollen die Tangenten der gegebenen Richtung r gelegt werden.

Lösung (Bild 125)

Man überträgt zunächst die Richtung r, die man an S_1 anträgt, in die Kreisebene, wo sie zu $\overline{I\bar{S}_1}$ wird. Nun können an den affinen Kreis $\bar{k}$ die Tangenten der affinen Richtung $\bar{r} \parallel I\bar{S}_1$ gelegt werden, indem man von O aus auf $I\bar{S}_1$ das Lot fällt und die Berührungspunkte $\bar{K}_1$ und $\bar{K}_2$ erhält. $\bar{K}_1$ und $\bar{K}_2$ liefern auf der Ellipse mittels Zweikreisekonstruktion K_1 und K_2. Durch K_1 und K_2 legt man die gesuchten Tangenten in Richtung r. Die Berührungspunkte K_1 und K_2 werden oft *Konturpunkte* genannt, weil sie in der Blickrichtung r den am weitesten links bzw. rechts gelegenen Punkt der Ellipse darstellen.

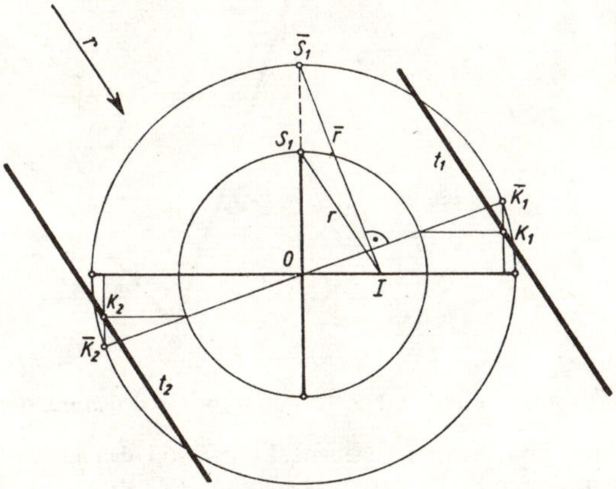

Bild 125

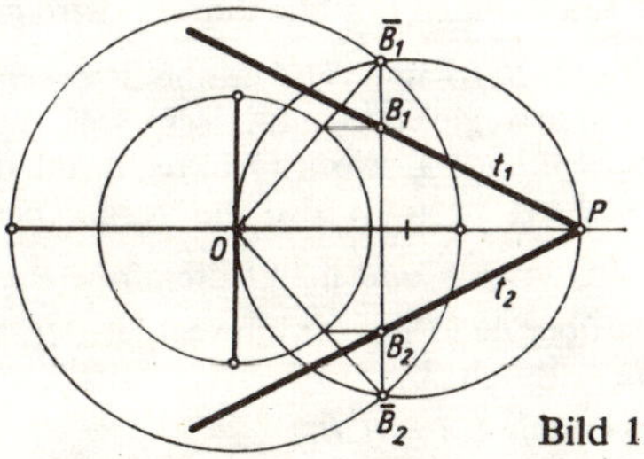

Bild 126

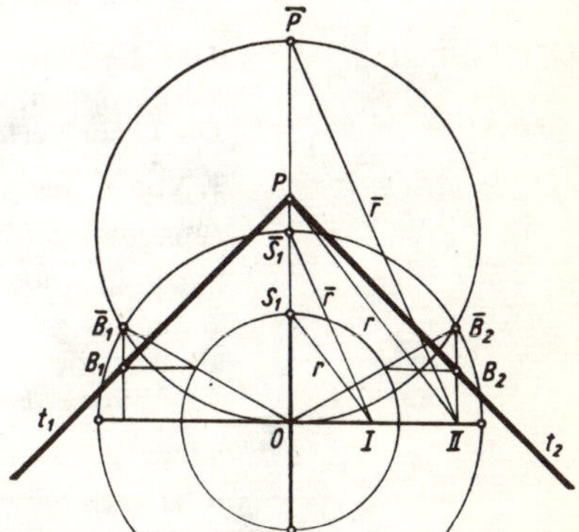

Bild 127

BEISPIEL 25

Man lege die Tangenten an eine Ellipse von einem Punkte P aus, der auf einer verlängerten Ellipsenachse liegt.

Lösung

Bild 126 stellt den Fall dar, daß P in Verlängerung der großen Achse liegt; es ist also $\bar{P} \equiv P$. Man legt zunächst die Tangenten von P aus an den Scheitelkreis und bildet die Berührungspunkte mit der Zweikreisekonstruktion auf die Ellipse ab. In Bild 127 ist P ein Punkt der verlängerten Nebenachse. Mit der beliebig durch S_1 gewählten Richtung r und der zu dieser gehörigen Richtung $\bar{r}$ findet man den zu P affinen Punkt $\bar{P}$, von dem aus die Tangenten an den Scheitelkreis gelegt werden, woraus sich die Berührungspunkte B_1 und B_2 der gesuchten Tangenten t_1 und t_2 durch P ergeben.

Bild 128

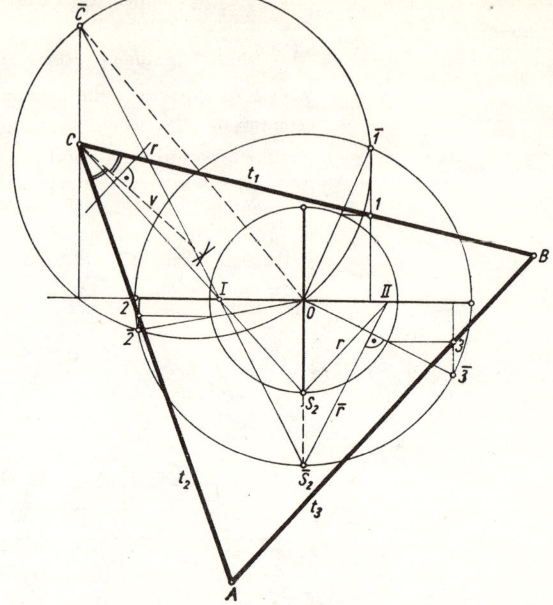

Zur Vertiefung der eben dargestellten Konstruktionen diene das folgende

BEISPIEL 26

Um die durch ihre Achsen gegebene Ellipse soll das gleichschenklige Dreieck gelegt werden, dessen Spitze der gegebene Punkt C ist.
Die Lösung erfolgt in einzelnen Schritten (Bild 128):

1. Von C aus werden an die Ellipse die Tangenten t_1 und t_2 gelegt, deren Berührungspunkte *1* und *2* sind. Der zu C affine Punkt $\overline{C}$ wird gefunden (vgl. Beispiel 24), indem man beachtet, daß $\overline{S_2IC}$ und $\overline{\overline{S}_2I\overline{C}}$ affine Strecken sind.
2. Da das gesuchte Dreieck gleichschenklig sein soll, muß die dritte Tangente t_3 als Basis des gleichschenkligen Dreiecks senkrecht auf der Winkelhalbierenden v des Winkels bei C stehen: sie muß also die vorgegebene Richtung r (Bild 128) haben. r wird in S_2 angetragen und liefert die affine Richtung $\overline{r} = \overline{\overline{S}_2II}$. Hieraus folgt nach Beispiel 24 über den Punkt $\overline{3}$ hinweg der Berührungspunkt *3* mit der zu r parallelen Tangente t_3 durch *3*.

Zeichenprobe: Es muß sein $\overline{CA} = \overline{CB}$.

In den bisherigen Konstruktionen wurde die Affinität zwischen Ellipse und großem Scheitelkreis ausgenutzt. Im folgenden soll eine *allgemeinere Affinität* zwischen einem Kreis und einer Ellipse bestehen. Gerade dieser allgemeinere Fall tritt bei vielen Lagebeziehungen in der darstellenden Geometrie auf. Die hierbei in Frage kommenden Konstruktionsvorgänge sollen wiederum an einem Beispiel erläutert werden.

BEISPIEL 27

Der Kreis mit dem Mittelpunkt $\overline{M}$ soll auf die Ellipse mit dem Mittelpunkt M über die Affinitätsachse a hinweg affin abgebildet werden.

Lösung (Bild 129)

Die Richtung der Affinitätsstrahlen ist durch $\overline{\overline{M}M}$ gegeben. Um die Achsen *1 2* und *3 4* der Ellipse zu erhalten, sucht man das zueinander senkrecht stehende

Kreisdurchmesserpaar $\overline{1}\,\overline{2} \perp \overline{3}\,\overline{4}$, das bei der Abbildung $1\,2 \perp 3\,4$ ergibt. Daher liegen $\overline{M}$ und M auf dem THALES-Kreis, dessen Mittelpunkt M^* auf a durch die Mittelsenkrechte von $\overline{M}M$ gefunden wird. Der THALES-Kreis liefert auf a die Punkte U und V. Von U bzw. V aus gehen die gesuchten Kreis- und Ellipsendurchmesser, die je aufeinander senkrecht stehen. Die zuerst auf dem Kreis gefundenen Punkte $\overline{1}$ bis $\overline{4}$ werden affin auf die zugehörigen Ellipsendurchmesser abgebildet.

Bild 130 zeigt dieselbe Aufgabe nochmals für den Fall, daß M und $\overline{M}$ auf *einer* Seite der Affinitätsachse liegen. Der Konstruktionsgang ist der gleiche wie bei Beispiel 27. Zusätzlich sind hier die an Kreis und Ellipse gemeinsamen Tangenten t_1 und t_2 mit ihren Berührungspunkten konstruiert. Da die Berührungspunkte an Kreis und Ellipse affine Punkte sein müssen, laufen die Tangenten in Richtung der Affinitätsstrahlen. Man findet daher zunächst $\overline{\overline{B}_1\overline{B}_2} \perp \overline{\overline{M}M}$ und durch affine Abbildung über den Achsenpunkt I hinweg die Punkte B_1 und B_2.

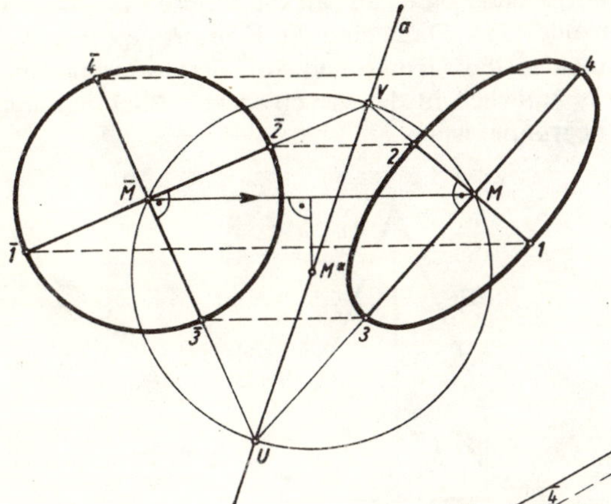

Bild 129

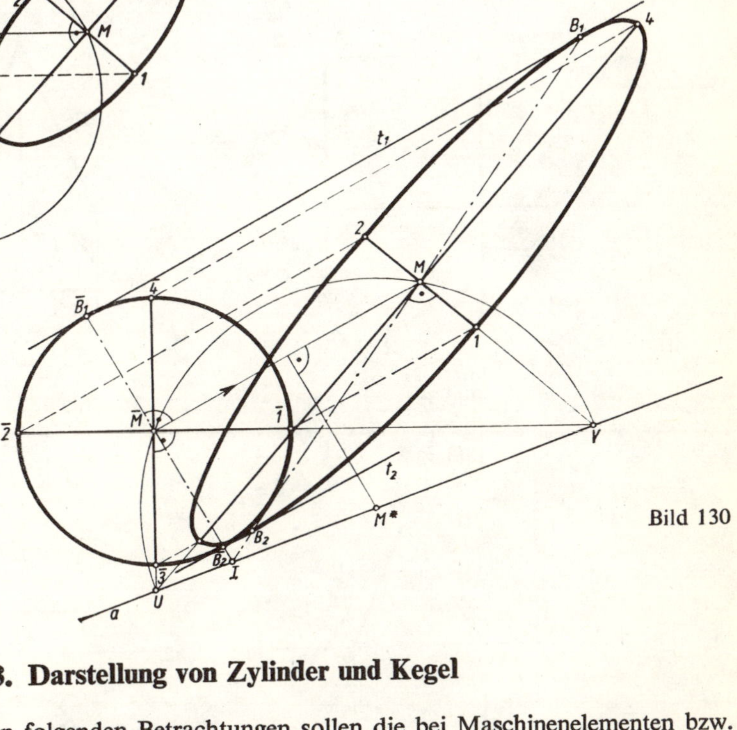

Bild 130

2.3.3. Darstellung von Zylinder und Kegel

In den folgenden Betrachtungen sollen die bei Maschinenelementen bzw. Bauelementen am meisten auftretenden *Drehzylinder* und *Drehkegel* besprochen werden. Bild 131 zeigt einen auf der Grundrißebene stehenden Drehzylinder, Bild 132 entsprechend einen Drehkegel. In beiden Bildern sind die Konturlinien k_1 und k_2 besonders hervorgehoben, welche im Aufriß das Bild seitlich begrenzen. Diese Linien trennen, wie der Grundriß zeigt, die vordere Mantelflächenhälfte von der im Aufriß nicht sichtbaren hinteren Hälfte. Soll auf einer Kegelfläche ein Punkt P angegeben werden, so kann man, wenn eine Projektion (z. B. P') gegeben ist, mittels der durch P gehenden Mantellinie SU die andere Projektion des Punktes finden (Bild 133). Man kann aber auch den Kegel mit einer Horizontalebene durch P schneiden. Der entstehende Schnittkreis projiziert sich im Aufriß als Strecke (Bild 134), im Grundriß als Kreis in wahrer Größe. Ist P' gegeben, findet man den Radius r im Grundriß, ist P'' gegeben, entsteht r im Aufriß.

In Bild 135 ist ein auf der Grundrißebene liegender Kegel dargestellt. Der Kegel liegt speziell so, daß seine Grundkreisebene senkrecht zur Aufrißebene steht, der Grundkreis projiziert sich daher in Π_2 als Strecke $1''2''$. Die Achsen der Grundrißellipse findet man aus dem Aufriß unter Beachtung, daß $\overline{F'3'} = \overline{F''1''} = r$ sein muß. Im Aufriß sind $\overline{S''2''}$ und $\overline{S''1''}$ die Konturtangenten. Im Grundriß sind von S' aus an die Ellipse die Tangenten k' und k_1' zu legen (vgl. Bild 127). Diese sind die Konturtangenten des Grundrißbildes. Man erkennt also, daß Grund- und Aufrißbild verschiedene Konturlinien aufweisen, was natürlich in der verschiedenen Blickrichtung (von oben oder von vorn) begründet ist.

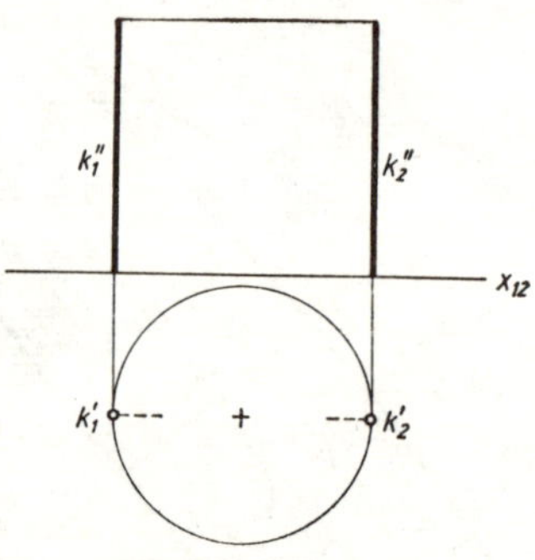

Bild 131

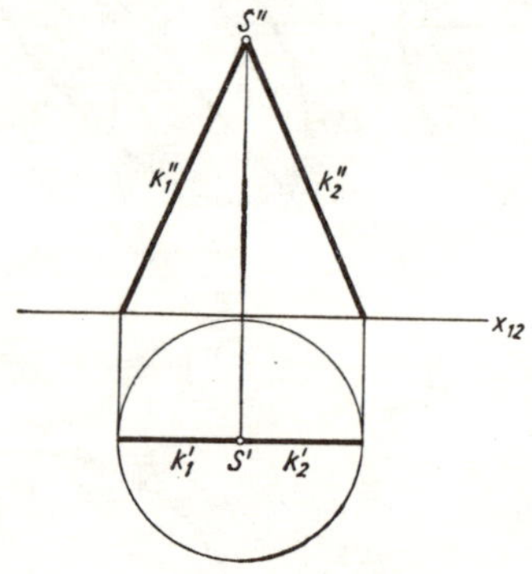

Bild 132

Bild 133

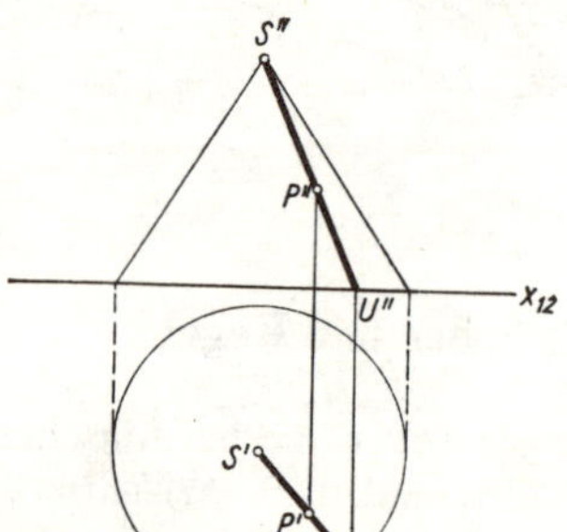

Bild 134

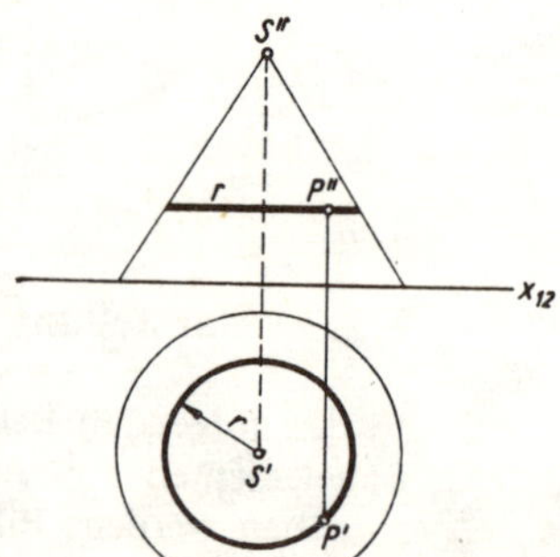

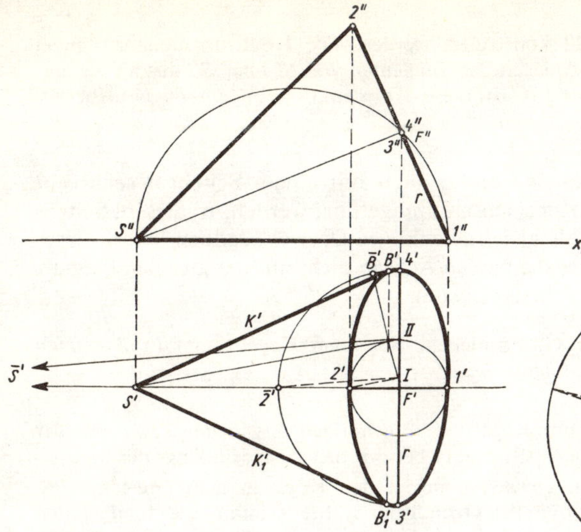

Bild 135

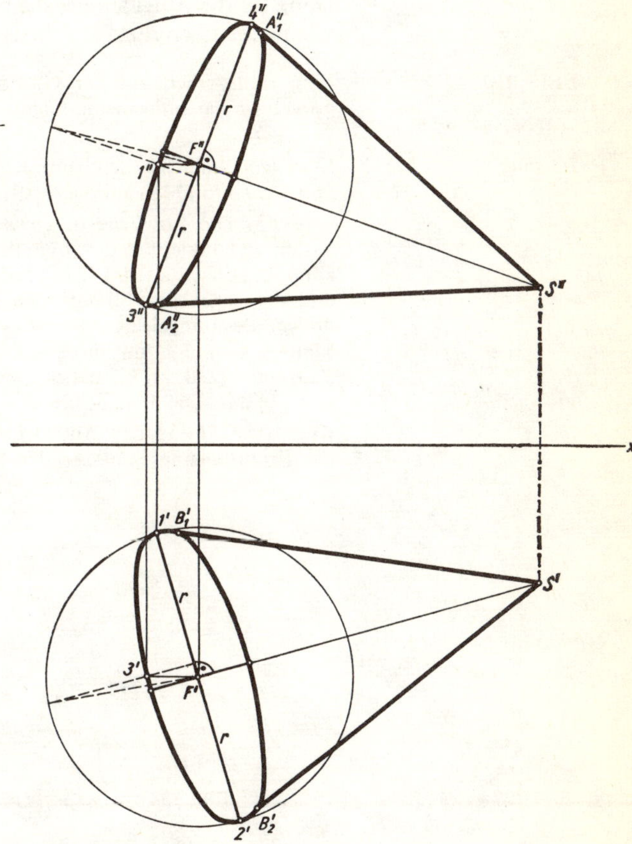

Bild 136

Einige Beispiele sollen die Darstellung von Zylinder und Kegel in vorgegebenen Raumlagen zeigen.

BEISPIEL 28

Von einem Drehkegel sind die Raumlage und die Länge der Kegelachse und der Grundkreisradius gegeben. Man stelle den Kegel in Zweitafelprojektion dar.

Lösung (Bild 136)

Die Kegelachse FS ist durch ihre Projektionen gegeben. Der Grundkreis des Kegels liegt in der zu $\overline{FS}$ durch F gehenden senkrechten Ebene. Daher erscheint der Höhenliniendurchmesser des Kreises als $\overline{1'2'}$ senkrecht auf $\overline{F'S'}$ in wahrer Größe; der Frontliniendurchmesser bildet sich im Aufriß als $\overline{3''4''}$ in wahrer Größe senkrecht auf $\overline{F''S''}$ ab. Nun ist $1''$ ein Punkt der Aufrißellipse, $3'$ ein Punkt der Grundrißellipse. Da für beide Ellipsen nunmehr die Hauptachse ($\overline{1'2'}$ bzw. $\overline{3''4''}$) und je ein Punkt ($3'$ bzw. $1''$) bekannt sind, können die Nebenachsen der Ellipsen nach Bild 122 konstruiert werden. Die Konturmantellinien findet man nach Bild 127 durch Anlegen der Tangenten von S' bzw. S'' aus an die entsprechende Ellipse. In Bild 136 ist diese Konstruktion im einzelnen nicht angedeutet.

Die Lösung dieses Beispiels könnte auch mit einem Seitenriß senkrecht auf Π_1 und parallel zur Kegelachse durchgeführt werden. In diesem Seitenriß erscheint der Kegel als gleichschenkliges Dreieck. Jedoch liefert dieser Gang für die Aufrißellipse die beiden Achsen nicht mit der gleichen Eleganz wie in der oben durchgeführten Lösung.

BEISPIEL 29

Man stelle einen auf der Grundrißebene liegenden Kegelstumpf in Zweitafelprojektion dar (allgemeine Lage).

Lösung

Man legt zunächst den zum Kegelstumpf gehörigen Ergänzungskegel mit der Spitze S (Bild 137b) auf die Π_1-Ebene; er berührt den Grundriß längs der Mantellinie AS. Die Lotebene durch $\overline{AS}$ schneidet den Kegel in dem Dreieck ABS, das durch Umklappen um AS in den Grundriß in wahrer Gestalt gezeichnet werden kann. In Hilfsfigur (Bild 137a) findet man aus den gegebenen Stumpfradien R und r und der gegebenen Stumpfhöhe h die Gestalt dieses Dreiecks. Durch Zurückdrehen des umgelegten Dreiecks ABS ergeben sich ohne weiteres die beiden Ellipsen k_1' und k_2' mit ihren Achsen. Die von S aus an eine der Ellipsen gelegten Tangenten (z. B. an k_1') stellen zwischen k_1' und k_2' die Konturtangenten des Kegelstumpfs dar. Die Aufrißellipsen k_1'' und k_2'' findet man, indem man zunächst die Kegelhöhe SF_1 in den Aufriß überträgt und senkrecht zu $\overline{S''F''}$ in F_1'' und F_2'' die Frontliniendurchmesser der beiden Deckkreise in wahrer Größe zeichnet.

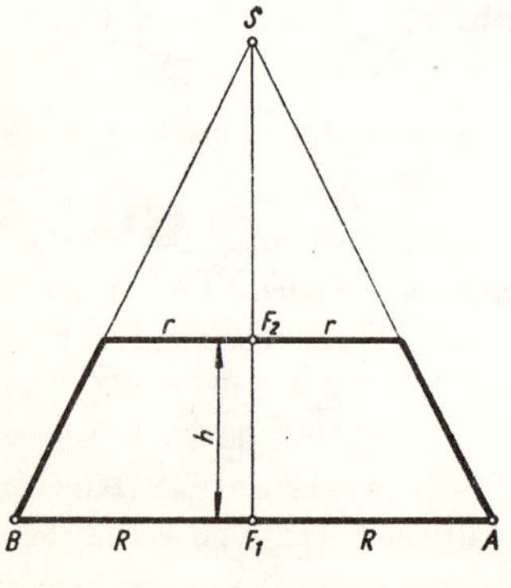

Bild 137a

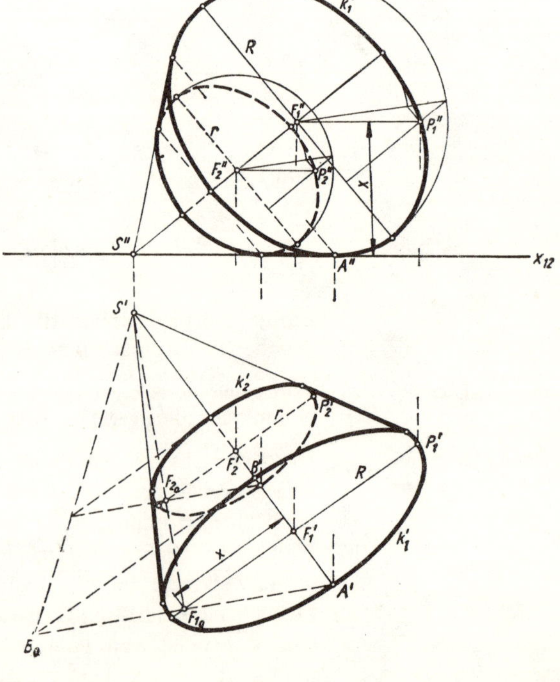

Bild 137b

Diese sind die Hauptachsen der Ellipsen. Überträgt man noch die Höhenliniendurchmesser der Kreise (Hauptachsen der Grundrißellipsen) in den Aufriß, so ergeben sich weitere Punkte (P_1'' bzw. P_2'') der Aufrißellipsen. Nach Bild 122 können nun die Ellipsen k_1'' und k_2'' aus ihren Achsen konstruiert werden. Im Aufriß ist $\overline{S''A''}$ eine Konturtangente. Die andere ergibt sich aus der Tatsache, daß sie symmetrisch zu $\overline{A''S''}$ in bezug auf $\overline{S''F_1''}$ als Symmetrieachse liegen muß.

BEISPIEL 30

Um eine gegebene Raumachse a soll eine zylindrische Scheibe von gegebenem Radius r und gegebener Höhe h gelegt werden. Der Mantel der Scheibe soll durch Mantellinien in zwölf gleiche Teile geteilt werden.

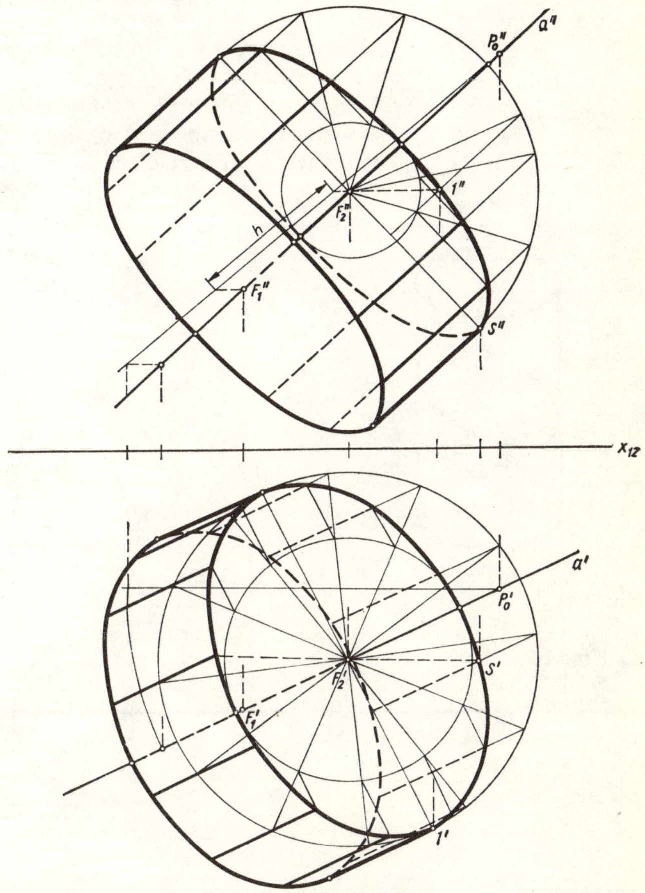

Bild 138

Lösung (Bild 138)

Auf der gegebenen Raumachse a wird die gegebene Zylinderhöhe h in ihren Projektionen $F_1'F_2'$ bzw. $F_1''F_2''$ abgetragen, indem man die Achse zunächst um den beliebigen Punkt P_0 in Frontallage dreht, so daß h im Aufriß in wahrer Größe erscheint. Durch Zurückdrehen findet man die Projektionen der Zylinderachse F_1F_2 im Grundriß und im Aufriß.

Die Deckellipsen ergeben sich wiederum aus den Höhenlinien- und Frontliniendurchmessern der Deckkreise, die im Grundriß bzw. im Aufriß in wahrer Größe erscheinen. Die Sichtbarkeit kann an Kreuzungspunkten von Ellipsen und Raumachse erkannt werden. Die Einteilung des Mantels in zwölf gleiche Teile, die im Grundriß und Aufriß natürlich von dem gleichen Punkt S aus begonnen werden muß, ergibt sich durch Umlegen der Deckkreise in Parallellage zu den Projektionsebenen. Die Konturmantellinien stehen in den Hauptscheiteln der Ellipsen zu den Hauptachsen senkrecht.

2.4. Ebene Zylinder- und Kegelschnitte

2.4.1. Ebener Zylinderschnitt

Wird ein Zylinder von einer Ebene geschnitten, so ergibt sich im allgemeinen als Schnittkurve eine Ellipse. In Bild 139 kann man sich den Deckkreis k des Zylinders durch die Mantellinien als parallele Projektionsstrahlen auf die schneidende Ebene E projiziert denken. Die Parallelprojektion eines Kreises war aber bereits als Ellipse (affines Bild des Kreises) erkannt worden.

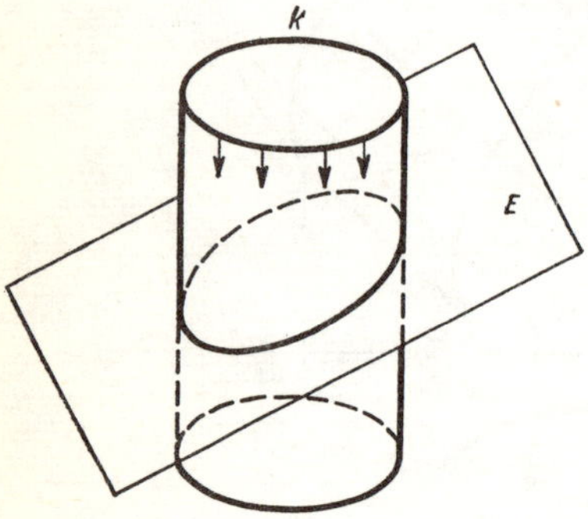

Bild 139

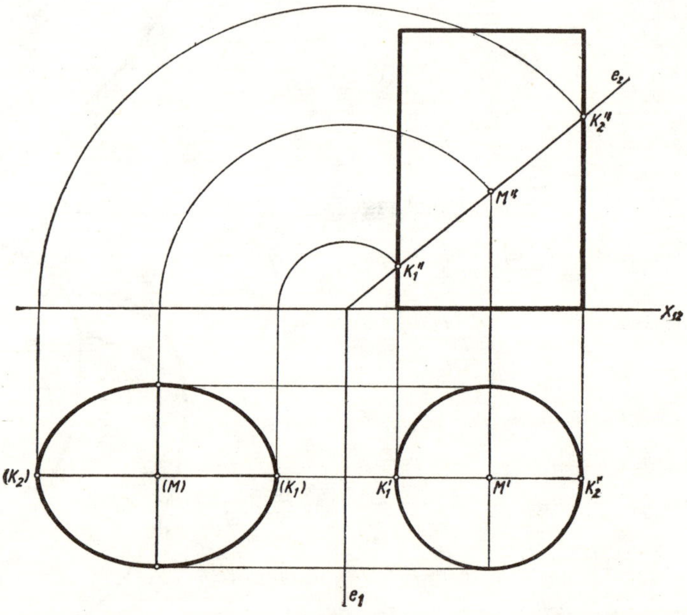

Bild 140

BEISPIEL 31

Ein auf der Grundrißebene stehender Drehzylinder soll durch eine Ebene geschnitten werden, die senkrecht auf der Aufrißebene steht.

Lösung (Bild 140)

Da die Schnittellipse auf dem Mantel des Zylinders liegt, dieser aber im Grundriß sich als Kreis projiziert, muß dieser Kreis zugleich die Projektion der Ellipse darstellen. Im Aufriß erscheint die Ellipse, weil sie in der Lotebene auf Π_2 liegt, als Strecke. Die wahre Gestalt der Ellipse erhält man durch Umklappen von E um e_1 in die Π_1-Ebene, wie in Bild 140 gezeigt wird.

Aus dem Vorgang des ebenen Schnittes einer Ebene mit einem Zylinder läßt sich die bekannte *Brennpunkteigenschaft der Ellipse* leicht herleiten:

Die Summe der Abstände jedes Ellipsenpunktes von den Brennpunkten ist konstant.

Bild 141 zeigt in Raumskizze einen ebenen Zylinderschnitt. Legt man oberhalb und unterhalb der schneidenden Ebene E je eine Kugel K_1 und K_2 so in den Zylinder, daß sie E und den Zylindermantel berühren („DANDELINsche Kugeln"), so liegen die Berührungskreise k_1 und k_2 zueinander parallel. Die Mantellinie UV, auf welcher der Ellipsenpunkt P liegt, hat also, wenn sie sich um den Zylinder herumdreht, stets die gleiche Länge zwischen den beiden Kreisen. Es gilt also für jeden Ellipsenpunkt P

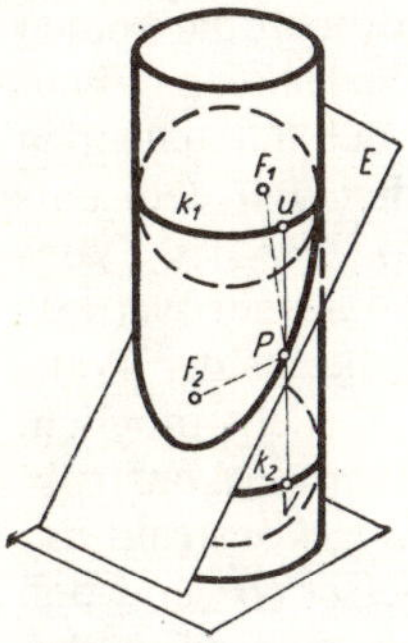

Bild 141

$$\overline{UP} + \overline{PV} = \text{const}.$$

Legt man nun an die Kugeln von P aus die Tangenten, welche in der Ebene E liegen, so berühren diese natürlich die Kugeln in den Punkten F_1 bzw. F_2, in denen die Kugeln die Ebene E berühren. Nun sind aber auch $\overline{PU}$ bzw. $\overline{PV}$ Tangenten an die Kugeln. Da alle Tangentenabschnitte von einem Punkt aus an eine Kugel untereinander gleich sind, gilt also

für die obere Kugel: $\overline{PU} = \overline{PF_1}$,
für die untere Kugel: $\overline{PV} = \overline{PF_2}$.

Also ist

$$\overline{PU} + \overline{PV} = \overline{PF_1} + \overline{PF_2} = \text{const}.$$

Die Berührungspunkte der DANDELINschen Kugeln mit der schneidenden Ebene sind somit die Brennpunkte der Ellipse.
In Bild 142 ist nochmals ein ebener Zylinderschnitt in Zweitafelprojektion dargestellt, wobei hier die Ebene *E beliebige Raumlage* hat. Auch hier ist wieder die Grundrißprojektion der Ellipse der Kreis k', der zugleich die Grundrißprojektion des Zylindermantels darstellt. Im Aufriß entsteht eine Ellipse. Diese besitzt *ausgezeichnete Punkte:*

1. Die *Konturpunkte* K_1 und K_2 liegen auf den Konturmantellinien des Zylinders und auf der durch die Zylinderachse in E gelegten Frontlinie f (f'' parallel e_2).
2. *Höchster und tiefster Punkt* H und T liegen auf der Fallinie v in E durch die Zylinderachse. Hierbei schneiden sich v und f in S, wodurch v'' leicht gefunden werden kann.

Beliebige Zusatzpunkte der Ellipse findet man, indem man in E zwischen T und H zahlreiche Höhenlinien (h) legt, welche zunächst im Grundriß ($1'$, $2'$) und dann durch Ordner im Aufriß ($1''$, $2''$) ergeben. Die Aufrißellipse kann sodann auch ohne Kenntnis ihrer Achsen beliebig genau (Kurvenlineal) gezeichnet werden.
Für die technische Herstellung von Maschinenelementen oder Bauteilen ist es oft erforderlich, daß das Baustück in seiner **Abwicklung** bekannt ist. Diese Abwicklung erhält man, indem man die gesamte Oberfläche des abzuwickelnden Körpers in die Zeichenebene legt, wobei die ursprünglich räumlich gekrümmte Oberfläche „verebnet" wird. Natürlich sollen hierbei unter anderem die abgewickelte Fläche und die eigentliche Fläche den gleichen Flächeninhalt besitzen. Es läßt sich mathematisch zeigen, daß

nicht alle Flächen unter dieser Bedingung abgewickelt werden können (z. B. die Kugeloberfläche). In solchen Fällen muß man sich mit möglichst guten Näherungskonstruktionen begnügen. Man denke hierbei an die auf eine ebene, geographische Karte abgebildete Erdoberfläche!

Die *Abwicklung eines Drehzylinders* ist räumlich leicht vorstellbar. Man legt den Zylinder auf die Zeichenebene um und rollt ihn mit einer Umdrehung ab. Die vom Mantel hierbei überrollte Rechteckfläche ist dem Mantel flächengleich. Zur vollständigen Abwicklung sind noch die beiden Deckkreise des Zylinders anzulegen. Nun ist aber zu bedenken, daß in dem eben geschilderten Raumvorgang nicht die Mittel der darstellenden Geometrie, nämlich Zirkel und Lineal, verwendet wurden. Bei dem entstehenden Rechteck ist die eine Seite gleich dem Umfang $2\pi r$ des Zylinders. Es muß also der Kreis als gleich lange Strecke dargestellt werden. Diese *Rektifikation des Kreises* ist aber, wie die Mathematik aus der Transzendenz der Zahl π folgern kann, mit Zirkel und Lineal nicht möglich. Daher ist bereits für die Abwicklung des Kreises eine Näherungskonstruktion notwendig. Bild 143 zeigt eine viel gebrauchte Näherungskonstruktion: In dem gegebenen Kreis trägt man den Vertikaldurchmesser QP und den Horizontalradius $MA = r$ ein. Um A schlägt man mit r als Radius den Kreis und erhält B. $\overline{MB}$ bildet also mit $\overline{MQ}$ den Winkel 30°. Die Verlängerung von $\overline{MB}$ schneidet die Tangente in Q im Punkte R. Von R aus trägt man die Strecke $RT = 3r$ ab. Nun ist $\overline{PT}$ sehr gut genähert der halbe Kreisumfang. Es gilt nämlich:

$$\overline{PT} = \sqrt{4r^2 + (3r - r \cdot \tan 30°)^2} = r\sqrt{4 + 9 - 2 \cdot 3 \cdot \frac{1}{3}\sqrt{3} + \frac{1}{3}} =$$
$$= r\sqrt{13{,}33\ldots - 2\sqrt{3}} = 3{,}14153 \cdot r.$$

Bild 142

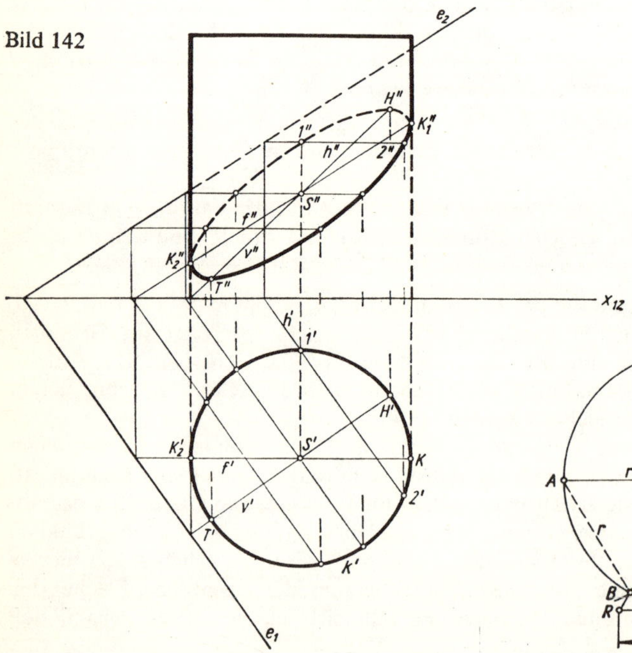

Bild 143

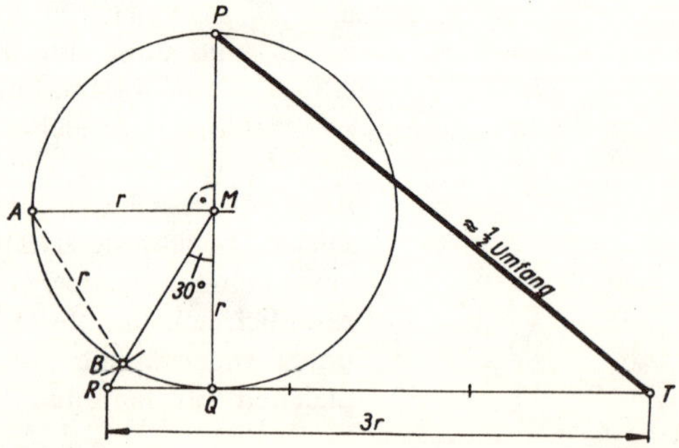

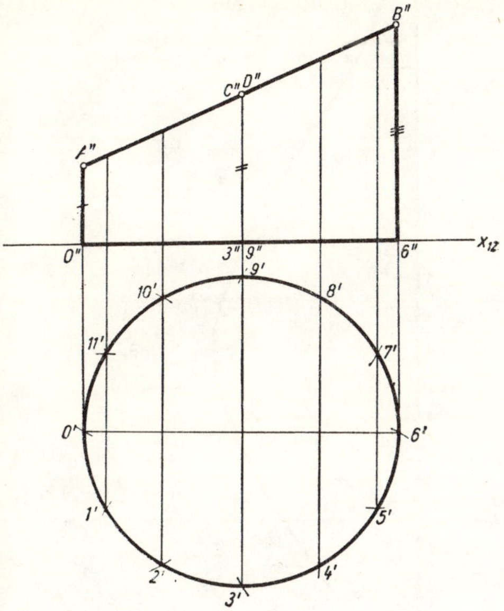

Bild 144a

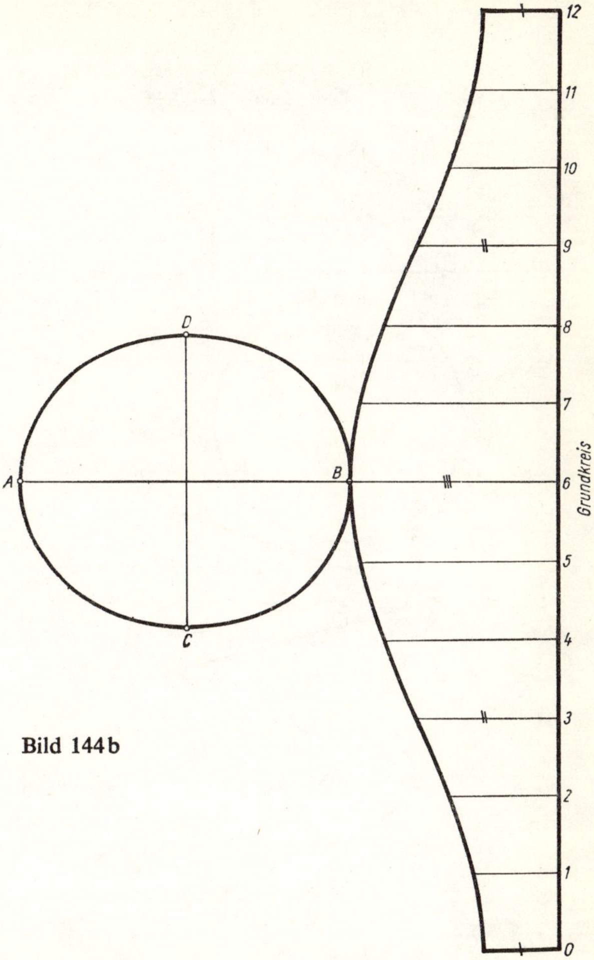

Bild 144b

Da $\pi = 3{,}14159 \ldots$ ist, beträgt der Fehler nur $0{,}00006r$.

Oft wird auch die Rektifikation des Kreises dadurch mit hinreichender Genauigkeit durchgeführt, daß man den Kreis durch ein einbeschriebenes, regelmäßiges n-Eck ersetzt und dessen Seiten geradlinig aneinandersetzt. In den Bildern 144a und b wird diese Methode verwendet. Ein durch eine Ebene $\perp \Pi_2$ abgeschnittener Zylinder (Stumpf) wird abgewickelt, indem der Grundkreis durch das einbeschriebene Zwölfeck ersetzt wird. Die zu den Eckpunkten *0* bis *12* (*12* $\equiv$ *0*) gehörigen Mantellinien werden dem Aufriß entnommen, wo sie in wahrer Größe erscheinen. Die Deckellipse ergibt sich durch Umklappen der schneidenden Ebene. Es genügt natürlich, die Achsen ($3'9'$ und $A''B''$) dieser Ellipse zu ermitteln.

Hat die Ebene wie in den Bildern 145a und b eine allgemeine Lage, so kann man nach dem gleichen Verfahren vorgehen. Die genauen Längen der zu den Punkten *0* bis *12* gehörigen Mantellinien ergeben sich, indem man die oberen Endpunkte der Mantellinien mittels Höhenlinien exakt ermittelt. Noch einfacher ist es, einen Seitenriß senkrecht zur schneidenden Ebene zu wählen, da hier die Ellipse als Strecke erscheint.

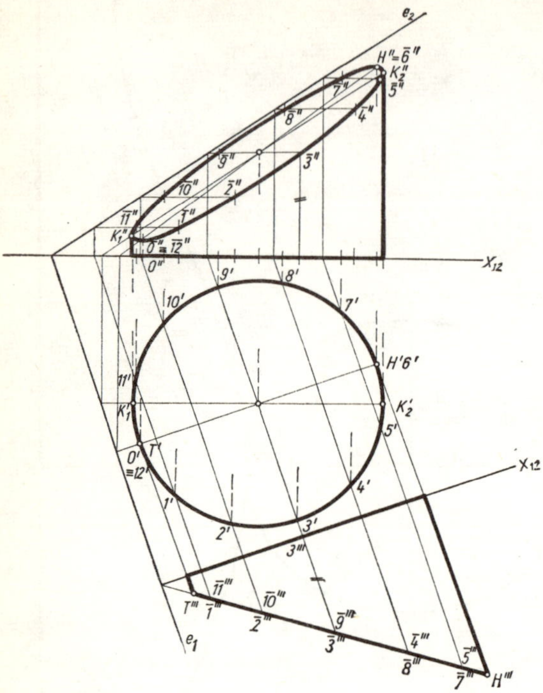

Bild 145a

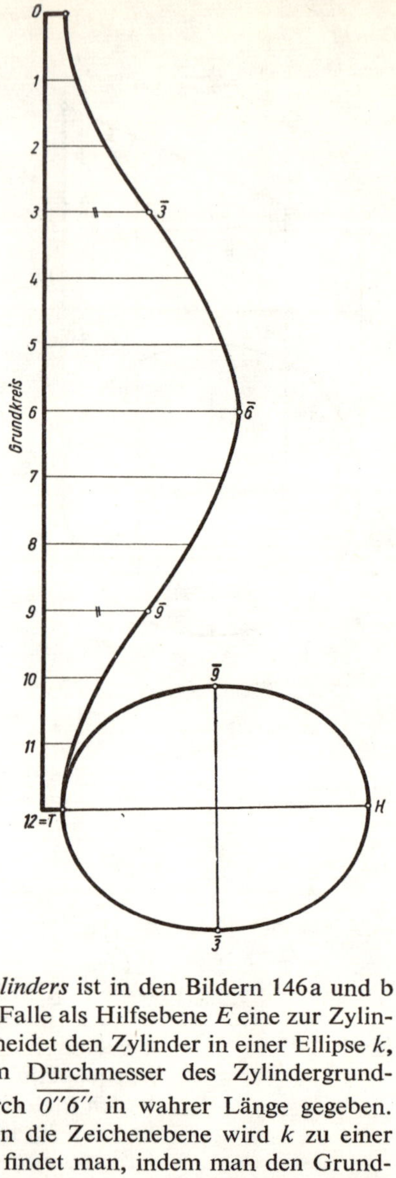

Bild 145b

Die *Abwicklung eines schiefen Kreiszylinders* ist in den Bildern 146a und b dargestellt. Man verwendet in diesem Falle als Hilfsebene *E* eine zur Zylinderachse senkrechte Ebene. Diese schneidet den Zylinder in einer Ellipse *k*, deren horizontale Achse gleich dem Durchmesser des Zylindergrundkreises ist; die andere Achse ist durch $\overline{0''6''}$ in wahrer Länge gegeben. Beim Abrollen des Zylindermantels in die Zeichenebene wird *k* zu einer Strecke k_0. Die Länge dieser Strecke findet man, indem man den Grundkreis des Zylinders z. B. in 12 gleiche Teile teilt und die Schnittpunkte der zu den Punkten *0* bis *12* gehörenden Mantellinien mit der Ellipse bestimmt. Man erhält die Punkte $\overline{0}$ bis $\overline{12}$. Dreht man nun die Ellipse um ihre Horizontalachse parallel zur Grundrißebene, so gehen die Punkte *0* bis *12* über in die Punkte $\overline{\overline{0}}$ bis $\overline{\overline{12}}$ der Ellipse in wahrer Gestalt. Somit findet man das der Ellipse einbeschriebene Sehnenzwölfeck $\overline{\overline{0}}$ bis $\overline{\overline{12}}$, dessen Seiten insgesamt die Strecke k_0 ergeben. Senkrecht auf k_0 werden die Mantellinien des Zylinders aufgetragen, deren wahre Längen dem Aufriß entnommen werden können.

Bild 146b

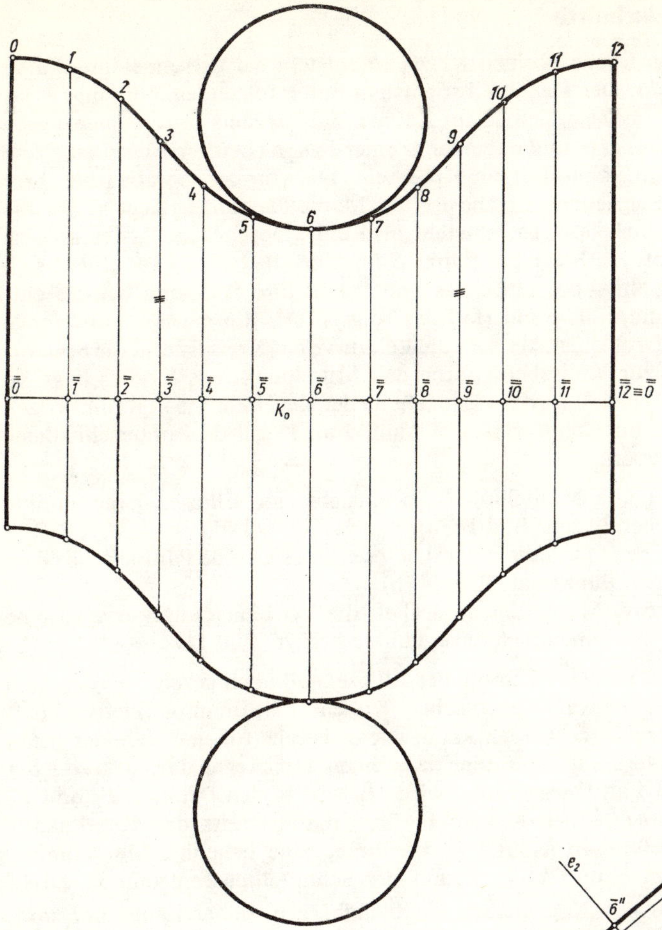

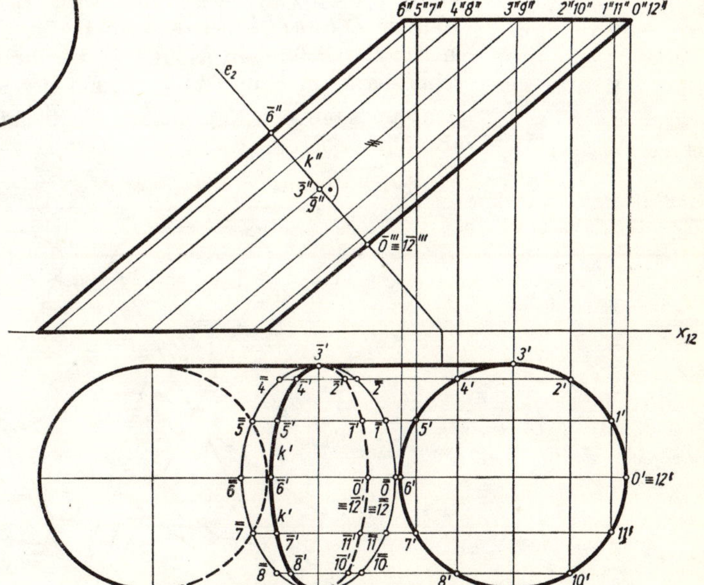

Bild 146a

2.4.2. Kegelschnitte

Schneidet eine Ebene E einen Kegel, so entsteht als Verschneidungskurve ein *Kegelschnitt*. Der Kegel selbst entsteht durch folgenden Vorgang:
Eine Gerade s bewegt sich so im Raume, daß sie stets durch einen festen Punkt S (Spitze) geht und dabei längs einer Kurve (Leitkurve) gleitet. Diese Kurve kann im Sonderfall ein Kreis sein. Die von der Geraden bei ihrer Bewegung beschriebene Fläche ist die Mantelfläche des Kegels. Da die Gerade unendlich lang ist, entsteht also ein „Doppelkegel", der an sich unendlich groß ist. Liegt der Punkt S im Unendlichen, so verschiebt sich die Gerade s längs der Leitkurve und behält ihre Richtung bei. So entsteht der Zylinder als Sonderfall des Kegels. Der am meisten auftretende Kegel ist der Drehkegel, bei dem die Leitkurve ein Kreis ist und die Spitze S auf dem Lot zur Kreisebene durch den Mittelpunkt des Kreises liegt. In den Bildern 147a bis c wird die Entstehung der Kegelschnitte in Raumskizzen gezeigt. Die schneidende Ebene E kann zum Kegel drei unterschiedliche Raumlagen haben:

1. E schneidet alle Mantellinien. Es entsteht eine Ellipse, deren Punkte alle im Endlichen liegen (Bild 147a).
2. E läuft zu einer Mantellinie parallel; es ergibt sich eine Parabel, die einen unendlich fernen Punkt hat (Bild 147b).
3. E läuft zu zwei Mantellinien parallel; die Verschneidungskurve ist eine Hyperbel, die zwei unendlich ferne Punkte besitzt (Bild 147c).

Für den ersten Fall (Entstehung der Ellipse) soll noch gezeigt werden, daß auch hier mit den DANDELINschen Kugeln die Brennpunkteigenschaft der Ellipse hergeleitet werden kann, wie es bereits für den Zylinder getan wurde. Bild 148 stellt in Raumskizze einen Drehkegel dar, der von der Ebene E nach Fall 1 geschnitten wird. E wird in den Punkten F_1 und F_2 von den DANDELINschen Kugeln berührt, die ihrerseits den Kegelmantel in den Parallelkreisen k_1 und k_2 berühren. Eine beliebige Mantellinie s schneidet k_1 in U und k_2 in V; auf der Schnittellipse entsteht P. Dreht sich nun s um den Kegelmantel, so bleibt $\overline{UV}$ in seiner Länge konstant, also gilt wiederum

$$\overline{PU} + \overline{PV} = \text{const}.$$

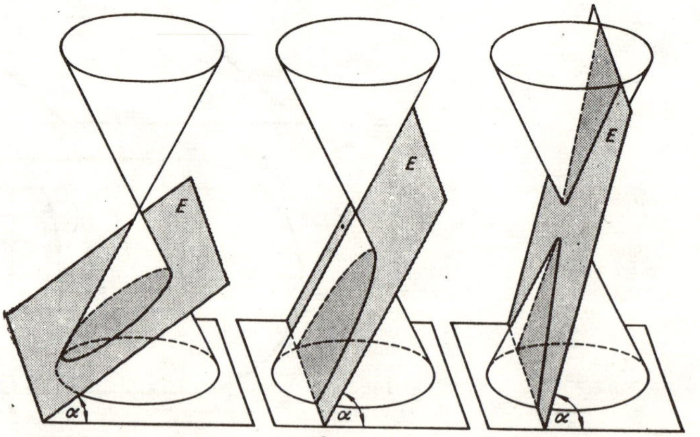

Bild 147 a b c

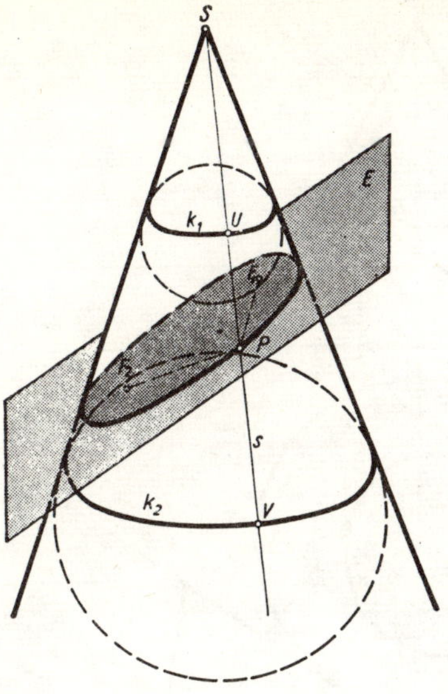

Bild 148

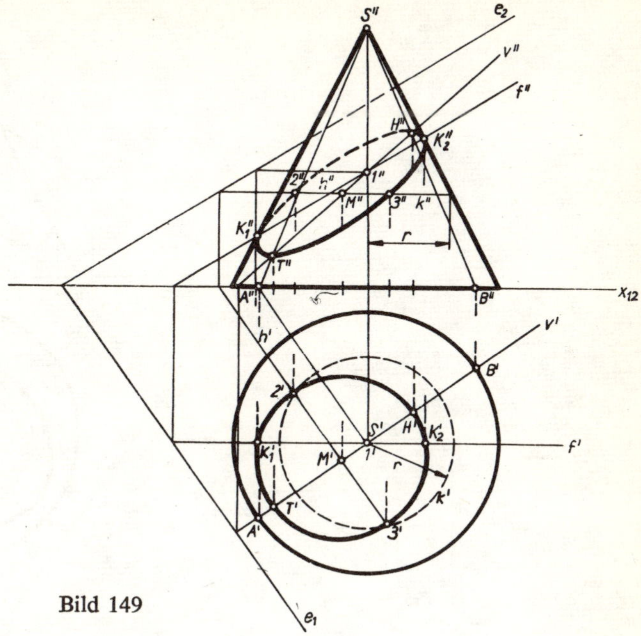

Bild 149

Weiterhin ist $\overline{PU} = \overline{PF_1}$ (Tangenten an obere Kugel) und
$\overline{PV} = \overline{PF_2}$ (Tangenten an untere Kugel). Also gilt
$\overline{PF_1} + \overline{PF_2} = \text{const.}$,
womit die Brennpunkteigenschaft auch hier erkannt ist. Mit den DANDELINschen Kugeln lassen sich auch entsprechende Eigenschaften für die Parabel und die Hyperbel herleiten; doch soll hierauf verzichtet werden, da eine zusammenfassende Untersuchung der Kegelschnitte in den Aufgabenbereich der analytischen Geometrie gehört.
Im folgenden sollen die drei möglichen Kegelschnitte in Zweitafelprojektion behandelt werden.

BEISPIEL 32 Ein Drehkegel ist durch eine Ebene elliptisch zu schneiden.

Lösung (Bild 149) Die Ebene E ist durch ihre Spuren e_1 und e_2 gegeben. Den höchsten und den tiefsten Punkt (H und T) der Ellipse findet man mit der Fallinie v, die durch die Kegelachse gelegt wird und diese in *1* schneidet. v schneidet die Mantellinie SA des Kegels in T und $\overline{SB}$ in H. Die Konturpunkte K_1 und K_2 ergeben sich durch die Frontlinie f, die auch durch *1* geht. Zusatzpunkte werden mit ebenen Höhenschnitten konstruiert, die in der Ebene E Höhenlinien h und auf dem Kegelmantel Höhenkreise k ergeben. Speziell die Höhenlinie durch den Mittelpunkt M von $\overline{TH}$ liefert die Punkte *2* und *3*. Dann sind $\overline{T'H'}$ und $\overline{2'3'}$ die Achsen der Grundrißprojektion der Ellipse. Die Aufrißellipse ergibt die Achsen nicht ohne weiteres, weshalb sie punktweise konstruiert wird.

Bild 150

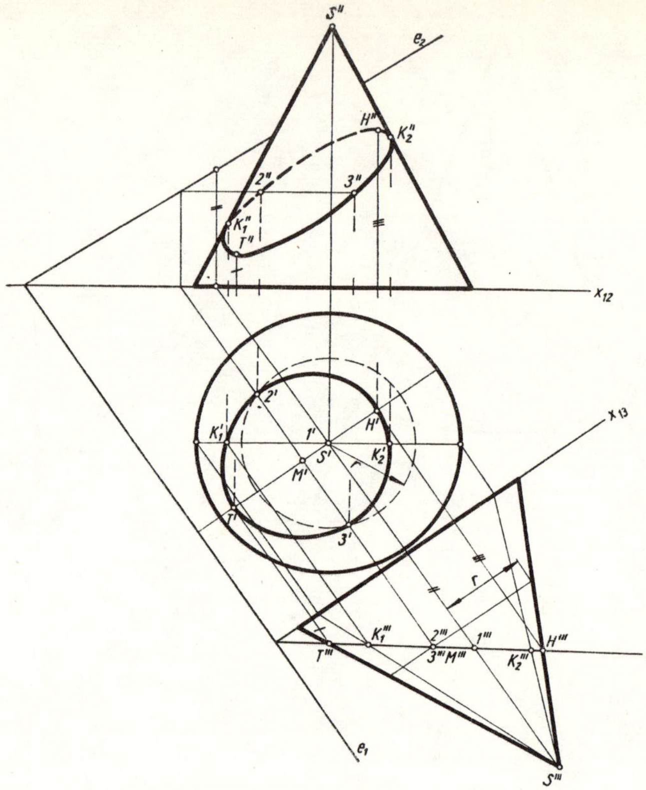

In Bild 150 wird noch ergänzend gezeigt, daß die gleiche Konstruktion natürlich auch mit einem Seitenriß durchgeführt werden kann ($\Pi_3 \perp E$ und $\Pi_3 \perp \Pi_1$). Der Leser vergleiche die Bilder 149 und 150, wobei ihm der Konstruktionsgang von Bild 150 ohne textliche Beschreibung und ohne Schwierigkeit verständlich werden wird.

BEISPIEL 33 Ein Drehkegel ist durch eine Ebene parabolisch zu schneiden.

Lösung (Bild 151) Die schneidende Ebene E ist jetzt so zu legen, daß sie zu einer Mantellinie parallel läuft. Die Mantellinie sei durch $\overline{SA}$ gegeben. Legt man zunächst an den Kegel die Tangentialebene längs $\overline{SA}(\overline{e_1} \perp \overline{S'A'})$, so findet man deren Aufrißspur $\overline{e_2}$ mit der Höhenlinie h durch S, weil ja S in dieser Ebene liegt. Nun verschiebt man diese Tangentialebene parallel zu sich, so daß sie den Kegel schneidet. Die Ebene läuft nun natürlich parallel zu der einen Mantellinie SA. In Bild 151 sind dann wie beim vorigen Beispiel Hochpunkt H mit Fallinie v, Konturpunkt K mit Frontlinie f und die Zusatzpunkte mit ebenen Höhenschnitten gefunden worden.
Die Lösung des gleichen Beispiels mit Seitenriß ist in Bild 152 dargestellt, in dem zusätzlich die Bestimmung der wahren Gestalt der Schnittparabel durch Umklappen von E in Π_1 gezeigt wird.

BEISPIEL 34 Ein Drehkegel ist durch eine Ebene hyperbolisch zu schneiden.

Lösung (Bild 153) Die Schnittebene E liegt jetzt zu den zwei gegebenen Mantellinien SA und SB parallel. Diese Mantellinien bestimmen eine Ebene $\overline{E}$ mit den Spuren $\overline{e_1}$ und $\overline{e_2}$.

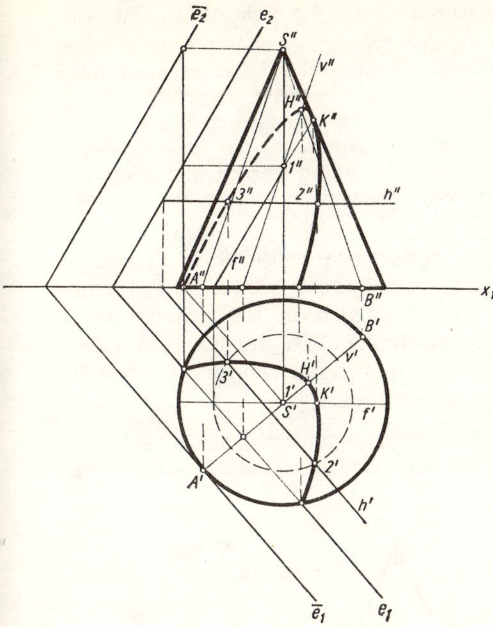

Bild 151

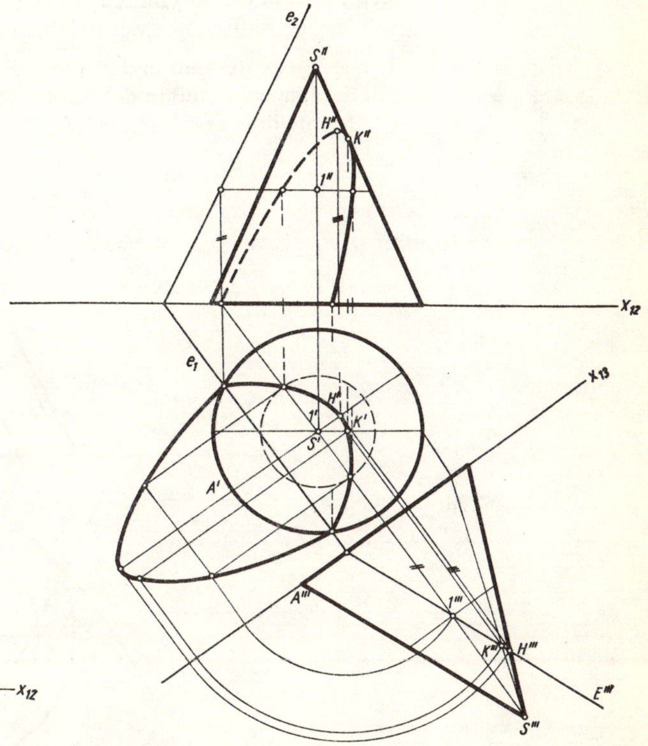

Bild 152

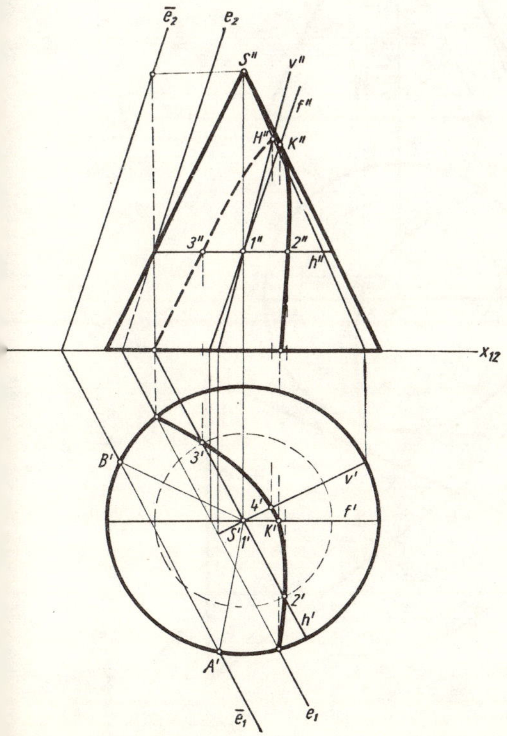

Bild 153

Man schiebt nun $\bar{E}$ parallel ein Stück seitwärts, so daß S nicht mehr in ihr liegt. Die erhaltene Ebene E läuft also zu $\overline{SA}$ und $\overline{SB}$ parallel und muß daher einen hyperbolischen Schnitt ergeben, der in Bild 153 entsprechend den vorhergehenden Beispielen konstruiert wird. (Es ist nur der untere Hyperbelast dargestellt.)
Bild 154 zeigt den dazugehörigen Seitenriß mit der Bestimmung der wahren Gestalt des Hyperbelastes. Der Leser beachte, daß bei Verwendung des Seitenrisses alle zu bestimmenden Punkte zuerst im Seitenriß gefunden werden und dann von dort aus in den Grund- und Aufriß übertragen werden.

Oftmals erscheint es notwendig, die punktweise konstruierte Verschneidungskurve sehr exakt zu konstruieren. Aus diesem Grunde ist es vorteilhaft, zu einzelnen Kurvenpunkten noch zusätzlich die Kurventangente zu ermitteln, welche die Richtung der Kurve in dem betreffenden Punkte darstellt. Soll in einem Punkt P eines Kegelschnittes die Tangente konstruiert werden, so muß diese zwei Bedingungen erfüllen:

1. Die Tangente muß in der Ebene E des Kegelschnittes liegen.
2. Die Tangente muß in der Tangentialebene E_t liegen, die den Kegel längs der Mantellinie durch P berührt.

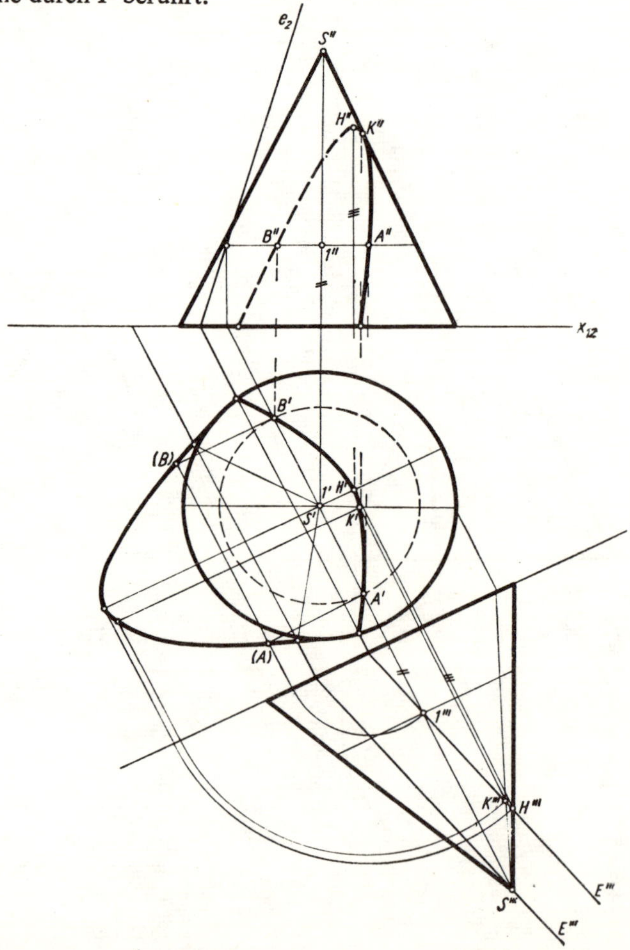

Bild 154

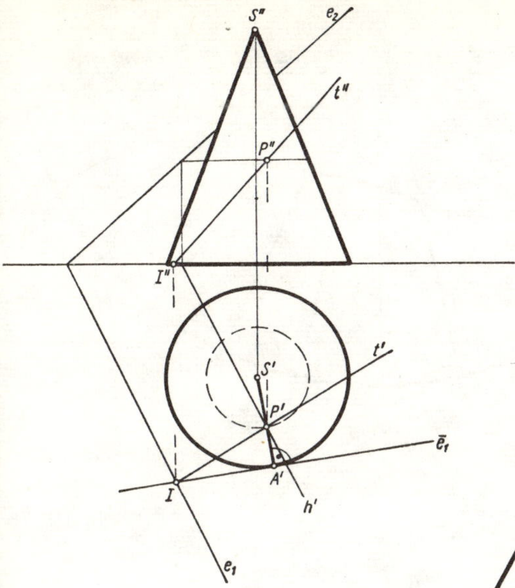

Bild 155

Bild 156

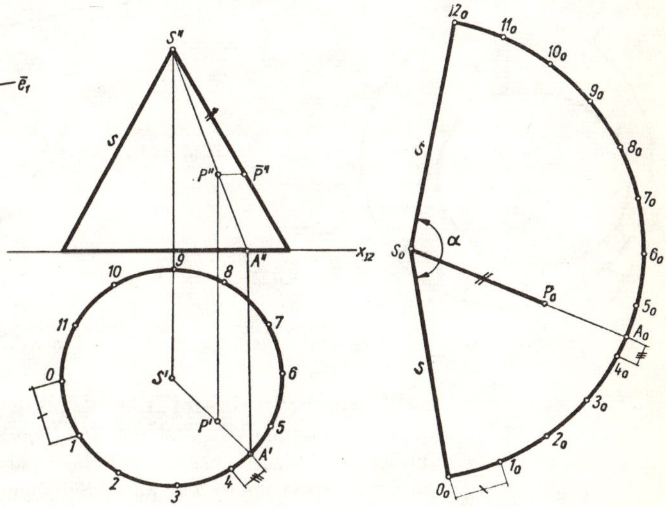

Also ist die Tangente die *Schnittgerade der Ebenen E und E_t*. Bild 155 zeigt die *Tangentenkonstruktion in einem beliebigen Kegelschnittpunkt*. Dieser Punkt *P* wurde durch einen Höhenschnitt (Horizontalschnitt) wie bei den vorigen Beispielen gefunden. Die durch die Mantellinie $\overline{SA}$ gehende Tangentialebene hat die Grundrißspur $\overline{e_1}$, die senkrecht auf $\overline{S'A'}$ steht und den Kegelgrundkreis berührt. Der Schnittpunkt *I* von e_1 und $\overline{e_1}$ ist ein Punkt der Tangente, da er in *E* und E_t liegt. Also ist $\overline{IP'}$ die Grundrißprojektion der Tangente und $\overline{I''P''}$ die Aufrißprojektion.
Die Abwicklung eines Kegelmantels erfolgt, indem man den Kegel auf die Zeichenebene legt und ihn dann einmal abrollt. Der Mantel wickelt sich hierbei zu einem Kreissektor vom Radius *s* (Mantellinie) und vom Bogen $2\pi r$ (Kegelgrundkreisumfang) ab.
Aus der Proportion

$$\alpha : 360^\circ = 2\pi r : 2\pi s$$

kann der Öffnungswinkel α des Kreissektors berechnet werden. Rein zeichnerisch wird man den Kegelgrundkreis in *n* gleiche Teile teilen und die so erhaltene *n*-Eck-Seite *n*-mal auf dem mit dem Radius *s* geschlagenen Kreisbogen abtragen. Dies ist in Bild 156 geschehen, wobei $n = 12$ ge-

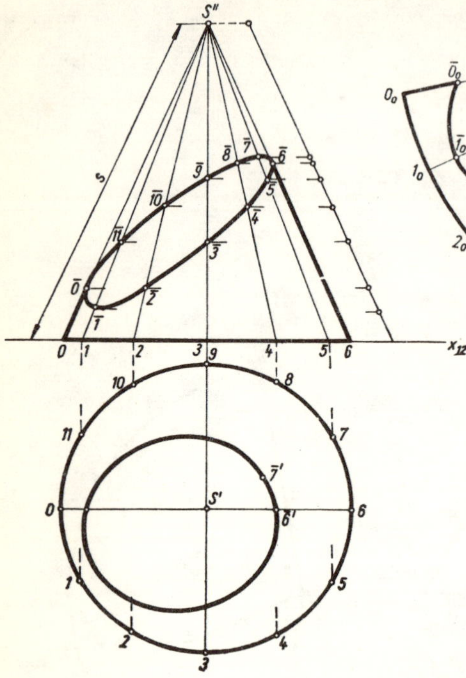

Bild 157a

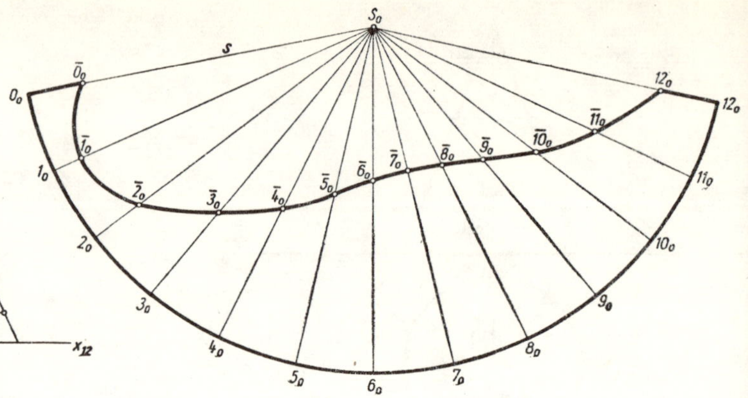

Bild 157b

wählt wurde. In diesem Bild ist zusätzlich der Punkt P auf dem Kegelmantel gegeben. Um festzustellen, wo sich P in der Abwicklung als P_0 hinlegt, wird zunächst die durch P gehende Mantellinie mit ihrem Fußpunkt A übertragen, was keine Schwierigkeiten bereitet. Die wahre Länge von $\overline{SP}$ findet man, indem man $\overline{SP}$ zum Aufriß parallel dreht, wobei P'' parallel zu x_{12} auf die Konturmantellinie des Kegels nach $\overline{P''}$ wandert. Dann ist $\overline{\overline{P''}S''}$ die gesuchte wahre Länge, die in die Abwicklung übertragen werden kann. Nach diesen Betrachtungen ist es nun leicht, einen schräg geschnittenen Kegelstumpfmantel abzuwickeln. Für diese Konstruktion setzt man voraus (was der exakte Geometer an sich nur blutenden Herzens tut), daß die Aufrißellipse für *alle* Punkte konstruiert worden ist; sie muß also zeichnerisch sehr genau vorliegen. Daher können (Bild 157a), nachdem der Grundkreis wie vorhin in 12 Teile geteilt wurde, im Aufriß die Mantellinien $S''0''$, $S''1''$ usw. mit der Ellipse zum Schnitt gebracht werden. Die erhaltenen Schnittpunkte $\overline{0}, \overline{1}$ usw. werden nach dem Verfahren des Bildes 156 in die Abwicklung übertragen (Bild 157b).

Ergänzend sei bemerkt, daß man natürlich auch mit einem Seitenriß arbeiten kann, in welchem sich die Deckellipse des Kegelstumpfes als Strecke projiziert, so daß die Schnittpunkte der Mantellinien mit der Verschneidungskurve im Seitenriß völlig exakt gefunden werden (vgl. Bilder 150, 152 und 154).

Bei Verschneidungskurven, die nicht in einer Ebene liegen, versagt aber das Seitenrißverfahren, und man muß die Projektionen der Kurve für *alle* Punkte als konstruiert anerkennen.

2.5. Durchdringungen

2.5.1. Ebenflächige Körper

Die Durchdringung zweier ebenflächig begrenzter Körper kann konstruktiv durch zwei Verfahren erfaßt werden:

1. **Das Flächenverfahren:** Die Seitenflächen (Ebenen) des einen Körpers schneiden sich mit den Seitenflächen des anderen Körpers in Schnittgeraden. Diese ergeben insgesamt die Schnittfigur, die im allgemeinen ein räumliches Vieleck ist. Wenn der eine Körper *nur teilweise* durch den anderen dringt, so entsteht ein geschlossenes Vieleck („Ausreißung"); durchdringt aber der eine Körper den anderen *vollständig*, so ergeben sich zwei Schnittfiguren („Durchdringung"); das Vieleck „zerfällt in zwei Teile".
2. **Das Kantenverfahren:** Die Kanten des einen Körpers durchstoßen die Seitenflächen des anderen und umgekehrt. Die Gesamtheit der sich ergebenden Durchstoßpunkte liefert das Verschneidungsvieleck, das jetzt durch seine Eckpunkte ermittelt wurde. Man erkennt, daß die Auffindung von Durchdringungen ebenflächig begrenzter Körper auf die Grundaufgaben hinausläuft:

1. Schnitt zweier Ebenen,
2. Durchstoßpunkt Gerade – Ebene.

An Beispielen der Fundamentalkörper Prisma und Pyramide sollen die Konstruktionsgänge entwickelt werden.

BEISPIEL 35 Durchdringung zweier Prismen, von denen das eine auf der Grundrißebene steht

Lösung (Bild 158) Das stehende Prisma ist gerade, so daß sich sein Mantel als das Dreieck $A'B'C'$ projiziert. Da die Verschneidungsfigur auf diesem Mantel liegen muß, ist sie im Grundriß sofort nach dem Kantenverfahren vorhanden. Die Kante d des schwebenden Prismas dringt in *1* ein und in *2* wieder aus. Der Aufriß ergibt sich durch die Ordner. Die Kanten des stehenden Prismas meiden das schwebende; es liegt eine vollständige Durchdringung vor (zwei Teile der Verschneidungskurve).

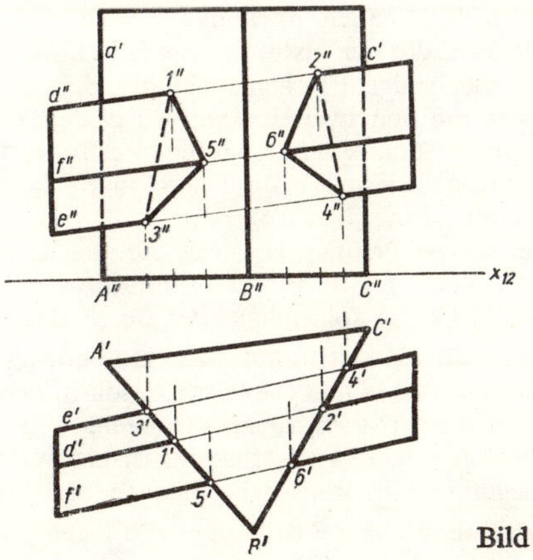

Bild 158

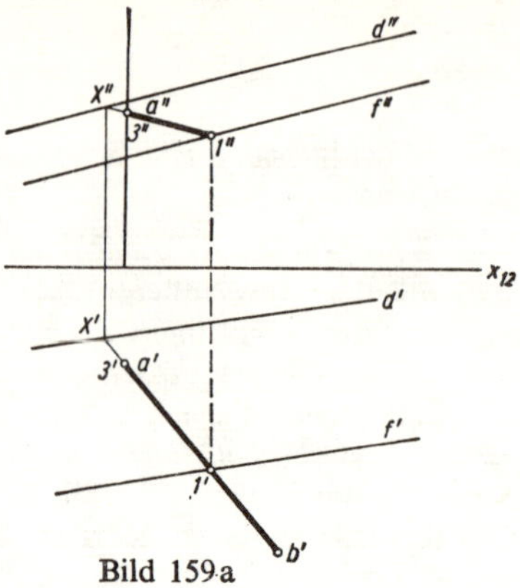

Bild 159a

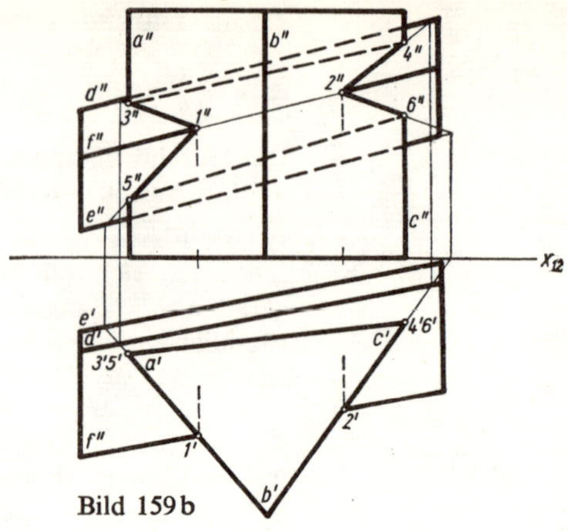

Bild 159b

BEISPIEL 36

Durchdringung zweier Prismen wie in Beispiel 35. Zwei Kanten des stehenden Prismas durchdringen das schwebende.

Lösung (Bild 159b)

Die Kante *f* des schwebenden Prismas ergibt die Punkte *1* und *2* nach dem Kantenverfahren. Die stehende Kante *a* muß in die Seitenfläche (*e–f*) des schwebenden Prismas von unten eindringen und aus der Seitenfläche (*d–f*) wieder ausdringen. Hier hilft das Flächenverfahren, indem die Schnittgerade *1X* der Seitenebenen (*a–b*) des stehenden und (*d–f*) des schwebenden Prismas bestimmt wird. Schnitt *1X* mit *a* ergibt Punkt 3 (Bild 159a). Analog werden die Punkte *5*, *4* und *6* gefunden. Der geschlossene Linienzug des Verschneidungsvielecks ergibt sich, wenn man, etwa bei *1* beginnend, das stehende Prisma so umwandert, daß man stets zugleich auf beiden Prismen läuft. Eine geschulte Raumanschauung feiert hier ihre Triumphe.

BEISPIEL 37

Durchdringung zweier schiefer Prismen

Lösung (Bild 161)

Bild 160 soll in einer Vorbetrachtung den Lösungsgang erklären. *ABCD* und *UVWX* sind zwei Seitenflächen der beiden Prismen. Die Kanten *AB* und *UV* schneiden einander im Punkt *1* im Grundriß; die Kanten *CD* und *WX* schneiden einander, da sie gleiche Höhe haben, im Punkt *2*. Also wird $\overline{12}$ die Schnittgerade der beiden Prismenflächen, die nur insoweit interessiert, als sie in beiden Flächen zugleich liegt. Haben die beiden Flächen nicht die gleiche Höhe, so kann man durch eine Höhenebene mit den zwei Höhenlinien in den Flächen einen Punkt *2* finden (vgl. Bild 60). In der Praxis wird man die angeführte Konstruktion nur im Grundriß durchführen und die jeweils gefundenen Punkte dann auf die zugehörigen Kanten des Aufrisses mit Ordner übertragen.
In Bild 161 sind zwei schiefe Prismen gegeben, die gleiche Höhe haben und mit ihren Basisflächen *ABC* und *UVW* auf der Grundrißebene stehen. Die Seitenflächen der Prismen werden im folgenden kurz durch die jeweilige Grundkante (z. B. $\overline{AB}$) angegeben. Zur Konstruktion der Durchdringung beider Prismen nach dem Flächenverfahren ist es nun erforderlich, schrittweise die Verschneidung je zweier Seitenflächen der Prismen zu konstruieren. Um hierbei zugleich den Verlauf des Verschneidungsvielecks zu erhalten, ist ein systematisches Vorgehen notwendig. Man beginnt z. B. mit den Flächen *AB* und *UV* und findet $AB \cap UV = \overline{12}$. Die Seitenfläche *AB* ist hierbei von Kante zu Kante durchlaufen.

Noch nicht erschöpft ist aber *UV*. Also wird man, da *2* auf der von *B* ausgehenden Prismenkante liegt, nun $\overline{UV}$ mit $\overline{BC}$ verschneiden; man findet $\overline{BC} \cap \overline{UV} = \overline{23}$. Jetzt ist $\overline{UV}$ erschöpft, und man geht zur Nachbarfläche *VW*, die mit $\overline{BC}$ verschnitten wird; es ergibt sich $\overline{BC} \cap \overline{VW} = \overline{34}$. Man bleibt immer noch auf $\overline{BC}$, ist aber am Rande von $\overline{VW}$. Somit ist nun $\overline{BC}$ mit der nächsten Nachbarfläche *WU* zu verschneiden: $\overline{BC} \cap \overline{WU} = \overline{45}$. Dieses Verfahren wird, indem man sich die Verschneidungsgleichungen zur Figur schreibt, so lange angewandt, bis man

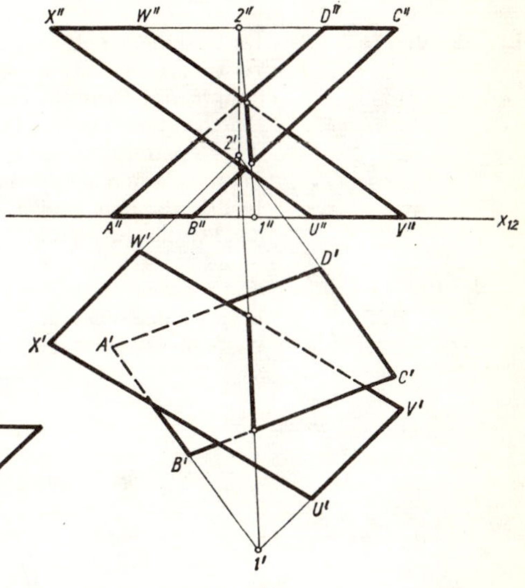

Bild 160

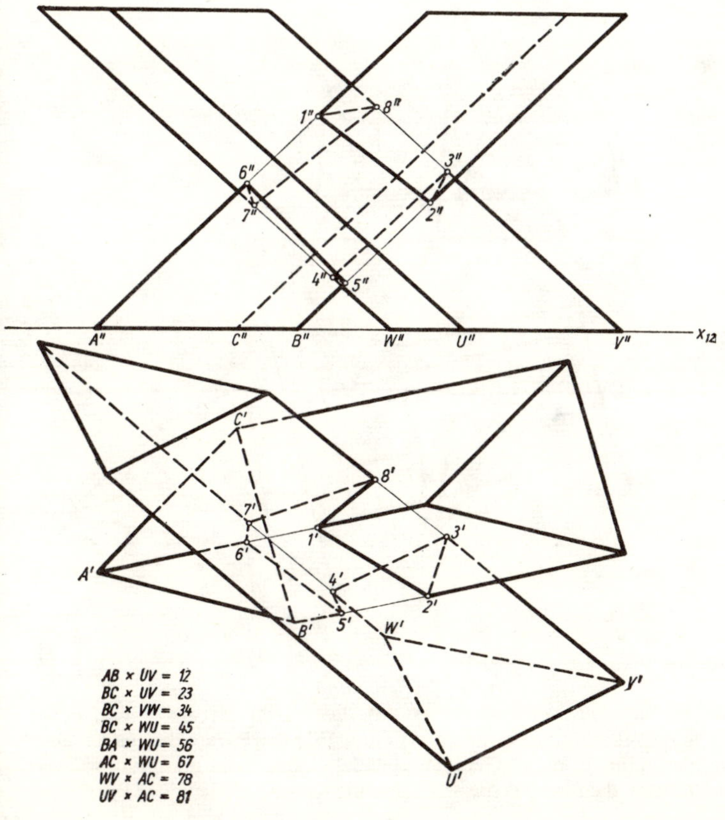

Bild 161

wieder zum Ausgangspunkt *1* (Zeichenkontrolle!) kommt. Der im Grundriß gefundene Linienzug wird in den Aufriß übertragen, und mit Hilfe von Kreuzungspunkten wird die Sichtbarkeit festgestellt. Der Anschaulichkeit wegen pflegt man oft die Teile von Kanten, die im Inneren des anderen Körpers sind, nicht zu zeichnen, während man die außerhalb liegenden, aber nicht sichtbaren Teile wie immer strichelt.
Der Leser hat vom Beispiel 37 nur dann Nutzen, wenn er es selbst durchkonstruiert, da in Bild 161 die Konstruktionen im einzelnen nicht mitgezeichnet sind.

BEISPIEL 38 Durchdringung Pyramide – Prisma

Lösung (Bild 162)

Da in diesem Beispiel das Prisma horizontal liegt, kann vorteilhaft ein *Seitenriß* verwendet werden, in welchem das Prisma als Viereck erscheint. Die Durchstoßpunkte der Pyramidenkanten können also im Seitenriß gefunden werden. Die Durchstoßpunkte der Prismenkanten durch die Pyramidenflächen werden nach der Konstruktion des Bildes 74b (Gerade durchstößt Dreieck) ermittelt. Welche Prismenkanten durch die Pyramide hindurchgehen, ist im Seitenriß erkennbar. In Bild 162 durchstoßen die Pyramidenkanten *SC* in *3* und *4* und *SB* in *1* und *2* das Prisma (Konstruktionsgang ist für *1* und *2* angedeutet). Die Prismenkanten *a*, *b* und *d* durchdringen das Prisma (Konstruktionsgang ist für *a* mit den Punkten *5* und *6* gezeichnet). Der Linienzug ergibt sich, indem man das Prisma, etwa bei *3* beginnend, einmal umwandert und dabei gleichzeitig auf den Flächen der Pyramide bleibt. So entsteht die Verschneidungskurve *3, 7, 5, 4, 9, 2, 10, 6, 8, 1, 3.*

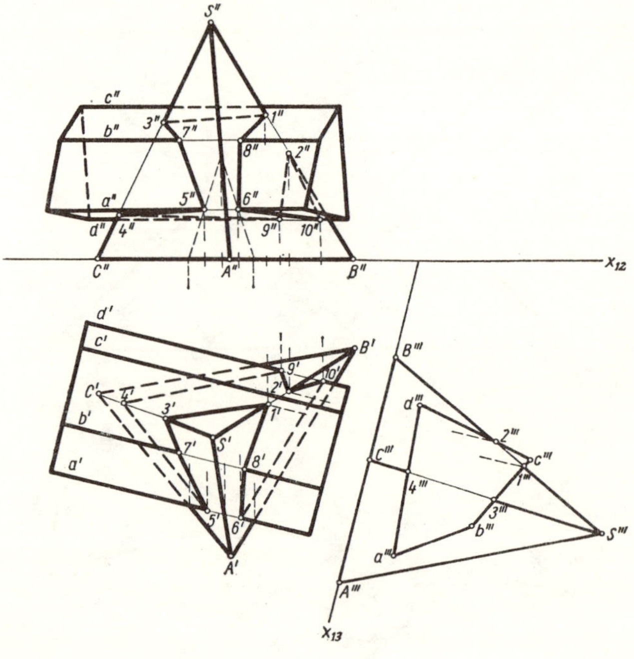

Bild 162

BEISPIEL 39 Durchdringungen Pyramide – Pyramide

Lösung

Für diese Kombinationen verwendet man oft das Verfahren der *Pendelebene.* Man legt durch die Verbindungsgerade S_1S_2 (Bild 163) der Pyramidenspitzen eine Ebene Γ, die man dann an dieser Geraden „pendeln" läßt. Legt man nun, wie die Raumskizze 163 zeigt, die Ebene Γ speziell durch die Kante S_1V der einen Pyramide,

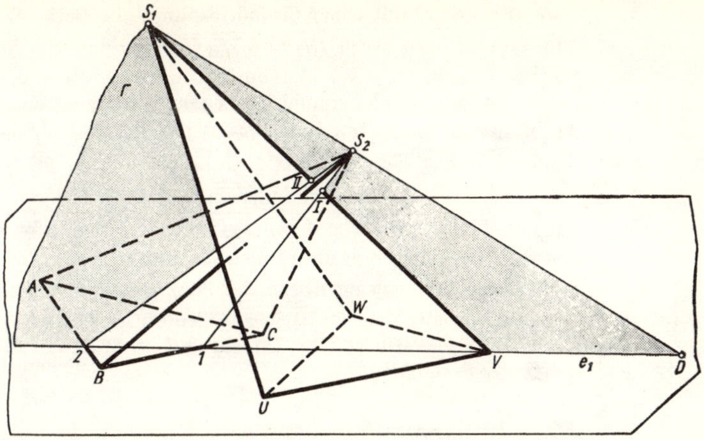

Bild 163

Bild 164

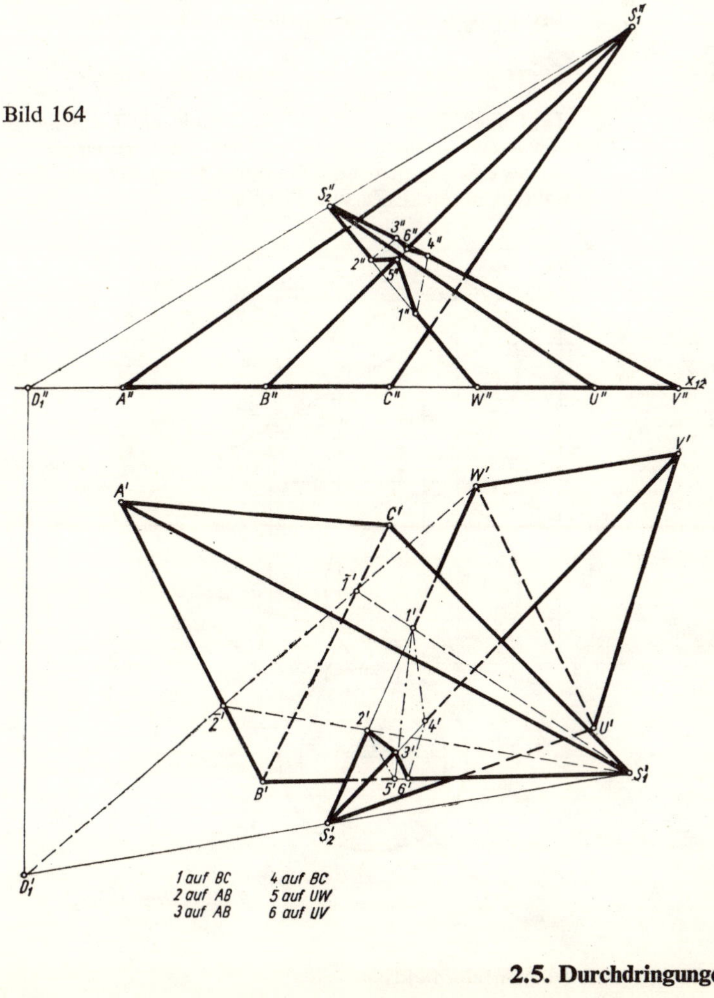

so schneidet Γ mit seiner Grundrißspur e_1 die Basis ABC der anderen Pyramide in *1* und *2*; also liegen $\overline{IS_2}$ und $\overline{2S_2}$ in Γ, so daß sich $\overline{S_1V}$ mit diesen Geraden in *I* und *II* schneidet. $\overline{S_1V}$ durchdringt demnach die andere Pyramide in *I* und *II*. Bild 164 zeigt zwei Pyramiden mit den Spitzen S_1 und S_2. Der Spurpunkt von $\overline{S_1S_2}$ ist D_1 in der Grundrißebene. Die durch $\overline{WS_2}$ gelegte Pendelebene ergibt über $\overline{1'}$ und $\overline{2'}$ hinweg *1* und *2*, wobei *1* in der zu $\overline{BC}$ gehörigen Seitenebene und *2* in der zu $\overline{AB}$ gehörigen Seitenebene liegt. Die durch $\overline{S_2V}$ gelegte Pendelebene liefert *3* und *4*, und die durch $\overline{S_2U}$ gelegte Ebene geht an der anderen Pyramide vorbei. Legt man nun die Pendelebenen durch $\overline{AS_1}$, $\overline{BS_1}$ und $\overline{CS_1}$, so ergibt nur die durch $\overline{BS_1}$ gelegte Ebene die Punkte *5* und *6*. Diese Konstruktionen vollziehen sich alle (wie für $\overline{WS_2}$ angedeutet) im Grundriß, aus dem dann erst der Aufriß abgeleitet wird. Der Linienzug *1, 4, 6, 3, 2, 5, 1* folgt durch Umlauf um eine der Pyramiden.

2.5.2. Krummlinig begrenzte Körper

Bevor die Durchdringung zweier krummlinig begrenzter Körper behandelt wird, sollen zunächst zwei Beispiele gelöst werden, die in allgemeinen Durchdringungen als Teilkonstruktionen auftreten.

BEISPIEL 40 — Durchdringung einer Geraden durch eine Kugel

Lösung — Legt man (Bild 165) durch die Gerade die Lotebene zu Π_1, so schneidet diese die Kugel in einem Kreis k. Durch Umklappen der Lotebene in die Grundrißebene ergeben sich die Schnittpunkte der Geraden mit k, welche die gesuchten Durchstoßpunkte P_1 und P_2 sind.

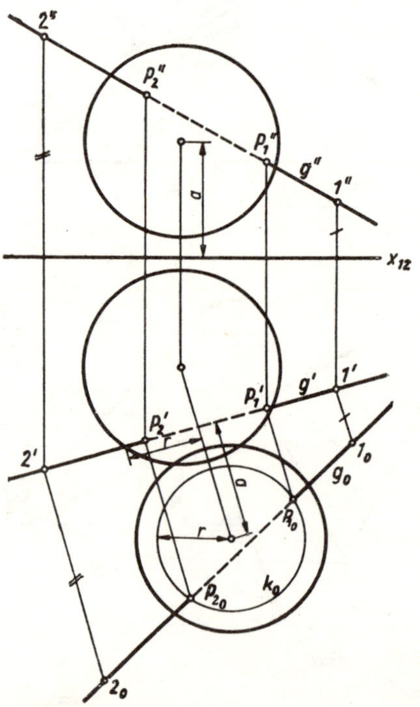

Bild 165

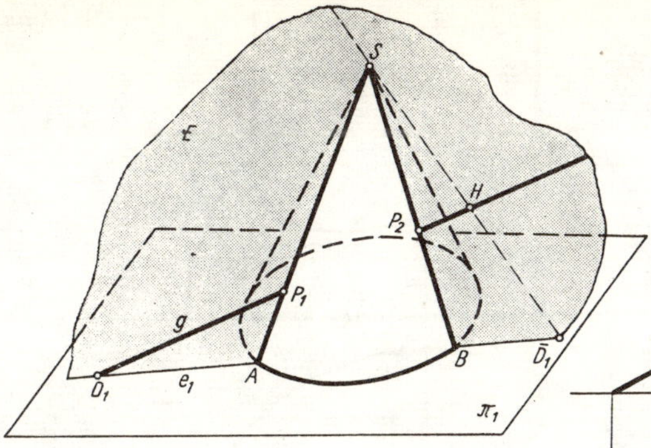

Bild 166

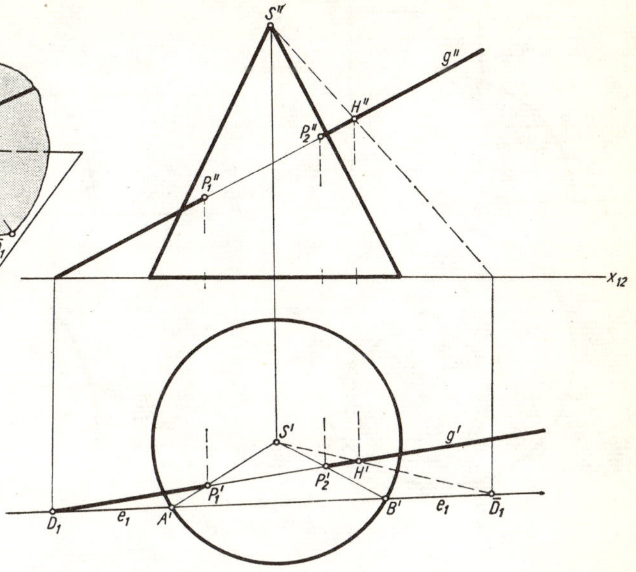

Bild 167

BEISPIEL 41 Durchdringung einer Geraden g durch einen Kegel

Lösung (Bild 166) Die durch g und die Kegelspitze S bestimmte Ebene E schneidet den Kegel in den Mantellinien SA und SB.

Die durch $\overline{AB}$ bestimmte Gerade ist die Grundrißspur e_1 von E. Auf e_1 liegen natürlich der Spurpunkt D_1 von g und der Spurpunkt $\overline{D_1}$ der beliebigen Hilfsgeraden SH.

Man kann also mit D_1 und $\overline{D_1}$ zunächst e_1 bestimmen; man findet A und B und schließlich mit $\overline{SA}$ und $\overline{SB}$ die gesuchten Punkte P_1 und P_2. Bild 167 stellt die Konstruktion in Zweitafelprojektion dar.

Die Durchdringung zweier krummlinig begrenzter Körper ergibt Verschneidungskurven „höherer Ordnung", Kurven, die im allgemeinen nicht mehr in einer Ebene liegen. Diese Kurven werden mit hinreichender Genauigkeit punktweise konstruiert. Zur Auffindung der Punkte werden *passende Hilfsebenen oder Flächen* gewählt. Beispiele sollen die hier möglichen Konstruktionsgänge erklären.

BEISPIEL 42 Verschneidung Halbkugel – stehender Zylinder

Lösung (Bild 169) Legt man durch beide Körper *Höhenebenen*, so schneiden diese die Körper in Kreisen. Die Schnittpunkte je zweier Kreise einer Höhenebene sind Punkte der Verschneidungskurve, da diese Punkte auf beiden Körperflächen zugleich liegen. Bild 168 zeigt den Vorgang zunächst mit einer Höhenebene (*1*; *2*). Im gleichen Bild ist noch gezeigt, daß man ebenso mit einer Frontebene Punkte der Verschneidungskurve finden kann (*3*; *4*). Bild 169 stellt die gesamte Kurve der Verschneidung dar. Hier sind insbesondere noch spezielle Punkte herauskonstruiert worden, z. B. die Konturpunkte K_1 und K_2 auf dem Zylinder, K_3 und K_4 auf der Kugel, ferner höchster und tiefster Punkt H und T. Im Grundriß stellt die Zylindermantelprojektion zugleich die Projektion k' der Verschneidungskurve dar. Im Aufriß berührt k'' den Konturkreis der Kugel in den Punkten K_3'' und K_4''.

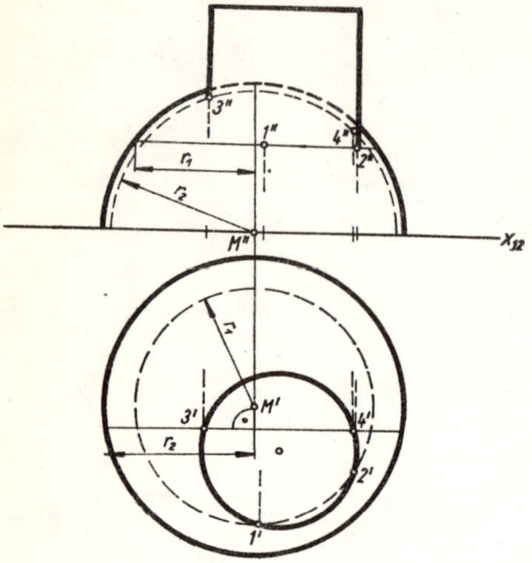

Bild 168

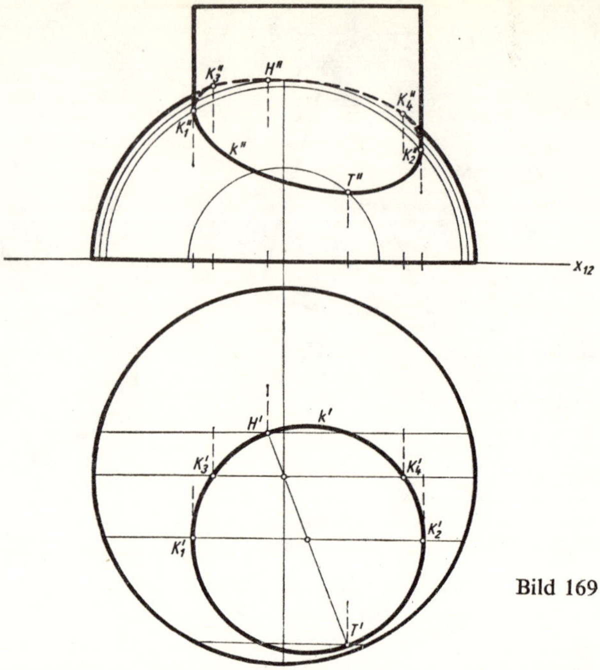

Bild 169

Die Abwicklung des Zylindermantels erfolgt nach der bereits dargestellten Methode, wobei man aus dem Aufriß die Schnittpunkte der Mantellinien mit k'' entnimmt und in die Abwicklung überträgt.

BEISPIEL 43 — Verschneidung Kegel – Kugel

Lösung (Bild 170) — Die beliebig gelegten *Höhenebenen* schneiden aus Kegel und Kugel Kreise aus, deren Schnittpunkte zunächst im Grundriß gefunden werden. Im Bild ist die Höhenebene durch den Kugelmittelpunkt *M* eingezeichnet, welche auf dem horizontalen Konturkreis der Kugel im Grundriß die Konturpunkte K_1' und K_2' liefert. Man beachte weiterhin, daß im gewählten Spezialfall die Kugel den Kegel von innen im Punkt *2* berührt. Dieser Punkt wird ein „Doppelpunkt" der Verschneidungskurve.

Bild 171 zeigt dieselbe Aufgabe nochmals für den Aufriß allein. Hier werden als Hilfsflächen Kugeln um die Spitze *S* des Kegels gelegt. Jede solche Hilfskugel schneidet den Kegel in einem Kreis (k_1) und die Kugel in einem Kreis (k_2), wobei sich beide Kreise im Aufriß als Strecken projizieren. Die Schnittpunkte (*1* und *2*) dieser Kreise sind Punkte der Verschneidungskurve.

Dieses **Kugelflächenverfahren** kann auch dann angewandt werden, wenn Kegelachse und Kugelmittelpunkt von der Aufrißebene verschiedenen Abstand haben. In diesem Falle wählt man einen Seitenriß, der parallel zu der von Kegelachse und Kugelmittelpunkt bestimmten Ebene liegt. In diesem Seitenriß projizieren sich die Kreise k_1 und k_2 als Strecken, während sie im Aufriß selbst als Ellipsen erscheinen würden.

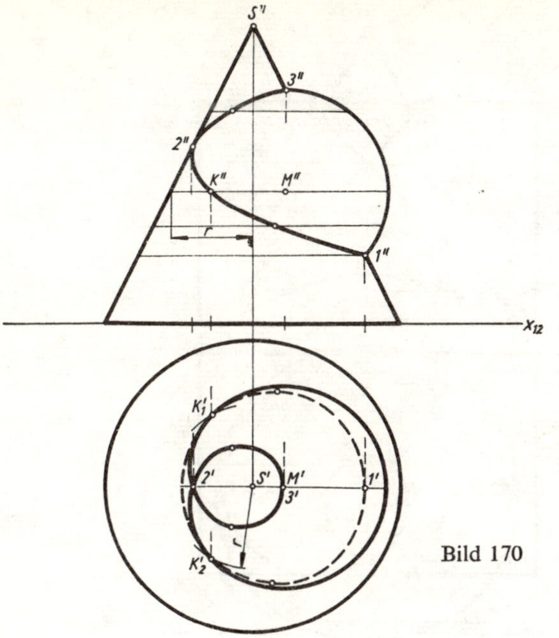

Bild 170

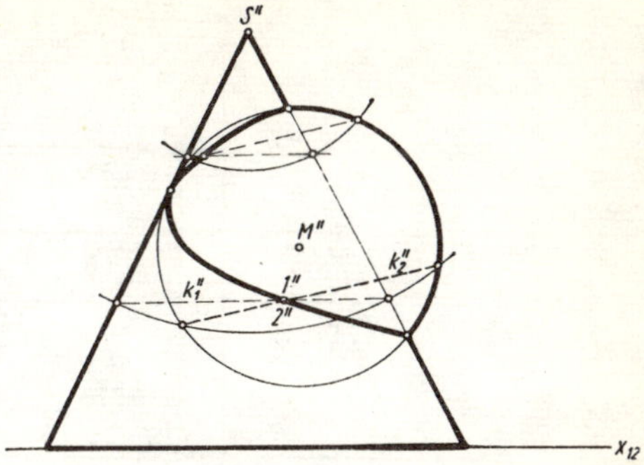

Bild 171

BEISPIEL 44 Zylinder durchdringt Kegel.

Lösung (Bild 172) Da im Beispiel der Zylinder parallel zur Aufrißebene liegt, arbeitet man mit einem *Kreuzriß*, in dem der Zylinder als Kreis erscheint. Das Stück des Kreisbogens, das innerhalb der Kreuzrißprojektion des Kegels liegt, ist bereits die Projektion der Verschneidungskurve im Kreuzriß. In Bild 172 ist die Kreuzrißebene um 90° gedreht und in die Aufrißebene gelegt worden. Im Kreuzriß erkennt man, daß im gewählten Beispiel der Zylinder den Kegel von innen berührt (Punkt *4*).

Für die Konstruktion der Verschneidungskurve läuft man den Zylindermantel, im Kreuzriß bei Punkt *1* beginnend, ab und überträgt die speziellen Punkte in die Zweitafelprojektion. (Im Bild sind die einzelnen Punkte ohne Striche angegeben, also nicht *1'*, sondern *1*, da Irrtümer nicht auftreten können.)

Punkt *1* liegt auf der hintersten Mantellinie des Kegels. Seine Lage wird im Grundriß durch Zurückdrehen des Kreuzrisses gefunden, im Aufriß bleibt die Höhe des Kreuzrisses erhalten.

Punkt *2* (bzw. $\overline{2}$) liegt als Konturpunkt im Aufriß auf der obersten Zylindermantellinie. Er wird im Grundriß gefunden, indem man die Mantellinie *S2* aus dem Kreuzriß zurückdreht und im Grundriß mit der Projektion der obersten Zylindermantellinie zum Schnitt bringt. Nach den eben geschilderten Verfahren können alle weiteren Punkte *3* bis *8* und Zusatzpunkte konstruiert werden.
Es sind:

3 und $\overline{3}$ Konturpunkte im Aufriß auf dem Kegel,

5 und $\overline{5}$ Konturpunkte im Grundriß auf dem Zylinder,

6 und $\overline{6}$ Konturpunkte im Aufriß auf dem Kegel,

7 und $\overline{7}$ Konturpunkte im Aufriß auf dem Zylinder.

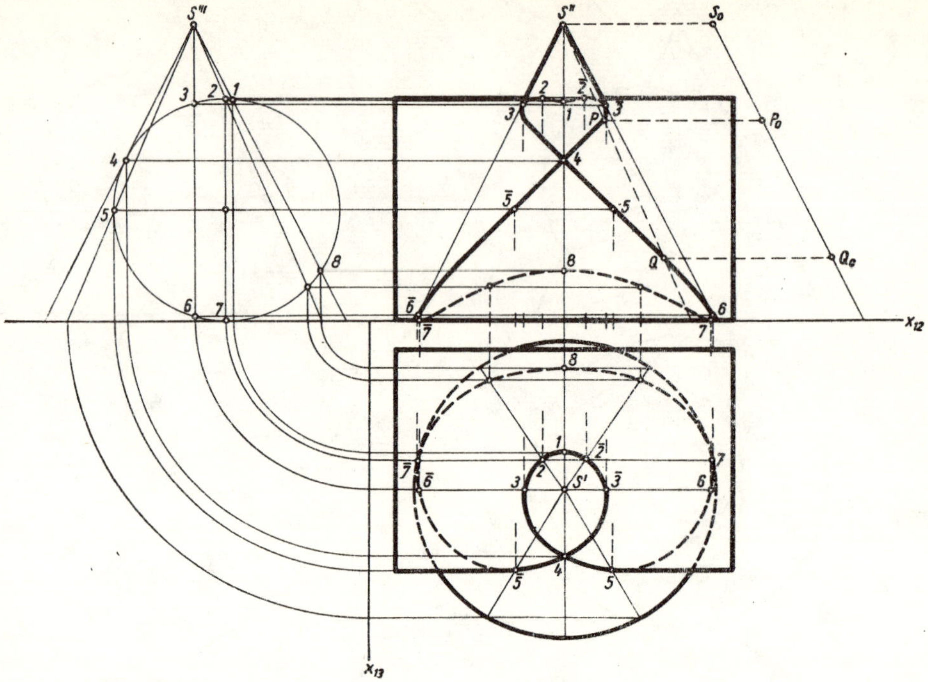

Bild 172

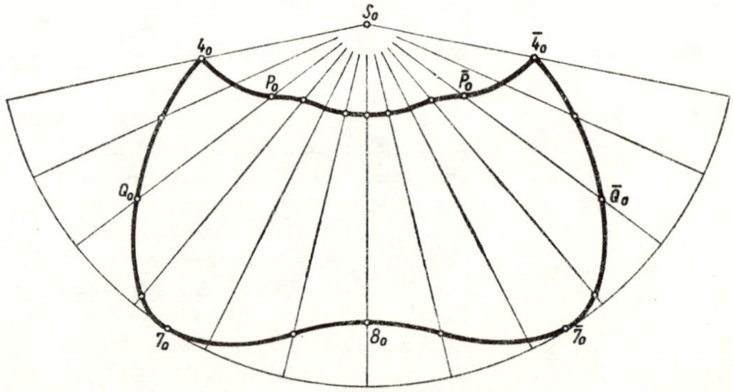

Bild 173

Wird die Verschneidungskurve einmal vollständig abgelaufen, so ist hierbei der Zylindermantel von *1* über *4* nach *8* und zurück umlaufen worden, während der Kegelmantel im gleichen Drehsinn zweimal umlaufen wird.
Bild 173 zeigt die Abwicklung des Kegelmantels mit der Verschneidungskurve. Für die Punkte P und Q (Bild 172) ist die Übertragung in die Abwicklung angedeutet.

BEISPIEL 45 Kegel durchdringt Kegel.

Lösung In Bild 174 ist in einer Raumskizze das hier anzuwendende *Pendelebenenverfahren* dargestellt (vgl. Beispiel 39 von Abschnitt 2.5.1.). Durch die Verbindungsgerade g der Kegelspitzen S_1 und S_2 wird die Pendelebene Γ gelegt, welche die Spur e_1

Bild 174

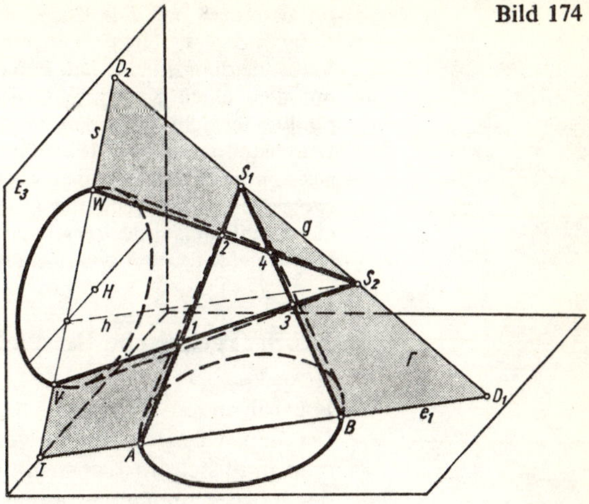

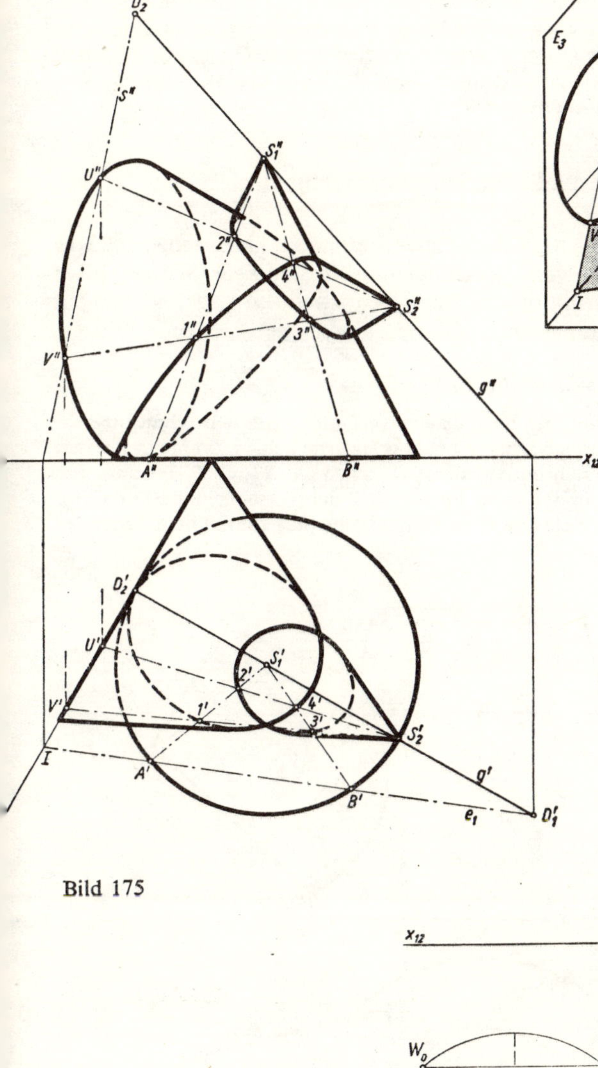

Bild 175

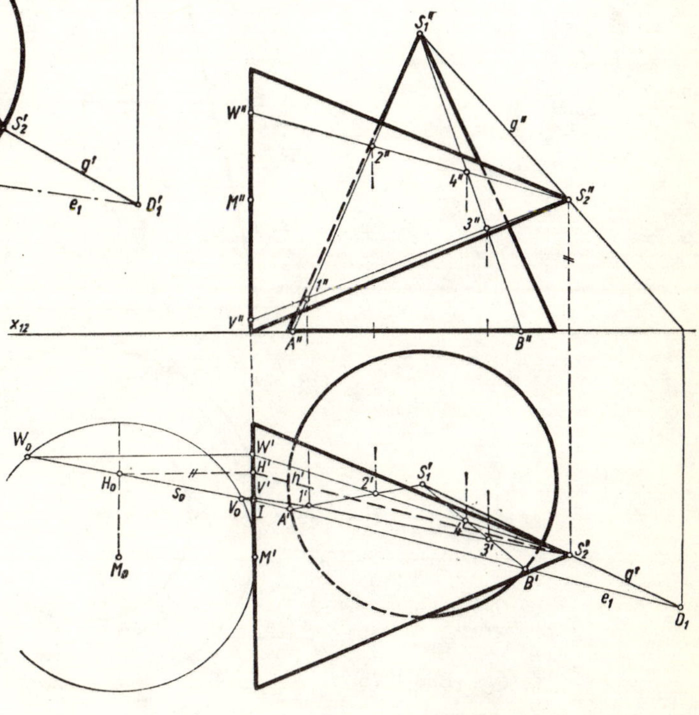

Bild 176

im Grundriß hat. Die Ebene schneidet die Kegel in den Mantellinien S_1A, S_1B, S_2W und S_2V. Die Schnittpunkte *1* bis *4* dieser Mantellinien sind Punkte der Verschneidungskurve. Die Punkte A und B ergeben sich als Schnittpunkte von e_1 mit dem einen Kegelgrundkreis. Die Punkte W und V findet man als Schnittpunkte der Schnittgeraden s von Γ mit E_3. s geht von *I* aus nach H, wobei H der Durchstoßpunkt der Höhenlinie $h \parallel e_1$ durch E_3 ist. Bild 175 zeigt mit der umgeklappten Ebene E_3 den eben geschilderten Konstruktionsgang in Zweitafelprojektion. Läßt man nun Γ um g pendeln (wobei e_1 um D_1 dreht), so erhält man punktweise die Verschneidungskurve. In Bild 176 ist ein nach diesem Verfahren gefundenes Konstruktionsergebnis dargestellt.

2.5.3. Technische Beispiele für Durchdringungen

Die folgenden Beispiele sollen dem Leser besonders klarmachen, daß es bei den Konstruktionen von Verschneidungskurven *kein Schema* gibt; man muß sich im Konstruktionsverfahren den jeweiligen Lagebeziehungen der Körper zueinander anpassen.

BEISPIEL 46 *Konischer Rohransatz an einem konischen Rohr*

Man arbeitet (Bild 177 a) mit dem Kugelflächenverfahren. Um den Schnittpunkt S der beiden Kegelstumpfachsen werden Kugeln gelegt, die beide Stümpfe in Kreisen schneiden (k_1; k_2), welche sich im Aufriß als Strecken ($A''B''$, $C''D''$) projizieren. Die Schnittpunkte von k_1 und k_2 sind Punkte *1*, *2* der Verschneidungskurve. Im Grundriß findet man die Punkte durch die Höhenkreise (k_1), die auf dem stehenden

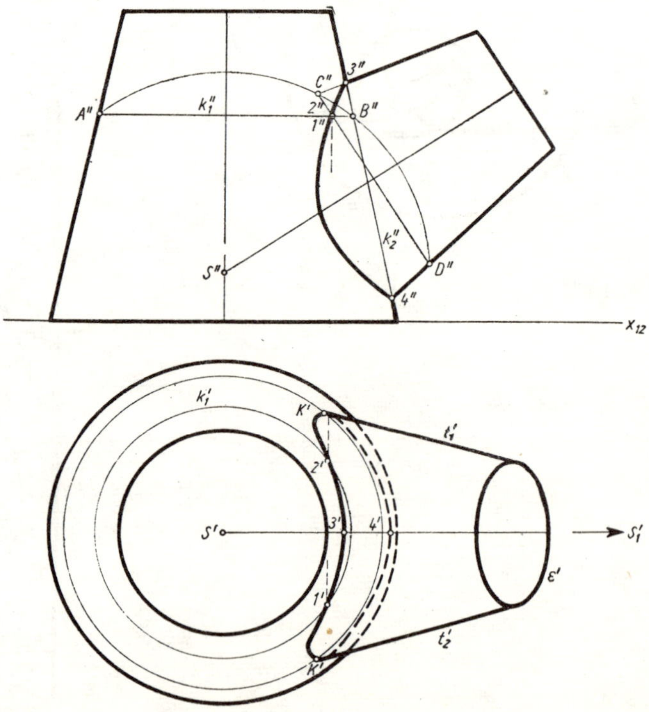

Bild 177a

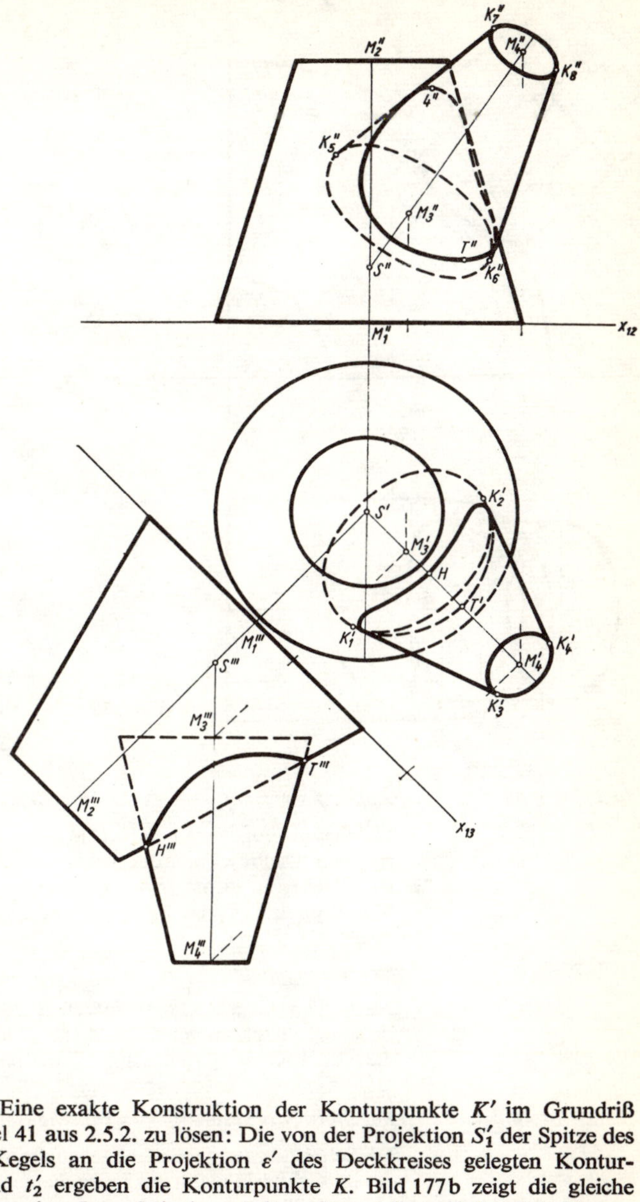

Bild 177b

Stumpf liegen. Eine exakte Konstruktion der Konturpunkte K' im Grundriß wäre mit Beispiel 41 aus 2.5.2. zu lösen: Die von der Projektion S_1' der Spitze des eindringenden Kegels an die Projektion ε' des Deckkreises gelegten Konturtangenten t_1' und t_2' ergeben die Konturpunkte K. Bild 177b zeigt die gleiche Aufgabe bei allgemeiner Lage. Mit einem Seitenriß kann dieser Fall auf die Lösung von Bild 177a zurückgeführt werden.

BEISPIEL 47

Rohrkrümmer mit zylindrischem Abzweig

Man lege (Bild 178) Frontebenen durch das Körpersystem. Jede Frontebene schneidet den Rohrkrümmer in Kreisen (k) und den Zylinder in zwei Mantellinien (a, b). Die Schnittpunkte von k mit a und b sind Punkte der Verschneidungskurve. Durch Paralleldrehen der Deckkreise von Rohrkrümmer und Zylinder zum Aufriß findet man die zusammengehörigen Mantellinien und Kreise k.

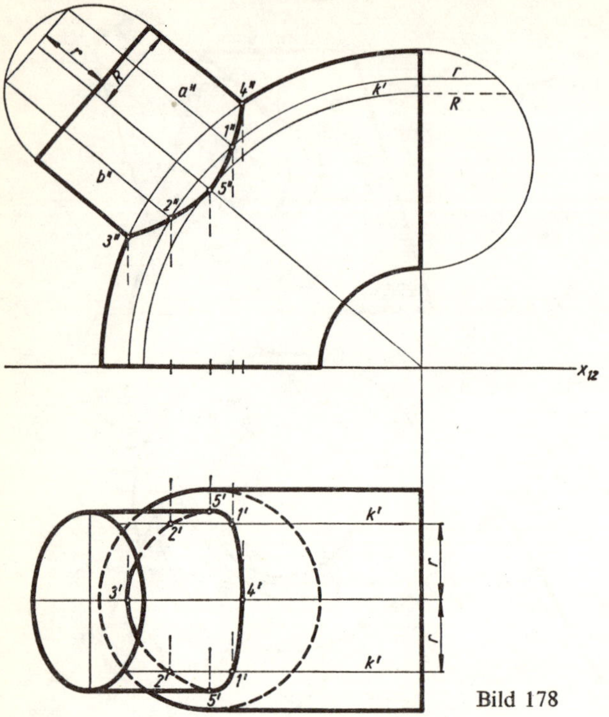

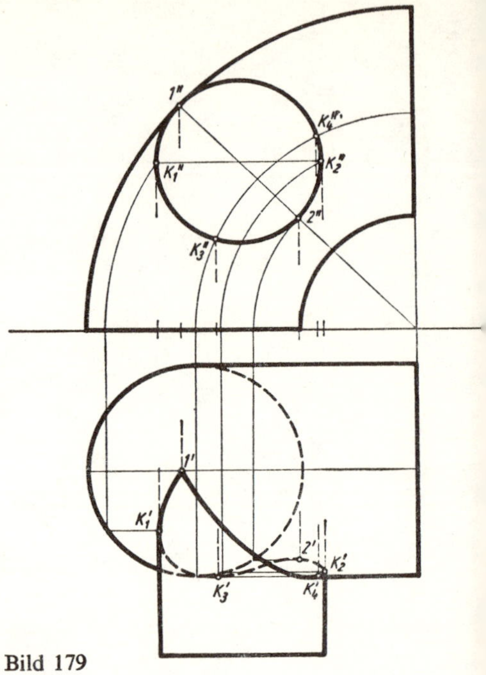

Bild 178 Bild 179

BEISPIEL 48 *Rohrkrümmer mit waagerechtem, zylindrischem Abzweig*

In diesem Falle erscheint (Bild 179) im Aufriß die Zylindermantelprojektion zugleich als Projektion der Verschneidungskurve. Die Grundrißprojektion ergibt sich wiederum durch frontale Schnitte. Man achte auf die herauskonstruierten Konturpunkte (K_1 bis K_4) im Grundriß.

BEISPIEL 49 *Rohrverzweigung*

Nach dem Kugelflächenverfahren werden Kugeln um den Schnittpunkt S der beiden Rohrachsen gelegt (Bild 180). Der Grundriß folgt aus dem Aufriß wieder nach dem Konstruktionsgang des Beispiels 47.

BEISPIEL 50 *Kegelförmig abgespitzte, quadratische Säule*

Die Schnittkurven der Seitenflächen der Säule mit dem Kegelmantel sind Hyperbeln, die im Grundriß als Strecken erscheinen. Den Aufriß findet man, indem man die Durchstoßpunkte von Kegelmantellinien durch die Seitenflächen der Säule bestimmt (Bild 181).

BEISPIEL 51 *Halbkugel mit exzentrischem Säulenansatz*

Die Seitenflächen der vierkantigen Säule (Bild 182) schneiden die Kugel in Kreisen. Zwei Seitenflächen laufen im Bild zum Aufriß parallel, so daß die in ihnen liegenden Schnittkreise im Aufriß in wahrer Gestalt erscheinen. Die beiden anderen Flächen stehen zum Aufriß senkrecht; die Schnittkreise dieser Flächen werden im Grundriß zu Ellipsen, deren Achsen sich aus den Höhen- und Frontliniendurchmessern der Schnittkreise ergeben.

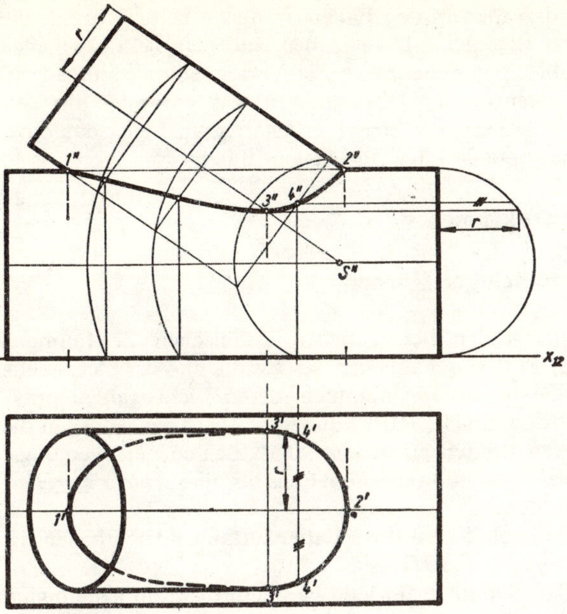

Bild 180

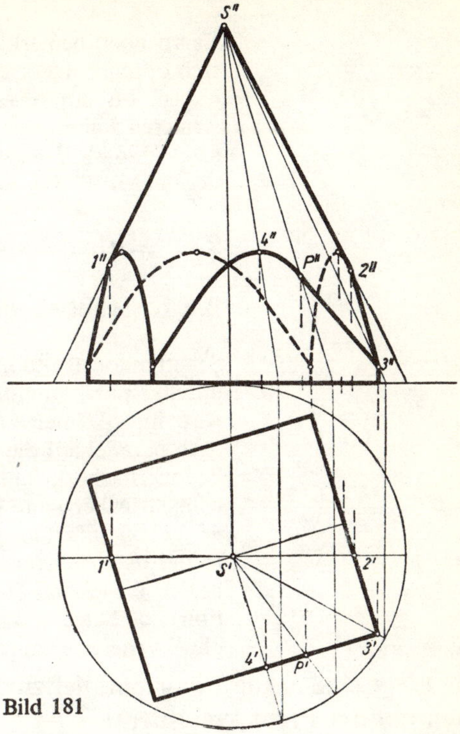

Bild 181

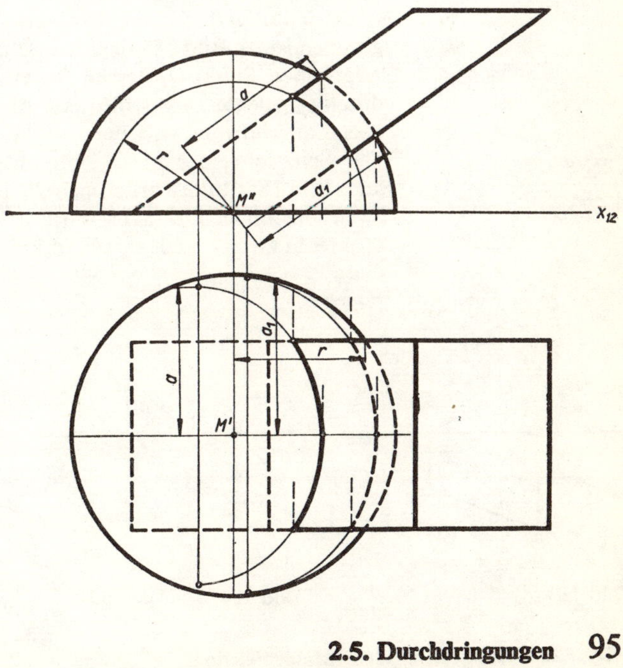

Bild 182

Es sei noch bemerkt, daß man in den Fällen, in denen beide Körper, die sich durchdringen, eine allgemeine Lage zu den beiden Projektionsebenen haben, oft durch Wahl eines Seitenrisses die Verschneidungskurve konstruieren kann. Der Seitenriß ist so einzuführen, daß entweder die Verschneidungskurve selbst in ihm geometrisch erkennbar wird oder daß einer der beiden Körper eine spezielle Lage zum Seitenriß hat.

2.6. Schattenkonstruktionen

2.6.1. Schatten ebenflächiger Körper

Schattenkonstruktionen werden bei manchen technischen Zeichnungen durchgeführt, um das Bild anschaulicher zu gestalten. Als Lichtquelle wird im allgemeinen die Sonne angenommen, deren Lichtstrahlen praktisch parallel auf die Erdoberfläche fallen; außerdem besitzen sie gegen die Erdoberfläche in unseren Breiten einen von 90° verschiedenen Neigungswinkel. Daher kann die Entstehung des Schattens als eine *schiefe Parallelprojektion* aufgefaßt werden.
In der darstellenden Geometrie sind die schattenauffangenden Ebenen die beiden Projektionsebenen Π_1 und Π_2.
Folgende Sätze, die allgemein auch für jede Parallelprojektion gelten, sind ohne weiteres einzusehen:

1. Liegt eine ebene Figur parallel zur schattenauffangenden Ebene, so ist ihr Schatten mit der Figur kongruent.
2. Eine auf der Π_1-Ebene senkrechte Gerade wirft in die Π_2-Ebene einen Schatten, der senkrecht auf der x_{12}-Achse steht.

In Bild 183 ist der Schatten eines Punktes P dargestellt, wobei die Lichtstrahlrichtung durch die Projektionen l', l'' eines beliebigen Lichtstrahls gegeben ist. In Bild 183 liegt der Schatten P_1 in der Grundrißebene. Bild 184 zeigt einen Punkt Q, dessen Schatten Q_2 in die Aufrißebene fällt, da der durch Q gelegte Lichtstrahl erst die Aufrißebene und dann die Grundrißebene durchdringt.
Der Schatten einer zu Π_1 lotrechten Strecke PQ geht vom Fußpunkt Q aus (Bild 185) und würde nach P_1 laufen, wenn nicht die Aufrißebene dazwischenstünde. Der Schatten knickt daher an der Rißachse ab und geht senkrecht zu x_{12} nach P_2. Man konstruiert also in einem solchen Falle erst

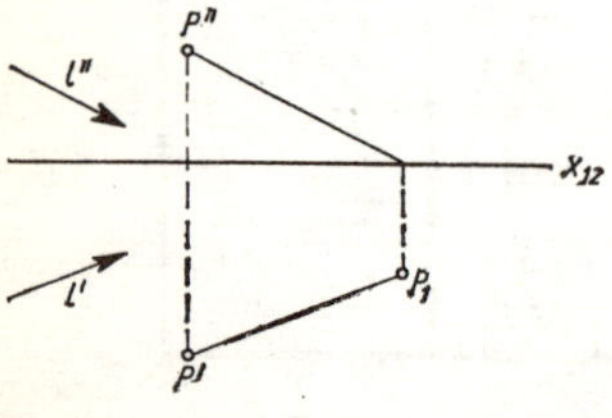

Bild 183

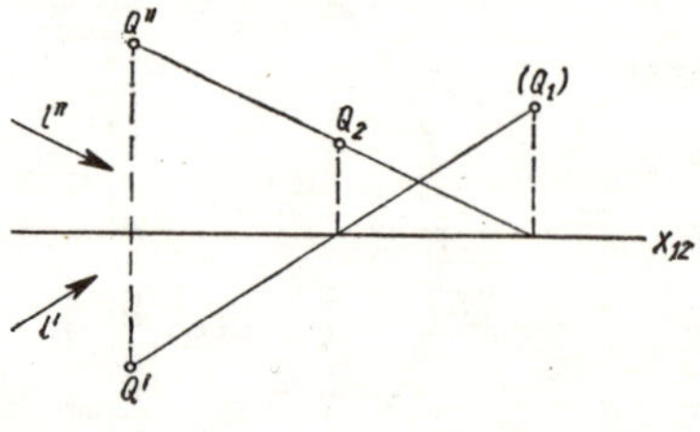

Bild 184

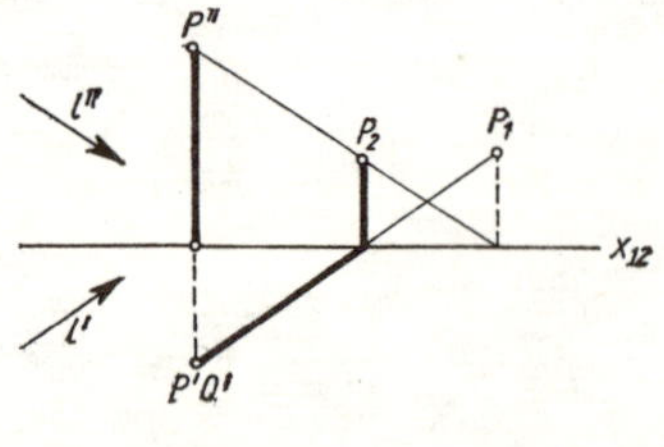

Bild 185

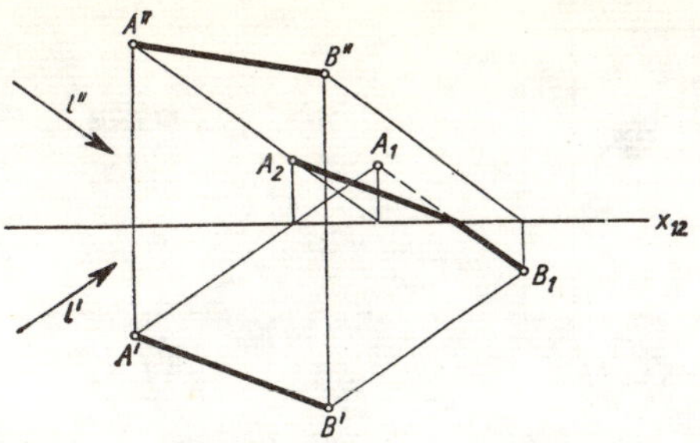

Bild 186

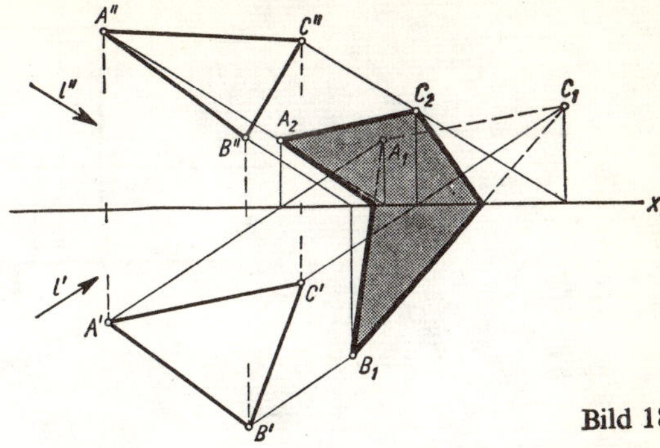

Bild 187

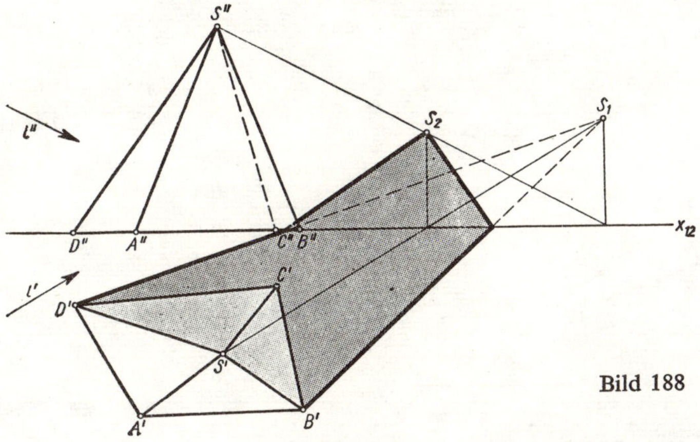

Bild 188

den Schatten in der Grundrißebene ohne Rücksicht auf die Existenz der Aufrißebene. Dann erst beachtet man das Abknicken des Schattens in die Aufrißebene. Bild 186 zeigt den Schatten einer beliebig im Raume liegenden Strecke AB. In Bild 187 ist der Schatten eines Dreiecks ABC dargestellt.

Der Schatten einer beliebigen auf der Grundrißebene stehenden Pyramide wird gezeichnet (Bild 188), indem man zunächst den Schatten S_1 der Spitze S im Grundriß ermittelt. Dann werfen die beiden *Konturkanten* BS und DS *in bezug auf die Lichtstrahlrichtung* die Schatten BS_1 und DS_1. Nun beachtet man das Abknicken des Schattens nach S_2.

Der von der Pyramide geworfene Schatten heißt *Schlagschatten*. Die nicht beleuchteten Seitenflächen BCS und CDS liegen im *Eigenschatten* der Pyramide. Aus dem Vorgang des Bildes 188 erkennt man, daß die Grenzlinie zwischen beleuchtetem und nicht beleuchtetem Teil (also $\overline{BS}$ und $\overline{DS}$) den Schatten wirft, der zugleich den Umriß des Schlagschattens darstellt. Dies gilt allgemein:

Der Umriß des Schlagschattens ist zugleich der Schlagschatten der Grenzlinie des Eigenschattens.

Bild 189 stellt den Schatten einer Säule dar. Auch hier wurde der Schatten zunächst vollständig im Grundriß konstruiert. Bild 190 zeigt den Schatten

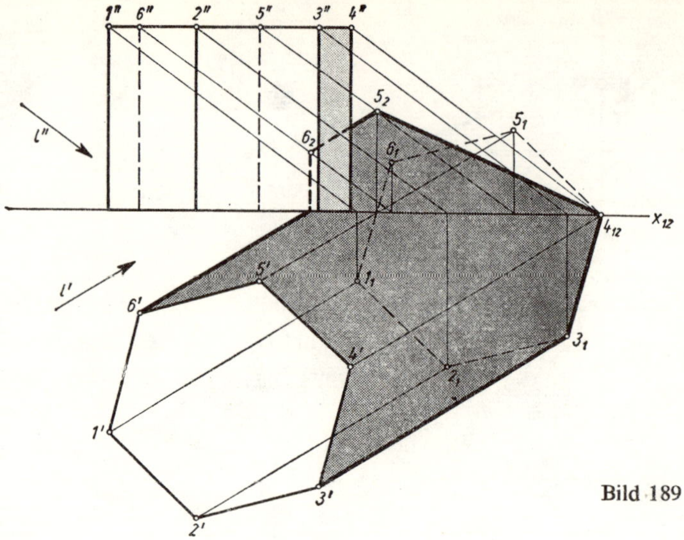

Bild 189

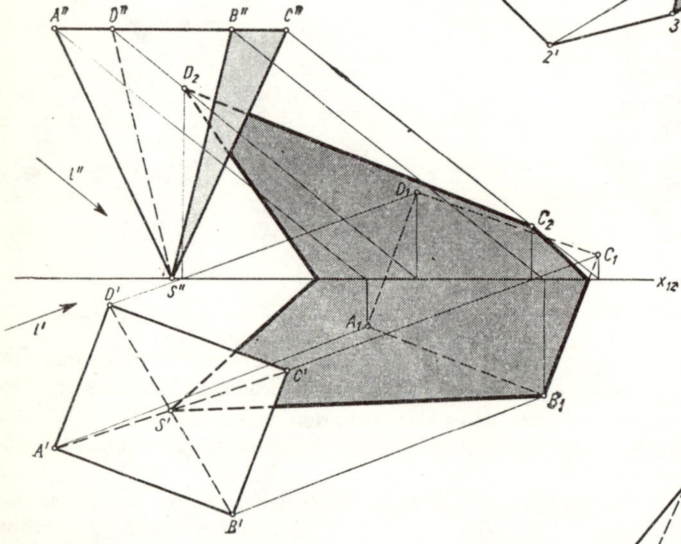

Bild 190

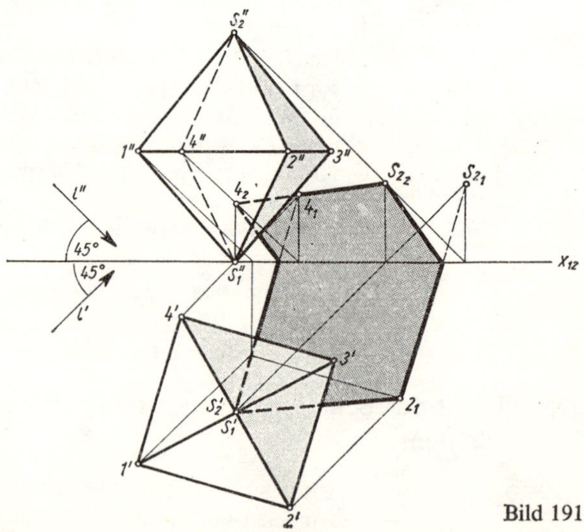

Bild 191

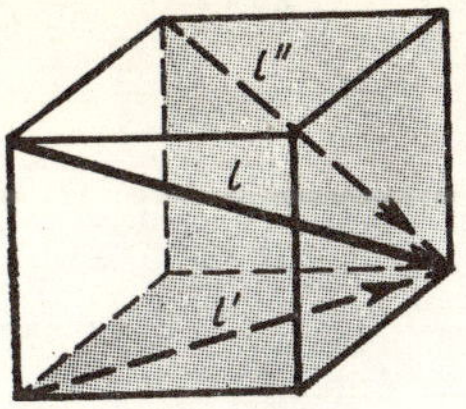

Bild 192

einer auf der Spitze stehenden Pyramide. In Bild 191 ist der Schatten einer stehenden Doppelpyramide konstruiert.
In diesem Falle ist *technische Beleuchtung* verwendet worden, wobei l' und l'' mit der Rißachse je 45° bilden; dies entspricht, wie Raumskizze 192 erklärt, der Richtung der Raumdiagonalen eines Würfels gegenüber der Grundfläche und der Seitenfläche. In Bild 191 wurde der Schlagschatten konstruiert als der Schatten, den die Eigenschattengrenze ($S_2 4$, $4 S_1$, $S_1 2$, $2 S_2$) wirft.

2.6.2. Schatten krummlinig begrenzter Körper

Der Schatten eines vor der Aufrißebene *stehenden Drehzylinders* ist in Bild 193 dargestellt. Der Schlagschatten fällt hier nur auf die Grundrißebene. Da der Deckkreis des Zylinders parallel zum Grundriß liegt, wird sein Schatten wieder ein Kreis vom gleichen Radius.
Bild 194 zeigt den *Schatten eines Drehkegels*. Der Schlagschatten knickt in die Aufrißebene ab. Man konstruiert vorerst den Schatten S_1 der Spitze

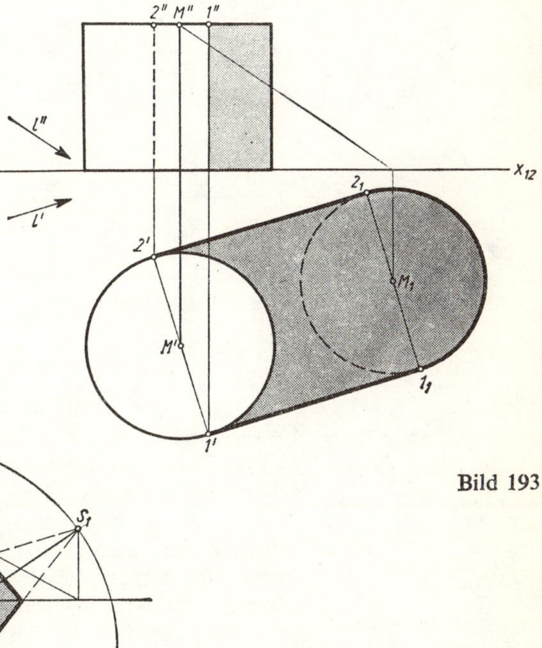

Bild 193

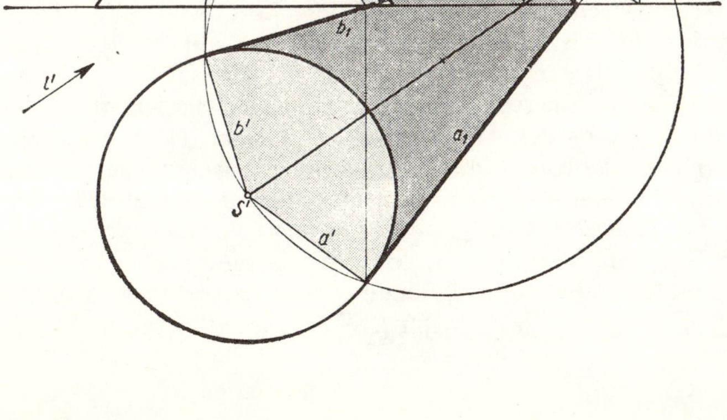

Bild 194

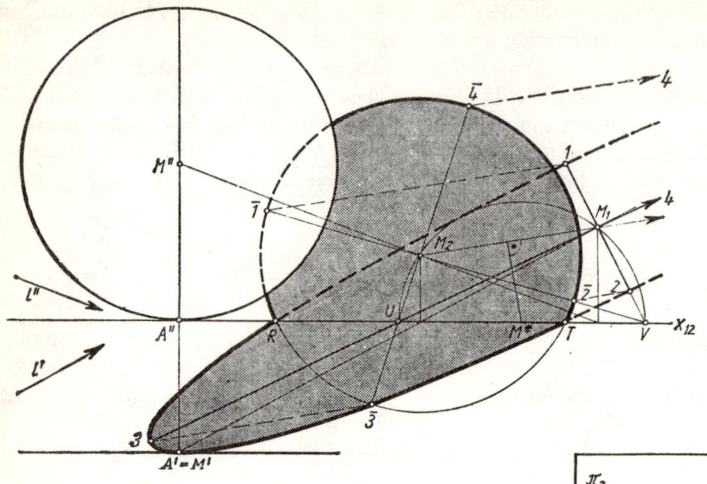

Bild 195

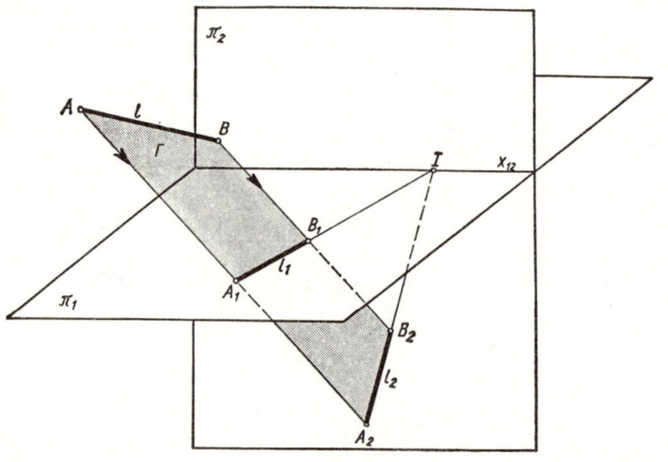

Bild 196

im Grundriß; die von S_1 aus an den Kegelgrundkreis gelegten Tangenten a_1 und b_1 ergeben die Kontur des Schlagschattens, womit auch die Eigenschattengrenze auf dem Kegelmantel gefunden wird (a, b). Nun wird das Abknicken des Schattens durch Konstruktion von S_2 beachtet. Der *Schlagschatten* einer zum Aufriß parallel *stehenden Kreisscheibe* ist in Bild 195 konstruiert worden. Hier wird der Schlagschatten im Aufriß zum Kreise, während der Grundrißschlagschatten eine Ellipse wird. Kreis und Ellipse schneiden einander in den Abknickpunkten R und T auf der Rißachse. Man kann die Ellipse als perspektiv-affines Bild des Kreises konstruieren, indem man die Rißachse zur Affinitätsachse nimmt und die Richtung von M_1 nach M_2 als Richtung der Affinitätsstrahlen ansieht. Nach der Konstruktion des Bildes 129 wurden auf diese Weise die Achsen der Ellipse gefunden. Bild 196 erklärt die Berechtigung dieser Konstruktion. Die Strecke l wirft die Schatten l_1 und l_2, wobei l, l_1 und l_2 in einer Lichtstrahlebene Γ liegen. Die drei Ebenen Π_1, Π_2 und Γ schneiden einander in einem Punkt I. Also sind für l_1 und l_2 die Bedingungen der perspektiven Affinität erfüllt ($\overline{A_1A_2} \parallel \overline{B_1B_2}$ und $\overline{A_1B_1}$ schneidet $\overline{A_2B_2}$ auf der Rißachse). Die

Lichtstrahlrichtung (in Bild 195 von M_2 nach M_1) wird also zur Richtung der affinen Abbildung. Es gilt somit:

Die von einem Körper in die Projektionsebenen geworfenen Schlagschatten sind zueinander perspektiv-affin. Die Rißachse ist Affinitätsachse; die Lichtstrahlrichtung ist die Abbildungsrichtung.

In Bild 197 wird der *Schatten eines auf der Spitze stehenden Drehkegels* gezeigt. Der Deckkreis wird zunächst im Grundrißschatten wieder ein Kreis. Das perspektiv-affine Bild dieses Kreises wird der Aufrißschatten. In Bild 197 werden wieder nach Bild 129 die Achsen der Ellipse konstruiert. Die Berührungspunkte A_1 und B_1 werden durch affine Abbildung der Strecken $4A_1$ und $2B_1$ auf A_2 und B_2 übertragen. Ferner liefern die Berührungspunkte A_1 und B_1 die Punkte A und B selbst, indem man von A_1 bzw. B_1 aus in der Lichtstrahlrichtung zurückgeht. Mit A und B ist auch die Eigenschattengrenze gefunden.

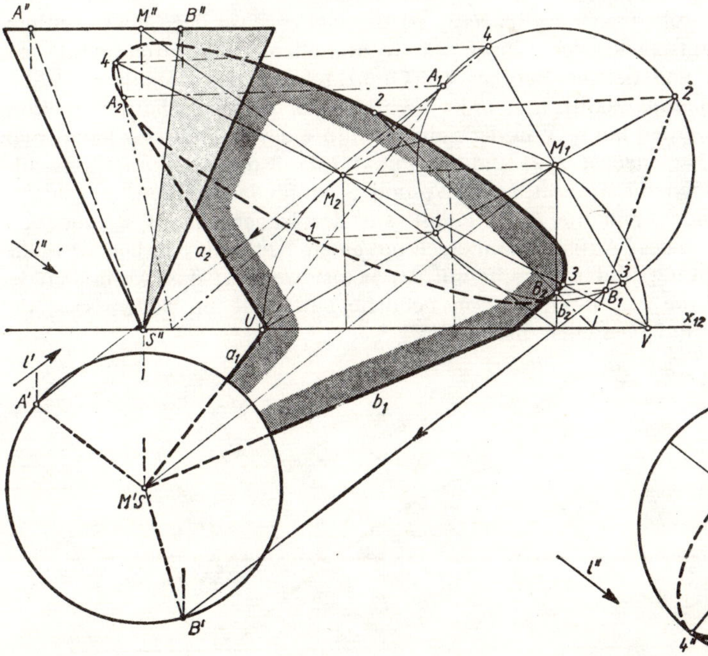

Bild 197

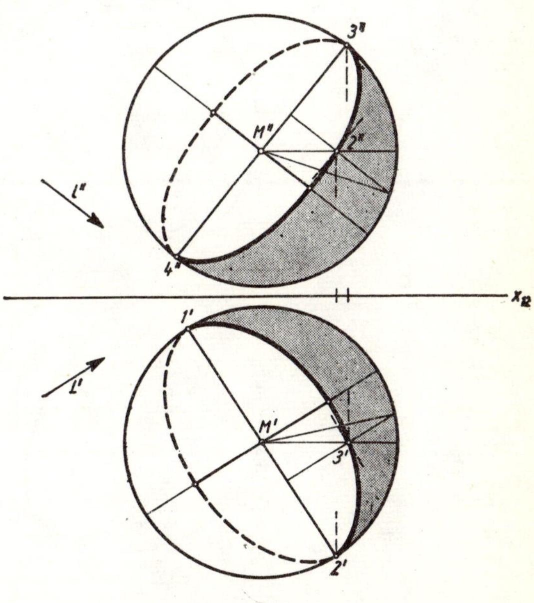

Bild 198

Der *Eigenschatten einer Kugel* (Bild 198) wird von einem Kugelgroßkreis begrenzt, da bei Parallelbeleuchtung eine Halbkugeloberfläche beleuchtet wird. Dieser Grenzkreis projiziert sich als Ellipse. Die Hauptachse der Ellipse projiziert sich im Grundriß als $\overline{1'2'} \perp l'$ und im Aufriß als $\overline{3''4''} \perp l''$; denn die Kreisebene steht senkrecht auf der Lichtstrahlrichtung; $\overline{12}$ ist Höhenlinie und $\overline{34}$ Frontlinie der Kreisebene. Man findet also sofort $\overline{1'2'} \perp l'$ und $\overline{3''4''} \perp l''$. Der Punkt $2''$ ergibt sich im Aufriß auf dem „Äquatorkreis" der Kugel. Damit kennt man für die Aufrißellipse die große Achse $3''4''$ und einen Punkt $2''$; mit der Zweikreisekonstruktion ergibt sich die Nebenachse. In analoger Weise verfährt man mit Punkt 3, der im Grundriß $3'$ auf dem frontalen Großkreis der Kugel ergibt.
Der *Schlagschatten einer Kugel* (Bild 199) ergibt im Grundriß und im Aufriß je eine Ellipse, die sich auf der x_{12}-Achse schneiden. Diese Ellipsen sind die Schatten des Grenzkreises auf der Kugel, der in Bild 198 konstruiert worden ist. Den Grundrißschatten dieses Kreises findet man, indem man zunächst den Schatten $1_1 2_1$ ermittelt, der sich in wahrer Größe von $\overline{12}$ (Höhendurchmesser) ergibt. $\overline{1_1 2_1}$ ist die Nebenachse der Schattenellipse. Die Hauptscheitel der Ellipse wären zu finden als Schattenpunkte des höchsten und tiefsten Punktes des Grenzkreises. Diese Punkte sind aber nicht bekannt; dafür ist Punkt 3 vorhanden, dessen Schatten 3_1 konstruiert werden kann. Von der Schattenellipse des Grundrisses kennt man jetzt die Nebenachse $1_1 2_1$ und den Punkt 3_1; mit der Zweikreisekonstruktion können die Hauptscheitel S_1 und S_2 gefunden werden. In gleicher Weise findet man die Aufrißellipse aus der Nebenachse $3_2 4_2$ und dem Punkt 2_2. Diese Aufgabe kann auch mit einem Seitenriß parallel zur Lichtstrahlrichtung und senkrecht auf Π_1 gelöst werden; das Auffinden der Aufrißellipse mit ihren Achsen bedürfte eines zweiten Seitenrisses, der senkrecht auf Π_2 stehen müßte.

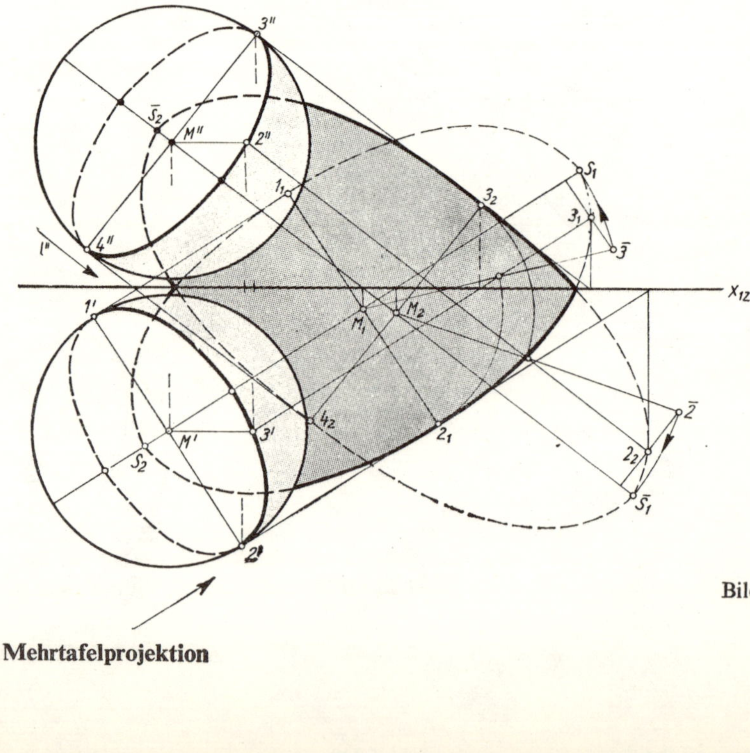

Bild 199

Bild 200

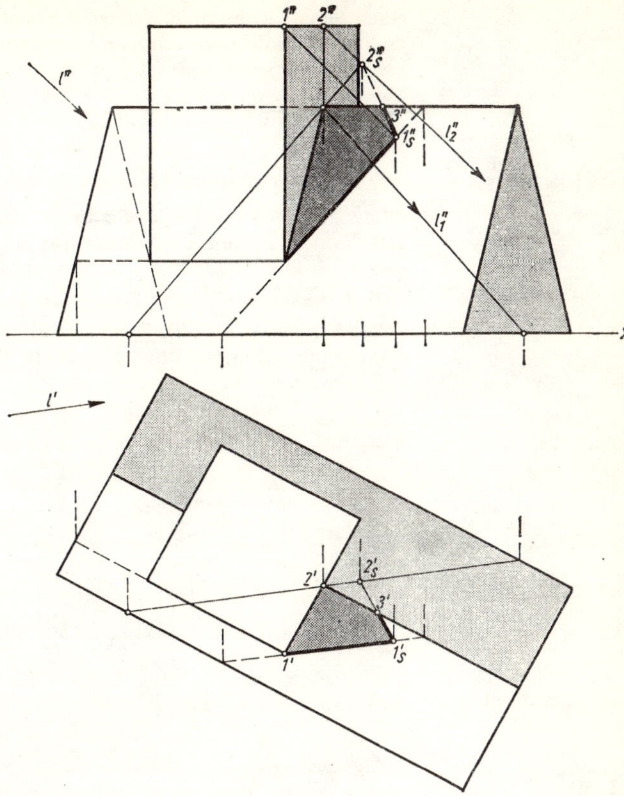

2.6.3. Schatten von Körper auf Körper

Die folgenden Beispiele sollen zeigen, wie man sich bei beliebigen Schattenkonstruktionen von Körperkombinationen konstruktiv den vorliegenden Verhältnissen anpaßt.

BEISPIEL 52

Schatten eines Schornsteins auf ein Dach (Bild 200)

Der Schatten des Punktes *1* auf die vordere Dachfläche ist 1_s; er wird als Durchstoßpunkt des Lichtstrahls durch *1* gefunden (Bilder 74a und b). Der Punkt *2* wirft seinen Schatten 2_s in die verlängert gedachte Vorderfläche des Daches, dagegen wirft er auf die hintere Dachfläche keinen Schatten, wie die divergierenden Linien l_1'' und l_2'' zeigen. Also läuft die Schattengrenze von 1_s nach *3*; die hintere Dachfläche liegt im Eigenschatten.

BEISPIEL 53

Schatten einer quadratischen Säule mit aufgelegter Deckplatte (Bild 201)

Bei der Konstruktion des Schlagschattens beachtet man, daß dessen Kontur sich als Schatten der Licht-Schatten-Grenze auf dem Körper ergibt. Man tastet den Körper gewissermaßen in der Lichtstrahlrichtung ab und findet den Schlagschatten. Hierbei ergibt sich, daß sich die Schatten $0_1 1_1$ und $5_1 11_1$ in P_1 schneiden. Geht man von P_1 aus in der Lichtstrahlrichtung zurück, so findet man auf $\overline{0\,1}$ den Punkt *P*, der seinerseits ein Schattenpunkt des Punktes *Q* auf $\overline{5\,11}$ ist. Die untere Kante *5 11* der Deckplatte wirft also auf die Vorderfläche der Säule einen Schatten durch P. Dieser Schatten läuft parallel zu $\overline{5\,11}$, da diese Kante ja auch parallel zur schattenauffangenden Vorderfläche der Säule liegt. Eine analoge Überlegung gilt für den Schnittpunkt R_2 im Aufriß; die Kante *9 11* wirft auf die linke Seitenfläche der Säule einen horizontalen Schatten durch R, der aber im Aufriß nicht sichtbar ist, daher nicht gezeichnet wurde.

BEISPIEL 54

Schatten einer Pyramide auf einen Quader (Bild 202)

Ohne den Quader würde die Pyramidenspitze den Schlagschatten S_1 ergeben. Die Kanten SU und SV werfen also bis an den Quader heran die Schatten $U'1'$ und $V'2'$. Der Schatten klettert nun an der Seitenfläche des Quaders hoch nach *3* und *4*; hierbei ist $\overline{13}$ die Schnittgerade der Ebene US_1S mit der Quaderebene, entsprechend ist $\overline{24}$ die Schnittgerade der Quaderebene mit VSS_1. $\overline{S_1}$ ist der Durchstoßpunkt des Lichtstrahls durch S durch die Deckfläche des Quaders.

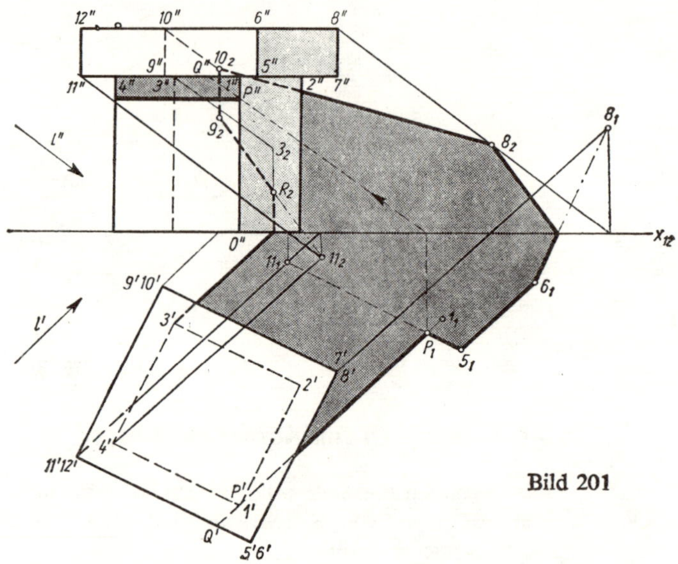

Bild 201

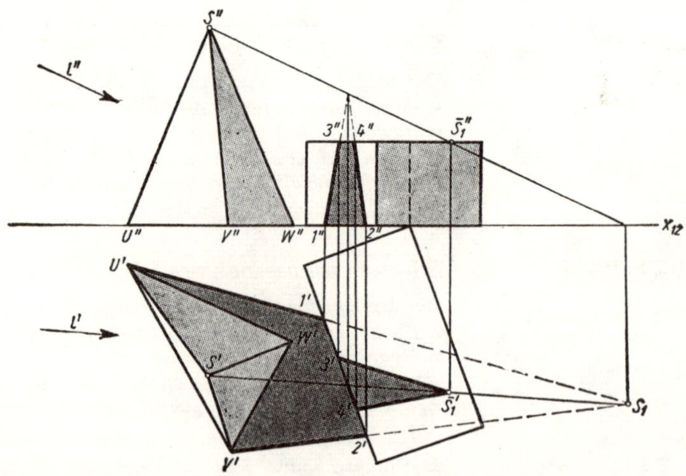

Bild 202

Bild 203

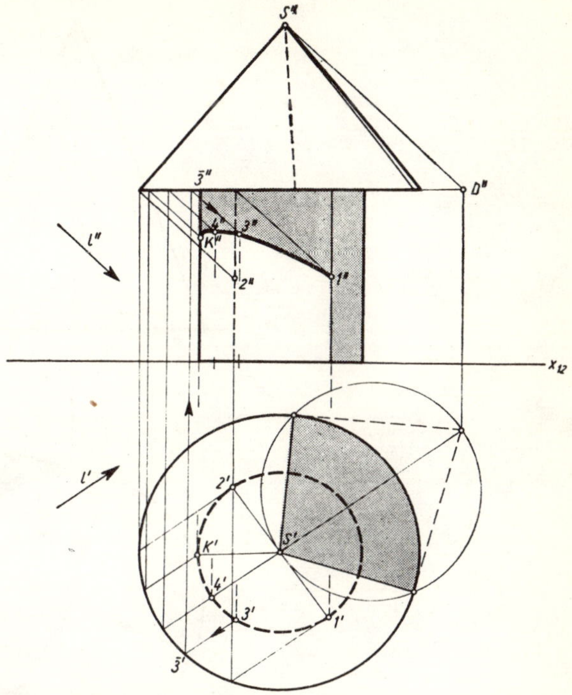

BEISPIEL 55

Schatten an einem Zylinder mit aufgesetztem Kegel (Bild 203)

Der Grundkreis des Kegels wirft einen Schatten auf den Zylindermantel. *3* z. B. ist der Schatten vom Punkt $\overline{3}$. Nach Annahme des Punktes *3'* ergibt sich der Reihe nach $\overline{3'}$, dann $\overline{3''}$ und endlich *3''*. Der Schatten, den der Grundkreis wirft, beginnt mit seiner unteren Grenze in *1* und endet in *2*. *4* ist der höchste Punkt und *K* der Konturpunkt der Schattengrenze. Die Spitze *S* des Kegels wirft in die Ebene des Kegelgrundkreises den Schatten *D*. Die Tangenten von *D'* aus an den Kreis ergeben die Eigenschattengrenzen auf dem Kegelmantel. (In Bild 203 werden alle vorhandenen Schatten in gleicher Schraffur dargestellt, da Schlag- und Eigenschatten auf dem Zylindermantel ineinander übergehen.)

BEISPIEL 56

Schatten eines Kegels auf einen Zylinder (Bild 204)

Im Seitenriß erkennt man, daß die Beleuchtungsrichtung so gewählt wurde, daß der Lichtstrahl *l* durch die Kegelspitze den Zylindermantel in *1* berührt, wobei *l* auf der durch *1* gehenden Zylindermantellinie senkrecht steht. Der Punkt *1* ist somit der Schatten von *S* auf den Zylinder. Aus dem Seitenriß kann *1'* und *1''* gefunden werden. Der Schlagschatten des Kegels wird von den Schatten der Grenzlinien *SA* und *SB* begrenzt. In Bild 204 ist zu sehen, wie die Schattenpunkte der Mantellinien aus dem Seitenriß entnommen werden, indem man den Lichtstrahl rückwärts verfolgt. *3'''* ist im Seitenriß der Schatten von $\overline{3'''}$ auf $\overline{S'''A'''}$. $\overline{3'''}$ ergibt $\overline{3'}$; hieraus folgen *3'* und *3''*. Bild 204 zeigt auch die Ermittlung spezieller Punkte der Schattenkurve.

BEISPIEL 57

Innenschatten einer Kugelschale (Bild 205)

Wieder werden aus dem Seitenriß die Projektionen der Schattengrenze innerhalb der Kugelschale entnommen. Der obere Kugelrand wirft zwischen Punkt *4* und *5*

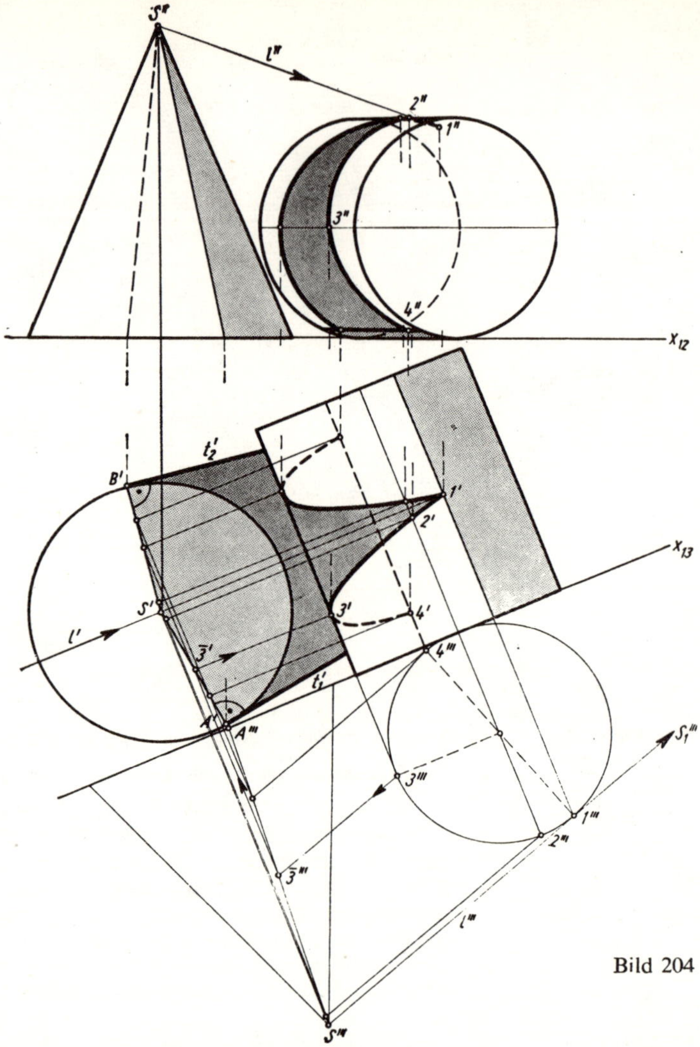

Bild 204

(linke Hälfte) einen Schatten in das Innere. Punkt *3* z. B. wirft seinen Schatten 3_s auf den Kreis vom Radius *r*, der sich als Schnittkreis parallel zum Seitenriß ergibt. Im Seitenriß erscheint der Kreis in wahrer Gestalt, so daß dort $3_s'''$ bestimmt werden kann.

Der Leser wird bei den angeführten Beispielen erkannt haben, daß die Schattenkonstruktionen prinzipiell Konstruktionen von Durchdringungskurven sind. Der beleuchtete Körper ergibt auf seiner Oberfläche eine Konturlinie des Eigenschattens. Die durch diese Konturlinie gelegte „Lichtstrahlfläche“ verschneidet sich nun mit dem Körper, der den Schatten auffängt. Die entstehende Verschneidungskurve ist zugleich die Kontur des Schlagschattens, den der schattenwerfende Körper auf den anderen Körper wirft.

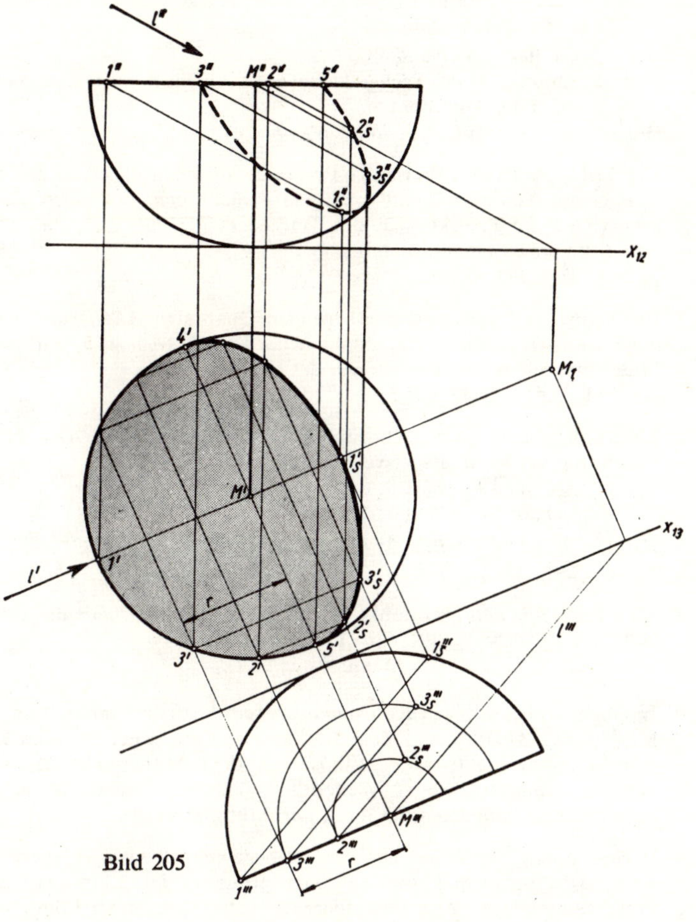

Bild 205

2.7. Aufgaben 2.1 bis 2.21

Zu 2.1.5.

2.1. Von einem ebenen Viereck *ABCD* sind die Eckpunkte gegeben:
$A(4; 0; 5)$ $B(-1; -6; 6)$ $C(-2; 12; ?)$ $D(7; 9; -3)$.
Man bestimme die fehlende Koordinate von *C* durch Konstruktion.

2.2. Durch den Mittelpunkt einer Strecke *AB* lege man eine Frontlinie *f* von 60° Neigung. Sodann bestimme man die Spuren der durch $\overline{AB}$ und *f* gegebenen Ebene.

2.3. Durch den Punkt *P* (5; 5; 6) lege man die Ebene senkrecht zur Strecke *AB*. Man bestimme deren Spuren und den Spurpunkt von $\overline{AB}$ in der Ebene.
$A(5; 0; 2)$ $B(2; 10; 8)$

Zu 2.1.7. 2.4. Gegeben ist das regelmäßige Sechseck $ABCDEF$. $\overline{AB} = 4$ cm. Man zeichne das zu diesem Sechseck perspektiv-affine Sechseck, wobei $\overline{AC}$ die Affinitätsachse und der Punkt B dem Punkte D affin ist.

Zu 2.1.8. 2.5. In die durch ihre Spuren gegebene Ebene E lege man ein regelmäßiges Sechseck unter folgenden Bedingungen:
$\overline{AB} = 4$ cm liegt im Grundriß,
Der Mittelpunkt M des Sechsecks hat vom Aufriß den Abstand 3 cm,
M liege im ersten Quadranten.
Winkel $x_{12} - e_1 = 60°$; Winkel $x_{12} - e_2 = 45°$.

2.6. Ein Tetraeder ist eine dreiseitige Pyramide mit sechs gleich langen Seiten. Von einem Tetraeder kennt man die Projektionen der einen Kante AB. Man konstruiere die Projektionen des Tetraeders für den Fall, daß C im Grundriß und D im ersten Quadranten liegt.
$A(2; 0; 2)$ $B(1; 6; 4)$

2.7. Ein Würfel mit den gegenüberliegenden Quadraten $ABCD$ und $EFGH$ ist durch die Kante AB gegeben. Der Punkt E der Kante AE liegt 5,5 cm vor dem Aufriß. Man konstruiere die Projektionen des Würfels.
$A(3{,}5; 0; 3{,}5)$ $B(1; 3{,}5; 5)$

Zu 2.2.2. 2.8. Man konstruiere die Verschneidung der beiden Dreiecke ABC und UVW unter Beachtung der Sichtbarkeitsverhältnisse:
Fall I: $A(4; 1; 4)$ $B(7; 5; 6)$ $C(2; 7; 1)$
$U(1; 6; 7)$ $V(8; 3; 1)$ $W(2; 2; 6)$
Fall II: $A(1; 1; 2)$ $B(3; 2; 4)$ $C(2; 4; 1)$
$U(1; 3; 5)$ $V(4; 3; 2)$ $W(2; 1; 1)$

2.9. Man bestimme den Spurpunkt der Geraden g in der Ebene des Dreiecks ABC.
$A(2; 0; 2)$ $B(5; 4; 6)$ $C(6; 1; 1)$
g gegeben durch $P_1(5; 7; 1)$ und $P_2(2; 8; 7)$.

Zu 2.3.2. 2.10. In einem rechtwinkligen Koordinatensystem (Einheit 1 cm) ist der Kreis mit dem Mittelpunkt $M(0; 4)$ und dem Radius $r = 4$ cm gegeben. Man konstruiere die zum Kreis perspektiv-affine Ellipse mit dem Mittelpunkt $M_1(6; 5)$, wenn die x-Achse Affinitätsachse ist. Weiterhin konstruiere man die an Kreis und Ellipse gemeinsamen Tangenten mit ihren Berührungspunkten.

2.11. In einer durch ihre Spuren gegebenen Ebene liegt eine Ellipse, die sich im Grundriß als Kreis k' mit dem Radius $r = 3$ cm projiziert. Die Ellipse selbst berührt beide Projektionsebenen. Man konstruiere die wahre Gestalt der Ellipse und die Aufrißprojektion punktweise.
Winkel $x_{12} - e_1 = 60°$; Winkel $x_{12} - e_2 = 30°$.

2.12. Eine Gerade g schneide eine durch ihre Achsen gegebene Ellipse. Man konstruiere die Schnittpunkte der Geraden mit der Ellipse unter Verwendung der affinen Beziehungen zwischen großem Scheitelkreis und Ellipse.

Zu 2.3.3. 2.13. Die durch ihre Projektionen gegebene Strecke UV ist die Achse eines Drehzylinders. P ist ein Punkt auf dem Mantel des Zylinders. Man zeichne den Zylinder in seinen Projektionen unter Beachtung der Sichtbarkeitsverhältnisse.
$U(6; 0; 6)$ $V(4; 10; 2)$ $P(8; 6; 6)$

Zu 2.4.2. 2.14. Die Strecke FS ist die Achse eines Drehkegels mit der Spitze S. Der Grundkreis des Kegels berührt die Grundrißebene. Man zeichne die Projektionen des Kegels und die Spuren einer Ebene, die F enthält und den Kegel parabolisch schneidet.
$S(7; 0; 3)$ $F(6; 8; 3)$

2.15. Auf der Grundrißebene steht ein Drehkegel von 9 cm Durchmesser und 10 cm Höhe, dessen Spitze 5 cm vor dem Aufriß liegt. Er wird von drei Ebenen E_1, E_2 und E_3 geschnitten:

E_1 schneidet den Kegel parabolisch, wobei die Grundrißspur e_1 gegen die Rißachse einen Winkel von 60° bildet und vom Grundkreismittelpunkt M den Abstand 2 cm hat. M liegt hinter E_1.

E_2 ist Lotebene auf dem Grundriß und hat auch die Spur e_1. E_3 geht durch den obersten Parabelpunkt, hat gegen den Grundriß die Neigung 45° und besitzt eine zu e_1 parallele Grundrißspur.

Man zeichne den von den drei Ebenen begrenzten Restkörper des Kegels.

Zu 2.5.1.

2.16. Auf der Grundrißebene steht die dreiseitige Pyramide $ABCS_1$. Sie verschneidet sich mit einer weiteren dreiseitigen Pyramide $UVWS_2$, deren Basisebene UVW senkrecht zum Grundriß steht. Man konstruiere die Verschneidungskurve unter Beachtung der Sichtbarkeitsverhältnisse.

$A(4,3;\ 1,8;\ 0)$ $B(10;\ 4;\ 0)$ $C(6;\ 9,3;\ 0)$ $S_1(3,8;\ 7,4;\ 9,4)$
$U(5,4;\ 3,1;\ 1)$ $V(2,2;\ 2,7;\ 8,2)$ $W(2;\ 0;\ 5)$ $S_2(8,9;\ 10;\ 3,2)$

Zu 2.5.2.

2.17. Ein auf der Grundrißebene stehendes Drehellipsoid hat 9 cm Höhe und 6 cm Breite. Sein Mittelpunkt ist $M(5;\ 8;\ 4,5)$. Das Ellipsoid wird durch eine Ebene geschnitten, deren Grundrißspur e_1 die Projektion des Äquatorkreises berührt und mit der Rißachse einen Winkel von 60° bildet. Die Ebene schneidet die Vertikalachse des Ellipsoides in M.

Man konstruiere die entstehende Schnittfigur. Man konstruiere weiterhin in dem Punkt P der Schnittfigur, der 1,5 cm über dem Grundriß auf der Vorderseite des Ellipsoides liegt, die Tangente an die Schnittkurve.

2.18. Auf der Grundrißebene liegt eine Halbkugel mit dem Mittelpunkt M und dem Radius $r = 6$ cm. Sie verschneidet sich mit einem Drehkegel von $h = 8$ cm Höhe und $r_1 = 5$ cm Radius. Man konstruiere die Verschneidungskurve und den Punkt P der Kurve, der in beiden Projektionen sichtbar ist und 3 cm über dem Grundriß liegt, sowie die Tangente an die Kurve mit P als Berührungspunkt.

$M(7;\ 10;\ 0)$ Kegelspitze $S(9;\ 12;\ 9)$

2.19. Um die Spitze eines Drehkegels lege man eine Kugel, deren Radius gleich der halben Kegelhöhe ist. Man konstruiere für eine beliebige, beide Körper durchdringende Gerade alle Durchstoßpunkte.

Zu 2.6.2.

2.20. Eine unendlich dünne Kreisscheibe vom Radius $r = 4$ cm steht senkrecht auf beiden Projektionsebenen im ersten Quadranten und berührt beide Ebenen. Man konstruiere ihren Schlagschatten in den Projektionsebenen bei technischer Beleuchtung.

Zu 2.6.3.

2.21. Eine Plakatsäule bestehe aus zwei aufeinander gesetzten Drehzylindern gleicher Drehachse und einer abermals aufgesetzten Halbkugel, deren Mittelpunkt auf der gemeinsamen Zylinderachse liegt. Man konstruiere alle an der Säule entstehenden Schatten für technische Beleuchtung.

Unterer Zylinder: Radius 5 cm, Höhe 2 cm;
Oberer Zylinder: Radius 3 cm, Höhe 9 cm;
Halbkugel: Radius 4 cm.

3. Eintafelprojektion

3.1. Darstellung der Grundelemente

3.1.1. Allgemeines

In den vorangehenden Abschnitten wurden die Aufgaben der Projektionslehre durch orthogonale Parallelprojektion auf mindestens zwei zueinander senkrechten Ebenen gelöst. In diesem Abschnitt beschränken wir uns auf eine Bildebene. Sie wird meist in waagerechter Lage gewählt und daher auch als Grundrißebene Π_1 bezeichnet. Zugleich stellt sie die Zeichenebene dar. Die Abbildung auf diese Projektionsebene erfolgt wieder durch die senkrechte Parallelprojektion. Es ist deshalb verständlich, daß im folgenden einige Beziehungen und Konstruktionen wiederkehren, die bereits im Abschnitt über die Mehrtafelprojektion behandelt wurden. Mit Rücksicht auf diejenigen Leser, die zuerst die Eintafelprojektion und erst dann die Mehrtafelprojektion studieren, wurden derartige Wiederholungen in Kauf genommen. Es sei aber auch für den vorliegenden Abschnitt noch einmal betont, daß der Leser sich nicht auf das Durchlesen beschränken darf. Für jede Aufgabe muß er sich die räumlichen Beziehungen vorstellen und die sich daraus ergebenden Konstruktionen selbst ausführen.

3.1.2. Abbildung des Punktes

Die Projektion eines Punktes A auf die waagerechte Bildebene entspricht dem einfachen Vorgang des Ablotens (Bild 206a). Der Lotfußpunkt des von A auf Π_1 gefällten Lotes heißt die **Projektion** von A und wird mit A' bezeichnet. Zu jedem Raumpunkt läßt sich eindeutig seine Projektion finden. Umgekehrt gehören zu einem Punkt A' in Π_1 beliebig vieleRaumpunkte, die A' als Projektion besitzen und alle auf dem zu A' gehörigen Projektionsstrahl liegen. Um also auch eindeutig von der Projektion auf den Punkt im Raum schließen zu können, fügt man noch den Abstand dieses Raumpunktes von der Bildebene hinzu. Er entspricht bei waagerechter Bildebene der Höhe des Punktes über Π_1. Dieser Abstand wird entweder als Strecke in einem Höhenmaßstab angegeben, oder man schreibt ihn als Zahl, die

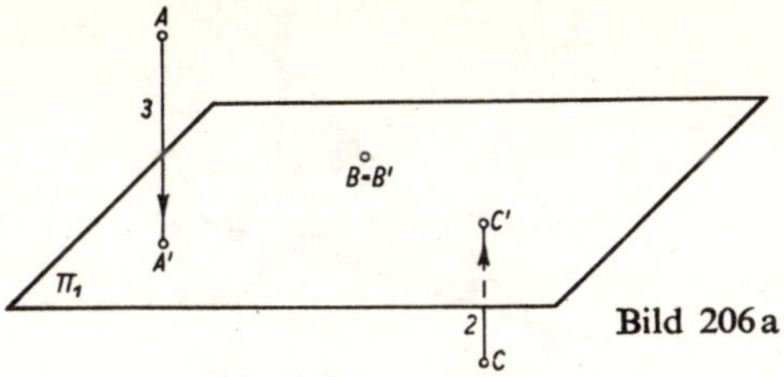

Bild 206 a

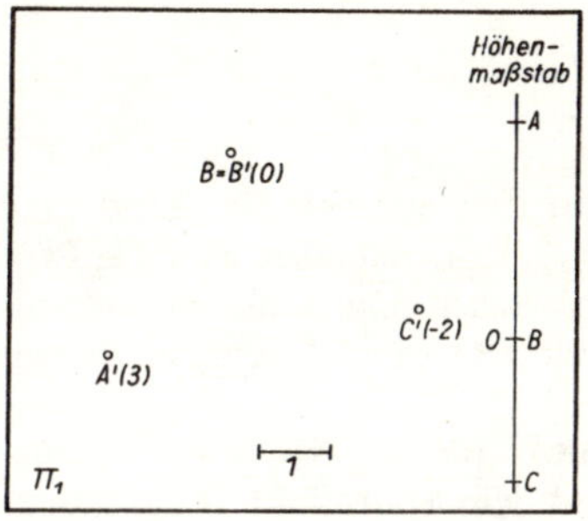

Bild 206 b

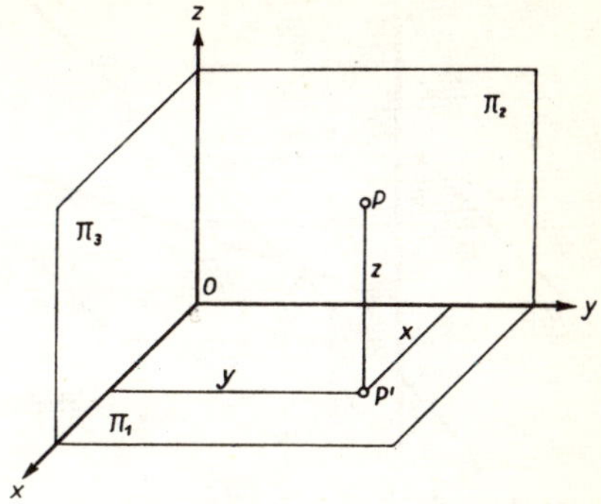

Bild 207 a

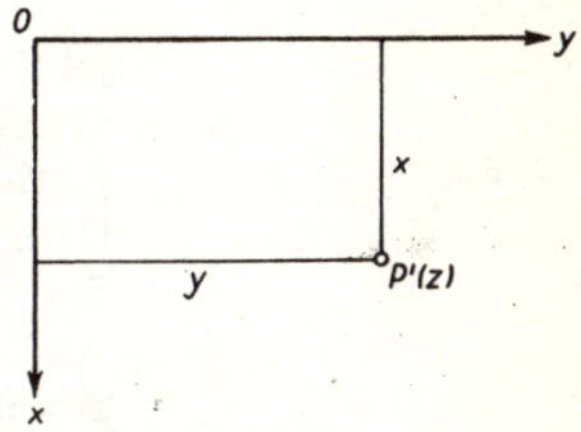

Bild 207 b

das Vielfache der verwandten Längeneinheit darstellt, in Klammern neben die Projektion (Bild 206 b). Da die Höhenzahl häufig Kote (lat., franz., mit einer ziffermäßigen Höhenangabe versehen) genannt wird, heißt diese Eintafelprojektion auch **kotierte Projektion.** Liegt ein Punkt unter der Bildebene, z. B. C, dann wird seine Höhe im Höhenmaßstab von der gewählten Nullmarke aus nach unten abgetragen bzw. seine Kote mit dem negativen Vorzeichen versehen. Liegt ein Punkt B in der Bildebene: $B \in \Pi$, dann ist seine Höhe gleich Null, und der Punkt fällt mit seiner Projektion zusammen.

Im folgenden wird vom Höhenmaßstab bzw. der Kote abwechselnd Gebrauch gemacht. Bei Verwendung der Kote wird die Einheitsstrecke im Bild in den meisten Fällen mit angegeben.

Bei einigen der später folgenden Beispiele und Aufgaben werden Punkte durch ihre Koordinaten in einem dreiachsigen rechtwinkligen Koordinatensystem angegeben. Die x- und y-Achse liegen in Π_1, die z-Achse steht dazu senkrecht (Bild 207 a). Man verwendet die Schreibweise $P(x; y; z)$. x und y sind rechtwinklige Koordinaten in der Zeichenebene, z gibt die Höhe des Punktes P an (Bild 207 b).

3.1.3. Abbildung der Geraden

Die Projektionsstrahlen durch sämtliche Punkte einer Geraden g_1 liegen in einer Ebene. Diese *projizierende Ebene* ist senkrecht zu Π_1 und schneidet Π_1 in der Projektion g_1' der Geraden (Bild 208). Der Schnittpunkt D_1 der Geraden g_1 mit der Bildebene heißt **Spurpunkt** oder **Durchstoßpunkt.** Er ist zugleich Schnittpunkt von g_1 und g_1'. D_1 fällt mit seiner Projektion zusammen, d. h., $D_1 = D_1'$. Den über D_1 hinaus verlängerten Teil der Geraden denke man sich von unten auf die Bildebene projiziert. Die Pro-

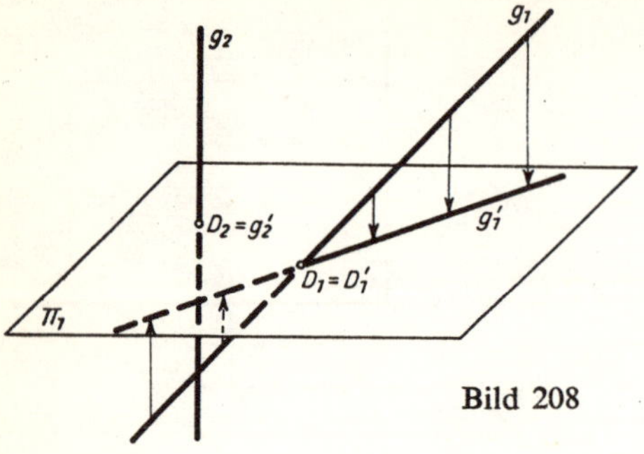

Bild 208

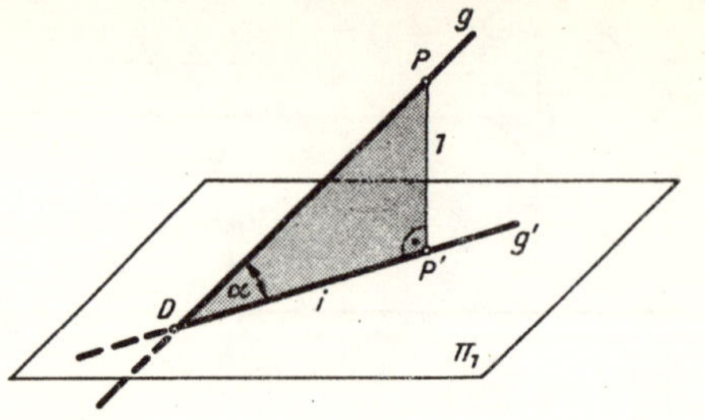

Bild 209

jektion nimmt man dann als unsichtbar an und strichelt sie. Liegt eine Gerade senkrecht zur Bildebene wie z. B. g_2, dann reduziert sich die Projektion der Geraden auf einen Punkt, der mit ihrem Spurpunkt zusammenfällt. Für eine zur Bildebene parallele Gerade gibt es im Endlichen keinen Spurpunkt.

Auf einer beliebigen Geraden g sei ein Punkt mit der Höhe $h = 1$ ausgewählt. P' liegt auf g' und bildet mit P und dem Spurpunkt D das **Stützdreieck** der Geraden (Bild 209). Dieses für die Gerade charakteristische rechtwinklige Dreieck enthält bei D den **Neigungswinkel** α der Geraden gegen die Bildebene, das ist der Winkel zwischen der Geraden und ihrer Projektion. Während die senkrechte Kathete stets die Maßzahl Eins hat, heißt die Maßzahl der waagerechten Kathete das **Intervall** i der Geraden. Neigungswinkel und Intervall sind durch die Formel

$$\tan\alpha = \frac{1}{i}$$

voneinander abhängig. Vergrößert man α, dann verkleinert sich i und umgekehrt. Für $\alpha = 0°$ wird i unbegrenzt groß, und für $\alpha = 90°$ wird $i = 0$. Man nennt $\tan\alpha = \frac{1}{i}$ die **Steigung der Geraden.** Steigung und Intervall sind also reziprok zueinander. Das Stützdreieck spielt bei den folgenden Aufgaben eine wichtige Rolle.

3.1.4. Abbildung der Ebene

Soll eine Ebene E projiziert werden, dann kann man nicht sämtliche Punkte der Ebene projizieren. Ihre Projektionen würden im allgemeinen die gesamte Bildebene Π_1 bedecken und kein anschauliches Bild von der Lage der Ebene im Raum geben. Man beschränkt sich deshalb auf die Projektion von Größen, die in der Ebene liegen und diese eindeutig bestimmen. In Frage kommen drei Punkte, zwei sich schneidende oder zwei parallele Geraden. Man wählt meist letztere und bevorzugt dabei Geraden, die parallel zur Grundrißebene verlaufen. Solche Geraden heißen **Höhenlinien** (auch Isohypsen oder Schichtenlinien genannt). Sie verbinden alle Punkte gleicher Höhe einer Ebene. Man kann sie entstanden denken als Schnitt-

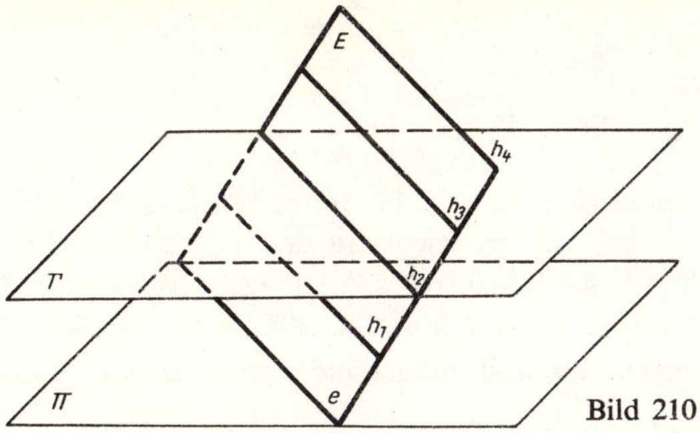

Bild 210a

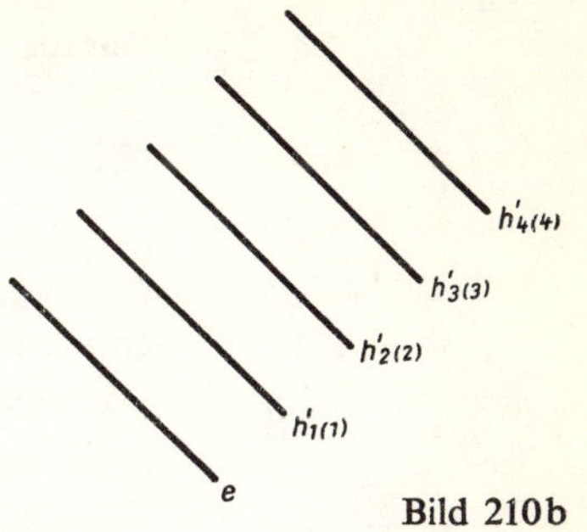

Bild 210b

geraden zwischen E und Höhenebenen Γ, die selbst parallel zu Π_1 sind (Bild 210a). Es wirkt anschaulicher, wenn man nicht nur zwei, sondern mehrere Höhenebenen verwendet, die untereinander den gleichen Höhenabstand besitzen. Aus der Definition der Höhenlinie folgt:

Alle Höhenlinien einer Ebene sind einander parallel.

Die Höhenlinie mit der Höhe $h = 0$ ist die Schnittgerade zwischen E und Π_1 und wird **Spurgerade** e oder kurz **Spur** genannt: $e = E \cap \Pi_1$.
Offensichtlich sind die Projektionen der Höhenlinien ebenfalls parallel. Für die Darstellung der Ebene durch Höhenlinien erhält man deshalb das Bild 210b.
Neben den Höhenlinien gibt es noch eine weitere wichtige Schar von Geraden in der Ebene. Sie verlaufen senkrecht zu den Höhenlinien und werden **Fallinien** genannt. Fallinien geben die kürzeste Verbindung zwischen zwei Höhenlinien an. Im folgenden werden Fallinien mit f bezeichnet. Bild 211a zeigt die Fallinie f einer Ebene E und das Stützdreieck der Fallinie. Ihr Spurpunkt D liegt auf der Spur e von E. Man zeigt nun leicht, daß die Fallinie von allen Geraden der Ebene E den größten Neigungswinkel gegen die Bildebene besitzt. Legt man nämlich in E durch P eine zweite Gerade g mit dem Neigungswinkel φ, dann zeigt ein Vergleich der Stützdreiecke von f und g: $\overline{PD} < \overline{PQ}$, da $\overline{PQ}$ Hypotenuse im rechtwinkligen Dreieck QDP ist.

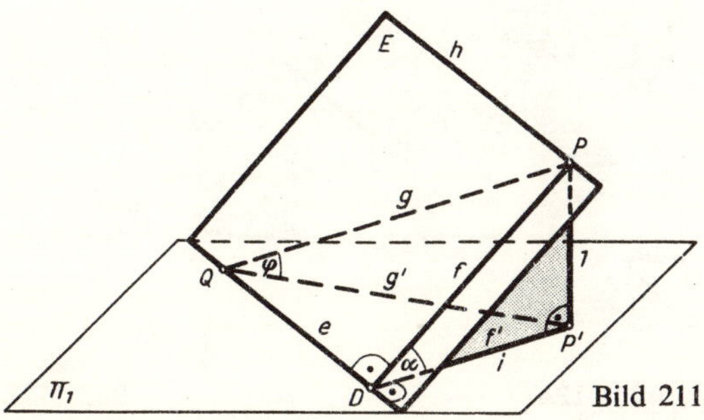

Bild 211a

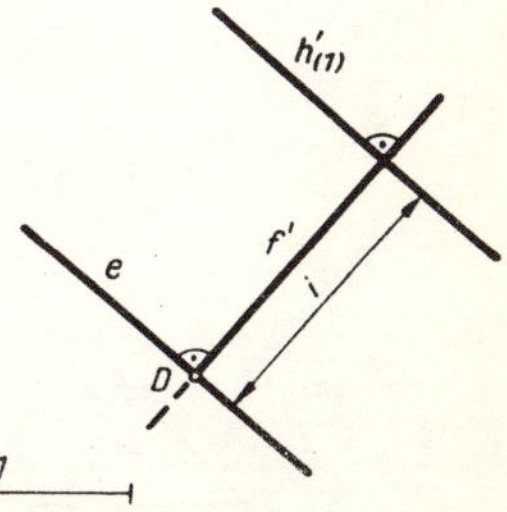

Bild 211b

Daraus folgt

$$\frac{\overline{PP'}}{\overline{PD}} > \frac{\overline{PP'}}{\overline{PQ}} \quad \text{oder} \quad \sin\alpha > \sin\varphi,$$

und somit ergibt sich, da α und φ spitze Winkel sind, $\alpha > \varphi$.
Die Fallinie liegt also in Richtung des größten Gefälles der Ebene und gibt z. B. den Weg an, den eine auf E gelegte Kugel entlangrollen würde.
Da nach Voraussetzung $f \perp e$ und $\overline{PP'} \perp \Pi_1$ ist, liegt das Stützdreieck $PP'D$ senkrecht zu e, und insbesondere gilt $\overline{P'D} \perp e$. Daraus folgt:

Die Fallinie projiziert sich als Senkrechte zu den Höhenlinien. Der Neigungswinkel der Fallinie ist der Keilwinkel zwischen E und Π_1.

Man bezeichnet den Neigungswinkel α der Fallinie auch als **Neigungs-** oder **Böschungswinkel** der zugehörigen Ebene.

$\tan\alpha = \frac{1}{i}$ heißt **Böschungsverhältnis** oder kurz **Böschung** der Ebene.

Das Stützdreieck der Fallinie nennt man auch **Stützdreieck** der Ebene. Bild 211b zeigt die Verhältnisse in der Projektion.

3.2. Lagebeziehungen und Bestimmung wahrer Größen

3.2.1. Wahre Größe einer Strecke. Bestimmung von Spurpunkt und Neigungswinkel

Eine Strecke AB sei durch die Projektionen und Höhen ihrer Endpunkte gegeben. Gesucht werde ihre wahre Größe. Nach Bild 212a erscheint die Strecke AB als Schenkel im *projizierenden* Trapez $AA'B'B$. Von diesem Trapez sind der Aufgabenstellung entsprechend die Seiten $A'B'$, AA' und BB' gegeben. Die Winkel bei A' und B' sind Rechte. Aus diesen fünf Größen läßt sich das Trapez konstruieren. Praktisch denkt man es sich hierzu um $A'B'$ in die Bildebene umgeklappt. Bild 212b zeigt die Konstruktion in der Bildebene. In A' und B' werden senkrecht zu $A'B'$ und nach der gleichen Seite die aus dem Höhenmaßstab zu entnehmenden Höhen von A und B abgetragen. Man erhält die Punkte (A) und (B) des umgeklappten Trapezes und mit $\overline{(A)(B)}$ die gesuchte wahre Größe der Strecke.

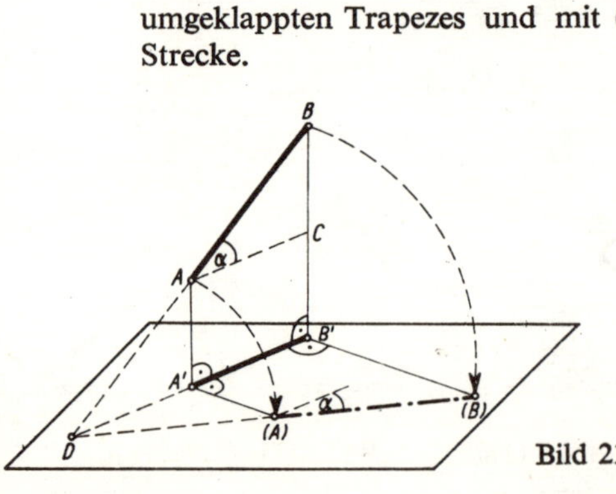

Bild 212a

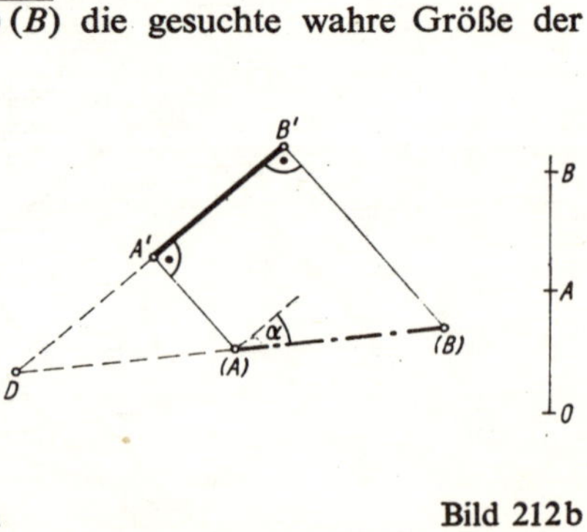

Bild 212b

Anmerkung

Umgeklappte Punkte werden durch Klammern ( ), [ ], ⟨ ⟩, ... gekennzeichnet. Umgeklappte Geraden werden strichpunktiert.

Durch Umklappen des projizierenden Trapezes erhält man nach Bild 212a und b gleichzeitig den Neigungswinkel α der Strecke. Schließlich ergibt sich auch der Spurpunkt der Geraden AB als Schnittpunkt zwischen $A'B'$ und $(A)\,(B)$.

Durch Umklappen erhält man die wahre Größe einer Strecke, ihren Neigungswinkel sowie den Spurpunkt der durch die Strecke bestimmten Geraden.

Aus dem rechtwinkligen Dreieck ABC folgt: $\overline{AC} = \overline{A'B'} = \overline{AB} \cos \alpha$, d. h.:

Eine beliebige Strecke verkürzt sich bei der Projektion mit dem Cosinus ihres Neigungswinkels.

Liegt im Sonderfall die Strecke AB parallel zu Π_1, dann ist $\alpha = 0°$ und es gilt:

Eine zur Projektionsebene parallele Strecke bildet sich in wahrer Größe ab.

Bild 213 zeigt die Konstruktion zur Ermittlung der wahren Streckengröße, wenn ein Endpunkt eine negative Höhe besitzt. Die Höhen von A und B sind dann nach verschiedenen Seiten von $A'B'$ abzutragen.
Die Konstruktion läßt sich im allgemeinen Fall noch vereinfachen, was besonders bei großen Punkthöhen vorteilhaft ist. Man denkt sich Π_1 parallel zu sich in die Lage $\tilde{\Pi}_1$ verschoben, so daß sie durch den tiefer gelegenen Endpunkt der Strecke geht, deren Länge gesucht wird (Bild 214a). Für die Bildebene $\tilde{\Pi}_1$ reduziert sich das projizierende Trapez auf ein rechtwinkliges Dreieck, dessen senkrechte Kathete die Differenz der Höhen der Streckenendpunkte ist. Bild 214b zeigt die zugehörige Konstruktion.

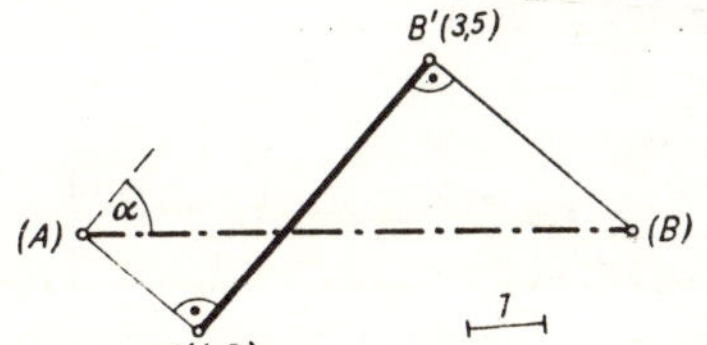

Bild 213

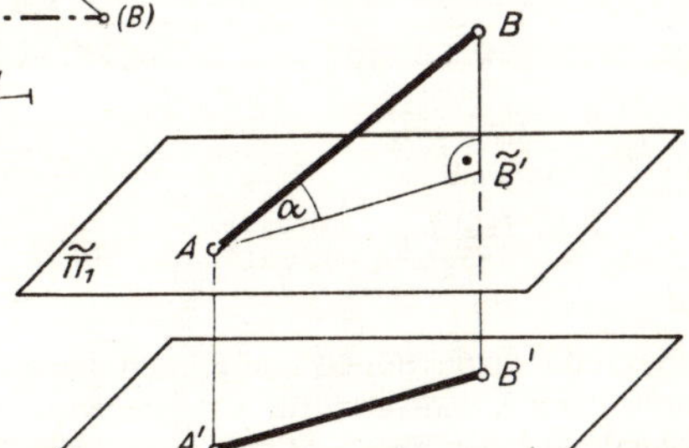

Bild 214a

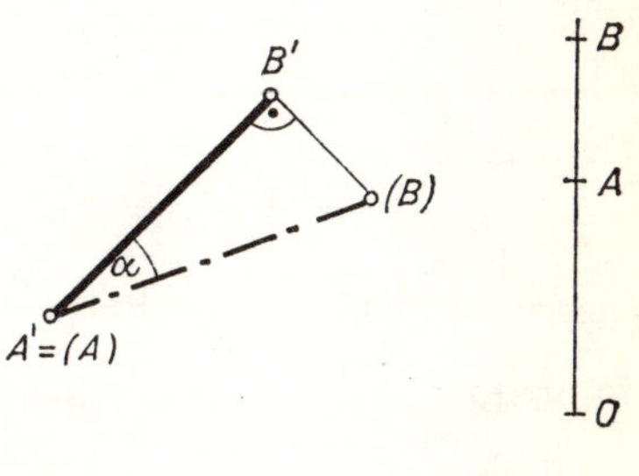

Bild 214b

BEISPIEL 1

Drei Punkte A, B und C sind durch ihre Höhen $h_A = 2$ cm, $h_B = 1$ cm, $h_C = 4$ cm sowie durch die Abstände ihrer Projektionen $\overline{A'B'} = 5$ cm, $\overline{B'C'} = 6$ cm, $\overline{C'A'} =$ $= 5$ cm festgelegt. Man konstruiere die Spur der durch die drei Punkte bestimmten Ebene E.

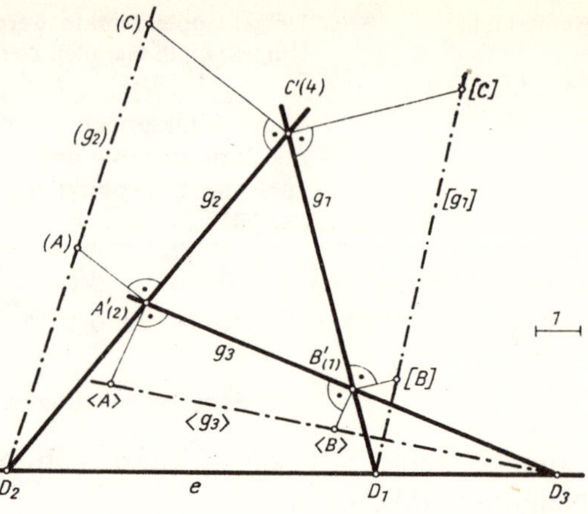

Bild 215

Lösung (Bild 215)

Man legt durch je zwei Punkte eine Gerade, die in E liegt. Durch Umklappen dieser Geraden erhält man ihre Spurpunkte. Deren Verbindungsgerade ergibt die gesuchte Spur e. Zur Konstruktion genügen zwei Spurpunkte, der dritte dient als Zeichenkontrolle.

3.2.2. Einschaltung eines Punktes

Durch Umklappen löst man auch folgende Aufgabe:
Eine Gerade g ist durch zwei Punkte A und B gegeben. Gesucht ist die Projektion eines Punktes P, der auf g liegt und eine vorgegebene Höhe besitzt.
Bild 216 zeigt die zugehörige Konstruktion. Man klappt g mit Hilfe der Punkte A und B um. Dann zieht man zu g' die Parallele, deren Abstand von g' gleich der Höhe von P ist. Der Schnitt zwischen dieser Parallelen und der Umklappung (g) der Geraden g ergibt (P) und das Lot von (P) auf g' schließlich die gesuchte Projektion P'.

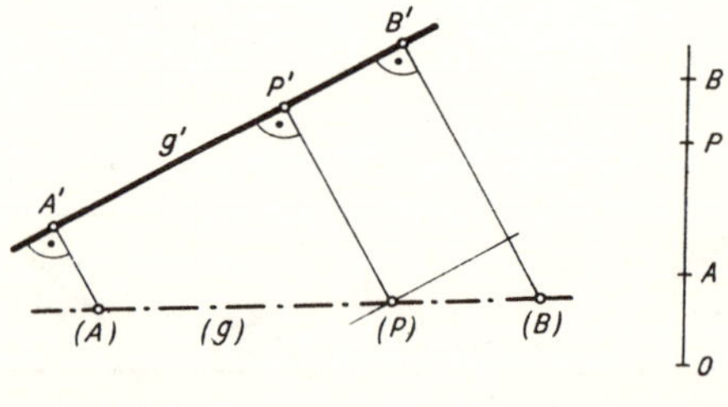

Bild 216

BEISPIEL 2

Eine Ebene ist durch die Projektionen und Höhen der drei in ihr gelegenen Punkte A, B, C bestimmt. Man konstruiere für eine gegebene Höhe die Projektion der zugehörigen Höhenlinie h der Ebene. (Etwa $h_A = 1$ cm, $h_B = 2{,}7$ cm, $h_C = 4{,}7$ cm, $\overline{A'B'} = 6{,}8$ cm, $\overline{B'C'} = 5$ cm, $\overline{C'A'} = 7$ cm, $h_h = 3{,}2$ cm.)

Lösung (Bild 217)

Man schaltet z. B. auf den Geraden AC und BC je einen Punkt P_1 bzw. P_2 in Höhe der gesuchten Höhenlinie ein. Die Verbindung von P_1' und P_2' ist die gesuchte Projektion h' der Höhenlinie. Für die Zeichenkontrolle schaltet man auf AB einen Punkt P_3 der gleichen Höhe ein, dessen Projektion auf h' liegen muß.

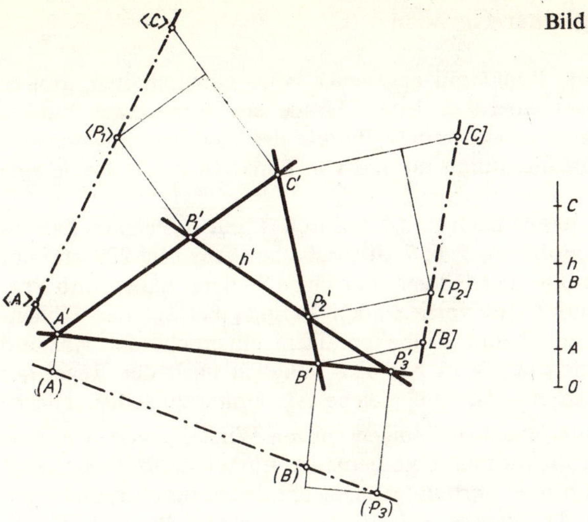

Bild 217

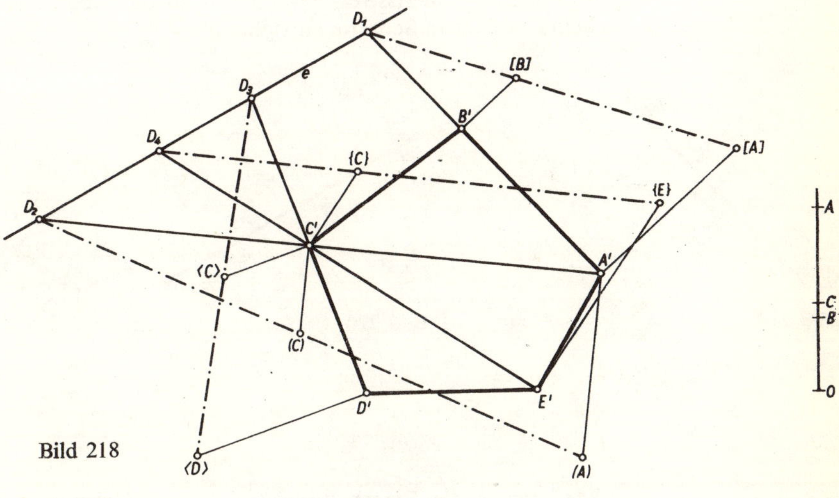

Bild 218

BEISPIEL 3

Von einem ebenen Fünfeck *ABCDE* sind die Projektionen aller Eckpunkte sowie die Höhen der drei Punkte *A*, *B*, *C* bekannt (Bild 218). Man ermittle die Höhen der Punkte *D* und *E*.

Lösung

Durch Umklappen der Geraden *AB* und *AC* ergeben sich deren Spurpunkte D_1 und D_2 und damit die Spur $e = D_1D_2$ der Ebene des Fünfecks. Da die Geraden *CD* und *CE* ebenfalls in dieser Ebene liegen, müssen sich ihre Spurpunkte D_3 bzw. D_4 auf *e* befinden. Sie ergeben sich aus

$$D_3 = C'D' \cap e \quad \text{und} \quad D_4 = C'E' \cap e.$$

CD und *CE* sind nun durch je zwei Punkte (C, D_3 bzw. C, D_4) gegeben und können umgeklappt werden. Die gesuchten Höhen von *D* und *E* sind die Strecken $D'\langle D\rangle$ bzw. $E'\{E\}$.

3.2.3. Graduierung einer Geraden

Für die Aufgabe, einen Punkt mit gegebener Höhe einzuschalten, gibt es eine wichtige Verallgemeinerung. Eine Gerade sei durch zwei Punkte gegeben. Zwischen diese sollen weitere Punkte der Geraden eingeschaltet werden, deren Höhen ganzzahlig sind und von Punkt zu Punkt um je eine Einheit zunehmen.

Zum Beispiel sei die Gerade nach Bild 219 durch A und B gegeben. Es sind also Punkte mit den Höhen 4, 5, 6, 7 einzuschalten. Aus Bild 209 erkennt man: Haben zwei Punkte den Höhenunterschied 1, dann haben ihre Projektionen den Abstand i. Im vorliegenden Beispiel beträgt der Höhenunterschied von A und B fünf Einheiten. Dem entspricht der Abstand $A'B' = 5i$ in der Bildebene. Man hat also lediglich nach der Regel der Planimetrie die Strecke $A'B'$ in fünf gleiche Abschnitte zu teilen. Hierzu legt man durch A' unter einem beliebigen spitzen Winkel gegen $\overline{A'B'}$ eine Gerade und trägt auf ihr fünfmal eine beliebige Einheit E ab. Der zuletzt erhaltene Punkt wird mit B' verbunden. Die Parallelen durch die übrigen Teilpunkte schneiden die Strecke $A'B'$ in den gesuchten Punkten P'_1, P'_2 usw. Die Richtung der durch A' gehenden Geraden und die auf ihr abzutragende Einheitsstrecke wählt man so, daß wegen der Zeichengenauigkeit keine zu flachen Schnitte entstehen.

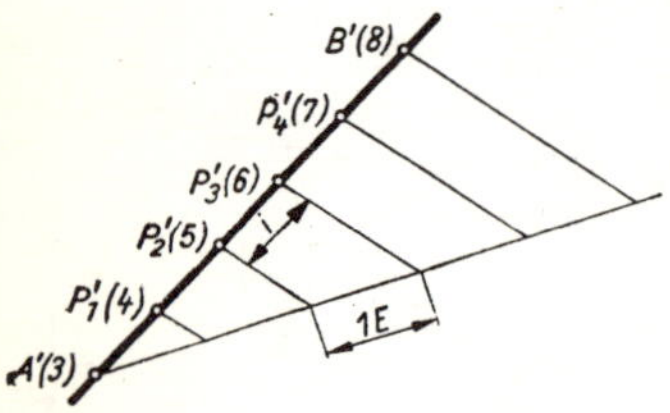

Bild 219

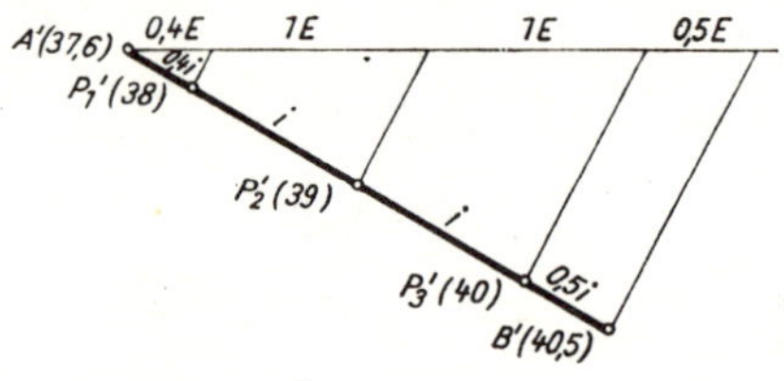

Bild 220

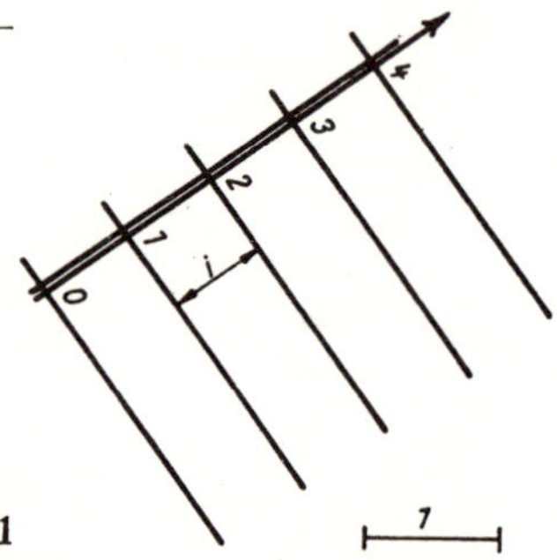

Bild 221

Man nennt die Einschaltung von Punkten mit ganzzahligen Höhen die **Graduierung** einer Geraden.

Besitzen A' und B' selbst keine ganzzahligen Höhen, dann erfolgt die Graduierung nach dem in Bild 220 angegebenen Verfahren, bei dem nicht nur E, sondern auch den gegebenen Höhen entsprechende Proportionalteile von E abzutragen sind. Der Leser mache sich diese Konstruktion genau klar.

Zeichnet man für eine Ebene diejenigen Höhenlinien, deren Höhenabstand je eine Einheit beträgt, dann wird eine beliebige Fallinie der Ebene durch ihre Schnittpunkte mit den Höhenlinien graduiert (Bild 221). Eine solche graduierte Fallinie heißt **Böschungsmaßstab** der Ebene. Er wird meist zur anschaulichen Darstellung der Ebene durch eine Doppelgerade gekennzeichnet, die mit Höhenzahlen versehen ist und durch eine Pfeilspitze die Anstiegsrichtung angibt.

Bild 222

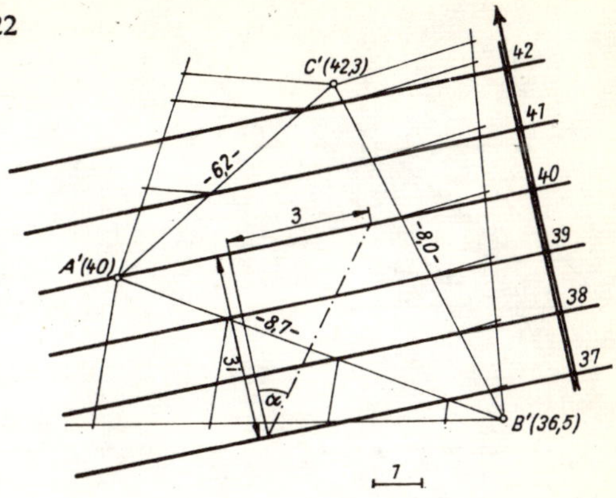

BEISPIEL 4

Eine Ebene ist durch die Projektionen der drei in ihr gelegenen Punkte A, B, C nach Bild 222 bestimmt. Man zeichne Höhenlinien und Böschungsmaßstab der Ebene und ermittele ihren Neigungswinkel.

Lösung

Man graduiert die Strecken AB, BC und AC. Die Verbindungsgeraden gleichkotierter Punkte ergeben die Höhenlinien der Ebene (Zeichenkontrolle: Höhenlinien sind parallel). Eine beliebige Senkrechte zu den Höhenlinien ergibt den Böschungsmaßstab. Den Neigungswinkel α findet man aus dem Stützdreieck, das aus den Katheten i und 1 konstruiert werden kann. In Bild 222 wurde zur Erhöhung der Meßgenauigkeit von α ein ähnliches größeres Dreieck gezeichnet. Anschaulich kann man sich das Stützdreieck in die Bildebene umgeklappt denken, nachdem man Π_1 parallel bis zur Höhe 37 verschoben hat.

3.2.4. Zwei Geraden

Bereits bei der Projektion der Höhenlinien ergab sich:

Parallele Geraden haben parallele Projektionen.

Die projizierenden Ebenen von zwei parallelen Geraden g_1 und g_2 sind nämlich parallel und werden deshalb von Π_1 in Parallelen g_1' und g_2' geschnitten (Bild 223).
Die Umkehrung des Satzes gilt dagegen nicht. Aus der Parallelität von g_1' und g_2' darf man nicht auf die Parallelität der Geraden selbst schließen. Diese können auch windschief sein (Bild 224). Zwei nichtparallele Geraden schneiden sich entweder (Bild 225), oder sie sind windschief zueinander (Bild 226). In beiden Fällen schneiden sich aber die Projektionen in einem Punkt. Eine in diesem Punkt errichtete Senkrechte zu Π_1 schneidet die windschiefen Geraden in zwei Punkten P_1 und P_2, die sich schneidenden Geraden in dem gemeinsamen Punkt P. Windschiefe Geraden besitzen also im Schnittpunkt ihrer Projektionen verschiedene Höhen, sich schneidende Geraden die gleiche Höhe. Nur in dem Sonderfall, daß die beiden nicht parallelen, sondern sich schneidenden Geraden in einer zu Π_1 senkrechten Ebene liegen, schneiden sich ihre Projektionen nicht, sondern fallen zusammen (Bild 227).

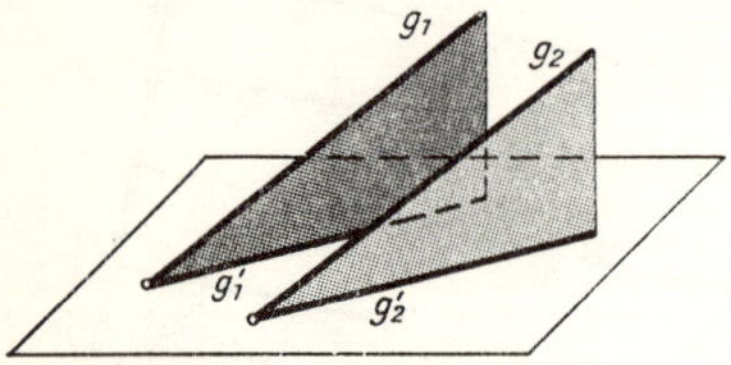

Bild 223

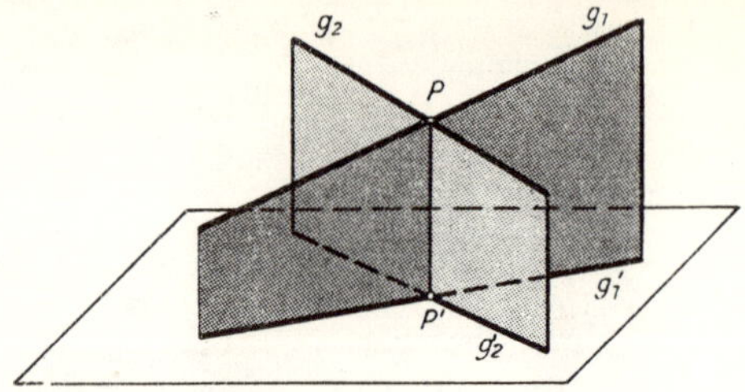

Bild 225

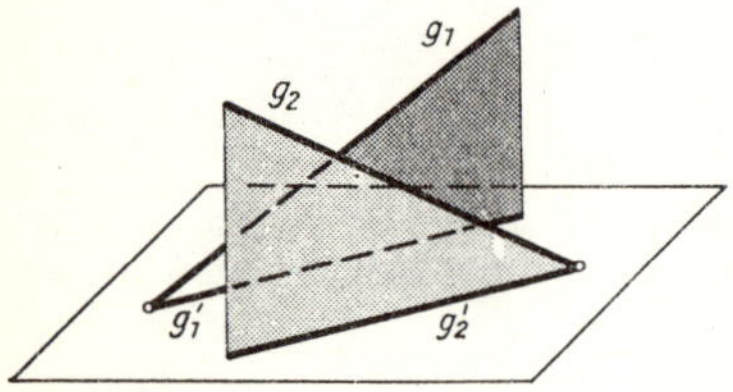

Bild 224

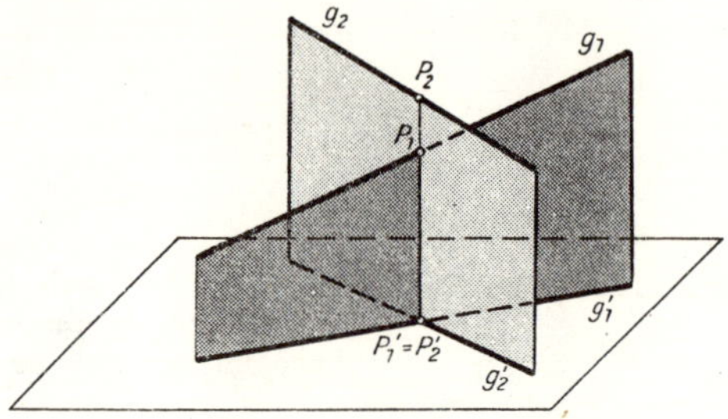

Bild 226

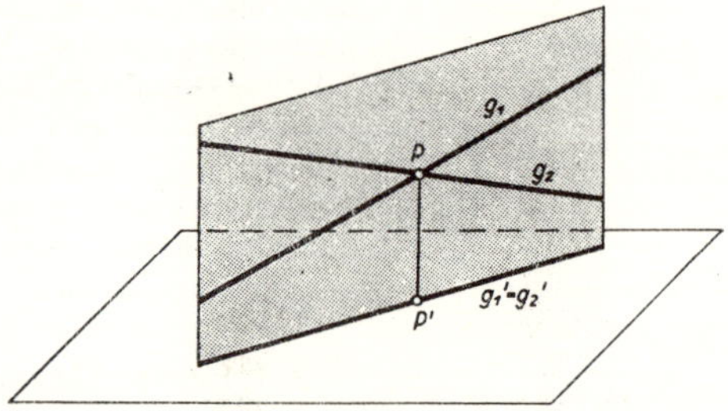

Bild 227

BEISPIEL 5

Zwei Geraden g_1 und g_2 sind durch je zwei auf ihnen liegende Punkte *A*, *B* bzw. *C*, *D* gegeben. Man stelle fest, ob sich die Geraden schneiden oder windschief zueinander sind.

Lösung

g_1' und g_2' schneiden sich in P'. Durch Umklappen beider Geraden ermittelt man ihre Höhen in diesem Schnittpunkt und vergleicht sie. Bild 228 zeigt die Konstruktion für sich schneidende, Bild 229 für windschiefe Geraden.

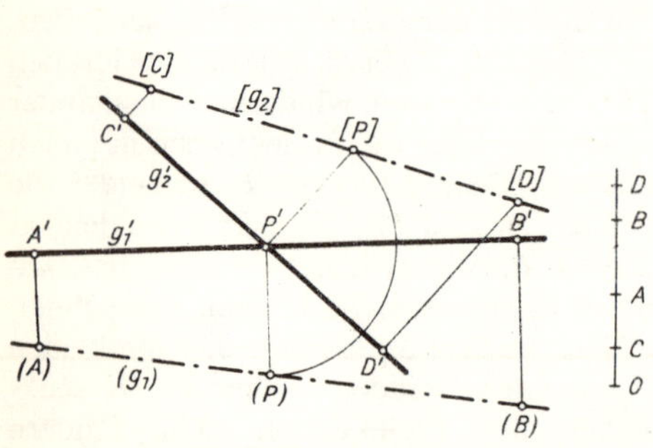

Bild 228

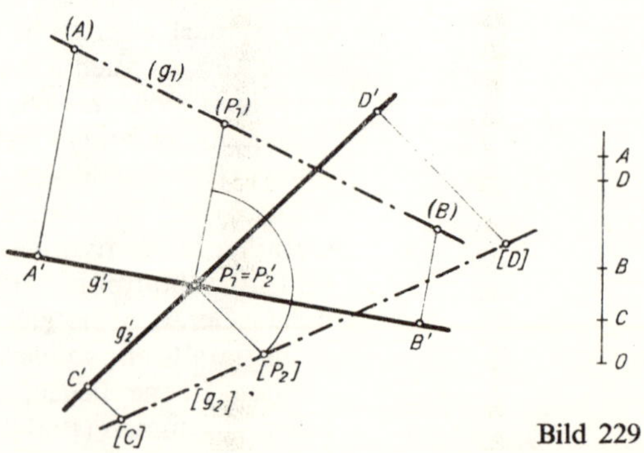

Bild 229

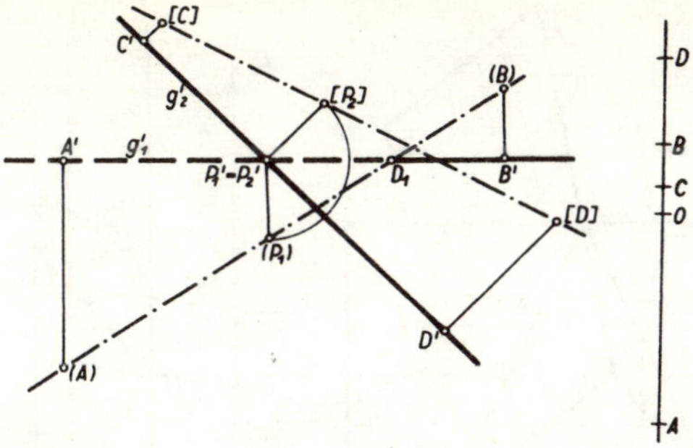

Bild 230

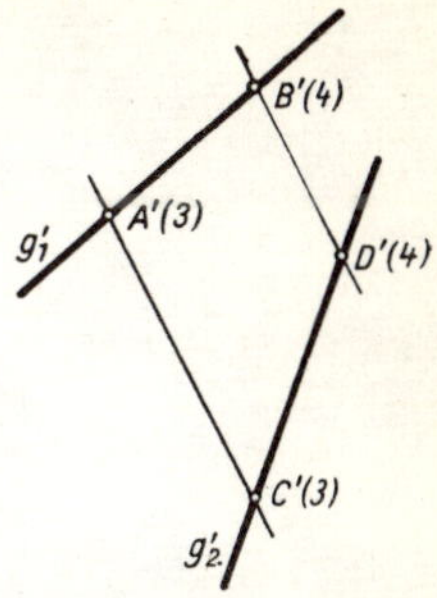

Bild 231

Es ist noch ein Sonderfall zu beachten. Geht wie in Bild 228 der Kreisbogen durch die beiden Umklappungen des Schnittpunktes von g_1' und g_2', dann können die Geraden trotzdem noch windschief sein. Die Absolutwerte der Höhen von P_1, P_2 sind zwar gleich, haben aber verschiedene Vorzeichen (Bild 230).

Ist der Schnittpunkt beider Geraden unzugänglich, dann führt ein anderer Weg zum Ziel. Man graduiert beide Geraden und verbindet gleichkotierte Punkte (Bild 231). Schneiden sich nun g_1 und g_2, dann bestimmen sie eine Ebene, und die Verbindungsgeraden müssen als Höhenlinien der Ebene parallel sein. Im anderen Fall sind die Geraden windschief.

3.2.5. Schnitt zweier Ebenen

Zwei nichtparallele Ebenen schneiden sich stets in einer Geraden. Zur Bestimmung der Schnittgeraden bringt man paarweise diejenigen Höhenlinien beider Ebenen, die eine gemeinsame Höhe besitzen, miteinander zum Schnitt. Die Schnittpunkte gehören beiden Ebenen an. Ihre Verbindungsgerade ist die gesuchte Schnittgerade s (Bild 232). Man beachte, daß sich Höhenlinien beider Ebenen mit verschiedenen Höhen niemals schneiden können. Sie sind im allgemeinen windschief zueinander. Es sollen einige *Sonderfälle* betrachtet werden.

Sind die Höhenlinien beider Ebenen (E_1 und E_2 in Bild 233a u. b) zueinander parallel, so versagt die oben erklärte Konstruktion. Man wählt

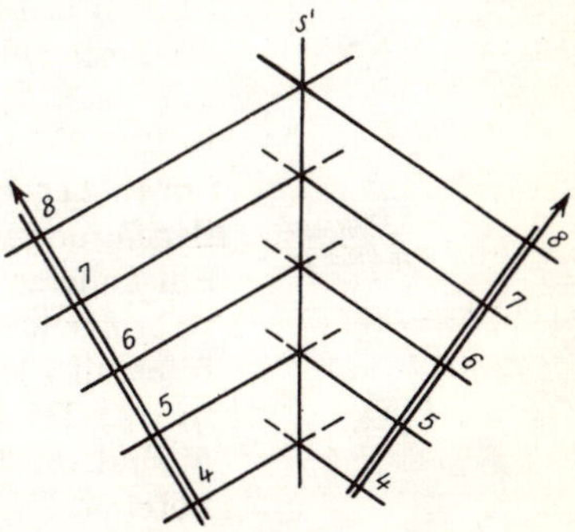

Bild 232

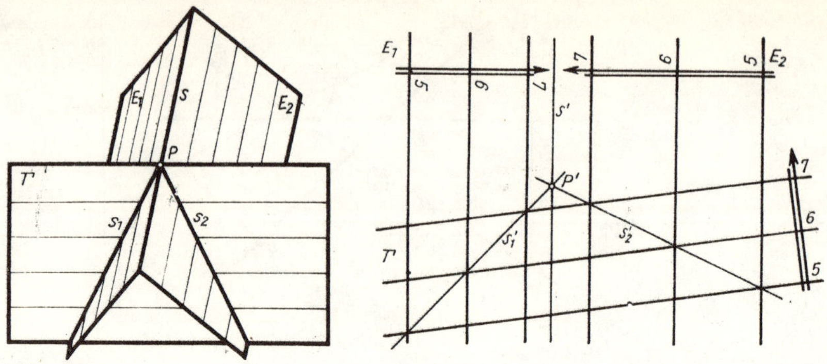

Bild 233a Bild 233b

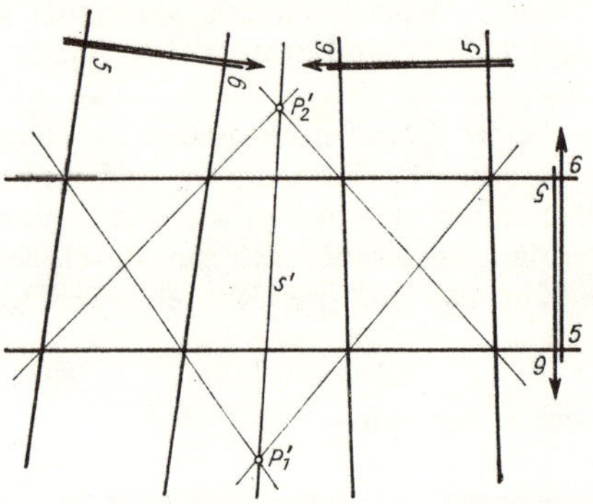

Bild 234

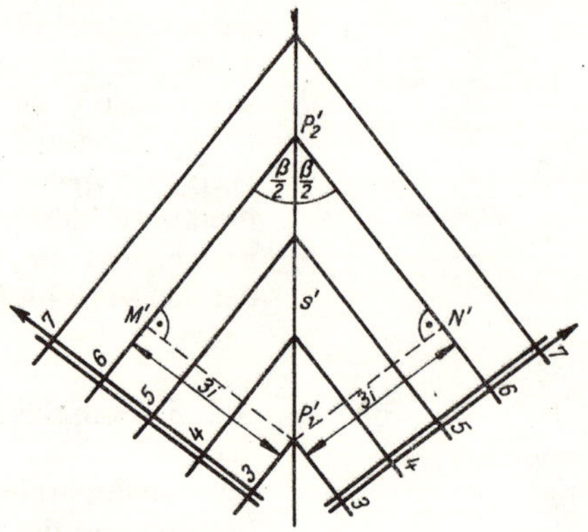

Bild 235

dann eine beliebige Hilfsebene Γ, deren Höhenlinien annähernd senkrecht zu den Höhenlinien von E_1 und E_2 verlaufen.
Es gilt $\Gamma \cap E_1 = s_1$, $\Gamma \cap E_2 = s_2$ und $s_1 \cap s_2 = \{P\}$. P ist der gemeinsame Schnittpunkt der drei Ebenen: $E_1 \cap E_2 \cap \Gamma = \{P\}$. Die durch P gezogene Parallele zu den Höhenlinien von E_1 und E_2 ist aber selbst Höhenlinie beider Ebenen und daher die gesuchte Schnittgerade s. Besitzen die zwei Ebenen fast parallele Höhenlinien, so daß deren Schnittpunkte außerhalb der Zeichenfläche liegen, dann verwendet man zwei Hilfsebenen. Es ergeben sich nach obiger Konstruktion zwei Punkte P_1 und P_2, die s bestimmen. In Bild 234 wurden für beide Hilfsebenen die gleichen Geraden als Projektionen der Höhenlinien verwandt, aber mit doppelter, entgegengesetzter Bezifferung versehen.
Ein anderer wichtiger Sonderfall liegt vor, wenn die beiden zum Schnitt zu bringenden Ebenen den gleichen Neigungswinkel α und damit das gleiche Intervall i haben. Hier nimmt die Schnittgerade eine besondere Lage ein. In Bild 235 seien P_1 und P_2 beliebige Punkte der Schnittgeraden. M und N sind die Fußpunkte der von P_1 auf die Höhenlinie von P_2 gefällten Lote.

Die Dreiecke $P_1'P_2'M'$ und $P_1'N'P_2'$ sind kongruent. ($\overline{P_1'M'} = \overline{P_1'N'} = 3i$; $\overline{P_1'P_2'} = \overline{P_1'P_2'}$, $\sphericalangle P_1'M'P_2' = \sphericalangle P_1'N'P_2' = 1^{\text{L}}$). Daraus folgt $\sphericalangle P_1'P_2'M' =$ $= \sphericalangle P_1'P_2'N' = \frac{\beta}{2}$, wenn β der Winkel zwischen den Höhenlinien beider Ebenen ist. Man erhält somit den wichtigen Satz:

Schneiden sich zwei Ebenen gleicher Neigung, dann halbiert in der Projektion die Schnittgerade den von den Höhenlinien eingeschlossenen Winkel.

3.2.6. Schnitt von Gerade und Ebene

Es soll der Schnittpunkt zwischen einer Ebene E und einer zu ihr nicht parallelen Geraden g ermittelt werden. Man denkt sich nach Bild 236 durch g eine Hilfsebene Γ gelegt, die speziell senkrecht zu Π_1 sein kann. Γ schneidet E in s. Da nach Voraussetzung g und s nicht parallel sind, aber in einer Ebene liegen, müssen sie sich schneiden. Dieser Schnittpunkt ist der gesuchte Durchstoßpunkt S.

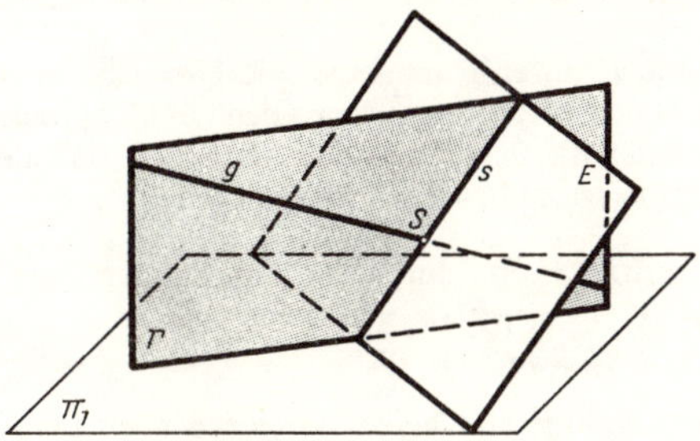

Bild 236

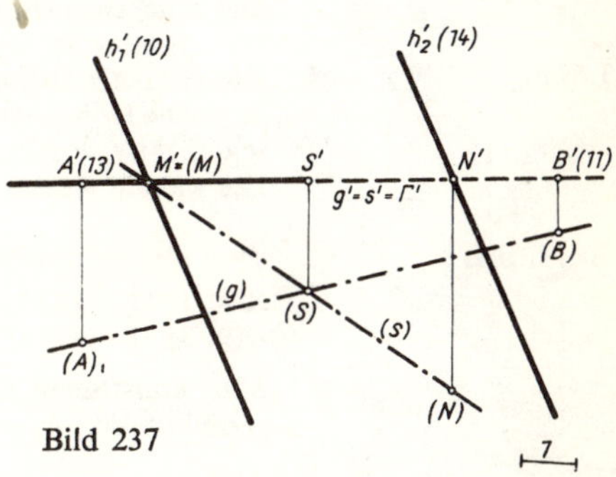

Bild 237

Aus obiger Betrachtung entwickelt man nun die Konstruktion für folgendes

BEISPIEL 6

Gegeben sind eine Ebene E durch zwei Höhenlinien h_1 und h_2 und eine Gerade g durch die Punkte A und B entsprechend Bild 237. Gesucht wird $\{S\} = g \cap E$.

Lösung

Die vertikale Hilfsebene Γ durch g schneidet die Höhenlinien in den Punkten M und N. $MN = s$ ist die Schnittgerade zwischen E und Γ. Nun werden die Geraden g und s oder, anders ausgedrückt, die vertikale Hilfsebene mit diesen in ihr gelegenen Geraden unter Verwendung der Punkte A, B und M, N in den Grundriß umgeklappt. In Bild 237 wurde vorher Π_1 parallel bis h_1 verschoben.
Der Schnitt von (g) und (s) ergibt (S), woraus durch Zurückklappen die Projektion S' des gesuchten Schnittpunktes folgt. Aus der Umklappung der Hilfsebene erkennt man den unsichtbaren, unter der Ebene E liegenden Teil von g, der gestrichelt wird. (Man beachte, daß $\sphericalangle N'M'(N)$ nicht den Neigungswinkel der Ebene darstellt, da s keine Fallinie von E ist.)
Eine sehr einfache Lösung erhält man durch Verwendung einer schrägen Hilfsebene Γ, wenn E durch Höhenlinien dargestellt ist. Zwei beliebige, durch die Geradenpunkte A, B gehenden Parallelen können stets als Höhenlinien von Γ aufgefaßt werden (Bild 238). Ihre Schnittpunkte mit den gleichkotierten Höhenlinien von E bestimmen s. Schließlich schneiden sich s und g in S.

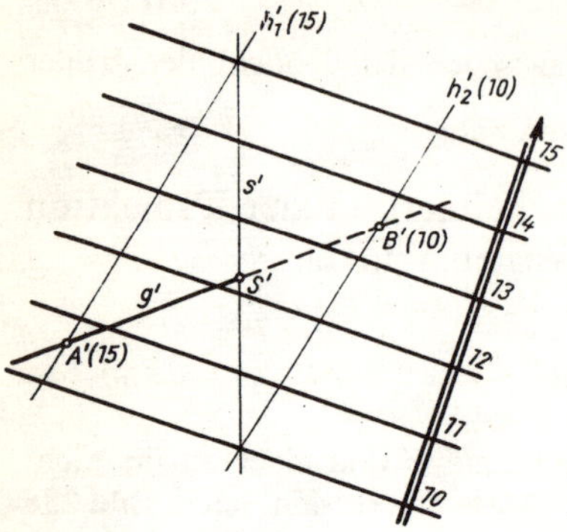

Bild 238

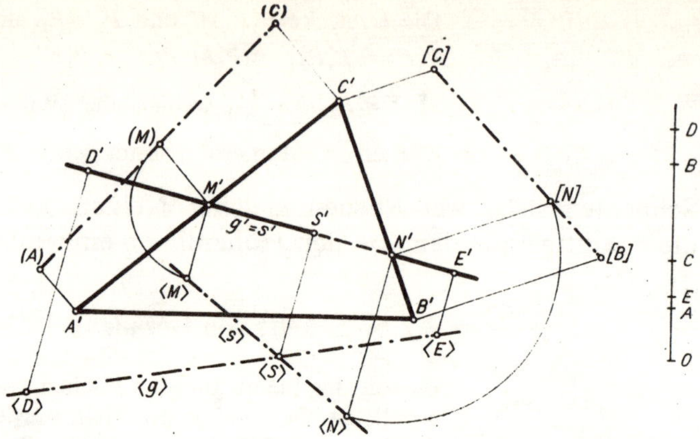

Bild 239

BEISPIEL 7

In der Projektion sind ein Dreieck ABC und eine Gerade g durch die Punkte D und E gegeben (Bild 239). In welchem Punkt S durchstößt g die Dreiecksebene?

Lösung

Die vertikale Hilfsebene Γ durch g schneidet die Dreieckseite AC in M und BC in N. Die Höhen von M und N ergeben sich aus den Umklappungen dieser Dreieckseiten. $MN = s$ ist wieder die Schnittgerade zwischen Γ und der Dreiecksebene. Die weitere Konstruktion verläuft wie im Beispiel 6.

BEISPIEL 8

Zwei Dreiecke ABC und DEF sind durch die Koordinaten ihrer Punkte gegeben:

$A(3;\ 3;\ 6)$ $B(14;\ 9;\ 1)$ $C(5;\ 14;\ 3)$
$D(9;\ 3;\ 3)$ $E(12;\ 13;\ 4{,}5)$ $F(2;\ 8;\ 2)$

Man konstruiere die Schnittgerade beider Dreiecke nach dem in Bild 239 dargestellten Verfahren.

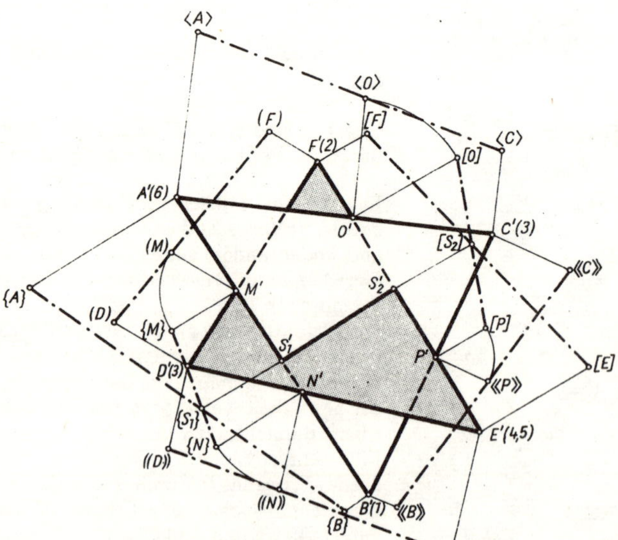

Bild 240

Lösung (Bild 240) Aus den Punkthöhen erkennt man, daß die Seite FE des einen Dreiecks die Fläche des anderen durchdringt, ebenso die Seite AB dieses Dreiecks die Fläche des ersteren. Dagegen schneidet die Seite DF das Dreieck ABC nicht, da sie unter dem Dreieck liegt. Man bestimmt also die beiden Durchstoßpunkte S_1 und S_2 und erhält mit $\overline{S_1S_2}$ die gesuchte Schnittgerade beider Dreiecke. Der Leser achte auf die Sichtbarkeitsverhältnisse. Man blickt stets von oben auf den Grundriß.

3.2.7. Gerade in einer Ebene

Liegt eine Gerade in einer Ebene, dann ist der Neigungswinkel α der Geraden abhängig von dem Winkel β, den die Gerade in der Projektion mit den Höhenlinien der Ebene bildet (Bild 241). Für $\beta = 90°$ ist die Gerade eine Fallinie der Ebene und ihr Neigungswinkel gleich dem der Ebene (s. auch Bild 211 a). Für $\beta = 0°$ ist die Gerade eine Höhenlinie, also $\alpha = 0°$. Für $0° < \beta < 90°$ gilt $0° < \alpha < \overline{\alpha}$, wenn $\overline{\alpha}$ der Böschungswinkel der Ebene ist.

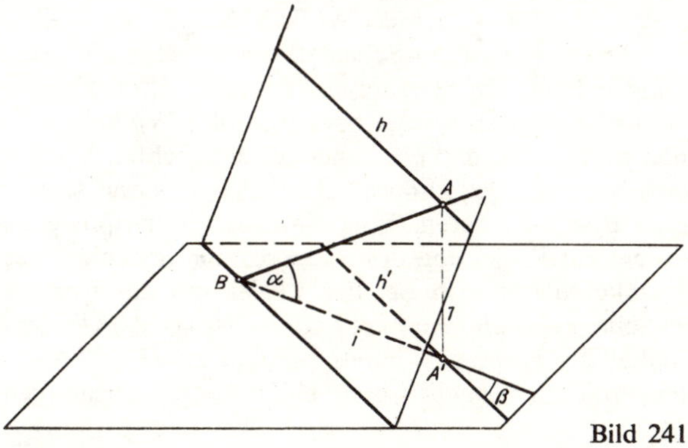

Bild 241

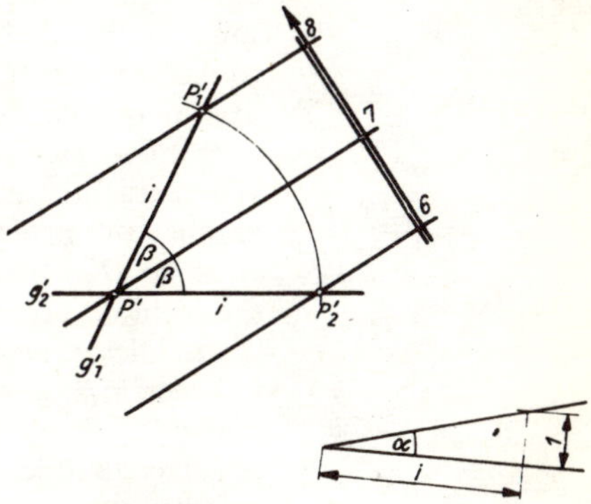

Bild 242

BEISPIEL 9 Durch den Punkt P einer durch Höhenlinien gegebenen Ebene ist eine Gerade zu zeichnen, die in der Ebene liegt und einen ebenfalls gegebenen Neigungswinkel α gegen die Bildebene besitzt.

Lösung (Bild 242) Mit dem gegebenen Neigungswinkel α liegt auch nach Bild 241 die Richtung der Geraden gegen die Höhenlinien der Ebene fest. Zunächst bestimmt man aus dem Stützdreieck das Intervall i der Geraden. Dann schlägt man um P' mit i einen Kreisbogen, der die Projektionen derjenigen Höhenlinien, die um eine Einheit höher oder tiefer als P liegen, in den Punkten P'_1 und P'_2 schneidet. $g'_1 = P'P'_1$ und $g'_2 = P'P'_2$ sind die beiden Lösungen der Aufgabe.

3.2.8. Abbildung eines rechten Winkels

Ein beliebiger rechter Winkel im Raum wird sich im allgemeinen nicht wieder als ein rechter Winkel abbilden. Man betrachte z. B. in Bild 243 den rechten Winkel bei A, dessen Schenkel die Bildebene in B und C schneiden und dessen Projektion der Winkel $BA'C = \varphi$ ist. Nun gilt nach PYTHAGORAS:

$$b^2 + c^2 = a^2 \quad \text{und} \quad b'^2 = b^2 - h^2, \quad c'^2 = c^2 - h^2.$$

Bild 243

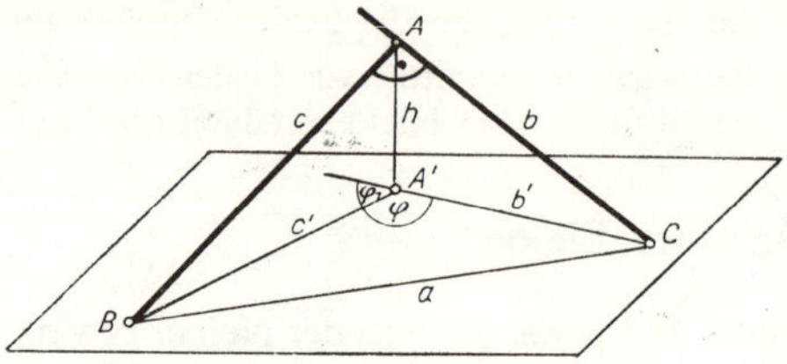

Bild 244

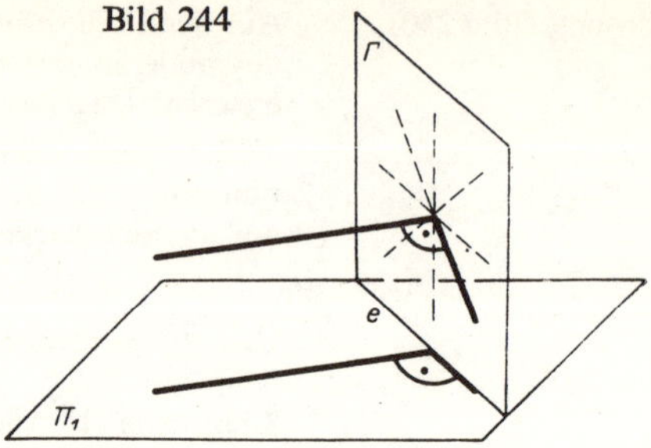

Daraus folgt

$$b'^2 + c'^2 = b^2 + c^2 - 2h^2 = a^2 - 2h^2.$$

Für das Dreieck $A'BC$ gilt also nicht mehr der Satz des PYTHAGORAS, d. h., φ ist kein rechter Winkel. Ist φ stumpf, dann ist sein Nebenwinkel φ_1 spitz. φ_1 ist aber die Projektion des rechten Winkels bei A, der Nebenwinkel zu $\sphericalangle BAC$ ist. Schneiden also die Schenkel eines rechten Winkels bzw. deren Verlängerungen über den Scheitelpunkt hinaus die Bildebene, dann bildet sich der rechte Winkel als spitzer oder stumpfer Winkel ab.
Wir betrachten nun den Sonderfall, daß ein Schenkel des rechten Winkels parallel zur Projektionsebene ist. Der andere Schenkel liegt dann stets in einer zu Π_1 senkrechten Ebene Γ, deren Projektion mit ihrer Spur e zusammenfällt und senkrecht zur Projektion des waagerechten Schenkels verläuft. Dieser rechte Winkel bleibt also bei der Projektion ein Rechter, falls der in Γ gelegene Schenkel nicht senkrecht zu Π_1 ist (Bild 244). Sind schließlich beide Schenkel des rechten Winkels parallel zu Π_1, dann ist selbstverständlich seine Projektion auch wieder ein Rechter. Zusammengefaßt erhält man:

Ein rechter Winkel projiziert sich genau dann wieder als ein rechter, wenn einer seiner Schenkel parallel zur Bildebene verläuft und der andere Schenkel nicht senkrecht zur Bildebene ist.

3.2.9. Senkrechte zu einer Ebene

In einem Punkt F einer Ebene E soll zu dieser eine Senkrechte l von bestimmter Länge räumlich nach oben errichtet werden.
Die Senkrechte zu einer Ebene bildet bekanntlich mit allen Geraden, die durch ihren Fußpunkt gehen und in der Ebene liegen, rechte Winkel. Von diesen rechten Winkeln wird nach dem Satz aus 3.2.8. nur derjenige wieder als rechter Winkel projiziert, den die Senkrechte mit einer durch ihren Fußpunkt gehenden Höhenlinie bildet (Bild 245a und b). Daraus folgt:

Die Projektion einer Senkrechten zu einer Ebene ist senkrecht zu den Projektionen der Höhenlinien dieser Ebene, fällt also mit der Projektion einer Fallinie zusammen.

Um außer der Richtung noch die Länge der Senkrechten in der Projektion zu ermitteln, legt man durch l eine vertikale Hilfsebene Γ, die außerdem senkrecht zu E ist. Γ und E schneiden sich in einer Fallinie f von E. Es ist $f \perp l$. Nun klappt man Γ in die Bildebene um, d. h., praktisch konstruiert man die Umklappung $A'D(A)$ des zu f gehörenden Stützdreiecks, errichtet in (F) eine Senkrechte zu (f) und trägt auf dieser die gegebene Länge ab bis (P). Das Lot von (P) auf l' ergibt P'. $\overline{P'F'}$ ist die Projektion der gesuchten Senkrechten.

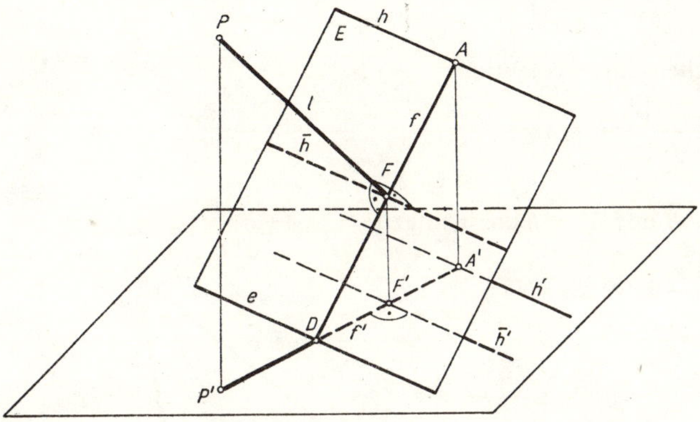

Bild 245a

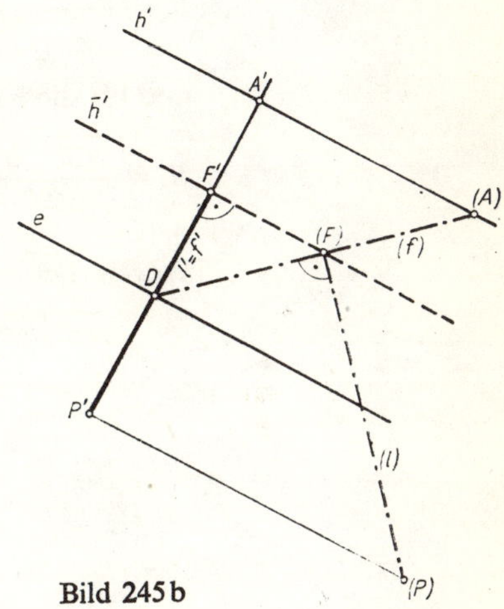

Bild 245b

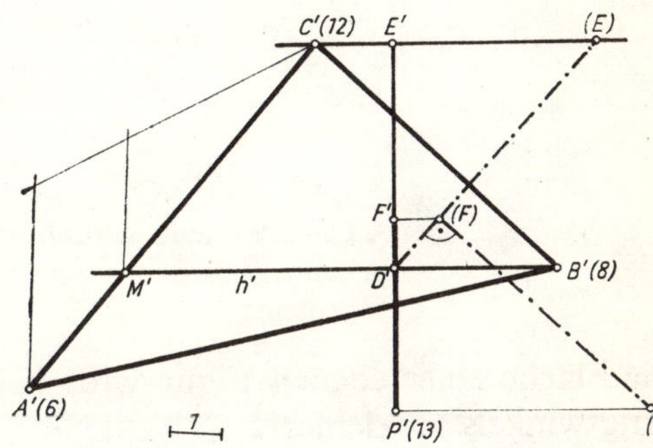

Bild 246

BEISPIEL 10 Die drei Punkte $A(8; 1; 6)$, $B(5; 11; 8)$, $C(1; 6; 12)$ bestimmen ein Dreieck. Von $P(8; 8; 13)$ wird das Lot auf die Dreieckfläche gefällt. Man bestimme den Lotfußpunkt F.

Lösung (Bild 246) Durch Einschaltung eines Punktes M der Höhe 8 zwischen A und C erhält man eine Höhenlinie h der Ebene des Dreiecks. Eine Senkrechte zu h' durch P' gibt die Lotrichtung in der Projektion an und ist zugleich Spur der vertikalen Hilfsebene Γ. Γ schneidet die Höhenlinie durch M in D und die Höhenlinie durch C in E. Dann klappt man Γ in die Bildebene um. In Bild 246 sind hierbei alle abzutragenden Höhen um acht Einheiten gekürzt, d. h., Π_1 wurde parallel verschoben durch h. Das Lot von (P) auf die umgeklappte Fallinie $(E)D'$ ergibt (F), woraus man die Projektion F' des gesuchten Fußpunktes F erhält. Vorliegende Konstruktion ist also die Umkehrung der in Bild 245b gezeigten Konstruktion.

3.2.10. Wahre Größe einer ebenen Figur

Eine ebene Figur, die parallel zur Projektionsebene liegt, bildet sich in wahrer Größe ab. Jede anders gelegene Figur wird bei der Projektion verkleinert. Bild 247 zeigt ein Dreieck mit dem Neigungswinkel α, dessen Seite AB parallel zu Π_1 ist. Für die Fläche dieses Dreiecks gilt:

$$S = \frac{\overline{AB} \cdot h}{2}$$

und für die Fläche seiner Projektion:

$$S' = \frac{\overline{A'B'} \cdot h'}{2}.$$

Wegen $\overline{A'B'} = \overline{AB}$ und $h' = h \cos \alpha$ folgt

$$S' = \frac{\overline{AB} \cdot h \cos \alpha}{2} = S \cos \alpha.$$

Bild 247

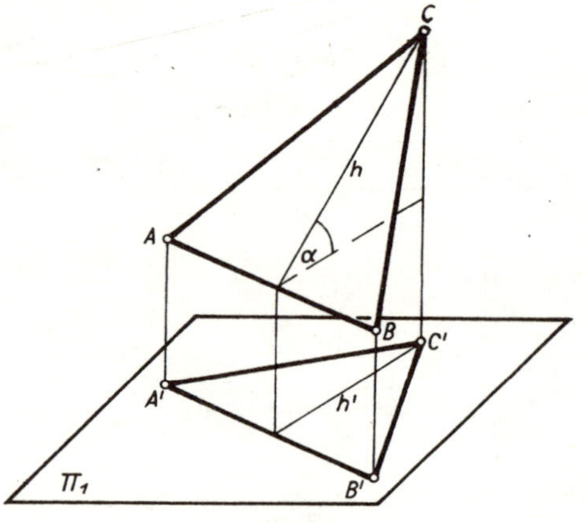

Da aber jede geradlinig begrenzte Figur so in Dreiecke zerlegt werden kann, daß deren eine Seite parallel zur Grundrißebene verläuft, gilt allgemein:

Die Fläche einer ebenen Figur wird bei der Projektion mit dem Cosinus des Neigungswinkels verkleinert.

Der Beweis für nicht geradlinig begrenzte Figuren soll hier nicht geführt werden. Ist die wahre Größe einer ebenen Figur zu bestimmen, so muß diese durch Drehung in eine zur Bildebene parallele Lage gebracht werden. Als Drehachse kommt nur die Spur oder eine Höhenlinie der Ebene in Frage, in der die Figur liegt. Die erforderliche Konstruktion soll an Hand der Bilder 248a und b erläutert werden.

Ein Dreieck ABC ist durch seine Projektion gegeben. Seine wahre Größe werde gesucht. Die Dreiecksebene ist deshalb um die Spur e in die Bildebene umzuklappen. Mit Rücksicht auf die Übersichtlichkeit der Zeichnung klappt man das Dreieck auf die Seite von e um, in der nicht die Projektion des Dreiecks liegt. Wir betrachten zunächst die Umklappung eines Punktes, z. B. des Punktes A.

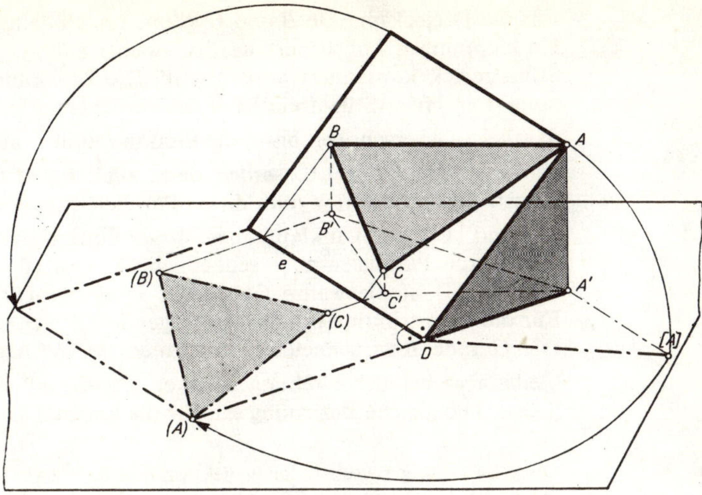

Bild 248a

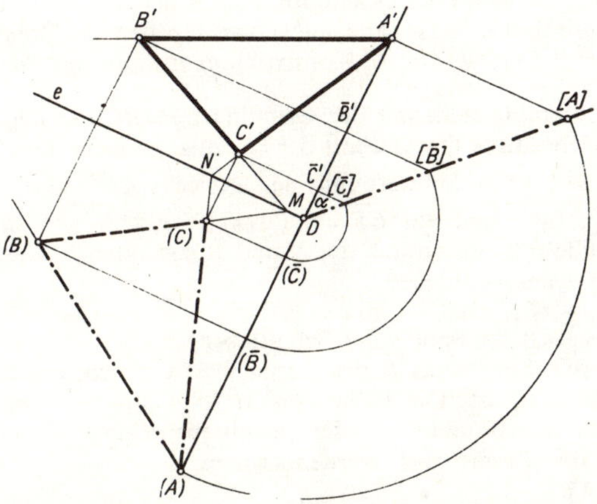

Bild 248b

Die Fallinie durch A schneidet e in D. Der rechte Winkel bei D bleibt aber bei der Drehung um e erhalten. Der umgeklappte Punkt (A) liegt folglich auf der Verlängerung der Projektion $\overline{A'D}$ der Fallinie. Sein Abstand $(A)D$ von e ist gleich dem Abstand AD, das ist die Länge der Falllinie im Stützdreieck. Zur Ermittlung dieses Abstandes denkt man sich schließlich das Stützdreieck in die Bildebene umgeklappt. Der Konstruktionsvorgang für den Fall, daß e, A', B', C' und der Neigungswinkel α der Dreiecksebene gegeben sind, ist in Bild 248 b dargestellt:

Man fällt das Lot von A' auf e bis D und verlängert es über D hinaus. Die Konstruktion des Stützdreiecks mit α ergibt $[A]$. Der Kreisbogen um D mit $\overline{D[A]}$ als Radius schneidet schließlich DA' in dem gesuchten Punkt (A).

Eigentlich spielt sich die Drehung von A im Raum in einer Vertikalebene ab, deren Spur $(A)A'$ ist. Durch Umklappung dieser Vertikalebene wird die Drehung in die Zeichenebene verlegt.

Für die Dreieckspunkte B und C können nach dem gleichen Verfahren die Umklappungen konstruiert werden, wobei allerdings für jeden Punkt ein Stützdreieck konstruiert werden muß. Die Zeichnung wird durch Verwendung nur eines Stützdreiecks übersichtlicher. Man denkt sich B und C parallel zu e verschoben bis in die Punkte $\overline{B}$ und $\overline{C}$ auf der Fallinie AD. Mit dem Stützdreieck ADA' werden dann auch $\overline{B}$ und $\overline{C}$ umgeklappt. In der Konstruktion überträgt man durch Parallelen zu e B' und C' auf $[A]D$ bis $[\overline{B}]$ und $[\overline{C}]$. Die Umklappungen dieser Punkte sind $(\overline{C})$ und $(\overline{B})$, woraus man durch Parallelen zu e schließlich (B) und (C) erhält.
(A) (B) (C) ist die wahre Größe des Dreiecks ABC.
Für die Konstruktion erhält man folgende Zeichenkontrolle:
Die Gerade $B'C'$ schneidet e im Punkt M. M liegt auf der Drehachse, bleibt also bei der Drehung erhalten. Also muß auch $(B)(C)$ durch M gehen. Die gleiche Beziehung gilt für die anderen Dreieckseiten.

Anmerkung

Diese Beziehung zwischen der Projektion und ihrer Umklappung ist ein Sonderfall der in 2.1.7. behandelten Affinität.
Die wahre Größe des Dreiecks ergibt sich auch durch folgende Konstruktion: Man klappt jede Dreieckseite für sich in den Grundriß um und konstruiert dann das Dreieck aus den erhaltenen wahren Größen der Dreieckseiten. Bei allgemeinen Figuren jedoch wird diese Konstruktion zu umständlich.

BEISPIEL 11

Eine Pyramide steht mit der Grundfläche ABC auf der Grundrißebene. ABC ist ein gleichseitiges Dreieck mit der Seitenlänge 8 cm. Die Spitze S besitzt die Höhe 7 cm. S' liegt im Schwerpunkt des Dreiecks ABC. Auf $\overline{AS}$ liegt ein Punkt M mit $\overline{M'S'} = 1$ cm und auf $\overline{CS}$ ein Punkt N mit $\overline{N'S'} = 2{,}5$ cm. Man schneide die Pyramide mit einer durch M, N und B gehenden Ebene und bestimme die wahre Größe der Schnittfläche.

Lösung (Bild 249)

Zunächst ist die Spur e der Schnittebene zu bestimmen. Diese muß durch B und durch den Spurpunkt D der Geraden MN gehen, der zugleich Schnittpunkt von MN und AC ist. Die Höhe von M folgt aus der Umklappung der Kante AS, wonach das Stützdreieck der Schnittebene und die Umklappung der Schnittfläche BNM konstruiert werden können.

BEISPIEL 12

Auf einer schiefen Ebene, die den Neigungswinkel $\alpha = 40°$ besitzt, steht ein Würfel mit der Kantenlänge 4 cm. Man konstruiere die Grundrißprojektion des Würfels.

Lösung (Bild 250)

Soll der Würfel mit der Fläche $ABCD$ auf der schiefen Ebene stehen, dann konstruiert man zunächst diese Fläche in wahrer Größe $(A)(B)(C)(D)$ und klappt sie unter Umkehrung des in Bild 248 behandelten Konstruktionsvorgangs in die schiefe Ebene. In den erhaltenen Punkten $A'B'C'D'$ errichtet man die Senkrechten von der Länge 4 cm und erhält die Projektionen der Würfeleckpunkte $EFGH$. (Die Konstruktion für das Errichten der Senkrechten ist in Bild 250 für die Senkrechte BF angegeben.) Für die Unterscheidung in sichtbare und unsichtbare Linien beachte man, daß die Verbindungen der außen gelegenen Projektionen A', B', C', G', H', E' als äußere Begrenzung natürlich sichtbar sind. Von den beiden übrigen Würfeleckpunkten gehört D zur Grundfläche und ist deshalb ebenso wie die drei von D ausgehenden Kanten unsichtbar.

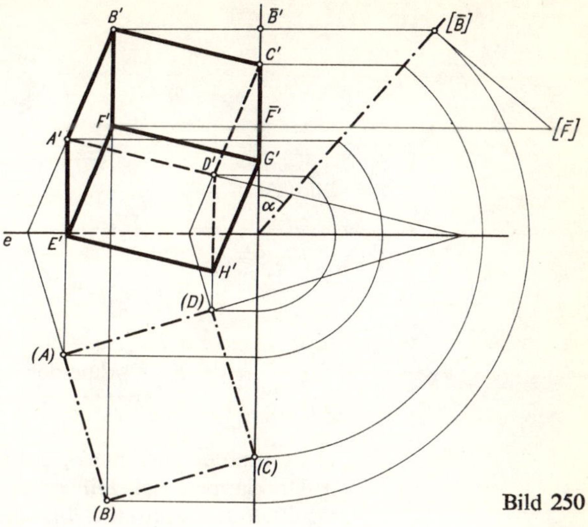

Bild 250

Bild 249

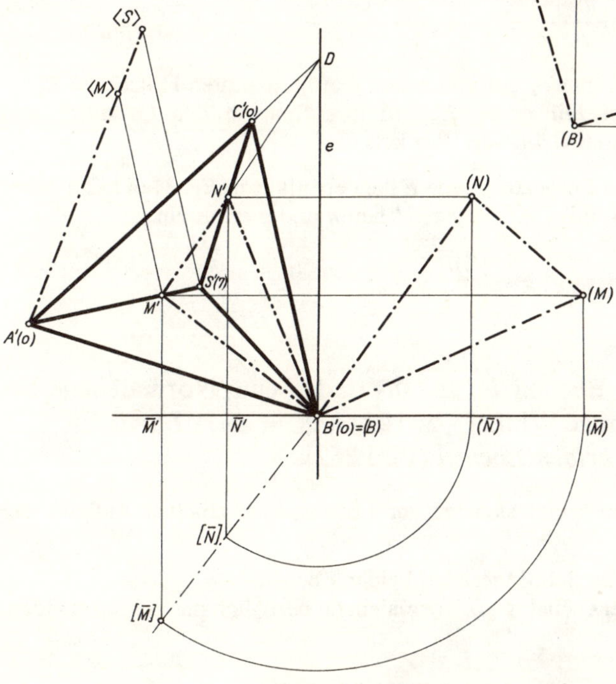

3.2.11. Schnittwinkel zwischen Gerade und Ebene

Während die bisher behandelten Aufgaben allgemein als einfache Grundaufgaben bezeichnet werden können, ist das vorliegende Problem als zusammengesetzte Grundaufgabe anzusprechen. Zunächst gilt die

Definition

Unter dem *Schnittwinkel zwischen Gerade und Ebene* versteht man den Winkel zwischen der Geraden und ihrer orthogonalen Projektion auf die Ebene.

Die Lösung des Problems vollzieht sich in folgenden Schritten (Bild 251):

a) Bestimmen des Schnittpunktes S zwischen g und E.

b) Fällen des Lotes von einem beliebigen Hilfspunkt $M \in g$ $(M \neq S)$ auf E bis F. $\bar{g} = SF$ ist die Projektion von g auf E.

Bild 251

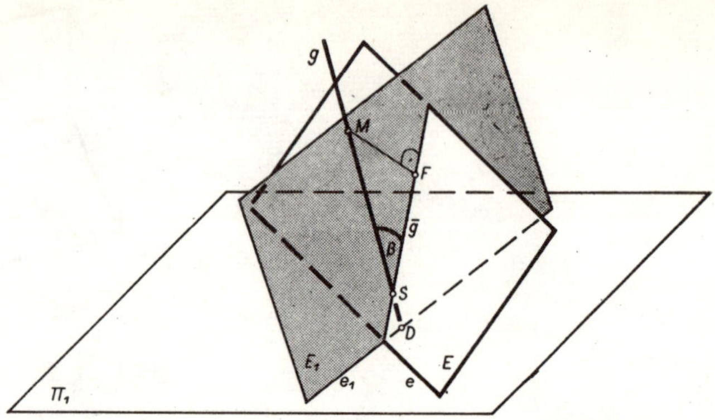

c) Bestimmen der Spur e_1 der von g und $\bar{g}$ aufgespannten Hilfsebene E_1.
d) Umklappen der Hilfsebene E_1 um ihre Spur in den Grundriß und ermitteln der wahren Größe des Winkels β.

Ein in S errichtetes Lot n zur Ebene E liegt ebenfalls in E_1. Man kann daher auch statt β den Winkel $90° - \beta$ zwischen n und g ermitteln.

3.2.12. Schnittwinkel zweier Ebenen

Definition

Ist s die Schnittgerade der beiden Ebenen E_1 und E_2 und Γ eine Normalebene bezüglich s, so ist der in Γ liegende spitze Winkel γ zwischen $d_1 = E_1 \cap \Gamma$ und $d_2 = E_2 \cap \Gamma$ der *Schnittwinkel der beiden Ebenen* (Bild 252).

Aus der Definition ergibt sich bei der Lösung einer solchen Aufgabe der folgende Weg:

a) Konstruktion der Schnittgeraden beider Ebenen.
b) Festlegung einer (beliebigen) Normalebene bezüglich der Schnittgeraden.

Bild 252

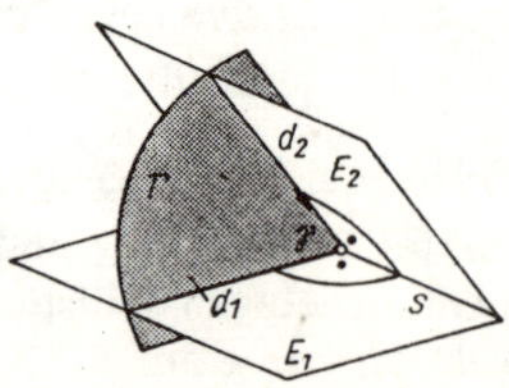

Bild 253

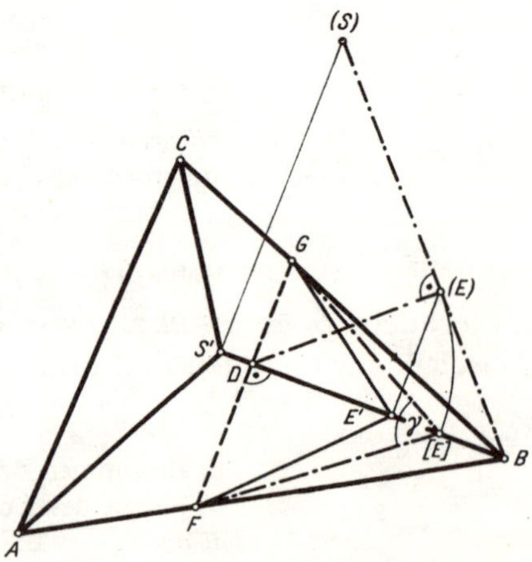

c) Konstruktion der beiden Schnittgeraden zwischen Normalebene und den beiden gegebenen Ebenen.
d) Ermittlung der wahren Größe des Schnittwinkels der unter c) genannten Schnittgeraden.

BEISPIEL 13

Eine Pyramide besitzt die Eckpunkte $A(9; 0; 0)$, $B(7; 10; 0)$, $C(1; 3; 0)$ und die Spitze $S(5; 4; 7)$. Gesucht wird der Winkel, den die Seitenflächen ABS und BCS miteinander einschließen.

Lösung (Bild 253)

Durch einen beliebigen Punkt E der Schnittkante BS legt man eine zu $\overline{BS}$ senkrechte Ebene Γ. Die durch E gehende Höhenlinie von Γ muß senkrecht zu $\overline{BS}$ verlaufen, die Projektion der Fallinie durch E fällt also mit $\overline{BS'}$ zusammen. Außerdem ist die Fallinie senkrecht zu $\overline{BS}$, so daß aus der Umklappung des Dreiecks $BS'S$ ihr Spurpunkt D ermittelt werden kann. Die durch D gehende Spur von Γ schneidet die Pyramidenseiten in den Punkten G und F. $\overline{EF}$ und $\overline{EG}$ sind die den Schnittwinkel einschließenden Senkrechten zu $\overline{BS}$. Durch Umklappen des Dreiecks FEG um $\overline{FG}$ erhält man mit $\gamma = \sphericalangle F[E]G$ die wahre Größe des Schnittwinkels.

3.3. Dachausmittelung

3.3.1. Allgemeines

Allgemein versteht man unter Dachausmittelung die Aufgabe, bei gegebenem Grundriß eines Hauses eine zugehörige Dachform zu finden. Diese Aufgabe ist nicht eindeutig lösbar. So zeigen schon die Bilder 254a bis d für einen gemeinsamen rechteckigen Grundriß vier verschiedene Dachformen, und zwar stellt Bild 254a ein Pultdach, 254b ein Satteldach, 254c ein Walmdach und 254d ein Krüppelwalmdach dar. Bei der Ermittlung der Dachform sind bautechnische und architektonische Gesichtspunkte zu berücksichtigen, auf die im folgenden nur am Rand eingegangen werden kann.

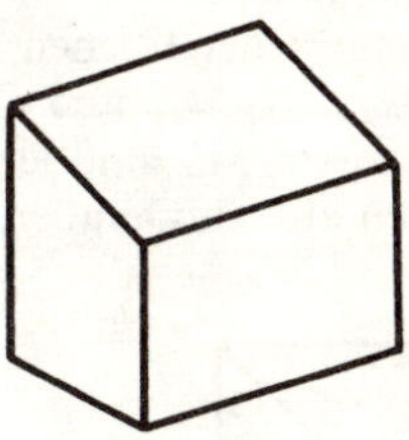
Bild 254a

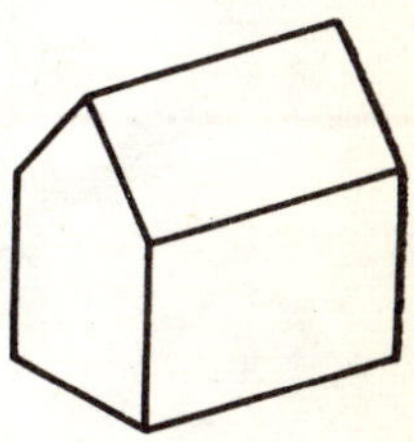
Bild 254b

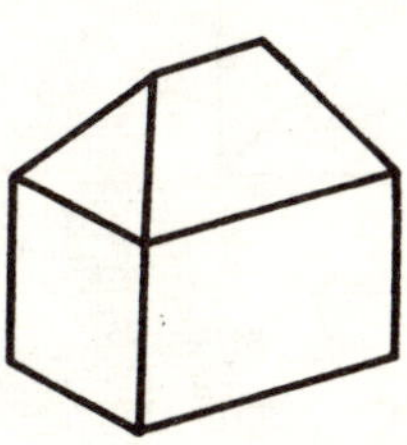
Bild 254c

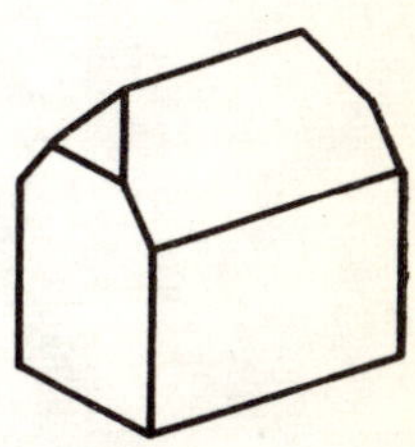
Bild 254d

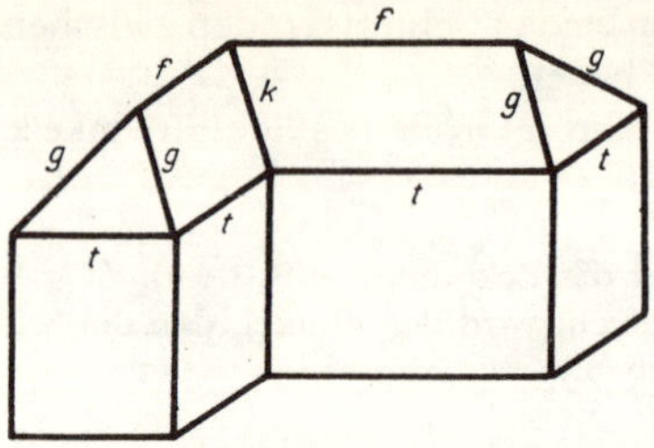

Bild 255

Zunächst werden die wichtigsten Begriffe erklärt (Bild 255). Eine **Traufe** (t) ist die untere, ein **First** (f) die obere Begrenzung einer Dachfläche. Traufe und First verlaufen meist waagerecht. Ein First ist die Schnittgerade zwischen zwei gegenüberliegenden Dachflächen. Die übrigen auftretenden Schnittgeraden zwischen Dachflächen bezeichnet man als **Grat** (g) und als **Kehle** (k). Sie gehen stets von den Schnittpunkten zweier Traufen aus. Beim Grat bilden die Traufen der zugehörigen Dachflächen eine ausspringende, bei der Kehle eine einspringende Ecke.
In den folgenden Aufgaben besitzen die Traufen im allgemeinen die gleiche Höhe. Man verschiebt dann die Bildebene parallel durch die Traufen, die nun die Spuren e der Dachebenen darstellen. Sämtliche Traufen ergeben den als bekannt vorgegebenen Grundriß des Hauses. Man unterscheidet jetzt zwei Fälle:

Alle Dachflächen haben die gleiche Neigung, oder
ihre Neigungen sind verschieden.

3.3.2. Gleiche Neigung der Dachflächen

Bild 256 zeigt den Grundriß eines Hauses mit den gleich hohen Traufen e_1 bis e_6. Bei der Überdachung des Hauses sollen alle Dachflächen die gleiche Neigung besitzen. Zu konstruieren sind die Projektionen der Schnittgeraden der Dachflächen, d. h. der Firste, Grate und Kehlen. Die Aufgabe wird unter Verwendung des Lehrsatzes in 3.2.5. gelöst. Man zeichnet in sämtlichen Eckpunkten des Grundrisses die Winkelhalbierenden, die die Projektionen der Grate und Kehlen darstellen. Sie werden mit s_{ik} bezeichnet, wenn sie aus dem Schnitt der Ebenen E_i und E_k hervorgehen. Man erhält fünf Grate s_{12}, s_{23}, s_{34}, s_{56}, s_{16} und eine Kehle s_{45}.
Die Traufen e_1, e_5 bzw. e_2, e_4 sind je paarweise parallel. Die zugehörigen Ebenen schneiden sich also in Geraden, deren Projektionen parallel zu den

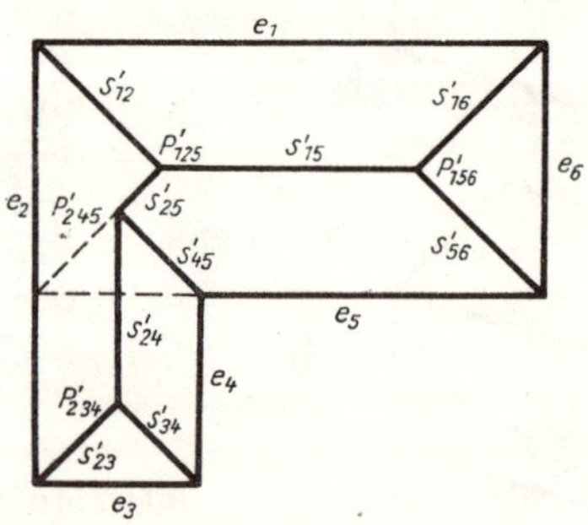

Bild 256

entsprechenden Spuren sind und deren Mittellinien darstellen. Man erhält die Projektionen der waagerechten Firste $s_{15} = E_1 \cap E_5$ und $s_{24} = E_2 \cap E_4$. Zur Kontrolle müssen sich je drei Schnittgeraden in einem Punkt schneiden, der zugleich Schnittpunkt von drei entsprechenden Dachebenen ist. Man erhält die Punkte P'_{156} und P'_{234}. Dabei ist $\{P_{156}\} = E_1 \cap E_5 \cap E_6$ und $\{P_{234}\} = E_2 \cap E_3 \cap E_4$. Die Punkte P'_{125} und P'_{245} ergeben sich zunächst nur als Schnittpunkt von je zwei Geraden. Verbindet man sie durch s'_{25}, dann ist die Aufgabe gelöst. Zur Kontrolle wird man aber die Schnittgerade $s_{25} = E_2 \cap E_5$ auch nach dem Satz aus 3.2.5. bestimmen. Man bringt die zugehörigen Spuren e_2 und e_5 zum Schnitt. Die Winkelhalbierende s'_{25} des von den Spuren eingeschlossenen Winkels muß dann durch P'_{245} und P'_{125} gehen. $\overline{P_{125}P_{245}}$ stellt einen schrägen First dar.

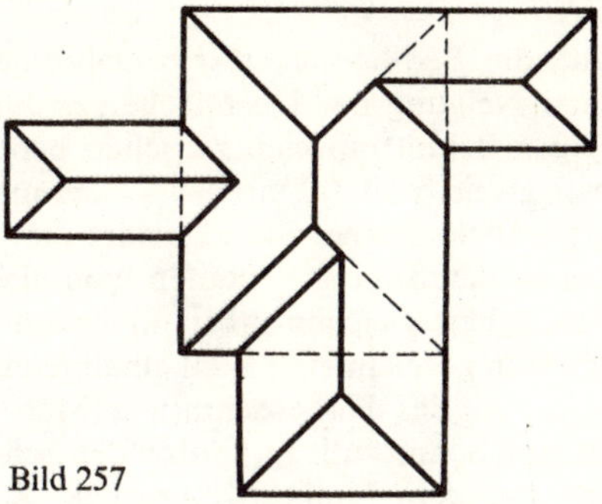

Bild 257

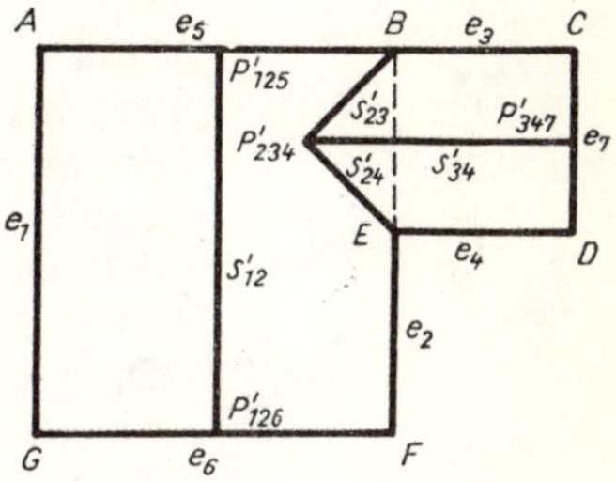

Bild 258

Bild 257 zeigt für einen anderen Grundriß das durch die gleiche Konstruktion ermittelte Dach.

Man erkennt folgende Beziehungen:

Durch den Schnitt von zwei Traufen geht auch stets ein Grat oder eine Kehle. Je drei Schnittgeraden (Firste, Grate oder Kehlen) schneiden sich in einem Punkt. Die Lösung der Aufgabe ist unabhängig von dem gemeinsamen Neigungswinkel α der Dachflächen.

Bild 258 zeigt den Grundriß eines Hauses, dessen Wände *AB*, *GF* und *CD* Giebelwände werden sollen. Die Ebenen E_5, E_6 und E_7 sind senkrecht. Als Mittellinien von e_1, e_2 bzw. e_3, e_4 ergeben sich die Projektionen der Firste s_{12} und s_{34}. Diese schneiden die Giebelwände in P_{125}, P_{126} bzw. P_{347}. s'_{24} halbiert dann den Winkel zwischen e_2 und e_4 und s'_{23} den Winkel zwischen e_3 und (der über *E* hinaus verlängerten Spur) e_2. P'_{234} folgt dann als Schnittpunkt von drei Geraden.

Bei komplizierter gestalteten Grundrissen verwendet man besser *Höhenschnitte*. Man denkt sich das Dach in bestimmter Höhe mit einer zur Bildebene parallelen Ebene geschnitten. Die Schnittgeraden sind Höhenlinien der Dachebenen, die man bei der Konstruktion des Daches verwendet. Das **Höhenschnittverfahren** soll an Bild 259 erklärt werden.

Zunächst zeichnet man wieder in sämtlichen Schnittpunkten benachbarter Traufen die Winkelhalbierenden. Dann sucht man den Schnittpunkt zweier Winkelhalbierenden heraus, der von den zugehörigen Traufen den kleinsten Abstand hat.

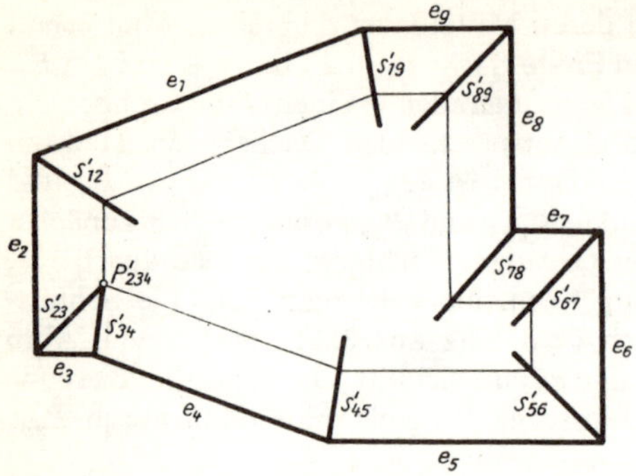

Bild 259a

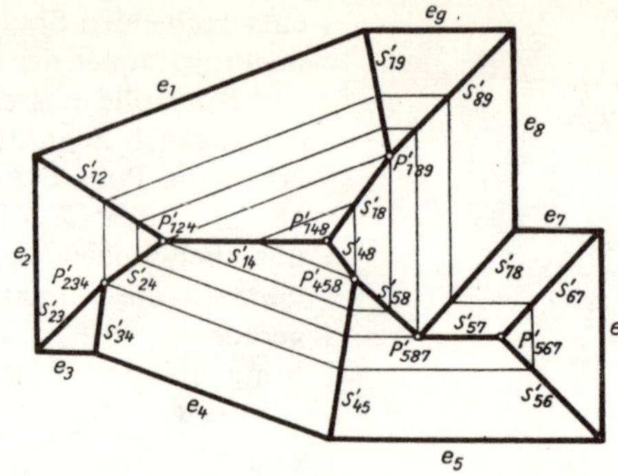

Bild 259b

Punkt P'_{234} erfüllt die Bedingung. Der zugehörige Raumpunkt P_{234} ist wegen der gleichen Neigung der Dachflächen dadurch ausgezeichnet, daß er von allen übrigen Schnittpunkten zwischen benachbarten Graten oder Kehlen die kleinste Höhe besitzt. Durch P_{234} legt man nun die *Höhenebene*, d. h. eine zu Π_1 parallele Ebene. Sie schneidet die Dachflächen in Höhenlinien, die parallel zu den Spuren verlaufen, von diesen wegen der gleichen Dachneigungen stets den gleichen Abstand haben und sich selbst untereinander auf den schon gezeichneten Winkelhalbierenden schneiden. Daraus folgt die Konstruktion des Höhenschnittes: Man zieht durch P'_{234} eine Parallele zu e_4 bis zum Schnitt mit s'_{45}, durch den Schnittpunkt eine Parallele zu e_5 bis s'_{56} usw. bis zum Punkt P'_{234} zurück. Zur Kontrolle muß sich dieses Höhenlinienpolygon schließen. Während der Grundriß neun Eckpunkte besaß, stellt der Höhenschnitt nur noch ein Achteck dar. Dieses kann man als neuen Grundriß auffassen und dieselbe Konstruktion wiederholen. Dabei ist nur die Winkelhalbierende durch P'_{234} neu zu zeichnen. Den nächsten Höhenschnitt legt man durch den Punkt P_{567}. Die Höhenlinien durch P'_{567} parallel zu e_5 und e_7 fallen aber zusammen und ergeben den First s_{57} (Bild 259b). Erst von P'_{587} ab teilen sie sich. Der zweite Höhenschnitt ergibt jetzt nur ein Sechseck. Die Konstruktion führt man so lange weiter, bis die Höhenlinien ein Dreieck bilden, dessen Winkelhalbierenden einander schließlich im Punkt P'_{148} schneiden.

Anmerkung

Da die vorliegende Aufgabe auch selbständiges Interesse für die darstellende Geometrie besitzt, wurden bei der Wahl des Grundrisses bauliche Fragen außer acht gelassen.

Für den in Bild 260a verwandten Grundriß zerfällt der durch P_{567} gelegte Höhenschnitt jetzt in zwei getrennte Figuren, ein Viereck und ein Dreieck, für die sich aber die Dächer leicht konstruieren lassen (Bild 260b).
In beiden vorangegangenen Beispielen wird durch das Höhenschnittverfahren das Problem der Dachausmittelung schrittweise auf einfachere Fälle zurückgeführt.
Für den Grundriß in Bild 261a liefert der Höhenschnitt durch die Punkte P_{234} und P_{567} (beide besitzen die gleiche Höhe) ein verschränktes Fünfeck. Verschiebt man die Ebene des Höhenschnittes parallel nach unten, dann wird das $\triangle\, A'B'C'$ immer kleiner, und es tritt schließlich der Fall ein, daß

das Dreieck verschwindet. Der Höhenschnitt zerfällt dann in zwei getrennte Vierecke, die einen Punkt gemeinsam haben (Bild 261 b).
Um diesen Punkt und damit den Höhenschnitt zu finden, überlege man folgendes: Die Seiten des Dreiecks $A'B'C'$ sind Höhenlinien von Ebenen, die nach dem Innern des Dreiecks unter dem gleichen Winkel fallen. Die Projektion ihres gemeinsamen Schnittpunktes ist nach dem Satz aus 3.2.5. der Inkreismittelpunkt des Dreiecks. Durch ihn legt man den Höhenschnitt.

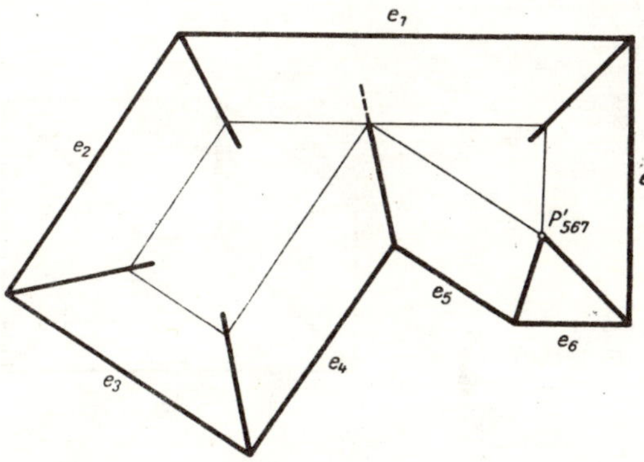

Bild 260 a

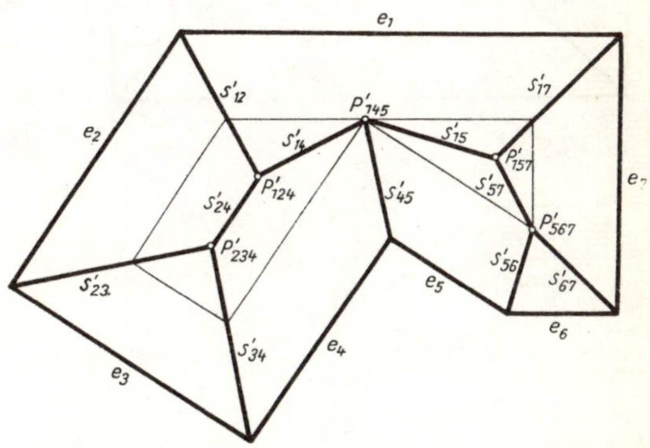

Bild 260 b

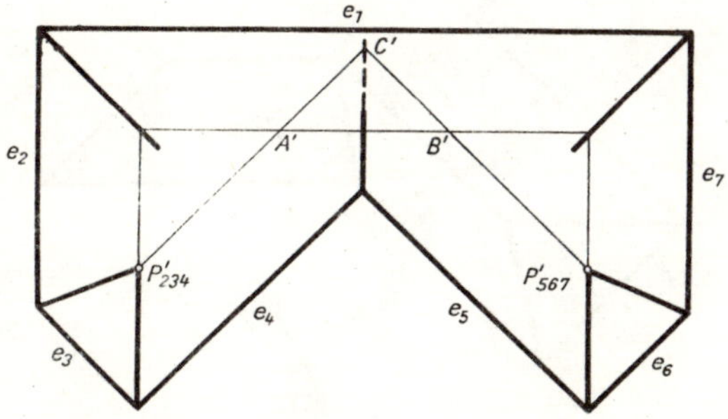

Bild 261 a

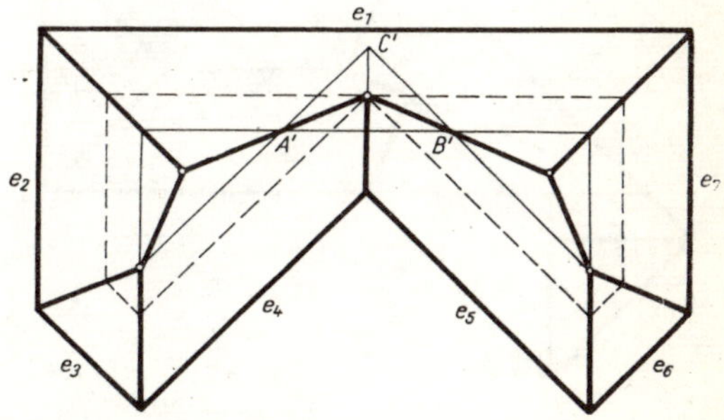

Bild 261 b

3.3.3. Verschiedene Neigungen der Dachflächen

Es sei der in Bild 262 dargestellte Grundriß eines Hauses gegeben. Die Dachebenen E_1, E_2 und E_3 sollen den Neigungswinkel α_1, E_4 und E_5 den Neigungswinkel α_2 besitzen. Zur Bestimmung der Schnittgeraden der Dachflächen verwendet man jetzt einen beliebigen Höhenschnitt in der Höhe h. Aus den Stützdreiecken entnimmt man für die Winkel α_1 und α_2 die Intervalle i_1 und i_2. Mit i_1 konstruiert man parallel zu e_1, e_2, e_3 und mit i_2 parallel zu e_4, e_5 die Höhenlinien der Dachebenen. Durch den Schnittpunkt zweier benachbarter Höhenlinien und den Schnittpunkt der zugehörigen Traufen gehen die gesuchten Schnittgeraden der benachbarten Dachflächen. Winkelhalbierende sind jetzt nur s'_{12}, s'_{23} und s'_{45}. Der

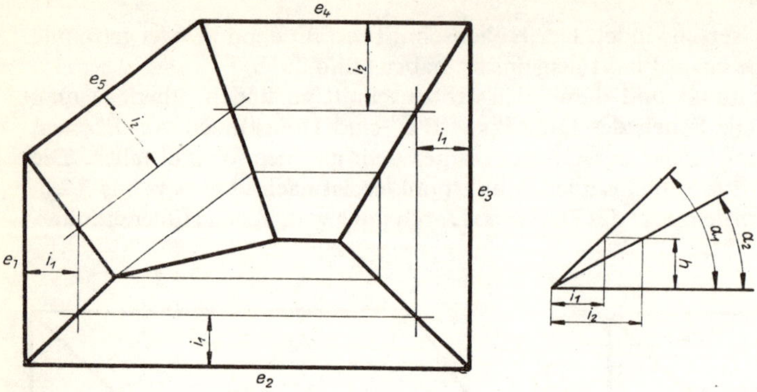

Bild 262

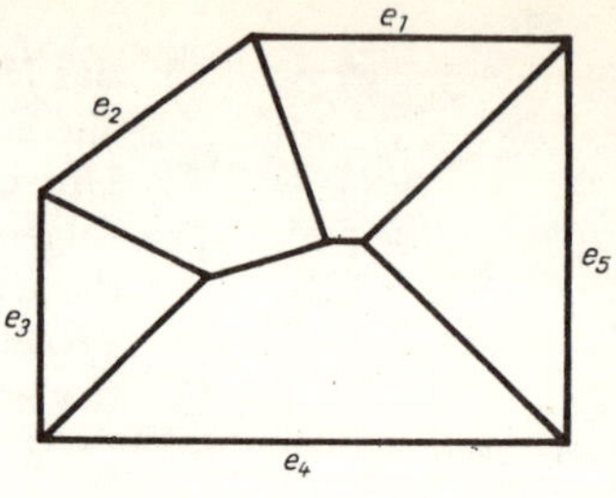

Bild 263

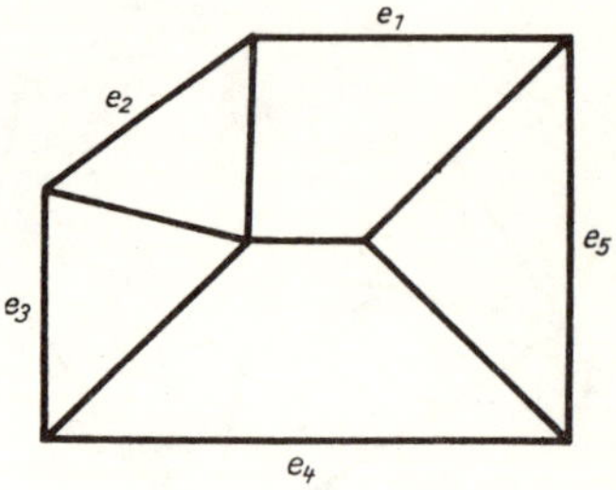

Bild 264

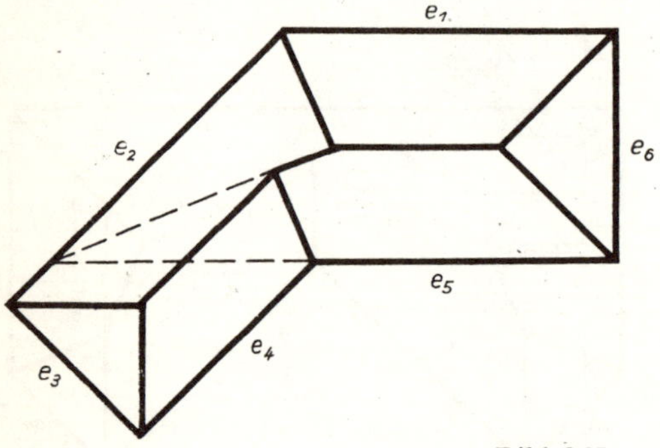

Bild 265a

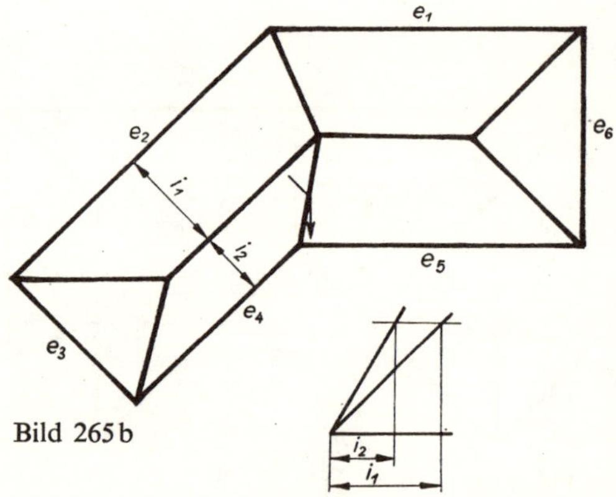

Bild 265b

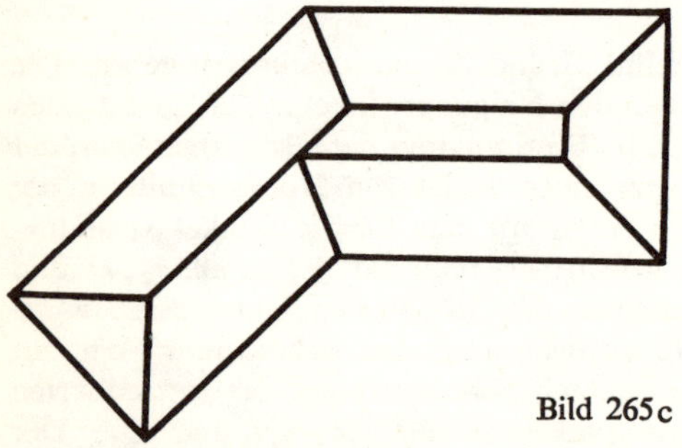

Bild 265c

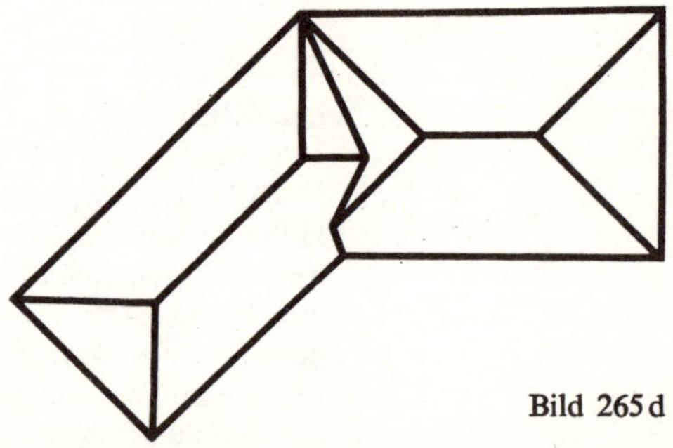

Bild 265d

niedrigste Schnittpunkt zweier Grate ist P_{125}. Der durch ihn gelegte Höhenschnitt ergibt nur noch ein Viereck. Nun kann man unter Verwendung einer neuen Höhendifferenz h' und der zugehörigen Intervalle i'_1 und i'_2 das Verfahren wiederholen. Bei unserem Beispiel erhält man das Dach aber auch schon aus den vorliegenden Schnittgeraden.
Dachkonstruktionen mit ungleichen Neigungen der Dachflächen wendet man z. B. dort an, wo für gleiche Neigungswinkel häßliche Dachformen auftreten würden. Bild 263 zeigt eine Dachausmittelung für gleiche Neigungen. Der geknickte First gibt ein unschönes Bild. Vergrößert man den Neigungswinkel der Ebene E_2 derart, daß sich s_{12}, s_{23} und s_{34} in einem Punkt schneiden, dann reduziert sich der First auf eine waagerechte Strecke (Bild 264).
Die Bilder 265a bis d zeigen verschiedene Möglichkeiten der Dachkonstruktionen für ein und denselben Grundriß. In Bild 265a besitzen alle Dachflächen die gleiche Neigung. Der First setzt sich aus zwei waagerechten und einer geneigten Strecke zusammen. Durch Vergrößerung der Neigung von E_4 und Verkleinerung der Neigung von E_2 ergibt sich ein nur aus zwei waagerechten Strecken zusammengesetzter First (Bild 265b). Diese Konstruktion hat jedoch den Nachteil, daß das von E_4 in Richtung der Fallinie herabfließende Regenwasser auf die Dachfläche E_5 laufen würde (siehe Pfeil), was nach Möglichkeit vermieden werden soll. In Bild 265c besitzen die Dachflächen gleiche Neigung, jedoch ist hier zur Beseitigung des schrägen Firstes eine waagerechte Plattform eingeschaltet. Schließlich zeigt Bild 265d eine Lösung aus zwei zusammengesetzten Dächern. Man denkt sich den Grundriß in zwei Rechtecke zerlegt und konstruiert für jedes das Dach mit gleich geneigten Dachflächen. Schließlich bringt man entsprechende Dachflächen zum Schnitt. Bei dieser Lösung gehen im Gegensatz zu dem früher Gesagten von dem Schnittpunkt der Traufen e_1 und e_2 mehr als eine Schnittgerade, nämlich zwei Grate und eine Kehle, aus.

3.4. Böschungen

3.4.1. Streichwinkel

Bei den folgenden Aufgaben wird häufig ein Gelände vereinfacht durch Ebenen dargestellt. Zur Festlegung der Geländeebenen könnte man drei Punkte, zwei sich schneidende oder zwei parallele Geraden angeben. Praktischer ist die Bestimmung durch einen Punkt und zwei Winkel. Der eine dieser Winkel sei der Neigungs- oder Böschungswinkel, den man auch **Fallwinkel** nennt. Sind nun von einer Ebene E ein Punkt durch Projektion und Kote sowie der Fallwinkel bekannt, dann genügt zur eindeutigen Bestimmung von E noch die Angabe des waagerecht gemessenen Winkels zwischen einer festen Richtung (meist der Nordrichtung) und der Projektion einer Höhenlinie. Eine Höhenlinie hat aber zwei Richtungen. Unter der **Streichrichtung**[1]) versteht man diejenige Richtung der Höhenlinien, von der aus man rechtsläufig um 90° drehen muß, um die Anstiegsrichtung der Ebene zu erhalten (Bild 266). Der rechtsläufig gemessene Winkel γ zwischen

[1]) Höhenlinien heißen im Bergbau auch Streichlinien

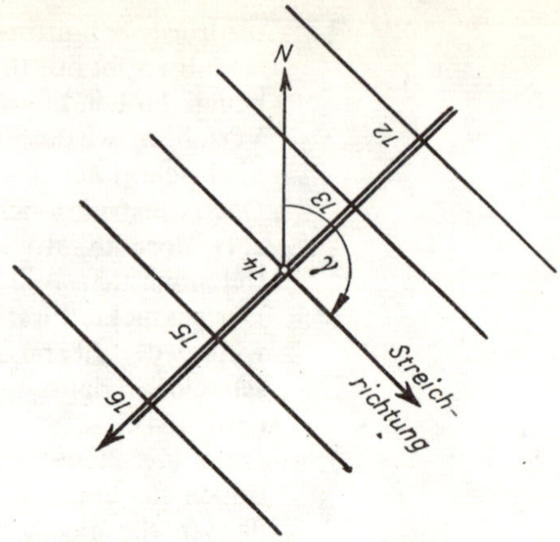

Bild 266

der Nordrichtung und der Streichrichtung heißt **Streichwinkel** oder das Streichen der Ebene.

Anmerkung

Die Markscheider und Geologen halten z. B. durch Messung von Streich- und Fallwinkel die Lage von Gebirgsschichten, die innerhalb gewisser Ausdehnungen als eben angesehen werden können, in der Karte fest. Der Streichwinkel wird mit dem Kompaß, der Fallwinkel mit einem Neigungsmesser bestimmt.

BEISPIEL 14

In dem Punkt P mit der Höhe $h = 23{,}3$ m wurden das Streichen $\gamma = 310°$ und das Fallen $\alpha = 35°$ einer Ebene gemessen. Man konstruiere die Höhenlinien der Ebene mit dem Höhenunterschied $\Delta h = 1$ (z. B. cm als Maßeinheit). (Die Nordrichtung soll auf der Zeichenebene stets nach oben zeigen.)

Lösung (Bild 267)

Von der in P angetragenen Nordrichtung setzt man γ ab und erhält die Streichrichtung. Eine weitere rechtsläufige Drehung um 90° ergibt die Anstiegsrichtung, d. h. die Projektion einer Fallinie der Ebene. Mit Hilfe des gegebenen Fallwinkels α wird das Stützdreieck konstruiert und i sowie $0{,}3\,i$ bzw. $0{,}7\,i$ ermittelt. Damit läßt sich die Fallinie graduieren.

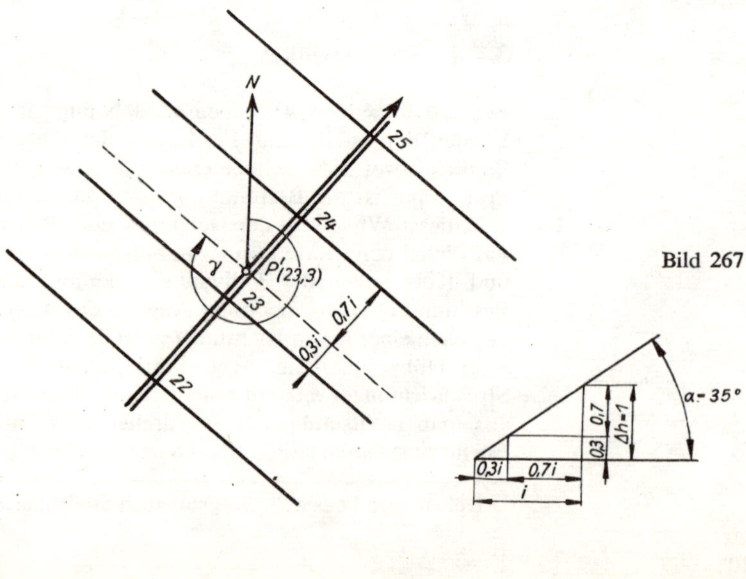

Bild 267

3.4.2. Natürlicher Böschungswinkel

Werden auf einer waagerechten Geländeebene lose Erdmassen aufgeschüttet, dann bilden die entstehenden Böschungsflächen nach genügend hoher Aufschüttung mit der Geländeebene einen maximalen Winkel α, der nicht überschritten werden kann. Schüttet man nämlich noch weiter Erde auf, dann findet sie auf der schrägen Böschungsfläche keinen Halt mehr und rutscht ab. α ist also der Winkel, bei dem die aufgeschüttete Erdmasse gerade noch im Gleichgewicht ist. Dieser Grenzwinkel heißt der **natürliche Böschungswinkel**.

Auch beim Abtrag von Erdmassen darf ein bestimmter Neigungswinkel nicht überschritten werden (Dammrutsch). Der natürliche Böschungswinkel ist abhängig von der Bodenart. Außerdem ist er für ein und dieselbe Bodenart beim Abtrag größer als beim Auftrag, da im ersten Fall die Böschung aus festem, sog. gewachsenem Boden hergestellt werden kann.

Tafel:

Bodenart	Abtragsböschung $1:i$	Auftragsböschung $1:i$
feiner Sand	1 : 1,8	1 : 2,0
grober Sand	1 : 1,6	1 : 1,8
Kies	1 : 1,5	1 : 1,6
Geröll	1 : 1,5 bis 1,2	1 : 1,5

Bei den folgenden Aufgaben wird vereinfachend für den Auftrag das Verhältnis 1 : 1,5 und für den Abtrag das Verhältnis 1 : 1 angenommen. Diese Aufgaben stellen einfache Arbeiten aus dem Erdbau dar. Zur Erleichterung der Konstruktion werden die Geländeflächen als Ebenen angenommen bzw. setzen sich aus solchen zusammen. Es sei noch bemerkt, daß die in 3.3.2. behandelte Dachausmittelung für gleiche Neigung der Dachflächen nun auch eine zweite Deutung zuläßt. Man betrachtet den gegebenen Hausgrundriß als Umriß eines Grundstücks. Auf dieses soll eine Halde (aus gleicher Bodenart) bei maximaler Ausnutzung des Grundstücks aufgeschüttet werden. Dann bilden die Seitenflächen der Halde mit der waagerechten Geländeebene den natürlichen Böschungswinkel α. Die in 3.3.2. konstruierten Dächer können also auch als Halden angesehen werden.

Anmerkung

Es erhöht die Übersicht, wenn in den folgenden Aufgaben die Böschungsflächen für Auf- und Abtragsböschung durch Farben unterschiedlich gekennzeichnet werden.

BEISPIEL 15

In einem Punkt P mit der Höhe 83 m wurden für eine Geländeebene der Streichwinkel $\gamma = 140°$ und die Neigung 1 : 4 bestimmt. Nach Bild 268 ist ein waagerechter rechteckiger Platz von der Höhe 80 m anzulegen, dessen einer Eckpunkt in der Projektion mit P' zusammenfällt. Man konstruiere im Maßstab 1 : 200 die entstehenden Auf- und Abtragsböschungen und zeichne die Höhenlinien von Meter zu Meter.

Lösung (Bild 269)

Nach Beispiel 14 konstruiert man die Höhenlinien des Geländes. Die Schnittpunkte A und B zwischen der Höhenlinie $h = 80$ m und den Platzseiten geben die Grenzen zwischen Auf- und Abtrag an, denn der Teil $ANOB$ des Platzes liegt über dem Gelände, der Teil $ABPM$ darunter. Die Platzseiten selbst sind bereits

Bild 268

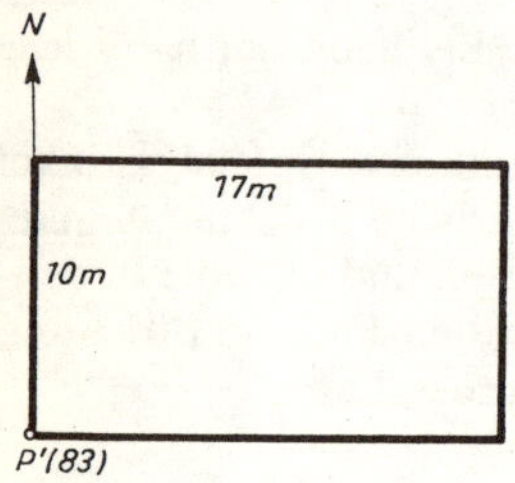

Bild 269

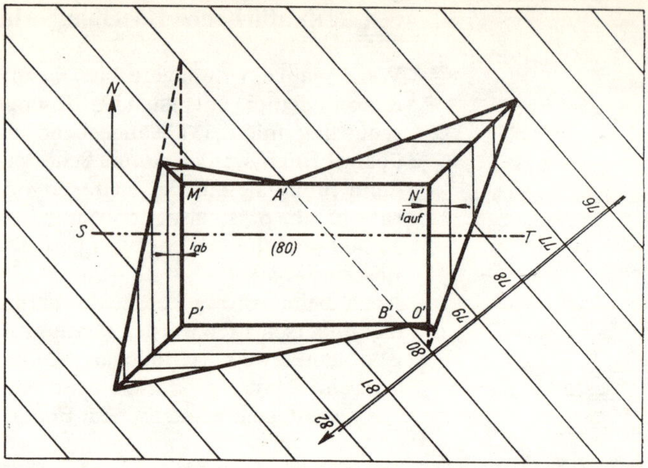

Höhenlinien der zu konstruierenden Böschungen, und zwar stellen $\overline{AN}$, $\overline{NO}$ und $\overline{OB}$ die Oberkante der Auftragsböschungen und $\overline{BP}$, $\overline{PM}$ und $\overline{MA}$ die Unterkante der Abtragsböschungen dar. Die übrigen Höhenlinien der Böschungsflächen müssen parallel zu den entsprechenden Kanten sein.
Der waagerechte Abstand zweier Höhenlinien ergibt sich für das Auftragsverhältnis

$1 : i_{auf} = 1 : 1{,}5$, den Höhenunterschied 1 m und den Maßstab 1 : 200 aus

$1 : i_{auf} = 1 : 1{,}5 = 5\text{ mm} : 7{,}5\text{ mm}$

mit $i_{auf} \cdot 5\text{ mm} = 7{,}5\text{ mm}$. Mit diesem Abstand zeichnet man parallel zu $\overline{A'N'}$, $\overline{N'O'}$ und $\overline{O'B'}$ die Höhenlinien der Böschungsflächen, die in der Reihenfolge 80, 79, 78 usw. abwärts beziffert werden. Entsprechend werden die Höhenlinien für die Abtragsböschung mit dem Intervall $i_{ab} = 5$ mm konstruiert und in der Reihenfolge 80, 81, 82 usw. aufwärts beziffert. Nun bringt man die einzelnen Böschungsflächen mit dem Gelände und untereinander zum Schnitt. Als Zeichenkontrolle dient der Satz aus 3.2.5. für die von M', N', O', P' ausgehenden Kanten. Außerdem müssen sich je drei Ebenen und damit auch die zugehörigen Kanten stets in einem Punkt schneiden. Eine dritte Zeichenkontrolle, die sich der Leser selbst klarmachen möge, geben die gestrichelten Linien an.
Um ein anschauliches Bild des Platzes zu gewinnen, wollen wir noch einen *Vertikalschnitt*, etwa entlang der Geraden ST, betrachten. Man schneidet den konstruierten Erdkörper mit einer durch ST gehenden Vertikalebene. Diese klappt man um ihre Spur in die Bildebene. Bild 270 zeigt den Vertikalschnitt, der mit Rücksicht auf die Übersichtlichkeit herausgezeichnet wurde. Auf eine Gerade wurden die Schnittpunkte zwischen ST und den Höhenlinien bzw. Böschungskanten übertragen und auf den Senkrechten in diesen Punkten die (um 75 verkürzten) Höhen abgesetzt.

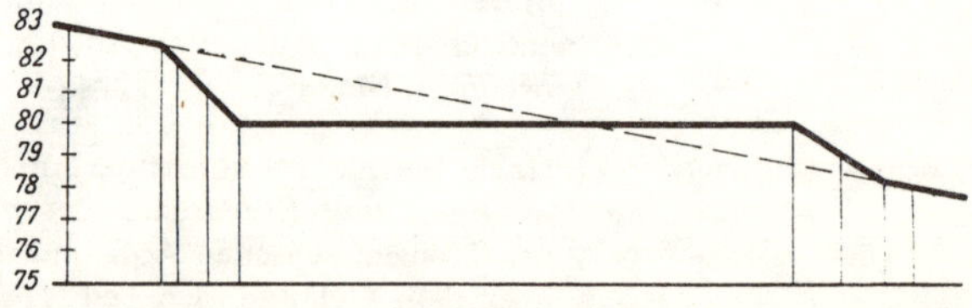

Bild 270

BEISPIEL 16

Im Punkt P_1 wurde eine Geländeebene E_1 durch $\alpha_1 = 20°$ und $\gamma_1 = 255°$ und im Punkt P_2 eine Geländeebene E_2 durch $\alpha_2 = 22°30'$ und $\gamma_2 = 340°$ bestimmt (Bild 271). P_1 und P_2 liegen in der Achse einer neu anzulegenden 10 m breiten Straße.
Man stelle im Maßstab 1 : 500 das Gelände sowie die Straßenböschungen durch Höhenlinien von 2 zu 2 m dar.

Lösung (Bild 272)

Die Konstruktion verläuft wie bei der vorigen Aufgabe. Jedoch bringt man zweckmäßig vor dem Zeichnen der Böschungen die beiden Geländeebenen miteinander zum Schnitt. Die Punkte A, B, C, D ergeben wieder die Grenze von Auf- und Abtrag. Zur Kontrolle müssen sich die Kanten AE und EC bzw. BF und FD je in einem Punkt E bzw. F der Schnittgeraden beider Geländeebenen schneiden. (Drei Ebenen schneiden sich in einem Punkt!)

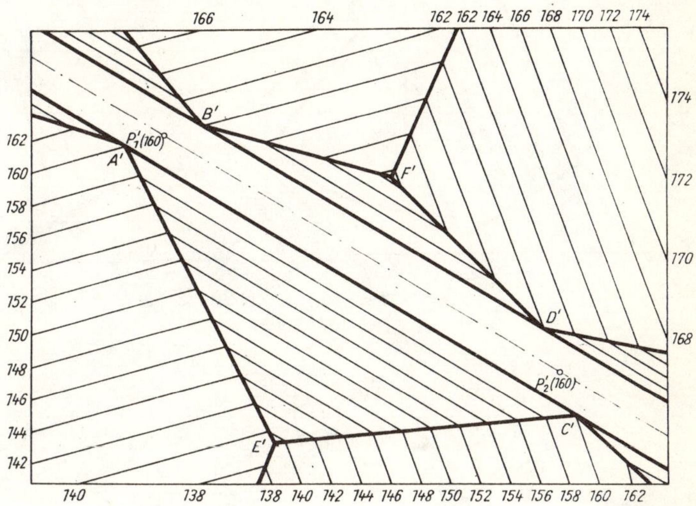

Bild 272

Bild 271

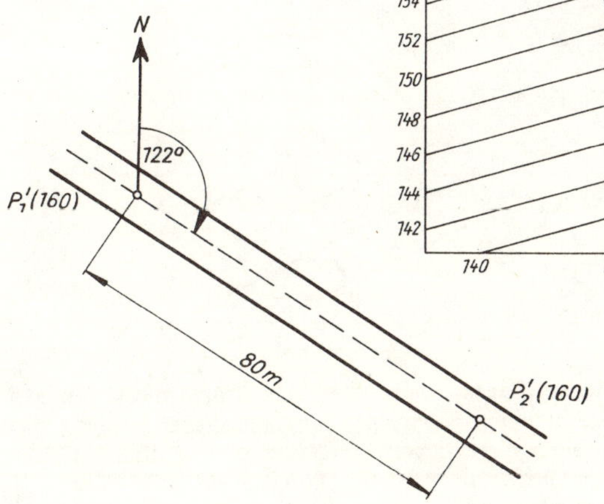

3.4.3. Böschungskegel

Der Böschungskegel ist ein wichtiger Begriff der Eintafelprojektion und wird bei der Lösung vieler Böschungsaufgaben benötigt. Er ergibt sich aus dem folgenden

BEISPIEL 17

Ein Punkt A ist durch Projektion und Höhe h_A gegeben. Durch A ist eine Ebene zu legen, die mit dem Grundriß einen ebenfalls gegebenen Neigungswinkel α bildet. Gesucht wird die Spur dieser Ebene.

Lösung

Die Aufgabe ist nicht eindeutig lösbar. Zwar kann man aus h_A und α das Stützdreieck der Ebene eindeutig konstruieren, jedoch bleibt dessen Lage unbestimmt.

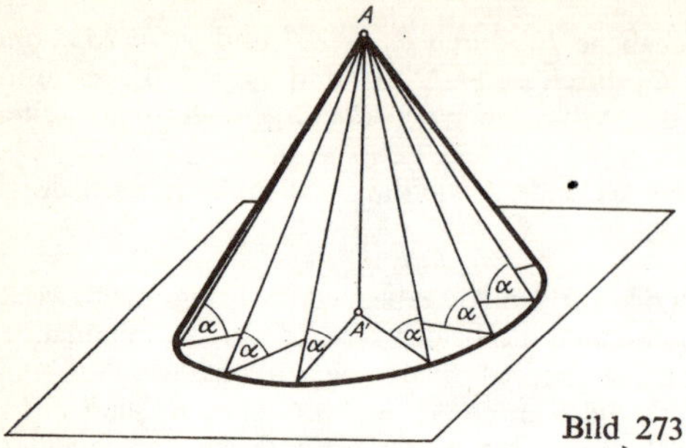

Bild 273

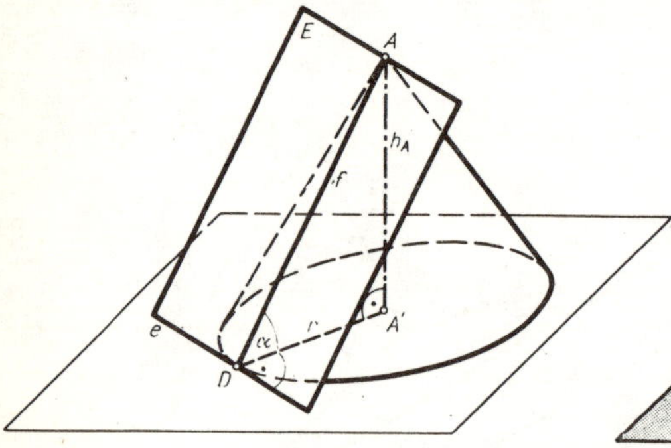

Bild 274a

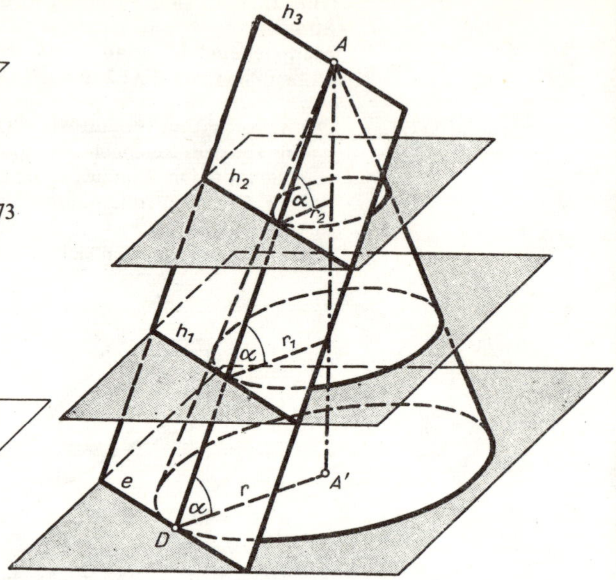

Bild 275a

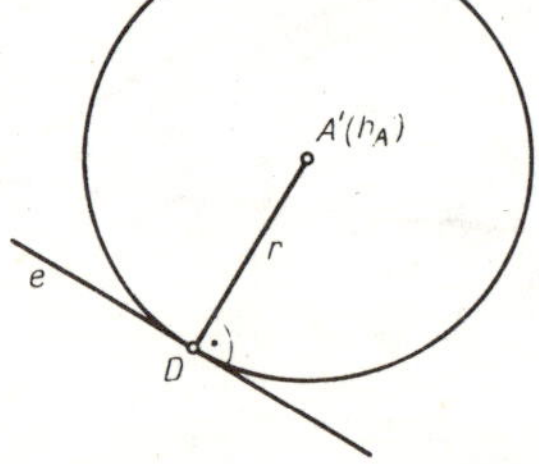

Bild 274b

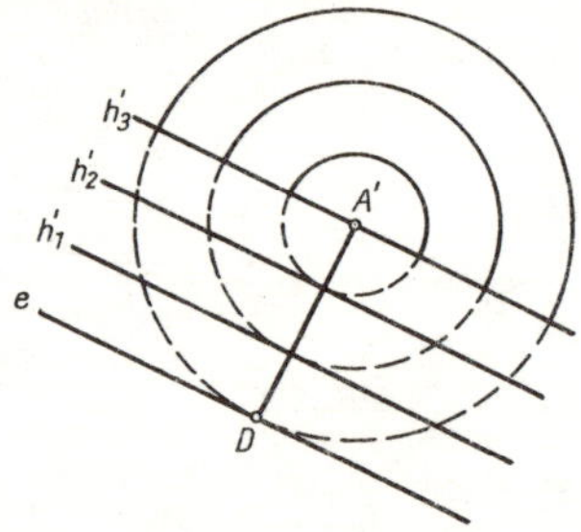

Bild 275b

Man erhält alle diese möglichen Lagen, wenn man das Stützdreieck um AA' rotieren läßt. Es beschreibt dann einen Kegel, der **Böschungskegel** genannt wird (Bild 273). Betrachtet man zu einer dieser Lagen des Stützdreiecks die zugehörige Ebene, so ist diese Tangentialebene an den Böschungskegel (Bild 274a). Sie berührt den Kegel längs einer Mantellinie, die zugleich Fallinie der Ebene ist. Alle Ebenen, welche die gestellte Aufgabe lösen, hüllen also den Böschungskegel als Tangentialebenen ein. In der Projektion erscheint der Böschungskegel als ein Kreis um A' mit dem Radius $r = h_A : \tan\alpha = h_A i$. Dieser Kreis heißt *Böschungskreis*. Der Radius wird dem Stützdreieck entnommen. Die Spur e einer beliebigen Ebene durch A mit dem Neigungswinkel α ist schließlich Tangente an den Böschungskreis (Bild 274b). Sollen noch die Höhenlinien der Ebene gezeichnet werden, so ist lediglich die Fallinie zu graduieren.

Für spätere Anwendungen ist auch die folgende Betrachtung wichtig: Schneidet man den Kegel durch Höhenebenen, dann stellen die sich ergebenden Schnittkreise Höhenlinien des Kegels dar. Sie heißen *Höhenkreise*. Die Radien dieser Kreise ergeben sich wieder aus dem Stützdreieck für den zum Höhenschnitt h_i gehörenden Höhenunterschied $\Delta h_i = h_A - h_i$.

Die Höhenlinien einer beliebigen an den Kegel gelegten Tangentialebene sind Tangenten an die zur gleichen Höhe gehörenden Höhenkreise (Bild 275a, b).

Das Beispiel wird nun wie folgt verallgemeinert:

BEISPIEL 18

Durch eine gegebene Gerade g ist eine Ebene zu legen, die mit dem Grundriß einen gegebenen Neigungswinkel α bildet.

Lösung

Zu zwei beliebigen Punkten A und B der Geraden betrachtet man die Böschungskegel (Bild 276a). Die Aufgabe wird durch zwei Ebenen gelöst, die beide Kegel berühren und sich in g schneiden. Ihre Spuren sind die gemeinsamen Tangenten an beide Böschungskreise. Praktisch hat man mit α und den Höhen h_A und h_B die Stützdreiecke zu konstruieren, mit den dort entnommenen Radien r_A und r_B um A' bzw. B' Kreise zu ziehen und an diese die gemeinsamen Tangenten anzulegen (Bild 276b). Die Berührungsradien sind Projektionen von Fallinien, deren

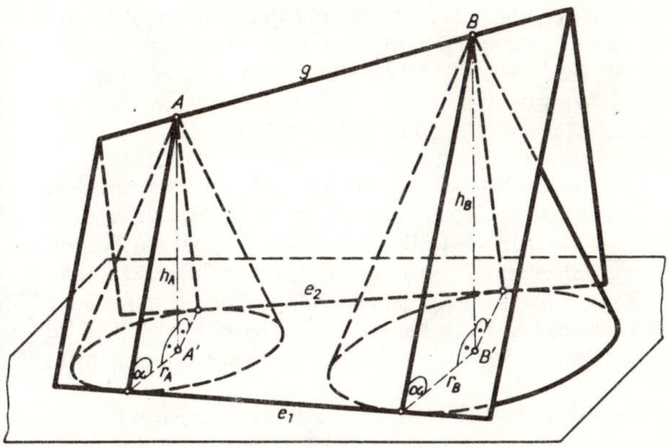

Bild 276a

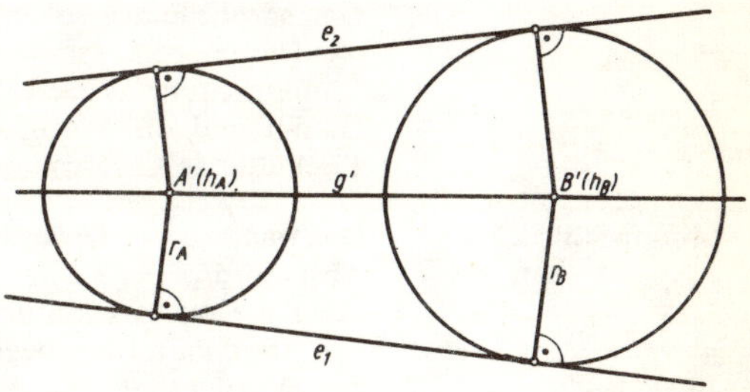

Bild 276b

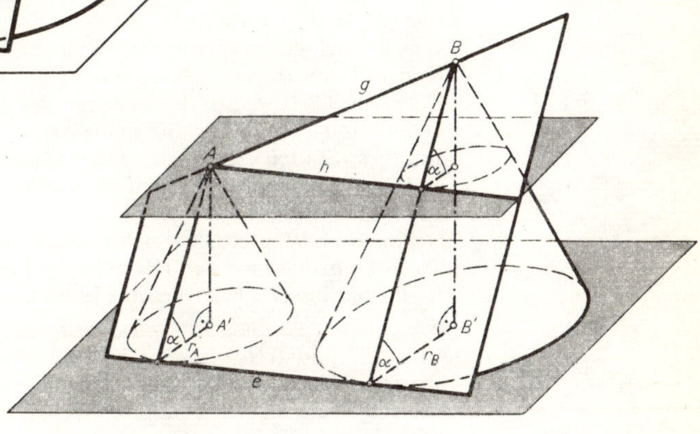

Bild 277a

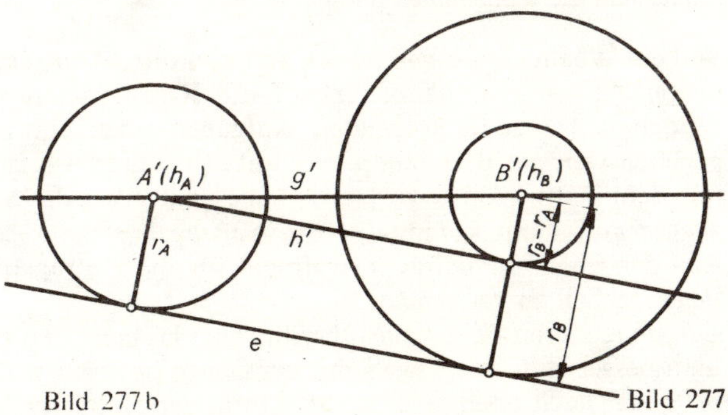

Bild 277b

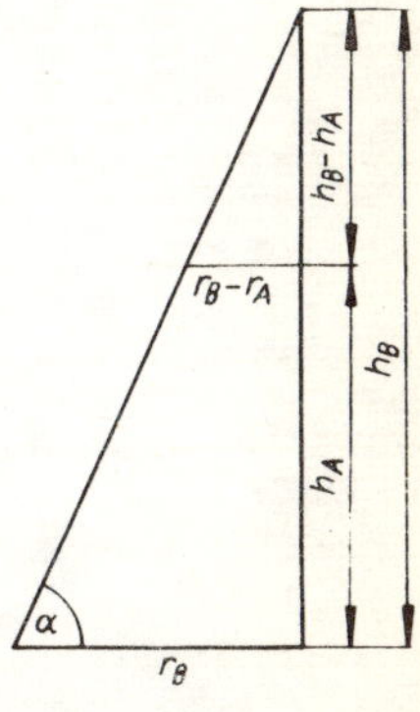

Bild 277c

Graduierungen Höhenlinien der Ebene ergeben. Treten größere Höhen auf, dann sind die Spuren meist unerreichbar, und man konstruiert nur Höhenlinien der gesuchten Ebenen. Hierzu denkt man sich durch den niedrigeren der beiden Punkte einen Höhenschnitt gelegt. Er schneidet den zu B gehörenden Böschungskegel in einem Höhenkreis. Dessen Radius ist gleich der Differenz $r_B - r_A$. Die Tangente von A an den Höhenkreis ist eine Höhenlinie h der gesuchten Ebene (Bild 277a, b und c).

Mit Hilfe des Böschungskegels lassen sich jetzt auch für Straßen oder Wege, die gegen den Grundriß geneigt sind, die Böschungen konstruieren.

BEISPIEL 19

Auf einer waagerechten Geländeebene ist ein waagerecht und gerade verlaufender Damm von 5 m Höhe und 6 m oberer Breite aufgeschüttet worden. Von der Geländeebene aus sollen zwei Wege von 3,5 m Breite und der Neigung 1 : 6 auf die Dammkrone geführt werden. Die Wege bilden in der Projektion mit der Dammrichtung Winkel von 90° bzw. 34°. Die Böschungsflächen besitzen für den Damm und die Wege das Neigungsverhältnis 2 : 3. Man konstruiere das aufzuschüttende Erdwerk (etwa im Maßstab 1 : 250 oder 1 : 300).

Lösung (Bild 278)

Die waagerechte Geländeebene sei Bildebene. Parallel zur Dammkrone mit dem Abstand $5i_1\,\text{m} = 7{,}5$ m im gewählten Maßstab zeichnet man den Böschungsfuß. Für die Konstruktion der Wege gilt zunächst allgemein: Ein Weg ist ein ebener, von zwei Parallelen begrenzter Streifen. Seine Höhenlinien verlaufen senkrecht zur Wegrichtung, da der Weg sonst seitlich geneigt wäre. Die begrenzenden Parallelen sind Fallinien des Weges. Aus der Neigung $1 : i_2 = 1 : 6$ und dem zu überwindenden Höhenunterschied von 5 m ergibt sich für die Wege in der Projektion eine Länge von $5i_2\,\text{m} = 30$ m.
Wir betrachten zunächst den Weg $ABCD$ senkrecht zur Dammrichtung. Die Konstruktion seiner Böschungen erfolgt nach Beispiel 18, indem man durch die Geraden AB bzw. DC Ebenen mit der Neigung 2 : 3 legt. Man schlägt um B' und C' mit $r = 5i_1$ die Böschungskreise und legt von A bzw. D die Tangenten an. Diese Spuren der Böschungsebenen schneiden den Böschungsfuß des Dammes in E und F. CF und BE sind die Schnittgeraden zwischen den Böschungen von Damm und Weg.
Den zweiten Weg $GHIK$ legt man zweckmäßig so, daß der eine obere Punkt I auf der Begrenzungslinie der Dammkrone liegt. Die Seite $G'H'$ verlängert man über H' hinaus bis N'. Man beachte aber, daß der Weg bei H bereits die Höhe 5 m erreicht hat, so daß $\overline{HN}$ waagerecht liegt. Die Böschungsflächen für die Wegseiten KI und GH werden wie beim ersten Weg konstruiert. Die Spur der zur Strecke HN gehörenden Böschungsfläche wird wie bei der Dammböschung konstruiert. Die einzelnen Böschungsflächen schneiden sich schließlich in den Geraden $I'O'$, $H'L'$ und $M'N'$. Durch Graduierung der Wegseiten oder Schnittgeraden erhält man die Höhenlinien und damit ein anschauliches Bild des Erdwerks.

Soll ein Weg nicht aufgeschüttet, sondern durch Abtrag, d. h. im Einschnitt hergestellt werden, dann verläuft die Konstruktion prinzipiell genauso. Jedoch soll für die folgenden Aufgaben noch ein praktischer Hinweis gegeben werden. Betrachten wir Bild 279a. Durch g ist wieder eine Ebene mit dem Fallwinkel α zu legen. Faßt man g als die Seite eines geneigten Weges auf, dann kommt für die Auftragsböschung der unter g liegende Teil der Ebene in Betracht, während für die Abtragsböschung der über g liegende Teil zu verwenden ist.
Um im letzteren Falle keine überflüssigen Höhenlinien zu ziehen, verwendet man besser statt des Kegels mit der Spitze in A einen Kegel mit der Spitze in D, der nach oben geöffnet ist. Ein in der Höhe von A geführter Höhen-

Bild 278

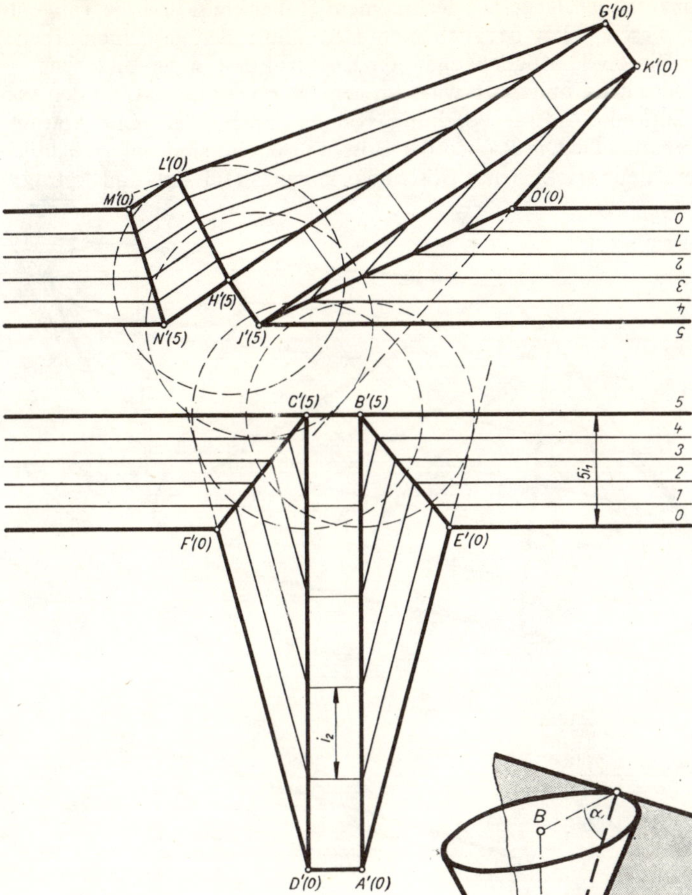

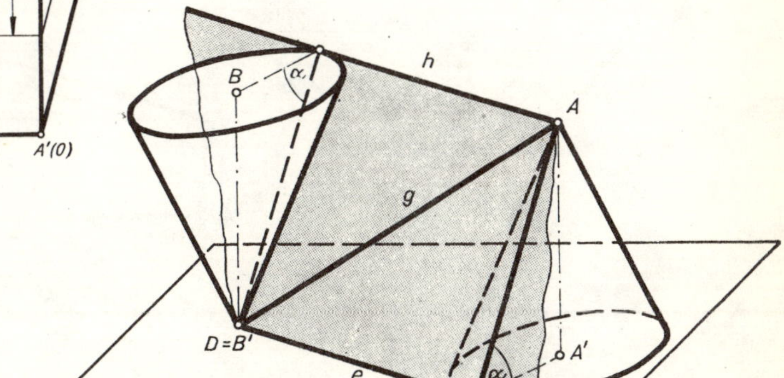

Bild 279a

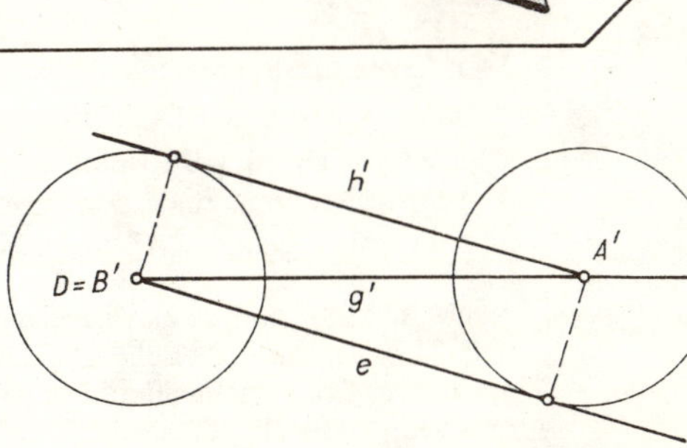

Bild 279b

schnitt schneidet den Kegel wieder in einem Höhenkreis, und die Tangente von A an diesen Kreis ist auch eine Höhenlinie der gesuchten Ebene. Bild 279b zeigt beide Möglichkeiten der Konstruktion in der Bildebene.

In den Bildern 280a und 280b wird ein geneigter Weg gezeigt, an den von der einen Seite eine Auftragsböschung, von der anderen Seite eine Abtragsböschung anschließt. Die Radien der Böschungskreise sind unterschiedlich entsprechend den verschiedenen Böschungsneigungen für Auf- und Abtrag.

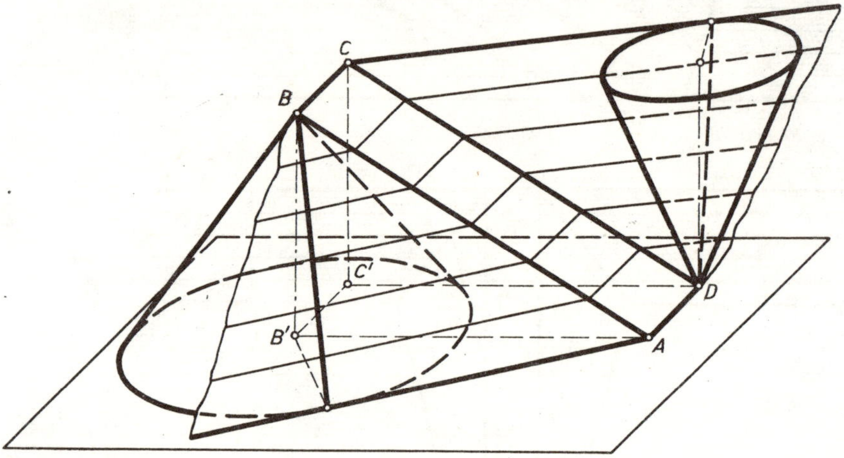

Bild 280a

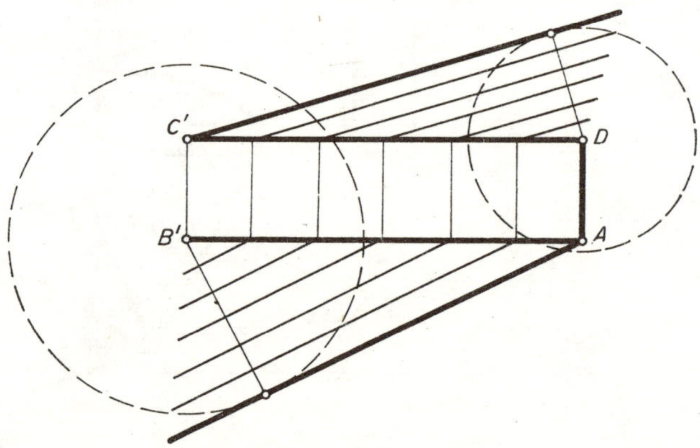

Bild 280b

Der Leser merke sich:

> Beim Auftrag wird der Böschungskreis um den höher gelegenen Punkt gezeichnet und vom tiefer gelegenen Punkt die Tangente angelegt. Beim Abtrag zeichnet man den Kreis um den tiefer gelegenen Punkt und legt vom höher gelegenen Punkt die Tangente an.

BEISPIEL 20

Nach Bild 281 sind zwei waagerechte Ebenen E_1 und E_2 mit den Höhen 82 m und 74 m gegeben. Zwischen beiden Ebenen liegt eine Hangebene E_3, die E_1 in g_1 und E_2 in g_2 schneidet. Ein Weg führt von E_2 nach E_1. Man konstruiere (etwa im Maßstab 1 : 200) die Wegböschungen.

Bild 281

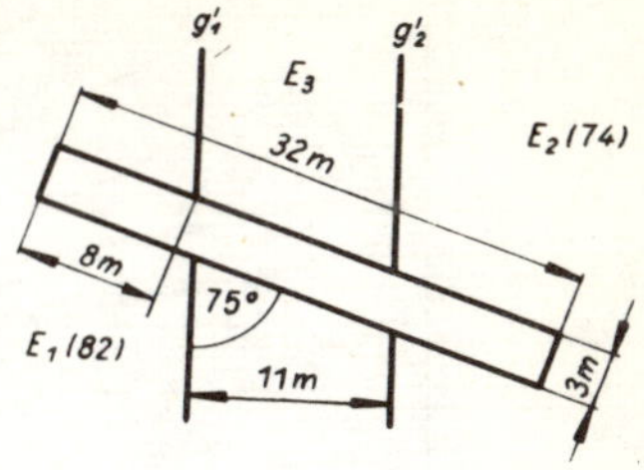

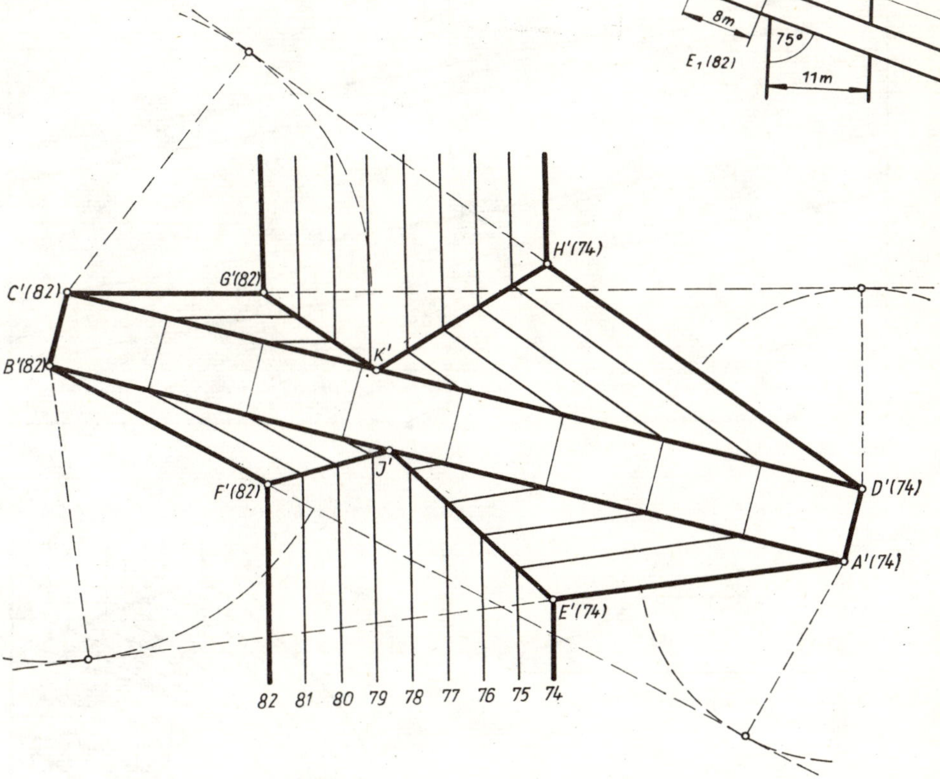

Bild 282

Lösung (Bild 282) Für die Auftragsböschungen zieht man die Böschungskreise um B' bzw. C' mit $r = 12$ m, für die Abtragsböschungen um A' und D' mit $r = 8$ m und legt von den entgegengesetzten Punkten die Tangenten an. Der Schnitt dieser Tangenten mit g_1' und g_2' liefert die Punkte *E, F, G, H.* Durch Graduierung bestimmt man die Höhenlinien des Weges und der Hangebene. Die Höhenlinien der Böschungsflächen verlaufen parallel zu den Tangenten und schließen an die Höhenlinien des Weges an. Durch den Schnitt gleichkotierter Höhenlinien der Böschungsebenen und der Hangebenen ergeben sich die Böschungsunterkanten *HK* und *EI* und die Böschungsoberkanten *GK* und *FI*. Zur Kontrolle müssen die Punkte *K* und *I*, die als Schnittpunkte zwischen den Böschungsober- und -unterkanten die Grenze zwischen Auf- und Abtrag darstellen, auf den Wegseiten liegen. Die Flächen *AEI* und *DHK* stellen Auftragsböschung, *BFI* und *CGK* Abtragsböschung dar.

BEISPIEL 21 Eine Geländeebene mit $\alpha = 19°$ und $\gamma = 295°$ geht durch *P* (120). Es soll eine im Verhältnis 1 : 12 gegen den Grundriß geneigte Straße angelegt werden, deren Achse durch *P* geht und in der Geländeebene liegt. Die Straße ist 16 m breit. Man konstruiere die Auftrags- und Abtragsböschung (Maßstab etwa 1 : 500)

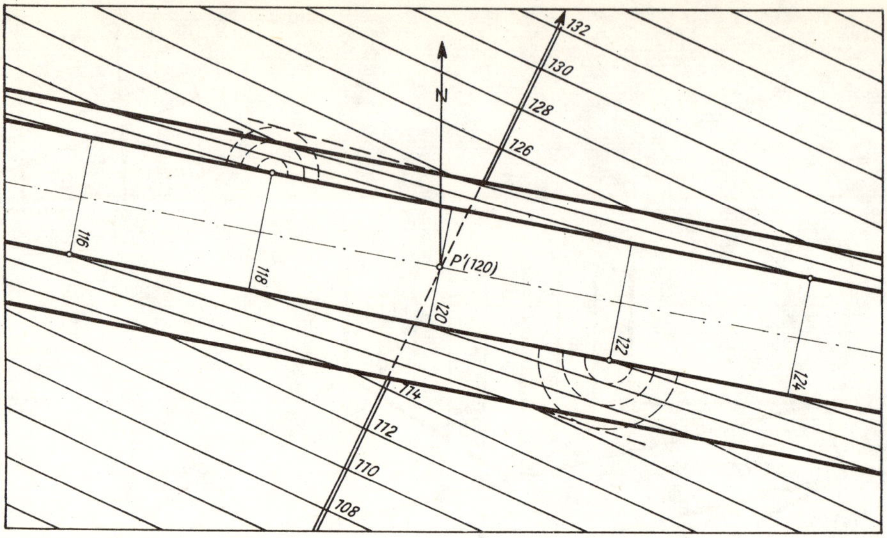

Bild 283

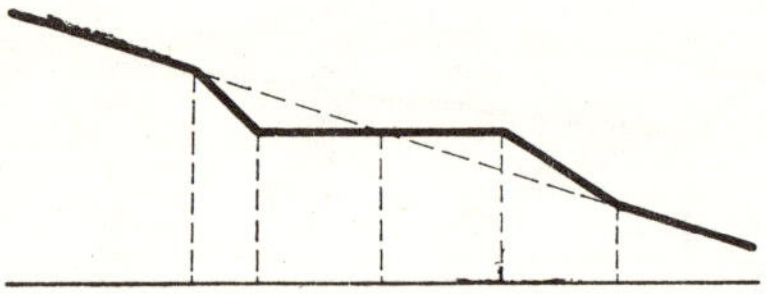

Bild 284

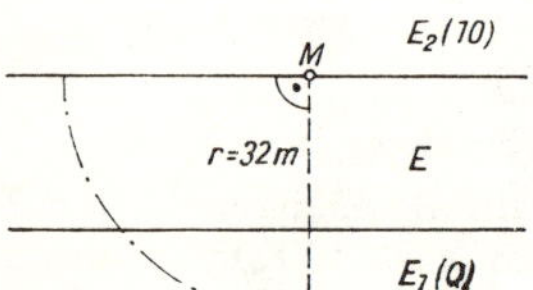

Bild 285

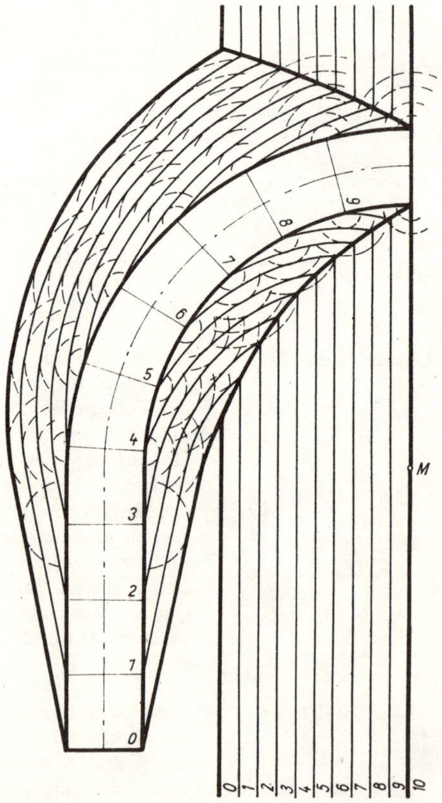

Bild 286

Lösung (Bild 283)

Die Richtung der Straßenachse bestimmt man nach Beispiel 9. Die Höhenlinien der Straße verlaufen senkrecht zur Achse durch deren Schnittpunkte mit den Geländehöhenlinien. Ein Vergleich zwischen den Straßen- und Geländehöhenlinien zeigt, daß die südliche Randlinie über dem Gelände, die nördliche unter dem Gelände liegt, womit Auf- und Abtrag festgelegt sind. Die Konstruktion wird nach den an Hand des Bildes 280 angestellten Überlegungen durchgeführt, wobei man sich Π_1 auf die erforderlichen Höhen parallel verschoben denken muß. Da die Straßenachse im Gelände liegt, laufen die Oberkante des Abtrags und die Unterkante des Auftrags parallel zur Straße. Senkrecht zur Straße geführte Vertikalschnitte sind überall gleich (Bild 284).

BEISPIEL 22

Gegeben sind nach Bild 285 zwei waagerechte Ebenen E_1 und E_2, zwischen denen die Hangebene E mit der Neigung 1 : 2 liegt. Weiterhin ist die Achse einer von E_1 nach E_2 führenden Straße mit der Neigung 1 : 8 und der Breite 8 m gegeben. Man konstruiere im Maßstab 1 : 400 die Straßenböschungen.

Lösung (Bild 286)

Die Gesamtlänge der Straße ergibt sich aus der Neigung und dem Höhenunterschied von E_1 und E_2. Für die Konstruktion der Straßenhöhenlinien wird das Intervall $i = 8$ m auf dem Kreisbogen näherungsweise durch die Sehne ersetzt. Die Verlängerungen der dort liegenden Höhenlinien müssen durch M gehen. Man kann auch den zu i gehörigen Zentriwinkel δ nach der Formel $\delta = \frac{i}{r}\varrho$ berechnen und diesen bei der Konstruktion der Straßenhöhenlinien verwenden. Die Höhenlinien des für den gekrümmten Teil der Straße aufgeschütteten Böschungskörpers sind weder Geraden noch Kreise. Es sind Kurven, die dadurch definiert sind, daß sie sämtliche zu ihrer Höhe gehörigen Böschungskreise berühren. Man nennt sie **Enveloppen oder Einhüllende** der Böschungskreise. Man erhält sie um so genauer, je mehr Böschungskreise für ihre Konstruktion verwandt werden. Zweckmäßig verwendet man ein Kurvenlineal.

3.4.4. Böschungskegel und Böschungslinien

Eine Raumkurve k sei nach Bild 287 durch die Projektion einiger auf ihr liegender Punkte näherungsweise gegeben.
Die Kurve liegt nicht in einer Ebene, sondern ist doppelt gekrümmt. Man erhält eine anschaulichere Vorstellung dieser Kurve, wenn man die projizierende Fläche von k (Bild 288) in die Ebene abwickelt (Bild 289).
Die Abwicklung ist immer möglich, weil die projizierende Fläche, die aus der Gesamtheit der Projektionslote aller Kurvenpunkte besteht, eine Zylinderfläche ist. Man nennt Bild 289 auch das Längsprofil der Kurve.
Man denke sich nun mit einem festen vorgegebenen Neigungswinkel α für jeden Punkt der Raumkurve k den Böschungskegel konstruiert. Unter der zu k und α gehörenden **Böschungsfläche** versteht man die Hüllfläche (Enveloppe), die sämtliche Böschungskegel berührt. Es sind zwei Böschungsflächen möglich, die sich längs k schneiden. Für das hier betrachtete endliche

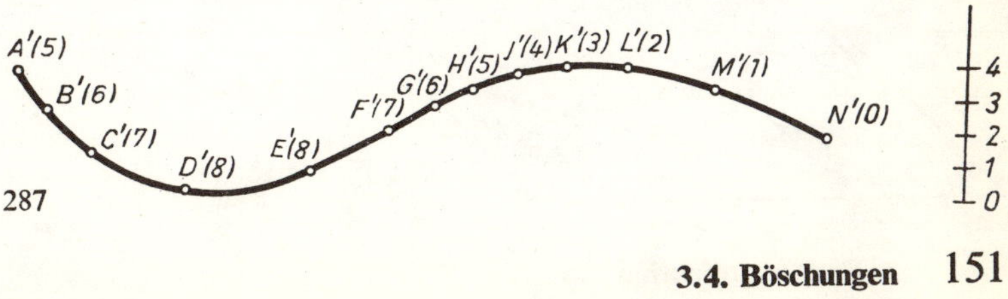

Bild 287

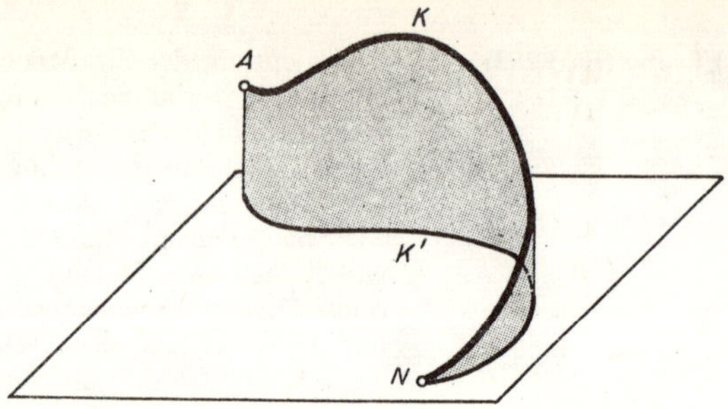

Bild 288

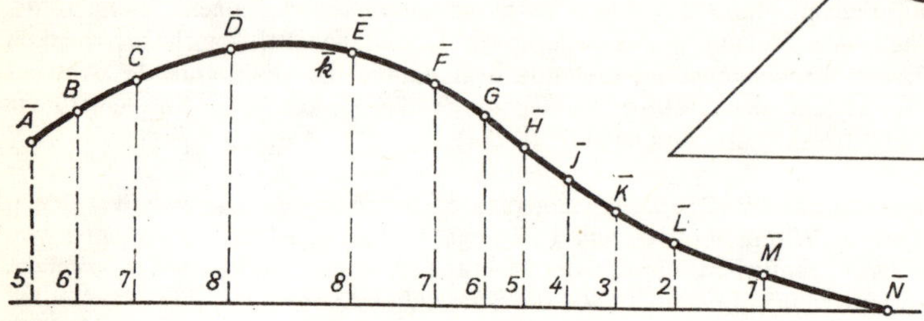

Bild 289

Stück AN von k erhält man nur eine sich selbst schneidende Böschungsfläche (Bild 290).

Die Höhenlinien der Böschungsfläche sind die Hüllkurven aller gleichkotierten Höhenkreise. (Die Höhenkreise sind in Bild 290 nur für Punkt G eingezeichnet. Man betrachte auch die Böschungsfläche in Bild 286. Der Straßenrand stellt dort die Raumkurve dar.) Wegen ihrer Definition sind die Höhenlinien äquidistante Kurven und folglich ihre Fallinien Geraden. Letztere sind zugleich Mantellinien der Böschungskegel, in denen diese die Böschungsfläche berühren. Es gilt auch die Umkehrung:

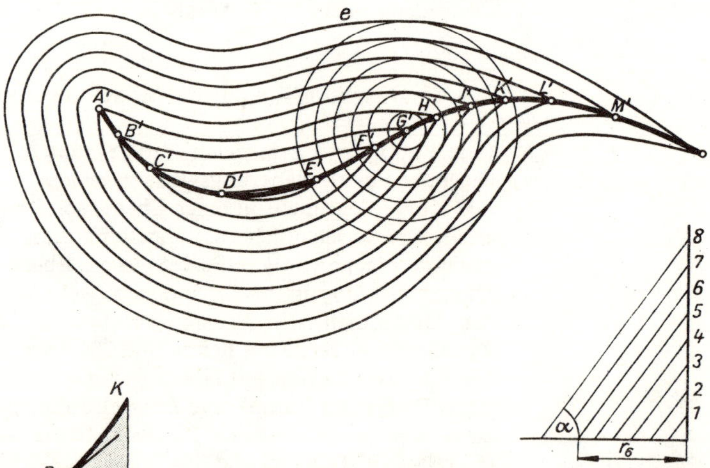

Bild 290

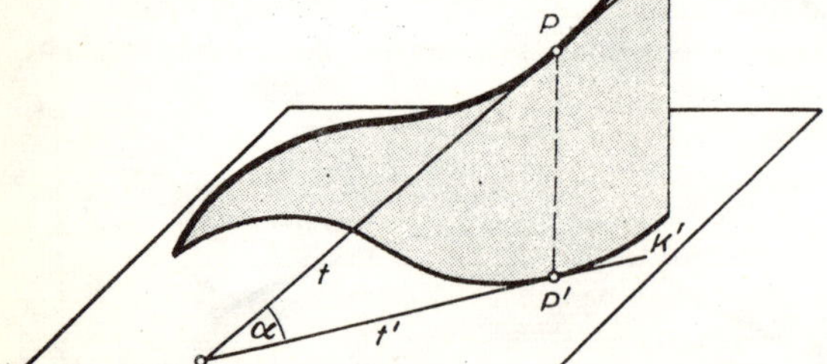

Bild 291

Sind auf einer Fläche sämtliche Fallinien Geraden, so liegt eine Böschungsfläche vor. Sämtliche Fallinien besitzen dann den gleichen Neigungswinkel.
Auf einen Beweis dieses Satzes soll verzichtet werden.
In der Differentialgeometrie wird gezeigt, daß die Böschungsflächen zu den abwickelbaren Flächen gehören. Man kann sie also ohne Verzerrung in die Ebene ausbreiten, was z. B. bei einer Kugelfläche nicht möglich ist.
Während bei den obigen Betrachtungen praktisch die Raumkurve k abgeböscht wurde, kann man auch die umgekehrte Aufgabe betrachten. Es soll auf den in Bild 290 durch die Spur e gegebenen Grundriß eine Erdmasse mit dem Böschungswinkel α aufgeschüttet werden. Die entstehende Halde hat dann die Form des Böschungskörpers in Bild 290 und bildet in ihrer oberen Kante die Raumkurve k.
Böschungslinien sind Raumkurven mit einer speziellen Eigenschaft. Die an sie in beliebigen Punkten angelegten Tangenten besitzen stets den gleichen Neigungswinkel α (Bild 291). Das Längsprofil einer Böschungslinie ist deshalb eine Gerade. Man kann außerdem zeigen, daß die Gesamtheit aller an die Böschungslinie angelegten Tangenten eine Böschungsfläche bildet.

Anmerkung

Unter der Tangente an eine Raumkurve versteht man die Grenzlage einer durch zwei Kurvenpunkte gehenden Geraden, wenn sich diese Punkte unbegrenzt einander nähern.

3.5. Geländeflächen

3.5.1. Gipfel-, Tal- und Jochpunkte

Unter einer Geländefläche wollen wir nach dem Vorbild der natürlichen Erdoberfläche eine beliebig gekrümmte Fläche verstehen, die die Eigenschaft hat, daß die Projektionen ihrer Punkte auf eine waagerechte Bildebene alle verschieden voneinander sind. Die Darstellung der Geländefläche erfolgt näherungsweise durch Höhenlinien, die im allgemeinen beliebige Kurven sind. Sie entstehen als Schnitte zwischen der Geländefläche und einer Schar von Ebenen, die parallel zur Bildebene sind und meist untereinander einen konstanten Höhenunterschied besitzen. Die Darstellung ist um so genauer, je geringer dieser Höhenunterschied ist. Die Erfassung und kartenmäßige Darstellung der Höhenlinien des Geländes ist eine Aufgabe der Vermessungskunde. Man wählt dort den Höhenunterschied der Höhenlinien dem Maßstab der Karte entsprechend, so daß man den zwischen den Höhenlinien liegenden Geländestreifen praktisch als eben ansehen kann.
Aus der Definition der Geländefläche folgt, daß sich Höhenlinien verschiedener Höhe in der Projektion niemals schneiden können. Die Definition der Höhenlinie ergibt, daß im allgemeinen auch durch jeden Geländepunkt nur eine Höhenlinie geht. Hier gibt es allerdings Ausnahmen. So existieren Geländepunkte, für die die Höhenlinie selbst zu einem Punkt zusammenschrumpft, bzw. Punkte, durch die zwei oder mehrere Höhenlinien gehen. Punkte der 1. Art heißen Gipfel- bzw. Muldenpunkte. Ein

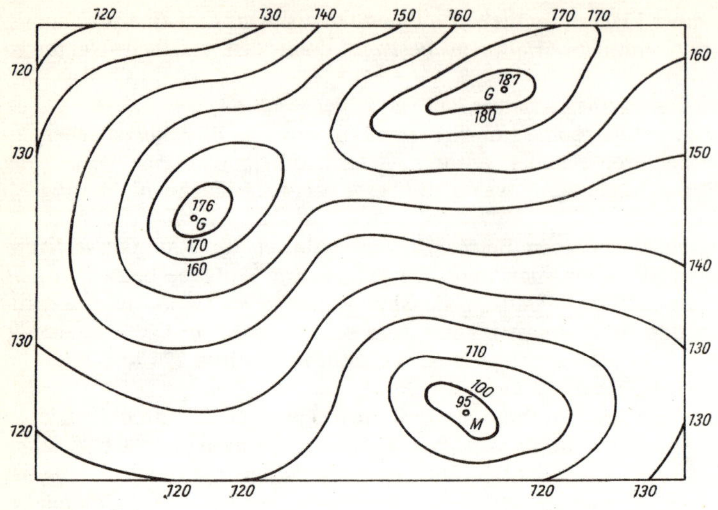

Bild 292

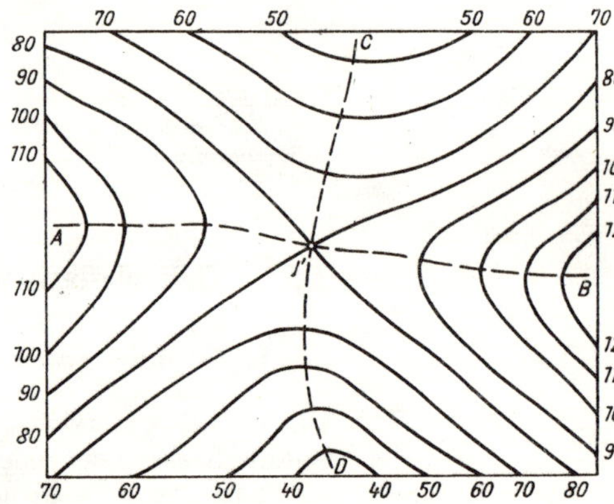

Bild 293a

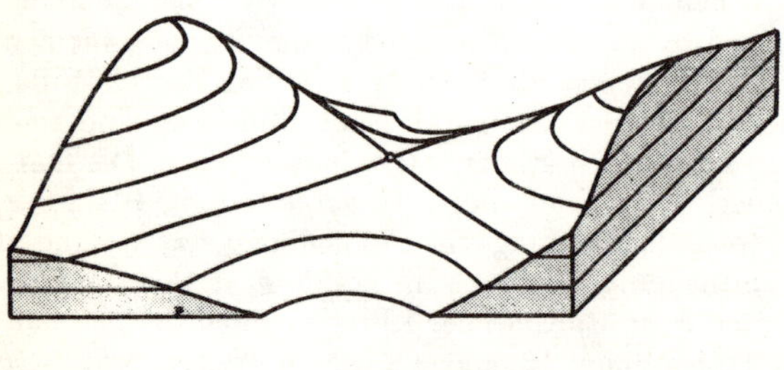

Bild 293b

Gipfelpunkt *G* liegt höher als jeder Punkt seiner unmittelbaren Umgebung, ein **Muldenpunkt** *M* liegt tiefer als jeder Punkt seiner unmittelbaren Umgebung (Bild 292).

Punkte der 2. Art nennt man **Sattel-** oder **Jochpunkte**. Die Bilder 293a, b zeigen das Gelände in der Umgebung eines derartigen Punktes *J*. Die Geländefläche ist sattelförmig gekrümmt. Betrachtet man nach Bild 293a im Gelände zwei Wege *AB* und *CD*, so stellt der Jochpunkt für den Weg *AB* den tiefsten Punkt, für den Weg *CD* den höchsten Punkt dar. Der

Weg CD heißt auch **Paßweg.** Der Jochpunkt gibt also die tiefste Stelle zwischen zwei Bergrücken und zugleich die höchste Stelle zwischen zwei Tälern an. Auch das Gelände in Bild 292 ist zwischen den beiden Gipfeln sattelförmig gekrümmt, so daß ein Sattelpunkt existiert. Da jedoch seine Höhe zwischen 150 und 160 liegt, wurden er und die durch ihn gehenden Höhenlinien nicht dargestellt.
Es sind auch Jochpunkte möglich, durch die mehr als zwei Höhenlinien gehen. Der Leser zeichne sich selbst die Höhenlinien für ein derartiges Gelände und stelle es sich räumlich dar.

3.5.2. Fallinien; Kamm- und Talwege

Fallinien der Geländefläche sind Kurven, die mit sämtlichen von ihnen geschnittenen Höhenlinien rechte Winkel bilden. Die Konstruktion der Fallinien kann der genäherten Darstellung des Geländes entsprechend selbst nur näherungsweise erfolgen.
Vom Punkt A aus (Bild 294) soll eine Fallinie gezeichnet werden. Entsprechend ihrer Definition muß diese Fallinie die kürzeste Verbindung zwischen A und der nächsten dargestellten Höhenlinie angeben. Man schlägt um A einen Kreisbogen, dessen Radius etwas größer ist als der Abstand zur nächsten Höhenlinie. Man erhält zwei Schnittpunkte und

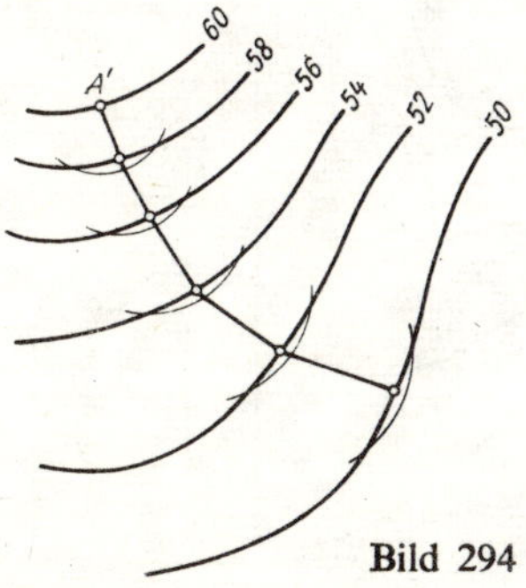

Bild 294

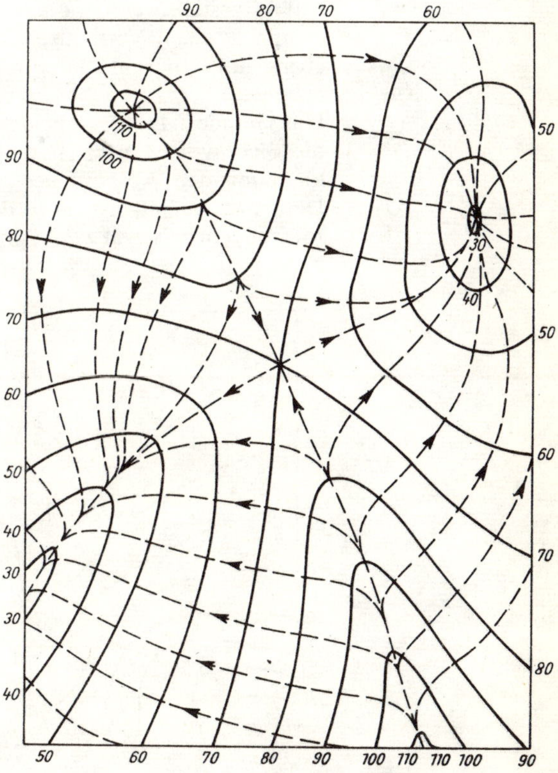

Bild 295

kann den in der Mitte zwischen beiden gelegenen Punkt als Fußpunkt des von A auf die Höhenlinie gefällten Lotes ansehen. Durch Fortsetzung dieser Konstruktion erhält man einen Vieleckzug, der durch eine glatte Kurve ausgeglichen wird. Diese ist die Projektion der gesuchten Fallinie.
Für das in Bild 295 dargestellte Gelände wurde eine Schar von Fallinien eingezeichnet. (Im Gegensatz zum Böschungsmaßstab zeigt der Pfeil hier in Fallrichtung.) Durch jeden Punkt des Geländes geht im allgemeinen nur eine Fallinie. Ausgenommen sind wieder Gipfel-, Mulden- und Jochpunkte. Von einem Gipfelpunkt gehen unendlich viele Fallinien aus und in einem Muldenpunkt treffen unendlich viele Fallinien zusammen. Im Jochpunkt münden mindestens zwei Fallinien und mindestens zwei gehen von ihm aus. In Bild 295 sind einige Fallinien bemerkenswert, längs derer sich andere Fallinien zusammendrängen. Man nennt eine solche ausgezeichnete Fallinie einen **Talweg** (oder eine Muldenlinie), wenn die benachbarten Fallinien in Richtung des Gefälles einmünden. Die ausgezeichnete Fallinie heißt **Kammweg** (oder Rückenlinie), wenn die anderen Fallinien in Gefällerichtung nach beiden Seiten abzweigen. Kammwege sind Wasserscheiden, in den Talwegen bilden sich meist Wasserläufe. Der Weg AB in Bild 293a ist ein Kammweg, der Weg CD ein Talweg.

3.5.3. Anwendungen

In Bild 296 ist ein Gelände mit den zwei Punkten A und B gegeben, und es soll festgestellt werden, ob zwischen A und B Sicht besteht. Man legt durch A und B einen Vertikalschnitt und klappt die Schnittebene in die Bildebene um. (In Bild 296 wurde vorher Π_1 bis zur Höhe 70 parallel verschoben.)
Die Gerade $(A)\,(B)$ schneidet das Profil des Geländes nicht. Folglich ist die Sicht von A nach B möglich. Gleichzeitig kann man aus der Umklappung den Abstand des Sehstrahls von der Erdoberfläche abgreifen. Derartige Aufgaben sind in der Landesvermessung von Bedeutung, wenn Messungen zwischen zwei Punkten durchgeführt werden sollen.

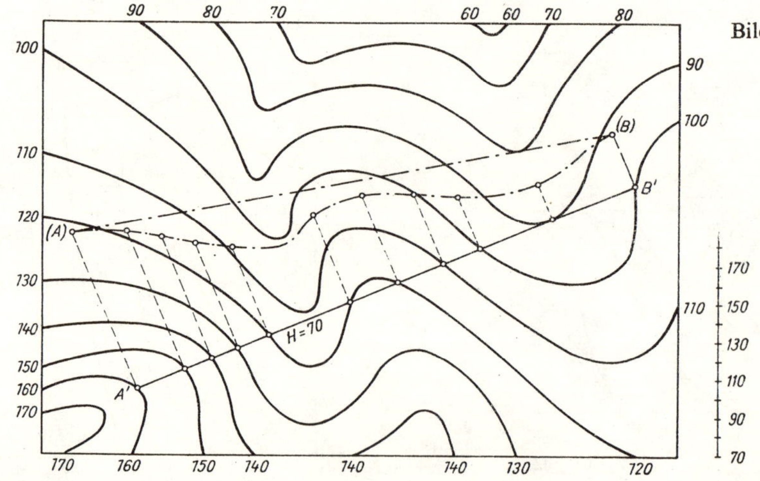

Bild 296

Bild 297

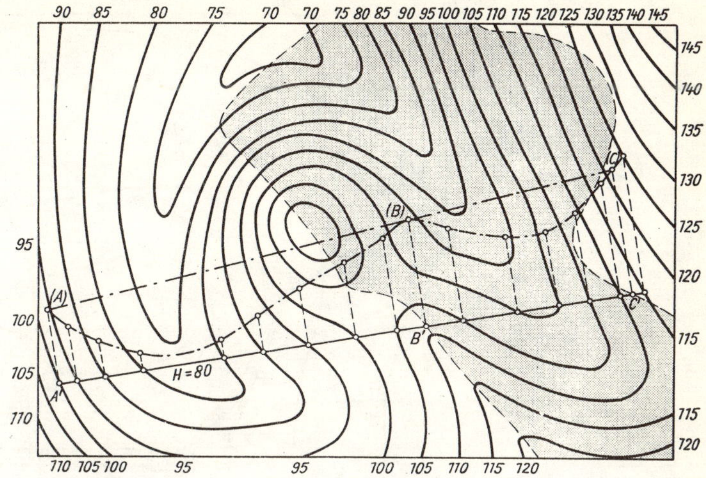

Mit Hilfe der Vertikalschnitte läßt sich auch die Aufgabe lösen, den von einem festen Punkt A aus sichtbaren Teil des Geländes zu bestimmen. Man konstruiert dann mehrere durch A gehende Vertikalschnitte und legt an diese von A aus Tangenten an, und zwar an die Erhebungen.

In Bild 297 wurde ein beliebiger Vertikalschnitt durch A eingezeichnet. Die Tangente von A berührt den Vertikalschnitt in B und schneidet ihn in C. Man sieht leicht, daß der zwischen B und C gelegene Teil des Schnittes von A aus unsichtbar, der Rest sichtbar ist. Aus den übrigen Vertikalschnitten durch A erhält man weitere Grenzpunkte zwischen den sichtbaren und unsichtbaren Flächen des Geländes und kann diese Punkte verbinden. Der von A aus unsichtbare Teil des Geländes wurde in Bild 297 grau gefärbt.

Für den Schnitt zwischen einer beliebigen Ebene und der Geländefläche soll eine Aufgabe aus dem Bergbau betrachtet werden. Für eine als eben anzunehmende geologische Schicht (Flöz) wurden in drei Punkten A, B und C durch Bohrungen die Höhen ermittelt (Bild 298a).

Es ist die Schnittkurve zwischen dem Gelände und dieser Schicht zu bestimmen. Man nennt die Schnittkurve im Bergbau auch das „Ausgehende" oder die „Ausbißlinie". Die Aufgabe wird gelöst, indem man die Höhenlinien der Schicht (von deren Dicke man absieht) konstruiert und mit den Geländehöhenlinien zum Schnitt bringt. Reichen die Höhenlinien zur genauen Bestimmung der Ausbißlinie nicht aus, dann kann man Zwischenhöhenlinien bzw. Vertikalschnitte verwenden. Die Bilder 298b und c zeigen die Vertikalschnitte v_1 und v_2, die zur Bestimmung der Punkte S_1 und S_2 dienen.

Bei der Anlage neuer Straßen oder Eisenbahnlinien sind zunächst deren Achsen im Gelände festzulegen. Dabei bestehen u. a. Forderungen derart, daß die Achsen durch einen oder mehrere feste Punkte gehen und auf einer größeren Strecke möglichst eine gleichmäßige Neigung haben sollen. Die zweite Forderung bedeutet, daß die Achsen Böschungslinien des Geländes sein müssen. Es sollen nun z. B. für das in Bild 299 dargestellte Gelände die durch Punkt A gehenden Böschungslinien aufgesucht werden, die den Neigungswinkel α besitzen.

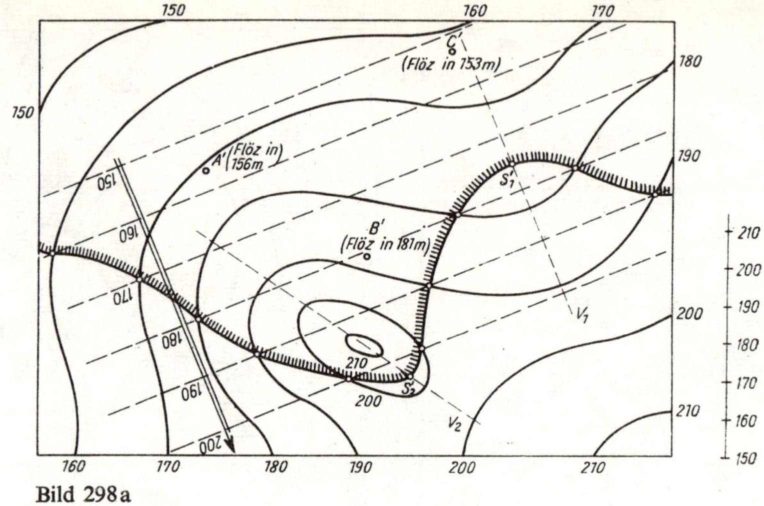

Bild 298a

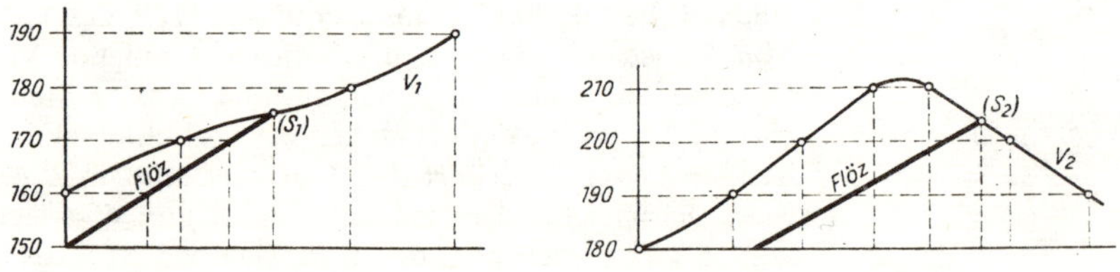

Bild 298b

Bild 298c

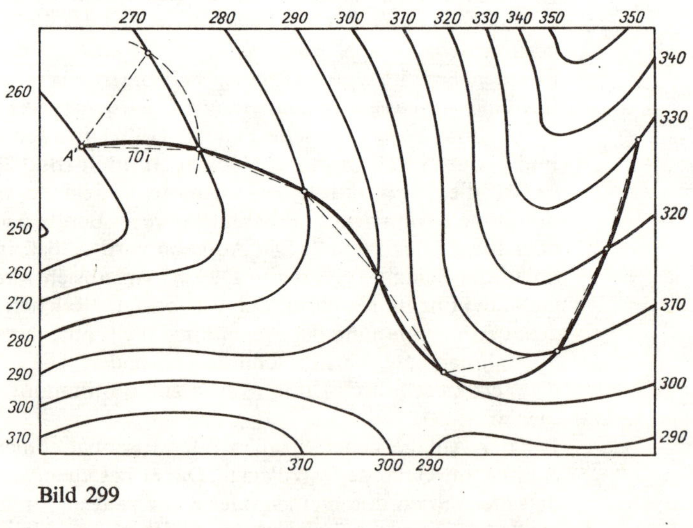

Bild 299

Die Konstruktion erfolgt nach Beispiel 9. Aus dem mit α und h konstruierten Stützdreieck entnimmt man das Intervall i. Da in Bild 299 der Höhenunterschied der Höhenlinien 10 m beträgt, schlägt man mit $10i$ um A den Kreisbogen. Er schneidet die zu A nächste Höhenlinie 270 in zwei Punkten.

Es gibt also zwei von *A* ausgehende Böschungslinien. Wir wollen nur eine weiter verfolgen. Durch Fortsetzung des Verfahrens erhält man einen Vieleckzug. Dabei wählen wir von den zwei möglichen Schnittpunkten stets den aus, der annähernd in der Verlängerung der vorher bestimmten Strecken liegt, um eine Zickzacklinie zu vermeiden. Die erhaltenen Punkte verbindet man durch eine Kurve, welche die Böschungslinie darstellt.
In der Praxis wird die Achse des Verkehrswegs im allgemeinen nur im großen einer Böschungslinie folgen. Die kleinen Geländeunebenheiten bleiben unberücksichtigt, so daß die Straße durch mehr oder weniger Auf- bzw. Abtrag hergestellt werden muß. Die zugehörigen Böschungsflächen lassen sich wie bei den früheren Aufgaben konstruieren. Allerdings sind Böschungsober- und -unterkante beliebig gekrümmte Kurven (Bild 300).

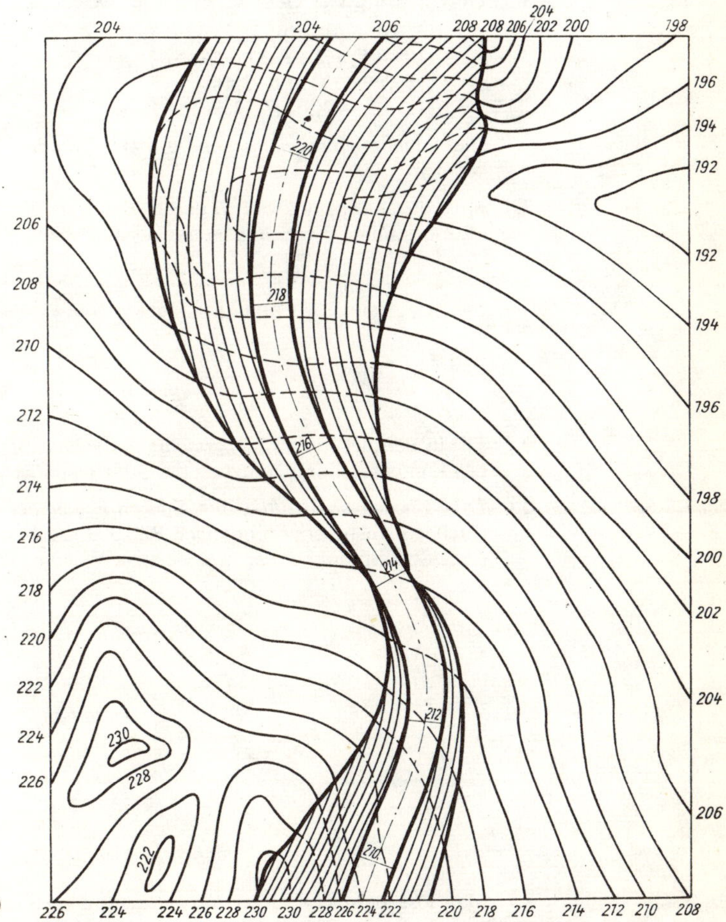

Bild 300

3.6. Aufgaben 3.1 bis 3.23

Zu 3.2.2.

3.1. Nach Bild 301 sind eine Gerade g mit dem Neigungswinkel $\alpha = 40°$ und dem Spurpunkt D sowie ein Punkt A gegeben (Maße in Zentimeter). A und g bestimmen eine Ebene, deren Spur zu konstruieren ist.

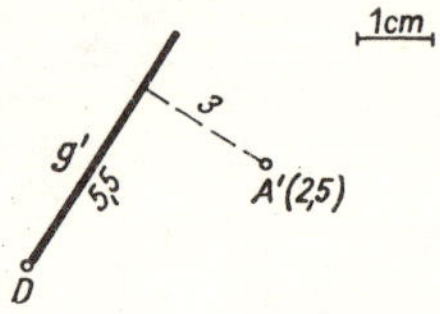

Bild 301

3.2. Gegeben sind die Punkte $A(8; 2; 1)$, $B(2; 9; 6)$, $C(1; 4; 6)$, $D(7; 13; 0)$. Auf der Geraden durch A und B liegt ein Punkt P mit $\overline{AP} = 4$ und auf der Geraden durch C und D ein Punkt Q mit $\overline{DQ} = 3$. Man bestimme die Länge der Strecke PQ und ihren Neigungswinkel gegen die Bildebene.

Zu 3.2.4.

3.3. Gegeben sind vier Geraden durch je zwei Punkte:

g_1: $A(3; 10; 3{,}4)$, $B(6; 1; 1)$
g_2: $C(10; 8{,}5; 1{,}2)$, $D(11{,}5; 4; 5{,}7)$
g_3: $E(1; 3; 0)$, $F(13; 6; 5{,}4)$
g_4: $G(1{,}5; 8; -3{,}9)$, $H(13{,}5; 11; 1{,}5)$

Die Lagebeziehung zwischen je zwei Geraden ist zu untersuchen (6 Möglichkeiten).

3.4. g_1 ist durch die Punkte A, B und g_2 durch die Punkte C, D nach Bild 302 gegeben. Man bestimme den Schnittpunkt der Geraden.

Bild 302
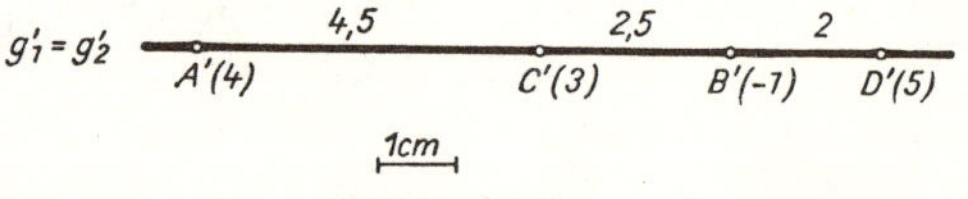

3.5. Die in Beispiel 3 aus 3.2.2. gestellte Aufgabe ist unter Verwendung der Diagonalen des Fünfecks ohne Benutzung der Spur e zu lösen.

Zu 3.2.5.

3.6. Drei Ebenen sind durch ihre Spuren e_1, e_2, e_3 und ihre Böschungsverhältnisse (Pfeile in Anstiegsrichtung) nach Bild 303 gegeben. Zu konstruieren ist der gemeinsame Schnittpunkt P der drei Ebenen. Welche Höhe besitzt er?

Bild 303
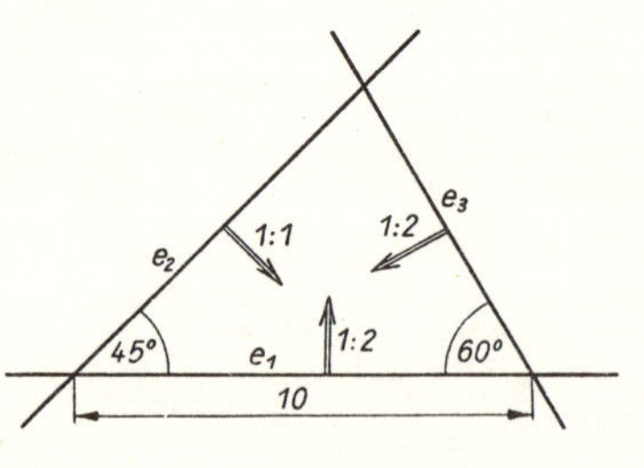

Zu 3.2.6.

3.7. Man löse Beispiel 8, unter Verwendung der Höhenlinien der Dreiecksebenen.

3.8. Eine Pyramide besitzt das Dreieck ABC als Grundfläche mit $A(8; 6; 0)$, $B(1; 12; 0)$, $C(4; 1; 0)$ und die Spitze $S(4; 7; 7)$. Eine Gerade g ist durch die Punkte $D(6; 1; 1)$ und $E(4; 13; 4)$ festgelegt. In welchen Punkten schneidet die Gerade die Seitenflächen der Pyramide?

Zu 3.2.9.

3.9. Gegeben ist eine Gerade g durch $A'(6)$ und $B'(2)$ mit $\overline{A'B'} = 5$. Man konstruiere die Spur der Ebene, die B enthält und senkrecht auf g steht.

3.10. Eine Ebene E ist durch die Gerade g mit dem Spurpunkt D und dem Neigungswinkel $\alpha = 37°$ und durch den Punkt P entsprechend Bild 304 gegeben. Im Punkt A, der in der Ebene liegt, soll eine Senkrechte $AB = 3{,}2$ cm zu E räumlich nach oben errichtet werden. Man bestimme die wahre Länge BP.

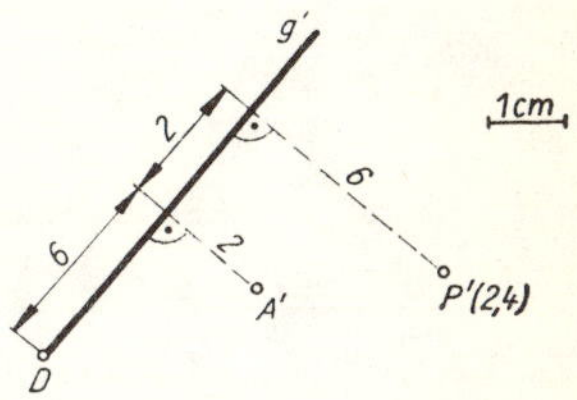

Bild 304

Zu 3.2.10.

3.11. Ein Würfel mit 3 cm Kantenlänge steht mit der Grundfläche $ABCD$ auf der Bildebene (Bezeichnung wie in Bild 250). Man lege durch die Mitte der Kanten EF, FG und AE eine Schnittebene und bestimme die wahre Größe der Schnittfläche.

3.12. Eine Pyramide besitzt das Dreieck ABC als Grundfläche mit $\overline{AB} = 6$ cm, $\overline{BC} = 5$ cm, $\overline{CA} = 7$ cm. Die Spitze S hat die Höhe 5 cm, ihre Projektion auf die Grundfläche liegt im Schwerpunkt von ABC. Man kippe die Pyramide, so daß die Grundfläche mit Π_1 einen Winkel von 40° bildet und die Seitenhalbierende von $\overline{BC}$ im Dreieck ABC eine Höhenlinie wird.

Zu 3.2.11.

3.13. Eine Ebene E ist durch die Punkte $A(3; 3; 0)$, $B(8; 11; 0)$, $C(0; 10; 6)$ und eine Gerade g durch die Punkte $M(6; 3; 6{,}5)$, $N(3; 13; 1{,}5)$ gegeben. Man konstruiere den Winkel β zwischen g und E.

Zu 3.3.2.

3.14. Für den in Bild 305 dargestellten Grundriß ist (ohne Verwendung des Höhenschnittverfahrens) das Dach zu konstruieren und die wahre Größe der Dachflächen zu ermitteln. Der gemeinsame Neigungswinkel aller Dachflächen sei $\alpha = 51°$.

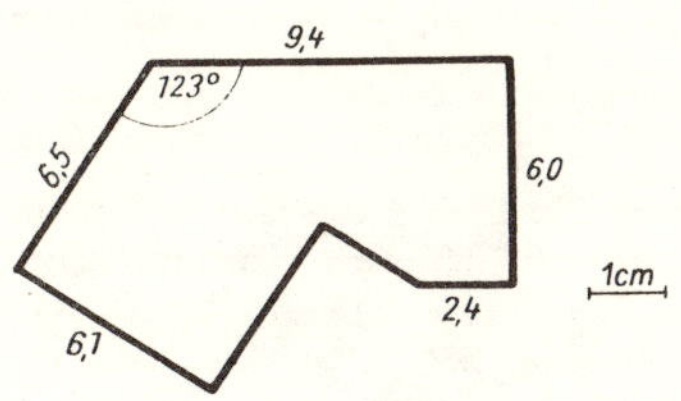

Bild 305

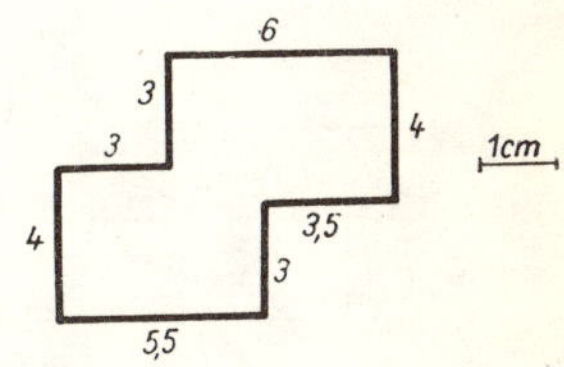

Bild 306

3.15. Man konstruiere für den in Bild 306 gegebenen Grundriß das Dach bei gleicher Neigung der Dachflächen.

3.16. Für den in Bild 307 gegebenen Grundriß konstruiere man das Dach für gleiche Dachneigungen.

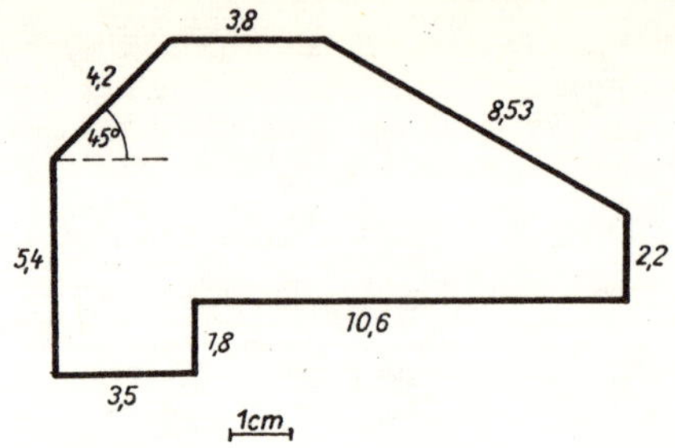

Bild 307

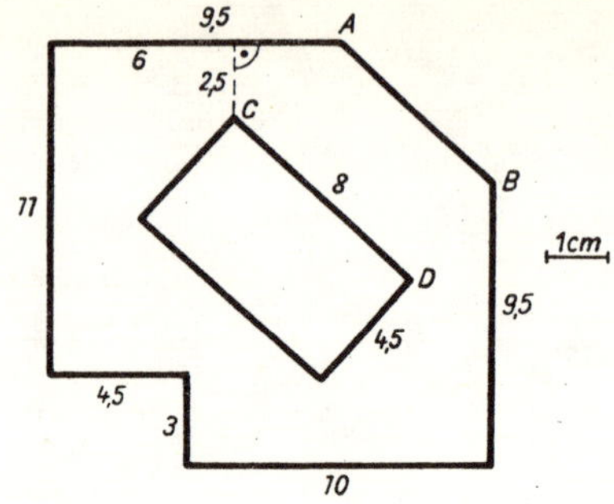

Bild 308

3.17. Bild 308 stellt einen Gebäudekomplex mit einem Innenhof dar ($\overline{AB} \parallel \overline{CD}$). Man konstruiere das Dach für gleiche Neigung der Dachflächen.

Zu 3.4.1.

3.18. Gegeben sind die drei Punkte A, B, C durch $A'(11, 8)$, $B'(15, 4)$, $C'(9, 5)$ mit $\overline{A'B'} = 7$ cm, $\overline{B'C'} = 6$ cm, $\overline{C'A'} = 5$ cm und die Nordrichtung senkrecht $\overline{A'B'}$. Gesucht werden Fall- und Streichwinkel der durch ABC bestimmten Ebene.

Zu 3.4.2.

3.19. Ein Gelände besteht aus einer waagerechten Plattform E mit der Höhe 120 m und vier ebenen geneigten Hangflächen E_1 bis E_4 mit den in Bild 309 durch Pfeile angegebenen Anstiegsrichtungen und den ebenfalls dort vermerkten Neigungen.
Die Begrenzungslinien der Plattform sind Höhenlinien der entsprechenden Hangebenen. Die Plattform soll zu dem in Bild 309 gestrichelt angegebenen rechteckigen Platz erweitert werden. Man konstruiere im Maßstab 1 : 500 die sich ergebenden Auf- und Abtragsböschungen.

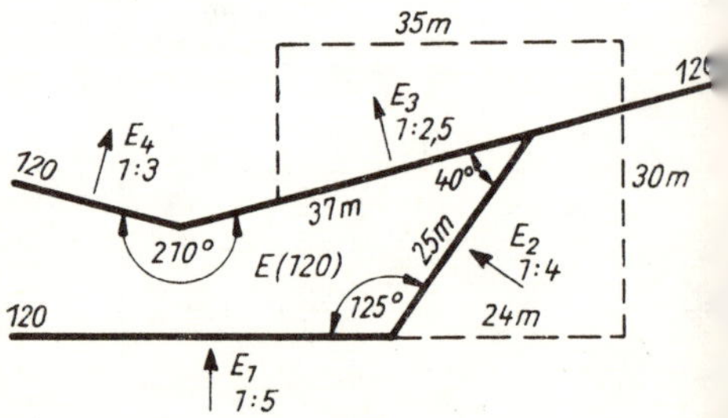

Bild 309

Zu 3.4.3.

3.20. Auf einer Geraden g mit dem Neigungswinkel $\beta = 35°$ liegt ein Punkt A mit der Höhe $h_A = 6$. Durch g ist eine Ebene mit dem Neigungswinkel $\alpha = 60°$ zu legen. Man konstruiere ihre Spur und die Höhenlinien für $\Delta h = 1$ (Zentimeter als Maßeinheit).

3.21. Man diskutiere für die in der vorigen Aufgabe gegebenen Winkel α und β allgemein die Fälle $\alpha > \beta$, $\alpha = \beta$, $\alpha < \beta$.

3.22. Eine Geländeebene ist durch Punkt $P(60)$, $\gamma = 230°$ und Neigung 1 : 6 gegeben. Durch P geht die Achse einer 8 m breiten Straße, die von West nach Ost unter der Neigung 1 : 15 ansteigt. Man konstruiere ihre Böschungen.

3.23. Durch $P(76)$ geht eine Geländeebene mit $\gamma = 332°$ und der Neigung 1 : 6. P ist Mittelpunkt einer Straßenüberführung (Bild 310). Für die erste Straße gilt: $\beta_1 = 43°$, Höhe bei P: $h_1 = 77$ m; für die zweite Straße gilt: $\beta_2 = 90°$, Höhe bei P: $h_2 = 71$ m. Beide Straßen sind 8 m breit. Die Widerlager halbieren die von den Straßenbegrenzungslinien eingeschlossenen Winkel. Ihre Länge richtet sich nach der hinter ihnen aufzuschüttenden Böschung. Man konstruiere die Böschungen im Maßstab 1 : 200.

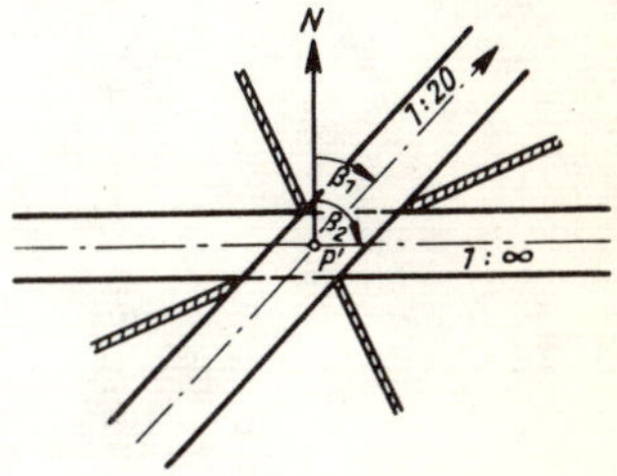

Bild 310

4. Die Kugel

4.1. Projektion der Kugel auf eine Bildebene

Die Kugel ist die Menge aller Punkte des Raumes, die von einem festen Punkt M einen konstanten Abstand r besitzen. Durch Angabe des Kugelmittelpunktes M und des Kugelradius r ist die Kugel nach Lage und Größe eindeutig bestimmt. Die Schnittfigur zwischen der Kugel und einer sie schneidenden Ebene ist stets ein Kreis. Hat eine Ebene Σ_1 von M den Abstand $d < r$, dann besitzt der Schnittkreis k_1 den Radius

$$r_1 = \sqrt{r^2 - d^2} \quad \text{(Bild 311).} \qquad \text{(I)}$$

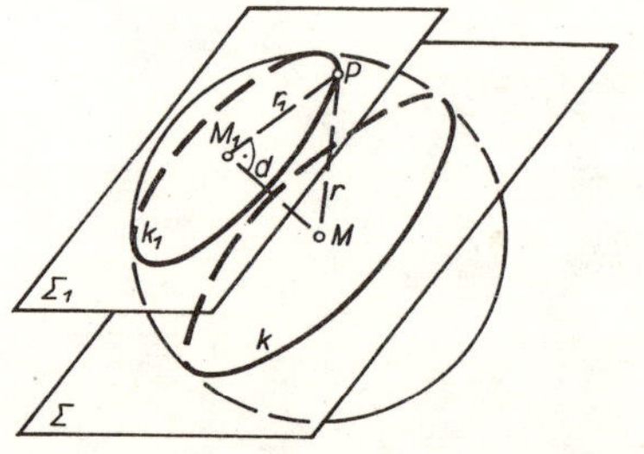

Bild 311

Bei einer Verkleinerung von d vergrößert sich r_1. Wird $d = 0$, d. h., geht die Ebene $\Sigma_1 = \Sigma$ durch den Punkt M, dann erreicht r_1 nach (I) den größten Wert $r_1 = r$. Dieser Schnitt ergibt den größtmöglichen Kreis oder Großkreis.

Definition

Großkreise sind auf der Kugel gelegene Kreise, deren Ebenen durch den Kugelmittelpunkt gehen. Alle anderen auf der Kugel gelegenen Kreise heißen **Kleinkreise.**

Durch zwei Punkte A und B der Kugel, die nicht Endpunkte eines Kugeldurchmessers sind, läßt sich nur ein Großkreis legen, da dessen Ebene durch

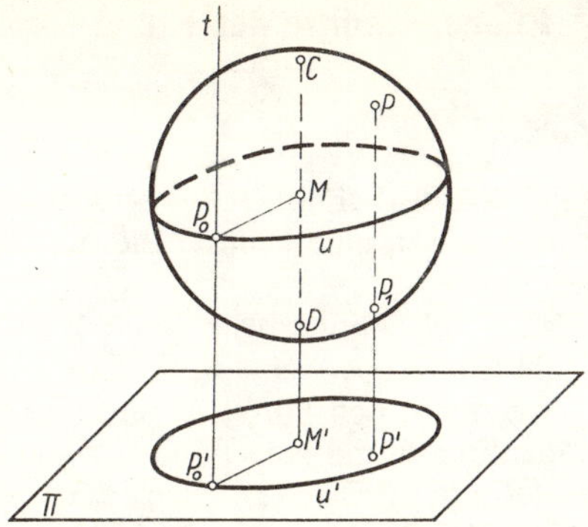

Bild 312a

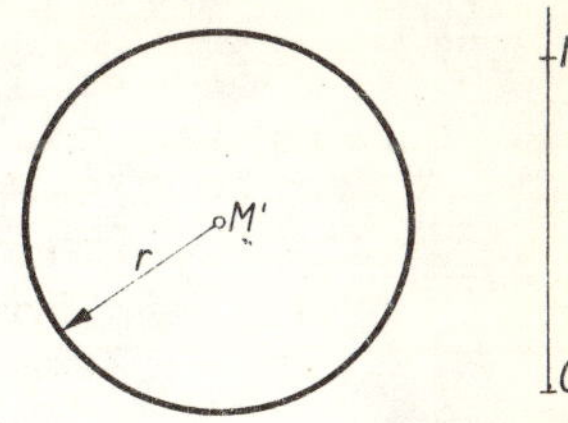

Bild 312b

die drei Punkte A, B, M eindeutig bestimmt ist. Dagegen können durch A und B unendlich viele Kleinkreise laufen. Sind A und B Endpunkte eines Kugeldurchmessers, dann können sich in diesen Punkten unendlich viele Großkreise schneiden, während kein Kleinkreis beide Punkte enthalten kann.

Die Bedeutung der Großkreise für die mathematische Geographie besteht u. a. darin, daß die kürzeste Verbindung zweier Punkte auf der Kugel auf dem durch beide Punkte bestimmten Großkreis gemessen wird.

Die Kugel wird zunächst mit den Methoden der kotierten Projektion behandelt.

In Bild 312a sei t ein Projektionsstrahl, der die Kugel in P_0 berührt. Der Berührungsradius P_0M ist senkrecht zu t, also parallel zur Bildebene Π, und es gilt $\overline{P_0'M'} = \overline{P_0M} = r$. Die Menge aller Projektionsstrahlen, welche die Kugel berühren, bildet einen senkrechten Kreiszylinder. Die Menge der Berührungspunkte ist der zu Π parallele Großkreis u. Der Zylinder schneidet Π in der Projektion u' von u. Für alle Punkte P der Kugel, die nicht auf u liegen, gilt $\overline{P'M'} < \overline{PM} = r$.

Satz

Die Punkte einer Kugel mit dem Mittelpunkt M und dem Radius r bilden sich bei der senkrechten Parallelprojektion auf die Punkte eines Kreises um M' mit dem Radius r und auf die Punkte des Kreisinneren ab.

Durch Angabe von M', der Höhe von M und r ist die Kugel eindeutig festgelegt (Bild 312b). Zu einem Punkt $P_0' \in u'$ gehört nur ein Kugelpunkt $P_0 \in u$. Dagegen gehören zu einem Punkt P' aus dem Inneren von u' zwei Kugelpunkte P und P_1, von denen einer sichtbar, der andere unsichtbar ist. Der zur Bildebene Π parallele Großkreis u ist die Grenze zwischen dem sichtbaren und dem unsichtbaren Teil der Kugel. u heißt **wahrer Umriß**, u' heißt **scheinbarer Umriß** der Kugel.

4.2. Ebene Schnitte der Kugel

4.2.1. Großkreise

Die Projektion des Schnittkreises zwischen einer Kugel Φ und einer Ebene Σ ist im allgemeinen eine Ellipse, die im Inneren des scheinbaren Umrisses u' liegt.

Zunächst soll die Schnittebene durch M gehen. Der Schnittkreis $k = \Phi \cap \Sigma$ ist also ein Großkreis. Seine Projektion k' ist zu konstruieren. Die Schnittebene Σ sei durch den Punkt M und ihre Spur e bestimmt. Durch M geht eine Höhenlinie h und eine Fallinie f von Σ. Es ist $h \cap k = \{A_1, A_2\}$ und $f \cap k = \{B_1, B_2\}$ (Bild 313). Nach 2.3.1. sind die Projektionen A_1' und A_2' die Hauptscheitelpunkte, die Projektionen B_1' und B_2' die Nebenscheitelpunkte der Ellipse k' (Bild 314). Da A_1 und A_2 auf dem wahren Umriß u liegen, erhält man ihre Projektionen sofort als Schnittpunkte zwischen h' und u'. Zur Bestimmung der Nebenscheitelpunkte wird durch f eine Vertikalebene gelegt, die die Kugel in dem Großkreis l schneidet, und es gilt $f \cap l = \{B_1, B_2\}$. Die Vertikalebene wird um ihre Spur in die Bildebene umgeklappt. (B_1) und (B_2) sind die Schnittpunkte von (l) und (f), und die Lote von (B_1), (B_2) auf f' ergeben die Punkte B_1', B_2'. Mit den vier Scheitelpunkten kann die Ellipse k' nach den in 2.3.1. angegebenen Verfahren gezeichnet werden. Da die Punkte A_1 und A_2 auf u liegen, zerlegen sie k in einen sichtbaren und einen unsichtbaren Bogen.

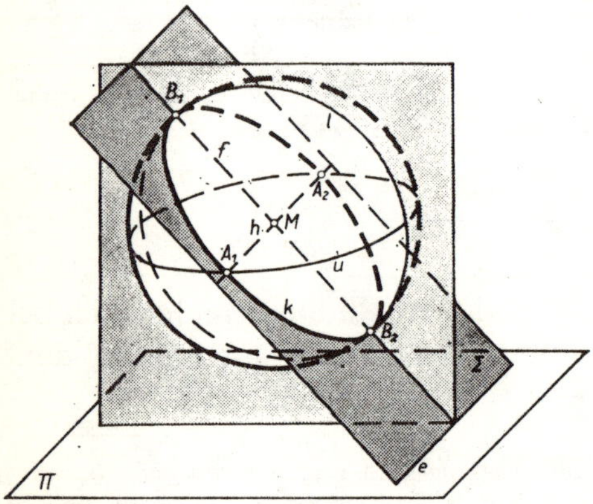

Bild 313

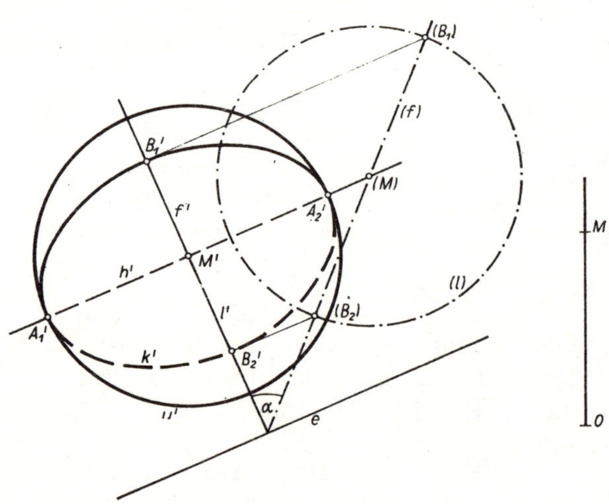

Bild 314

Die Konstruktion ist einfacher, wenn die Bildebene Π durch den Kugelmittelpunkt M gelegt wird. Dann fällt der vertikale Großkreis l nach der Umklappung mit $u = u'$ zusammen. Bild 315 zeigt die Konstruktion von k' für diesen Fall, wobei von Σ die durch M gehende Spur e und der Neigungswinkel α gegeben sind. Trotz erschwerter Lesbarkeit der Zeichnungen ist diese Konstruktion der in Bild 314 angegebenen vorzuziehen.

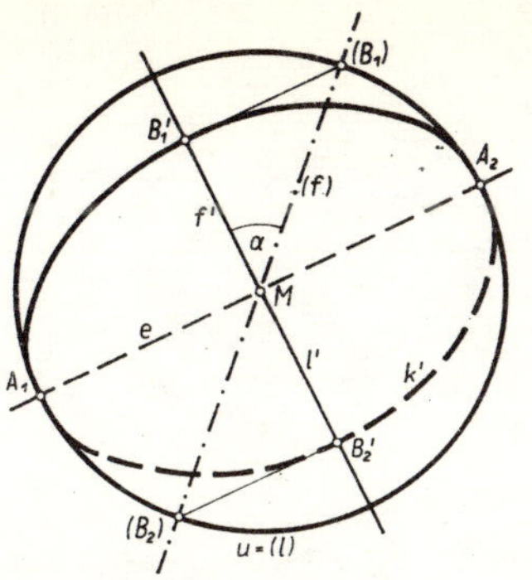

Bild 315

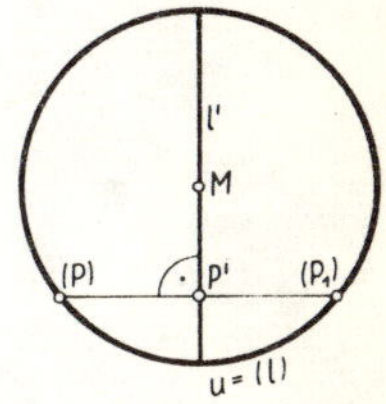

Bild 316

Im Sonderfall $\alpha = 0°$ ist $k' = u'$, und bei $\alpha = 90°$ wird $k' = \overline{A_1'A_2'}$, d. h. eine Strecke von der Länge $2r$.
Die Höhe eines durch seine Projektion P' gegebenen Kugelpunktes P sei zu bestimmen. Man wählt $M \in \Pi$ und legt durch M und P einen Großkreis l, der um seine Spur in Π umgeklappt wird: $u = (l)$ (Bild 316). $\overline{(P)\,P'}$ ist die Höhe von P. Ein zweiter zu P' gehörender Kugelpunkt P_1 liegt symmetrisch zu P bezüglich Π. Für $M \notin \Pi$ kann die Konstruktion bleiben, aber es ist $\overline{(P)\,P'}$ zur Höhe von M zu addieren bzw. von ihr zu subtrahieren, um die Höhe von P zu erhalten.
Die Menge der Kugelpunkte P, die von den Endpunkten N, S eines Durchmessers den gleichen Abstand besitzen, bildet einen Großkreis a (Bild 317). Seine Ebene steht senkrecht auf dem Durchmesser NS. Die Punkte N und S heißen die **Pole** von a; der Großkreis a heißt die **Polare** von N und S. Als Beispiel dienen Nord- und Südpol der Erdkugel und der Äquator.

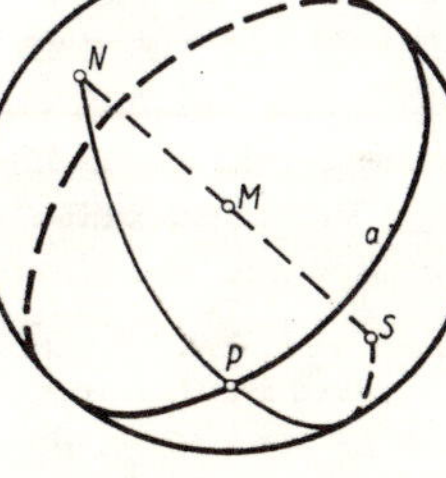

Bild 317

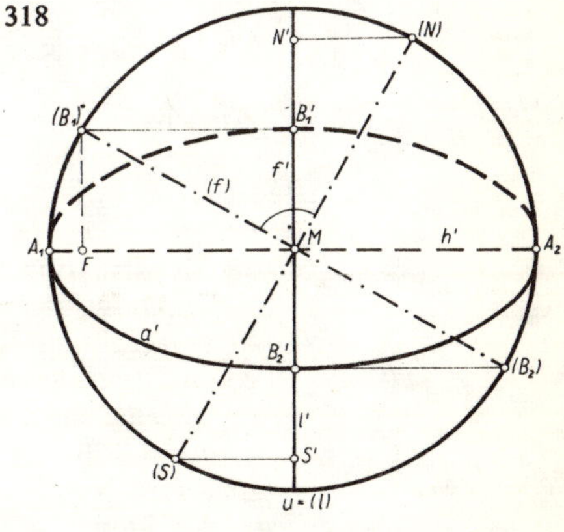

Bild 318

Bild 318 zeigt die Konstruktion der Projektion a' der Polaren aus den gegebenen Punkten N' und S' ($M \in \Pi$): Da die Ebene von a senkrecht zu NS liegt, ist die Senkrechte h' zu $N'S'$ durch M die Projektion einer Höhenlinie dieser Ebene, und es gilt: $h' \cap u = \{A_1, A_2\}$. Der Großkreis l durch N und S wird umgeklappt, senkrecht zu $(N)\,(S)$ die umgeklappte Fallinie (f) der Ebene von a gezeichnet, und wie in Bild 315 werden die Nebenscheitel-

Bild 319

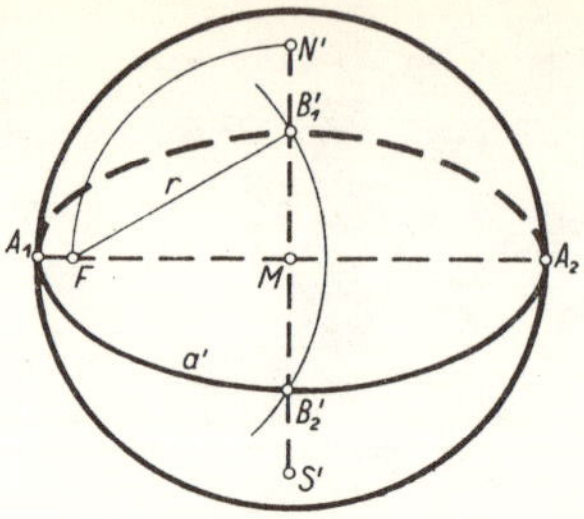

punkte B_1', B_2' von a' konstruiert. Damit ist a' bekannt. Wegen der Kongruenz der Dreiecke $M(N)N'$ und $MB_1'(B_1)$ ist $\overline{MN'} = \overline{(B_1)B_1'}$. Ist $\overline{A_1M} = \overline{(B_1)M} = a = r$ die große, $\overline{MB_1} = b$ die kleine Halbachse von a', dann gilt

$$\overline{MF} = \overline{B_1'(B_1)} = \sqrt{a^2 - b^2} = e,$$

d. h., F ist Brennpunkt der Ellipse a'. Das ergibt eine zweite einfache Konstruktion von a' aus N' und S' (Bild 319): Man bestimmt A_1, A_2 wie oben. Der Kreis um M mit $\overline{MN'}$ schneidet $\overline{A_1A_2}$ in F. Ein Kreis um F mit $r = a$ schneidet $\overline{N'S'}$ in B_1' und B_2'. Die Umkehrung der beiden Konstruktionen liefert aus der gegebenen Polaren a die Pole N und S.
In manchen Abbildungen der Erdkugel wird als Vereinfachung die falsche Darstellung gewählt, die den Äquator als Ellipse angibt, obwohl Nord- und Südpol auf dem Kugelumriß liegen.

4.2.2. Kleinkreise

Eine Schnittebene Σ_1, die nicht durch den Mittelpunkt M geht, schneidet die Kugel Φ in einem Kleinkreis k_1.
Zunächst soll im einfachsten Fall Σ_1 parallel zu Π sein. Der Schnittkreis k_1 heißt **Höhenkreis** und projiziert sich in gleicher Größe auf die Bildebene. Ist d (mit $|d| < r$) der Abstand zwischen Σ_1 und M, dann ergibt sich der Radius r_1 von k_1 nach Bild 311 aus dem Dreieck MM_1P. Bild 320 zeigt die Konstruktion von k_1'. Bild 321 gibt eine Darstellung der Kugel durch Höhenkreise, deren Ebenen untereinander gleiche Abstände besitzen. Ist Σ_1 senkrecht zu Π, dann projiziert sich der Schnittkreis k_1 in eine Sehne von u'. Ihre Länge ist gleich dem Durchmesser von k_1.
Im allgemeinen Fall sei Σ_1 durch die Spur e und den Neigungswinkel α gegeben (Bild 322). Zur Konstruktion von k_1' wird durch M senkrecht zu e eine Vertikalebene gelegt. Sie schneidet Φ im Großkreis l und Σ_1 in der Fallinie f. Nach der Umklappung der Vertikalebene erhält man $\{(B_1), (B_2)\} = (l) \cap (f)$ und daraus B_1' und B_2'. B_1B_2 ist steilster Durchmesser des Schnittkreises k_1, daher sind B_1', B_2' die Nebenscheitelpunkte der Bildellipse k_1'. Die Hauptscheitelpunkte A_1, A_2 liegen auf einer Höhenlinie h durch die Mitte M_1 von $\overline{B_1B_2}$. M_1 ist Mittelpunkt des Schnittkreises k_1. Da sich der waagerechte Durchmesser A_1A_2 in wahrer Größe projiziert, ist $\overline{A_1'M_1'}$ der Radius r_1 von k_1. Dieser Radius erscheint in der Um-

klappung als Strecke $(M_1)(B_1)$. Ein Kreisbogen um M_1' mit $\overline{(M_1)(B_1)}$ schneidet deshalb h' in den Punkten A_1' und A_2'. Damit sind die vier Scheitelpunkte von k_1' ermittelt.

Von Interesse sind noch die Punkte U_1 und U_2, in denen k_1 den wahren Umriß u schneidet. Man bestimmt in der Umklappung den Schnittpunkt R zwischen der Fallinie f und der Ebene von u. Durch R geht die Höhenlinie h_1 von Σ_1, das ist die Schnittgerade zwischen Σ_1 und der Ebene von u. h_1 schneidet u in U_1 und U_2. In den Projektionen U_1', U_2' berührt k_1' den scheinbaren Umriß u'. (Ein Schnitt zwischen k_1' und u' ist nicht möglich, da sonst Punkte von k_1' außerhalb u', also außerhalb der Kugel liegen müßten). Die Punkte U_1, U_2 sind die Grenzen zwischen den sichtbaren und unsichtbaren Teilbogen von k_1.

Bei anderer Wahl der Schnittebene Σ_1 kann k_1 völlig sichtbar oder unsichtbar sein. Dann wird k_1' den Kreis u' nicht oder nur in einem Punkt (Nebenscheitelpunkt) berühren. Bild 323 zeigt mit $M \in \Pi$ die Konstruktion für den letzteren Fall. Die Spur e der Schnittebene berührt $u = u'$, und es läßt sich nachweisen, daß u im Berührungspunkt B_2' Krümmungskreis der Ellipse k_1' ist.

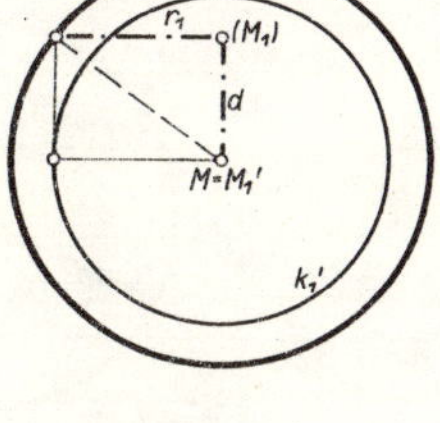

Bild 320

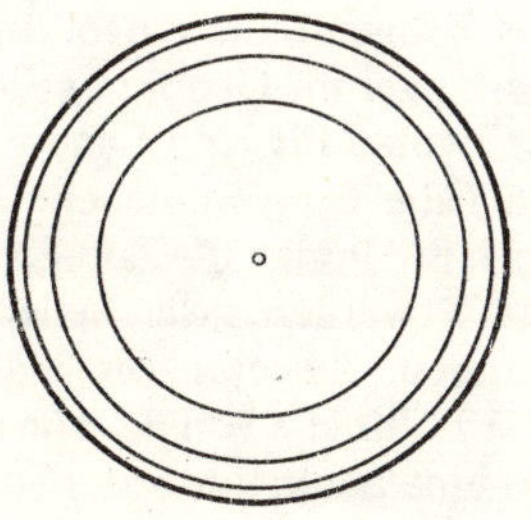

Bild 321

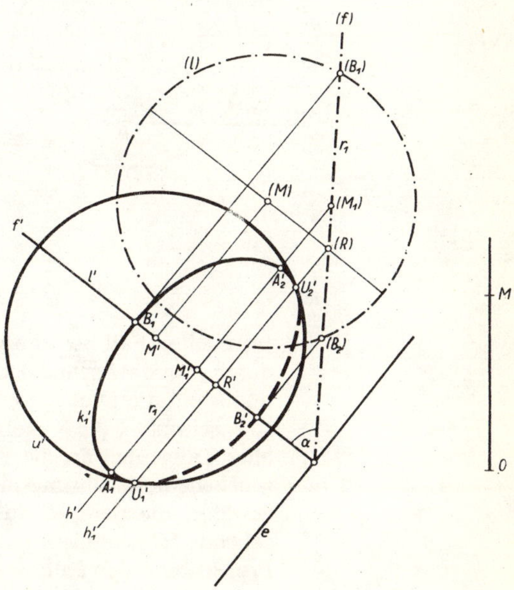

Bild 322

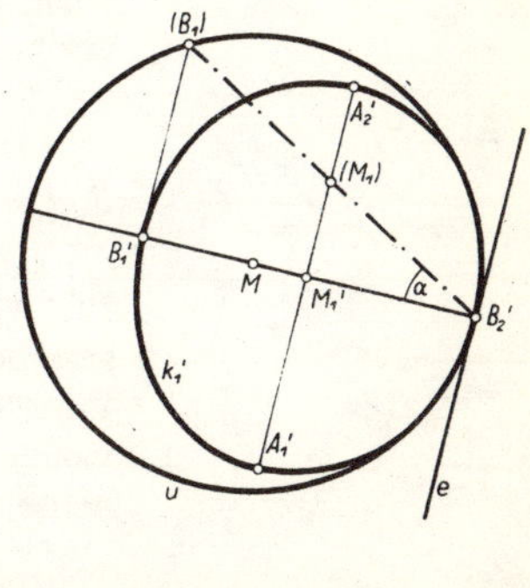

Bild 323

4.3. Die Kugel und eine Gerade

Eine Gerade g schneidet eine Kugel in zwei Punkten, berührt sie als Tangente in einem Punkt, oder sie hat mit der Kugel keinen Punkt gemeinsam. Bild 324 zeigt eine die Kugel schneidende Gerade g, die durch ihre Punkte A und D gegeben ist. Um die Schnittpunkte R und Q zu bestimmen, wird durch g eine Vertikalebene gelegt, welche die Kugel im Kleinkreis k_1 schneidet. Aus der Umklappung erhält man $\{(R), (Q)\} = (g) \cap (k_1)$ und daraus R' und Q'. R ist sichtbar, Q unsichtbar.

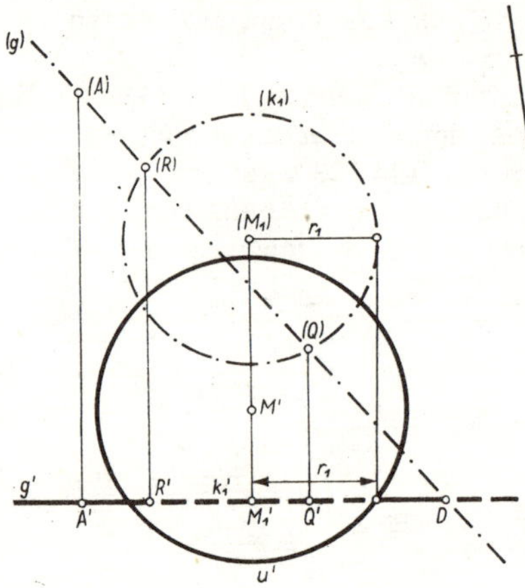

Bild 324

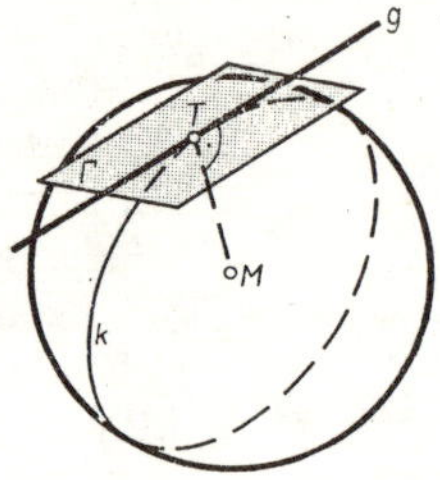

Bild 325

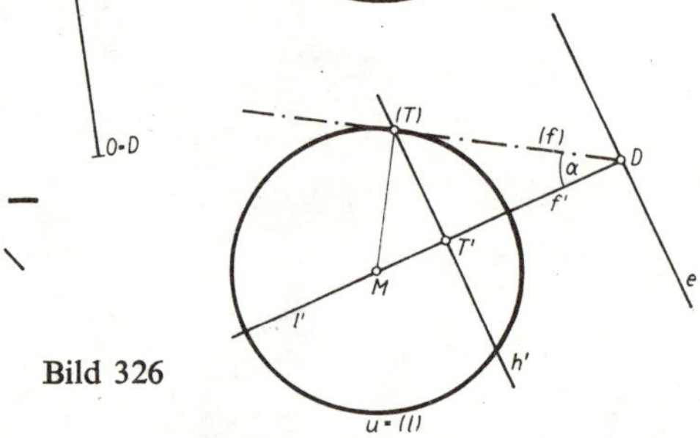

Bild 326

Im zweiten Fall berühre g als Tangente die Kugel im Punkt T. Eine Ebene durch g und M schneidet die Kugel im Großkreis k (Bild 325). Rotieren g und k um die Drehachse TM, wobei für jede Lage g Tangente an k bleibt, so beschreibt k die Kugel und T die Tangentialebene Γ. Γ ist also die Menge aller Tangenten an die Kugel im Punkt T. Zur Konstruktion von Γ bei gegebenem Berührungspunkt T werden zwei beliebige dieser Tangenten gewählt, die dann Γ aufspannen. Zweckmäßig wählt man die durch T gehende Höhenlinie h und die Fallinie f von Γ. Nach Bild 326 ist MT' die Projektion f' der Fallinie und eine Senkrechte zu f' durch T' die Projektion einer Höhenlinie h' von Γ. Durch Umklappen der Vertikalebene durch f ergibt sich die Spur e und der Neigungswinkel α von Γ.

4.4. Darstellung des Gradnetzes der Erde

Für viele Zwecke der Geographie und der Kartographie kann die Erde genähert als Kugel angesehen werden. Zur eindeutigen Festlegung eines Punktes auf der Erdkugel wird das geographische Koordinatensystem verwendet. Es wird der Erddurchmesser ausgewählt, der mit der Rotationsachse zusammenfällt. Seine Endpunkte heißen Nordpol (N) und Südpol (S).

Die zugehörige Polare heißt Äquator. Das geographische Koordinatensystem besteht aus allen Großkreisen durch N und S, den Längenkreisen, sowie aus dem Äquator und allen Kleinkreisen, deren Ebenen parallel zur Äquatorebene sind. Diese Parallel- oder Breitenkreise schneiden alle Längenkreise rechtwinklig. Der halbe Längenkreis zwischen Nord- und Südpol heißt Meridian. Der Meridian durch Greenwich ist als Nullmeridian festgelegt. Die geographische Länge λ eines Punktes P ist der Winkel zwischen der Ebene des Nullmeridians und der Ebene des Meridians von P. λ wird von 0° bis 180° als östliche Länge und von 0° bis −180° als westliche Länge gemessen. Die geographische Breite φ von P ist der Winkel PMP_1, wenn M der Kugelmittelpunkt und P_1 der Schnittpunkt zwischen dem Äquator und dem Meridian von P ist. Man mißt die Breite von 0° bis 90° als nördliche Breite und von 0° bis −90° als südliche Breite.
Da häufig das Gradnetz bzw. einzelne Meridiane oder Parallelkreise desselben zu zeichnen sind, sollen hierzu zwei Beispiele folgen.

BEISPIEL 1

Zu zeichnen sind der Äquator mit Nord- und Südpol und zwei zueinander senkrechte Längenkreise l_1 und l_2.

Lösung

In Bild 327 wurde $M \in \Pi$ gewählt. Nach Wahl eines beliebigen Punktes N als Nordpol lassen sich nach Bild 318 der Südpol S und der Äquator a konstruieren. Die Äquatorebene wird um ihre Spur e in die Bildebene umgeklappt: $(a) = u$. Auf (a) werden zwei Punkte (P_1) und (P_2) so gewählt, daß $\sphericalangle (P_1)M(P_2) = 1^{\text{L}}$ ist. $(P_1)M$ und (P_2M) sind die umgeklappten Schnittgeraden der zwei zueinander senkrechten Längenkreisebenen mit der Äquatorebene. Die zugehörigen Punkte P_1' und P_2' auf a' lassen sich mit Hilfe des Nebenscheitelkreises nach der in 5.3. angegebenen Konstruktion finden ($\overline{P_1'M}$ und $\overline{P_2'M}$ sind konjugierte Durchmesser der Ellipse a'). Die Bildellipse l_1' ist durch die Punkte P_1' und N (bzw. S) eindeutig bestimmt und könnte nach 5.3. konstruiert werden. Sie ergibt sich jedoch schneller, wenn beachtet wird, daß l_1 Polare zum Pol P_2 ist und nach Bild 318 konstruiert werden kann. Ebenso ergibt sich l_2 als Polare zu P_1.
Mit dieser Konstruktion wurde zugleich die Aufgabe gelöst, die senkrechte Parallelprojektion von drei senkrecht aufeinander stehenden Strecken gleicher Länge (MP_1, MP_2 und MN) zu finden.

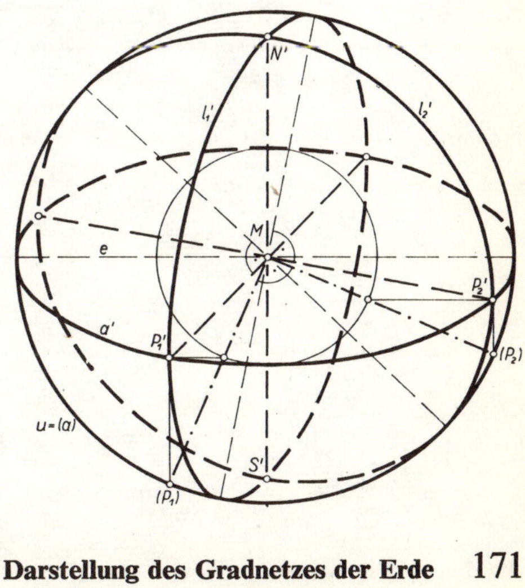

Bild 327

BEISPIEL 2

In ein gegebenes geographisches Koordinatensystem soll ein Punkt $P(\lambda = 80°, \varphi = 35°)$ eingetragen und der durch P gehende Längen- und Breitenkreis konstruiert werden.

Lösung

Die Konstruktion von N, S und a wird wie in Bild 318 durchgeführt. Damit die Zeichnung übersichtlich bleibt, wurde der umgeklappte Großkreis (l_1) in Bild 328 rechts herausgezeichnet, was praktisch der Verwendung eines Seitenrisses gleichkommt. Auf a' wird der Punkt P_0' gewählt, d. i. die Projektion des Schnittpunktes zwischen Nullmeridian und Äquator. Wie in Beispiel 1 wird die Äquatorebene um ihre Spur umgeklappt und $[P_0]$ konstruiert. $[P_1]$ wird so bestimmt, daß $\sphericalangle [P_0]M[P_1] = 80°$ ist. Durch Zurückklappen ergibt sich P_1', das ist die Projektion des Schnittpunktes zwischen dem Äquator und dem Längenkreis l der Länge $\lambda = 80°$. Die Bildellipse l' wird am besten nach der in Beispiel 1 angegebenen Konstruktion bestimmt. (Wahl eines Punktes $[P_2]$ auf $[a]$ mit $\sphericalangle [P_2]M[P_1] = 90°$ und Konstruktion von $P_2' \in a'$. Dann ist P_2 Polare von l.)
Die gleiche Konstruktion, nach der auf der Äquatorellipse a' zwei Punkte P_0' und P_1' mit vorgeschriebenem Längenunterschied gefunden wurden, ist jetzt anzuwenden, um auf der Projektion l' des Längenkreises zwei Punkte P_1' und P' mit gegebenem Breitenunterschied festzulegen. P_1' ist bereits gegeben. Um P' zu konstruieren, wird die Ebene von l um ihre Spur e geklappt ($u' = \langle l \rangle$) und $\langle P_1 \rangle$ bestimmt. Dann wird $\sphericalangle \langle P_1 \rangle M \langle P \rangle = 35°$ angetragen und durch Zurückklappen P' ermittelt. Die Konstruktion der Ellipse k' des Breitenkreises durch P erfolgt wie in Bild 322.
Soll eine weitere Einteilung der Großkreise des geographischen Koordinatensystems, d. h. der Längenkreise oder des Äquators vorgenommen werden, dann kann das mit Hilfe des Nebenscheitelkreises geschehen, wie es Bild 329 für eine Einteilung von 20° zu 20° zeigt.

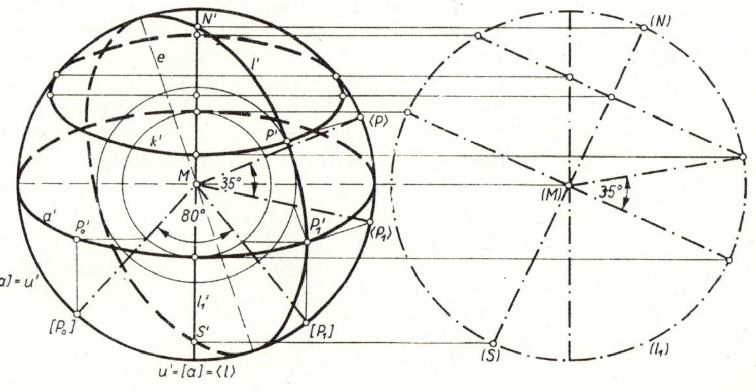

Bild 328

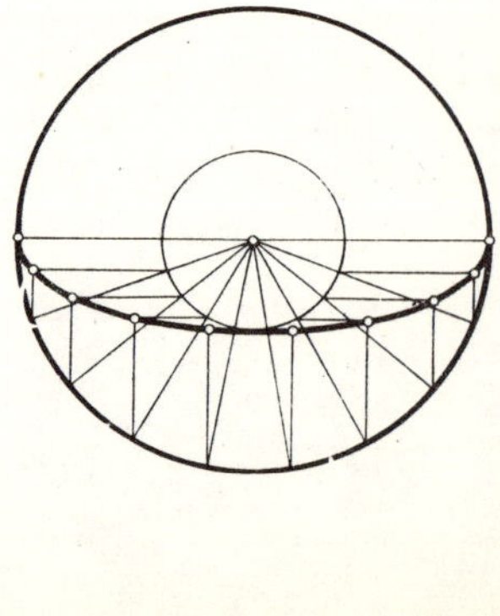

Bild 329

4.5. Kartenprojektionen

Für die Herstellung einer Karte muß das aus den Längen- und Breitenkreisen bestehende Gradnetz der Erdoberfläche in die Ebene abgebildet werden. Jede derartige Abbildung heißt ein **Kartennetzentwurf.** Da die Kugel nicht zu den abwickelbaren Flächen wie Kegel oder Zylinder gehört, treten bei der Abbildung in die Ebene stets Verzerrungen auf. Unter Verzerrung versteht man das Verhältnis einer Größe (Länge, Winkel oder Fläche) auf der Karte zur entsprechenden Größe in der Ebene. Ist dieses Verhältnis gleich 1, dann spricht man von Längen-, Winkel- oder Flächentreue. Längentreue gibt es bei keinem Kartennetzentwurf, höchstens in bestimmten Richtungen oder auf bestimmten Kurven, meist Meridianen oder Parallelkreisen. Es gibt aber winkel- oder flächentreue Entwürfe. Beide Eigenschaften schließen sich gegenseitig aus. Eine winkel- und flächentreue und damit zugleich längentreue Abbildung ist nur auf dem Globus möglich. Für die unterschiedlichen Anwendungsgebiete gibt es zahlreiche Kartennetzentwürfe. Die meisten von ihnen sind rein mathematischer Natur und nur auf rechnerischem Weg mit Hilfe von Abbildungsgleichungen herzustellen. Einige Entwürfe sind aber unmittelbar Projektionen und lassen sich mit den Methoden der darstellenden Geometrie zeichnen. Diese Entwürfe heißen **Kartenprojektionen.** Um die Verzerrungen klein zu halten, wird die Kugel häufig erst auf einen die Kugel berührenden bzw. schneidenden Kegel oder Zylinder abgebildet, der dann in die Ebene abgewickelt wird. Im folgenden wird nur die unmittelbare Abbildung der Kugel auf die Ebene durch Projektion behandelt.

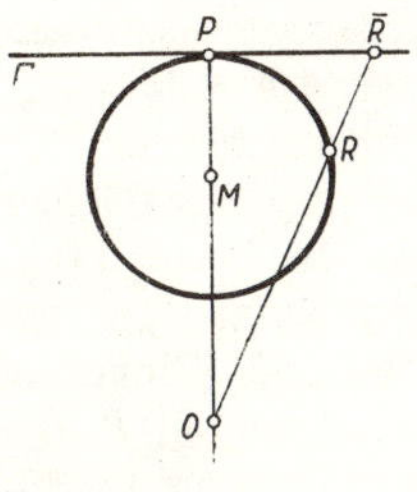

Bild 330

An die Kugel wird im Punkt P eine Tangentialebene Γ angelegt (Bild 330). Das Projektionszentrum O soll auf der Normalen zu Γ durch P liegen. Die Projektion eines beliebigen Kugelpunktes R ist $\bar{R}$. Ein Großkreis l durch P bildet sich in Γ als Gerade $\bar{l}$ ab; denn das Projektionszentrum O liegt in der Ebene des Großkreises, so daß auch alle Projektionsstrahlen durch die Punkte von l in der Großkreisebene liegen. Der Schnitt dieser projizierenden Ebene mit Γ ist die Gerade $\bar{l}$. Bilden zwei durch P gehende Großkreise l_1 und l_2 den Winkel α miteinander, dann schließen auch die Projektionen $\bar{l}_1$ und $\bar{l}_2$ den Winkel α ein. Beweis: Der Schnittwinkel zweier Großkreise ist der Keilwinkel der Großkreisebenen, und Γ schneidet diese Ebenen senkrecht zu ihrer Schnittgeraden in $\bar{l}_1$ und $\bar{l}_2$ (vgl. 3.2.11.). Diese Kartenprojektion ist daher zumindest im Berührungspunkt winkeltreu.

Der Berührungspunkt P kann in einem Pol oder auf dem Äquator liegen oder ein beliebiger Punkt eines Meridians sein. Die zugehörigen Kartenprojektionen heißen entsprechend **Polarprojektion, Äquatorprojektion** oder **Meridianprojektion.**

In Bild 330 ist der Abstand OP noch nicht festgelegt. Von praktischer Bedeutung sind die drei Projektionen, die sich für $\overline{OP} = \infty$, $\overline{OP} = 2r$ und $\overline{OP} = r$ ergeben.

4.5.1. Orthographische Projektion

Wird der Abstand des Projektionszentrums O vom Berührungspunkt P unendlich groß gewählt, dann erhält man den Netzentwurf durch eine senk-

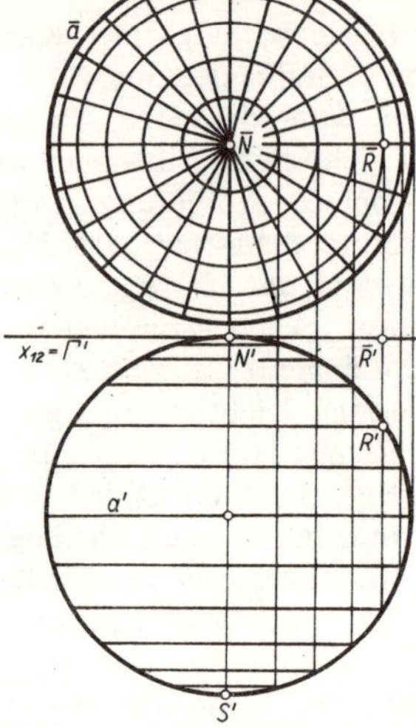

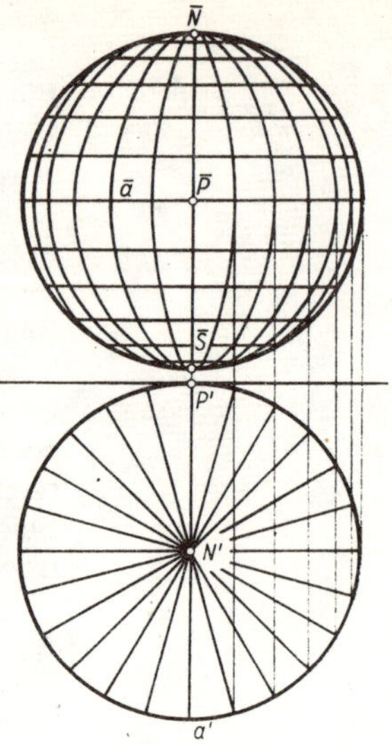

Bild 331 (links)

Bild 332 (rechts)

rechte Parallelprojektion. Sie heißt **orthographische Projektion** und entspricht der bisherigen Eintafelprojektion. Bild 331 zeigt eine **orthographische Polarprojektion** und Bild 332 eine **orthographische Äquatorprojektion.** Zur Konstruktion wird die Zweitafelprojektion verwendet. Im ersten Fall liegt der Durchmesser NS parallel, im zweiten Fall senkrecht zur Grundrißebene. Die Kartenprojektionsebene Γ fällt mit der Aufrißebene zusammen. Meridiane und Breitenkreise sind für die Differenzen $\Delta\lambda = \Delta\varphi = 15°$ eingetragen. Die orthographische Projektion kann theoretisch bis zur Darstellung einer Halbkugel verwendet werden. Der Entwurf ist weder flächen- noch winkeltreu. Während z. B. bei der Polarprojektion die Breitenkreise längentreu abgebildet werden, nehmen die Längenverzerrungen auf den Längenkreisen und damit allgemein auch die Flächen- und Winkelverzerrungen mit wachsendem Abstand vom Kartenberührungspunkt $P = N$ stark zu. Eine Mondaufnahme ergibt nahezu eine orthographische Projektion, da wegen der großen Entfernungen die Sehstrahlen fast als parallel angesehen werden können.

4.5.2. Stereographische Projektion

Für $\overline{OP} = 2r$ liegt das Projektionszentrum O auf der Kugel, dem Berührungspunkt P der Kartenprojektionsebene diametral gegenüber. Man spricht dann von einer **stereographischen Projektion.** Bild 333 zeigt eine **stereographische Polarprojektion.** Die Kartenprojektionsebene Γ fällt wieder mit der Aufrißebene zusammen. Im Gegensatz zur orthographischen Projektion kann bei diesem Netz ein Gebiet abgebildet werden, das größer als die Halbkugel ist.

Die stereographische Projektion der Kugel besitzt nicht nur als Kartennetzentwurf, sondern auch für mathematische Untersuchungen eine besondere Bedeutung, denn diese Abbildung ist *winkeltreu.*

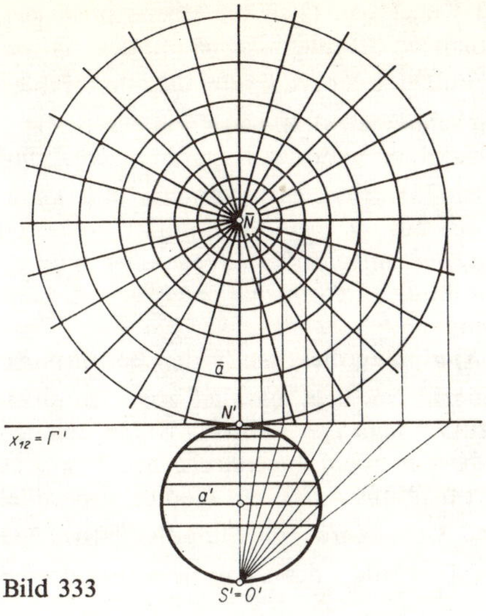

Bild 333

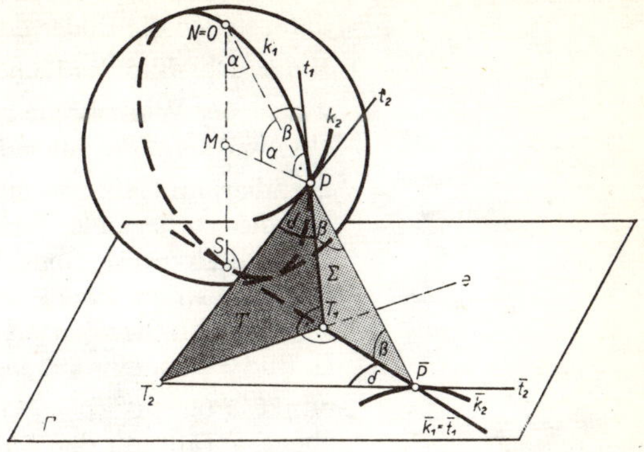

Bild 334

Zum *Beweis* wird Bild 334 betrachtet. S sei der Berührungspunkt von Γ, $N = O$ das Projektionszentrum. Zwei Kurven k_1 und k_2 auf der Kugel sollen sich in P unter dem Winkel δ schneiden. Für k_1 wurde der durch P, N und S gehende Großkreis gewählt, k_2 ist beliebig. Der Schnittwinkel beider Kurven ist der Winkel zwischen den in P an die Kurven gelegten Tangenten t_1 und t_2. $\bar{P}$ ist die Projektion von P. Bei einer winkeltreuen Abbildung muß der Winkel δ auch von den Projektionen $\bar{t}_1$ und $\bar{t}_2$ der Tangenten in ihrem Schnittpunkt $\bar{P}$ eingeschlossen werden. T_1 und T_2 sind die Spurpunkte von t_1 bzw. t_2. Die Großkreisebene von k_1 ist Σ, ihre Spur ist $\bar{t}_1$. Die Tangenten t_1 und t_2 spannen eine Tangentialebene T der Kugel mit der Spur $T_1T_2 = e$ auf. Nun soll die Kongruenz der Dreiecke PT_1T_2 und $\bar{P}T_1T_2$ nachgewiesen werden. Die Dreiecke sind rechtwinklig: $\sphericalangle PT_1T_2 = \sphericalangle \bar{P}T_1T_2 = 1^{\llcorner}$. Denn wegen $\Gamma \perp \Sigma$ und $T \perp \Sigma$ folgt auch für die Schnittgerade $\Gamma \cap T = e \perp \Sigma$. Die Seite T_1T_2 ist beiden Dreiecken gemeinsam. Schließlich folgt aus der Gleichheit der Winkel $S\bar{P}N = 90° - \alpha = \beta$ und $\bar{P}PT_1 = 90° - \alpha = \beta$ im Dreieck $PT_1\bar{P}$ die Gleichheit der Seiten PT_1 und $\bar{P}T_1$. Also gilt $\triangle PT_1T_2 \cong \triangle \bar{P}T_1T_2$ und damit $\sphericalangle T_1PT_2 = \sphericalangle T_1\bar{P}T_2 = \delta$. Ist nun allgemein k_1 kein Großkreis durch S, sondern auch eine beliebige Kurve auf der Kugel, dann folgt aus dem Beweis, daß die Winkel zwischen k_1 bzw. k_2 und dem Großkreis durch N und damit auch der Winkel zwischen k_1 und k_2 selbst erhalten bleiben.

Aus der Winkeltreue folgt als weitere wichtige Eigenschaft der stereographischen Projektion die *Kreistreue*. Alle auf der Kugel gelegenen Kreise bilden sich wieder als Kreise ab. Nur die durch das Projektionszentrum gehenden Kugelkreise erscheinen als Geraden.

Zum *Beweis* der Kreistreue wird ein beliebiger, nicht durch O gehender Kugelkreis k betrachtet. k sei zunächst ein Kleinkreis. A ist die Spitze des Kegels, der die Kugel in k berührt. Alle Mantellinien des Kegels schneiden

k rechtwinklig. Werden Kugel und Kegel von O in die Ebene projiziert, dann stellen die Bilder der Mantellinien ein Strahlenbüschel mit dem Träger $\bar{A}$ dar. Das Bild des Kugelkreises k muß eine Kurve $\bar{k}$ sein, die alle Strahlen wegen der Winkeltreue rechtwinklig schneidet, d. h., $\bar{k}$ ist ein Kreis. Ist k ein nicht durch O gehender Großkreis, dann geht der Kegel in einen Zylinder über, und A ist der unendlich ferne Punkt der Zylinderachse. $\bar{A}$ ist dann für die vorliegende Zentralprojektion aus O der Fluchtpunkt (s. 7.3.1.) der Zylinderachse. Sonst bleibt der Beweis unverändert. Wegen der Winkel- und Kreistreue findet die stereographische Projektion u. a. für die Herstellung von Sternkarten Verwendung.

In Bild 335 ist eine **stereographische Meridianprojektion** für den Berührungspunkt $P(\lambda = 0°, \varphi = 45°)$ konstruiert. $\overline{NS}$ liegt parallel zur Grundrißebene, Γ fällt mit der Aufrißebene zusammen. Der Umriß u ist der aus den Meridianen $\lambda = 0°$ und $\lambda = 180°$ bestehende Längenkreis, auf dem das Zentrum O liegt. u projiziert sich von O aus auf Γ als Gerade $\bar{u}$ parallel zu x_{12}. Auf $\bar{u}$ liegen die Bilder $\bar{N}$ und $\bar{S}$ des Nord- und Südpols (in Bild 335 liegt $\bar{S}$ außerhalb der Zeichenebene). Das Bild $\bar{l}$ des Längenkreises l, dessen

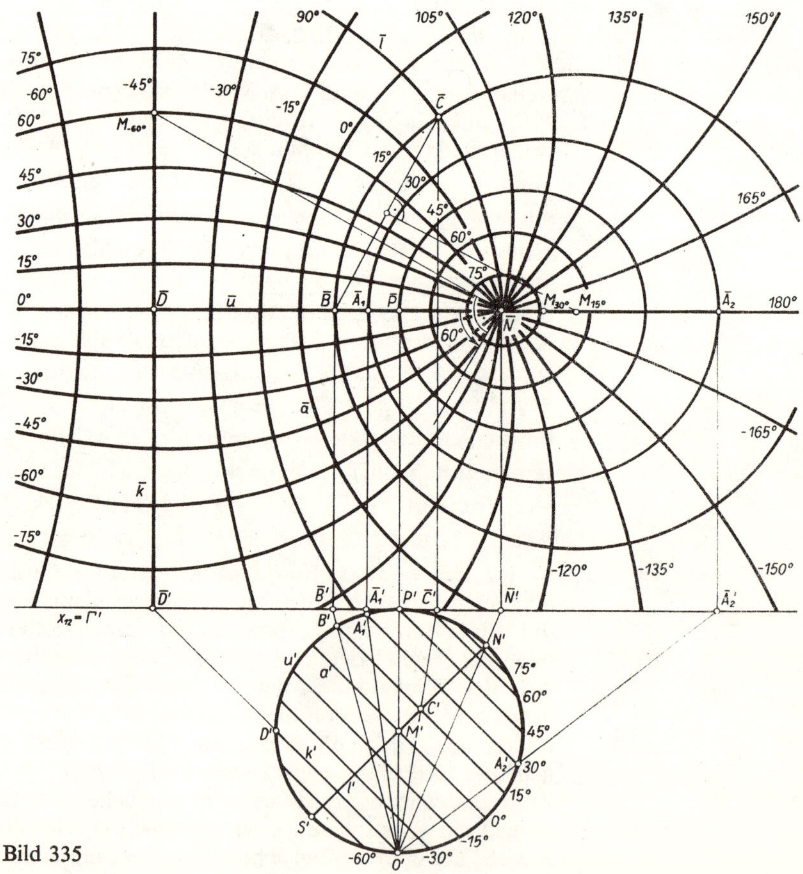

Bild 335

Bild 336 (links)

Bild 337 (rechts)

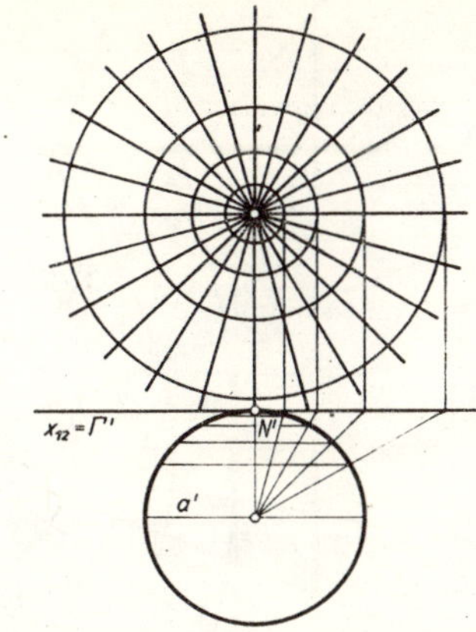

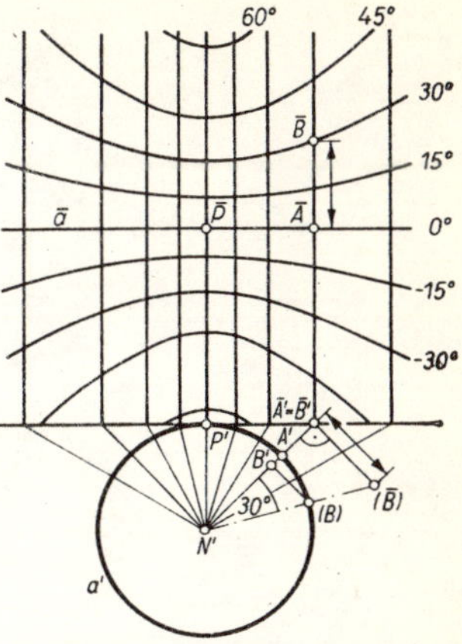

Ebene senkrecht zur Grundrißebene ist, ist ein Kreis mit $\overline{\overline{NS}}$ als Durchmesser. Die Projektionen der Breitenkreise sind Kreise, deren Mittelpunkte auf $\bar{u}$ liegen. Für den Breitenkreis $\varphi = 30°$ z. B. können die Endpunkte des waagerechten Durchmessers A_1A_2 sofort projiziert werden, und der Mittelpunkt $M_{30°}$ der Projektion dieses Breitenkreises ergibt sich als Mitte der Strecke $\overline{A}_1\overline{A}_2$. Für den Breitenkreis $\varphi = 15°$ liegt dagegen nur die Projektion eines Endpunktes B des waagerechten Durchmessers in der Zeichenebene. Man projiziert dann den Schnittpunkt C zwischen dem Breitenkreis und dem Großkreis l und kann aus den zwei Punkten $\overline{B}$ und $\overline{C}$ den Mittelpunkt $M_{15°}$ auf $\bar{u}$ konstruieren. Der Breitenkreis k ($\varphi = -45°$), auf dem O liegt, bildet sich als Gerade $\bar{k}$ senkrecht zu x_{12} ab. Die Längenkreise sind in der Projektion ebenfalls Kreise. Ihre Mittelpunkte müssen auf $\bar{k}$ liegen, denn die Längenkreise schneiden alle Breitenkreise, also auch k, rechtwinklig, und diese Eigenschaft bleibt bei der Abbildung erhalten. Da sich die Projektionen der Längenkreise auch in $\overline{N}$ unter gleichen Winkeln wie auf der Kugel schneiden, lassen sich die Mittelpunkte leicht finden. Man trägt in $\overline{N}$ für einen Meridian (in Bild 335 für $\lambda = 60°$) den Längenunterschied gegen den als Gerade abgebildeten Nullmeridian an und erhält damit eine Tangente an das Bild des entsprechenden Meridians. Die Senkrechte zur Tangente durch $\overline{N}$ schneidet $\bar{k}$ im gesuchten Mittelpunkt.

4.5.3. Gnomonische Projektion

Wird in Bild 330 $\overline{OP} = r$ gewählt, dann fällt das Projektionszentrum mit dem Kugelmittelpunkt zusammen. Diese Abbildung heißt **gnomonische Projektion.** Bild 336 zeigt eine **gnomonische Polarprojektion.** Die Längenverzerrungen nehmen mit wachsendem Abstand von $\overline{N}$ schneller zu als bei der stereographischen Projektion. Der Äquator kann nicht mit abgebildet werden, d. h., allgemein läßt sich nur ein Teil der Kugelfläche, der kleiner als die Halbkugel ist, projizieren. Diese Projektion ist weder flächen- noch winkeltreu. Sie hat aber eine andere wichtige Eigenschaft: alle *Großkreise* bilden sich *als Geraden* ab. Die Ebene jedes Großkreises l geht durch

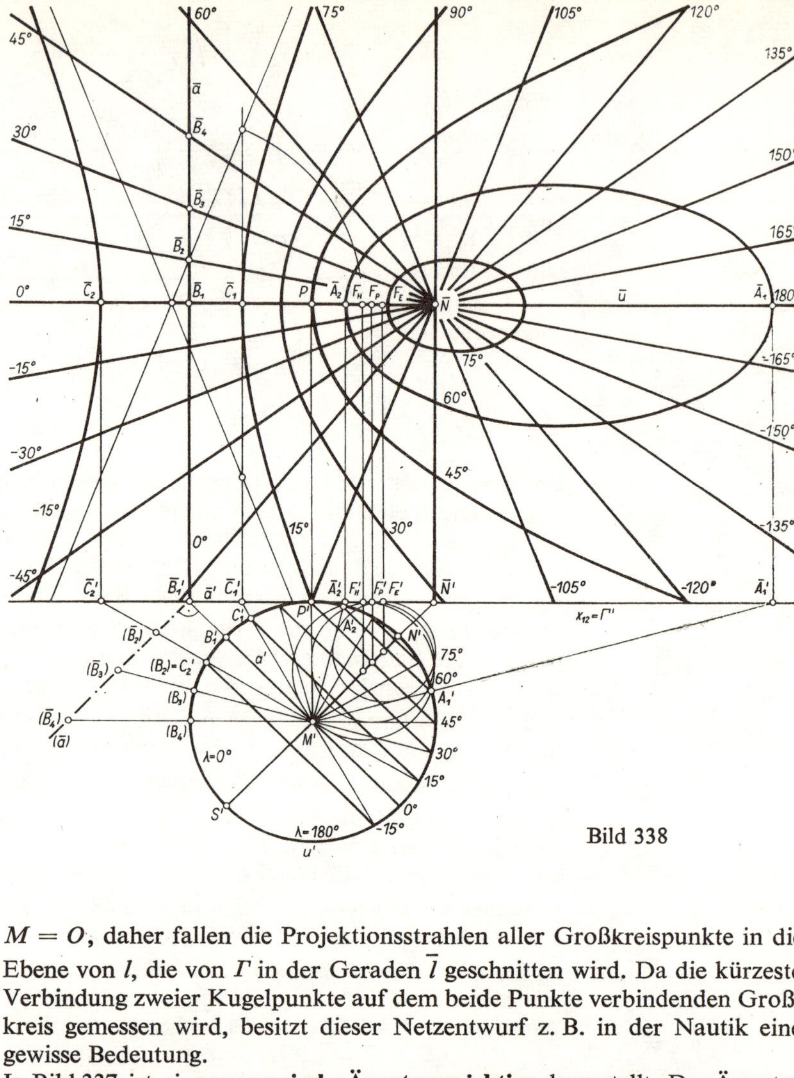

Bild 338

$M = O$, daher fallen die Projektionsstrahlen aller Großkreispunkte in die Ebene von l, die von Γ in der Geraden $\bar{l}$ geschnitten wird. Da die kürzeste Verbindung zweier Kugelpunkte auf dem beide Punkte verbindenden Großkreis gemessen wird, besitzt dieser Netzentwurf z. B. in der Nautik eine gewisse Bedeutung.

In Bild 337 ist eine **gnomonische Äquatorprojektion** dargestellt. Der Äquator bildet sich als waagerechte, die Meridiane bilden sich als dazu senkrechte Geraden ab, da alle Längenkreisebenen senkrecht zur Grundrißebene sind. Die Breitenkreise besitzen als Bilder Hyperbeln. Die zu einem Breitenkreis gehörenden Projektionsstrahlen bilden einen projizierenden Kegel, der von der Kartenebene Γ parallel zur Kegelachse und deshalb in einer Hyperbel geschnitten wird. Bild 337 zeigt am Beispiel der Punkte A und B die Konstruktion einzelner Gradnetzpunkte. In Bild 338 ist die Konstruktion einer **gnomonischen Meridianprojektion** für den Berührungspunkt $P(\lambda = 0°$, $\varphi = 45°)$ angegeben. Das Bild $\bar{u}$ des zur Grundrißebene parallelen Längenkreises $u(\lambda = 0°$ und $\lambda = 180°)$ ist eine zu x_{12} parallele Gerade. Auf $\bar{u}$ liegt das Bild $\bar{N}$ des Nordpols. Der Äquator bildet sich als eine zu $\bar{u}$ senkrechte Gerade $\bar{a}$ ab. Alle Längenkreise müssen als Projektionen durch $\bar{N}$

gehende Geraden haben. Als zweiter Punkt wird für jeden Längenkreis die Projektion seines Schnittpunktes mit dem Äquator bestimmt. Diese Konstruktion wird wie für Punkt B in Bild 337 durchgeführt (vgl. die Punkte B_1 bis B_4 in Bild 338). Die Breitenkreise projizieren sich als Kegelschnitte. Für den Breitenkreis $\varphi = 45°$ ist die Ebene Γ parallel zu einer Mantellinie des projizierenden Kegels, daher erscheint dieser Breitenkreis als Parabel. Für $\varphi > 45°$ erhält man Ellipsen, für $\varphi < 45°$ Hyperbeln. Die Schnittpunkte dieser Kegelschnitte mit $\bar{u}$ lassen sich leicht bestimmen. Zur weiteren Konstruktion werden die Brennpunkte mit Hilfe der DANDELINschen Kugeln ermittelt, die bekanntlich die Schnittebene Γ in den Brennpunkten berühren. In Bild 338 sind die DANDELINschen Kugeln und die zugehörigen Brennpunkte für die Breitenkreise $\varphi = 15°$ (F_H), $\varphi = 45°$ (F_P) und $\varphi = 60°$ (F_E) eingezeichnet. Für die bei $\varphi = 15°$ sich ergebende Hyperbel ist außerdem die Konstruktion der Asymptoten angegeben.

4.6. Aufgaben 4.1 bis 4.6

Zu 4.1.

4.1. Durch die vier Punkte $P_1(6; 10; 4)$, $P_2(2; 8; 8{,}47)$, $P_3(6; 5; 0{,}12)$, $P_4(-1; 4; 6{,}24)$ ist eine Kugel zu legen. Man konstruiere ihren Mittelpunkt M und bestimme die Größe des Radius.

Zu 4.2.1.

4.2. In der Projektion sind eine Kugel ($M \in \Pi$) und zwei Kugelpunkte P_1 und P_2 gegeben. Man konstruiere die Projektion des durch P_1 und P_2 gelegten Großkreises k.

Zu 4.2.2.

4.3. In der Projektion sind eine Kugel ($M \in \Pi$) und zwei beliebige Großkreise k_1 und k_2 durch ihre Scheitelpunkte gegeben.

a) Es sind die Schnittpunkte beider Großkreise zu konstruieren: $k_1 \cap k_2 = \{R, Q\}$.
b) Zu konstruieren ist ein Großkreis k_3, der k_1 und k_2 unter rechten Winkeln schneidet. Anleitung: Die Ebene von k_3 muß senkrecht zu den Ebenen von k_1 und k_2 sein.

Zu 4.3.

4.4. Gegeben sind ein Punkt $M(4; 3; 1)$ und eine Gerade g durch die zwei Punkte $A(1; 2; 2)$ und $B(5; 7; 4)$.
a) Man konstruiere die Kugel, die M als Mittelpunkt und g als Tangente hat, und den Tangentenberührungspunkt T.
b) Welcher Großkreis k der Kugel besitzt g als Tangente?

4.5. Gegeben sind eine Kugel durch M und r und ein Punkt P außerhalb der Kugel. Von P aus seien alle Tangenten an die Kugel gelegt. Die Menge der Berührungspunkte ist zu konstruieren.

Zu 4.5.1.

4.6. Für eine **orthographische Meridianprojektion** mit dem Berührungspunkt $P(\lambda = 40°, \varphi = 30°)$ ist das Bild des Äquators, des Nord- und Südpols, des 0°- und 180°-Meridians und des Längen- und Breitenkreises durch P zu konstruieren.

5. Einige Betrachtungen zur Affinität

5.1. Vorbemerkungen

In den vorangegangenen Abschnitten ist vielfach die Verwandtschaft zwischen geometrischen Figuren in zwei verschiedenen Ebenen oder in einer Ebene betrachtet worden. Solche Verwandtschaften ergeben sich durch Umklappungen, wobei dem umgeklappten Punkt P' der ursprüngliche Punkt P zugeordnet wurde. Ebenso ergab sich z. B. bei der Parallelprojektion einer Ebene E_1 auf eine Ebene E_2 eine Zuordnung aller Punkte P_1 eindeutig zu allen Punkten P_2. Man kann allgemein sagen:

Eine Abbildung ist die eindeutige Zuordnung einer ebenen Punktmenge E_1 auf eine ebene Punktmenge E_2.

Werden bei einer solchen Abbildung den unendlich fernen Punkten wieder unendlich ferne Punkte zugeordnet, so heißt die Abbildung allgemein **affine Abbildung.** Also:

Eine affine Abbildung ordnet den unendlich fernen Punkten wieder unendlich ferne Punkte zu.

Im folgenden sind die wesentlichen Definitionen und Sätze für solche affinen Abbildungen zusammengestellt.

5.2. Senkrecht-affine Abbildung in einer Ebene

Es sollen die Punkte P auf die Punkte P' durch folgende Vorschrift abgebildet werden:

Gegeben ist die Gerade a und die Zahl $K > 0$. Dann sollen gelten:

1. P' liegt auf derselben Seiten von a wie P.
2. Die Gerade $P'P$ steht senkrecht auf a.
3. P' hat von a den K-fachen Abstand wie P.

Die Gerade a heißt Affinitätsachse, die Senkrechten zu a sind die Affinitätsstrahlen.

Bild 339

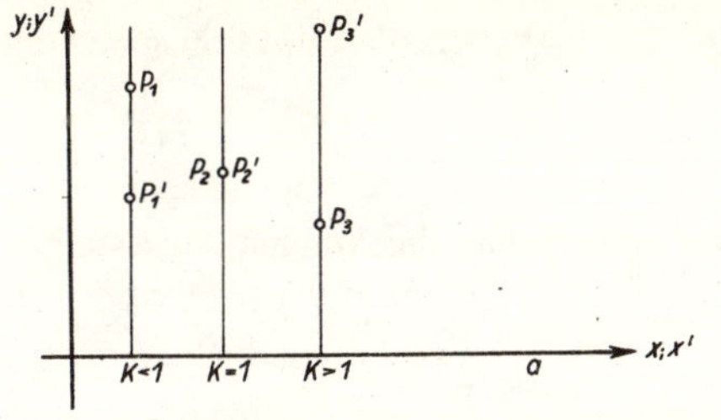

Bild 340

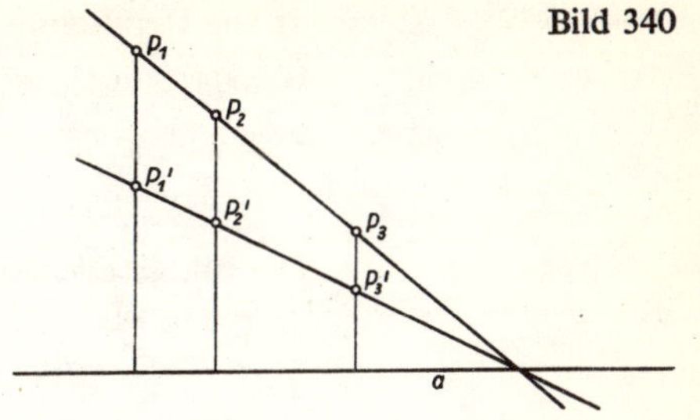

Wählt man die Gerade a als x-Achse eines kartesischen Koordinatensystems (Bild 339), so gilt für die zugeordneten Punkte $P(x; y)$ und $P'(x'; y')$:

$$\begin{aligned} x' &= x \\ y' &= K \cdot y. \end{aligned} \qquad \text{(I)}$$

Nun können die „Invarianten“, d. h. die Eigenschaften, welche bei der Abbildung erhalten bleiben, untersucht werden.

a) Geraden gehen in Geraden über

Beweis: Liegen P_1, P_2, P_3 auf einer Geraden, so gilt (Bild 340):

$$\begin{vmatrix} 1 & 1 & 1 \\ x_1 & x_2 & x_3 \\ y_1 & y_2 & y_3 \end{vmatrix} = 0$$

Nach (I) folgt

$$0 = \begin{vmatrix} 1 & 1 & 1 \\ x_1' & x_2' & x_3' \\ \frac{1}{K} y_1' & \frac{1}{K} y_2' & \frac{1}{K} y_3' \end{vmatrix} = \frac{1}{K} \begin{vmatrix} 1 & 1 & 1 \\ x_1' & x_2' & x_3' \\ y_1' & y_2' & y_3' \end{vmatrix}.$$

Da $\frac{1}{K} \neq 0$ ist, verschwindet die letzte Determinante, d. h., P_1', P_2', P_3' liegen auch auf einer Geraden.

b) Punkte der Affinitätsachse gehen in sich selbst über

Beweis: Ist $y = 0$, so ist auch $y' = K \cdot y = 0$.
Es müssen sich also zugeordnete Geraden auf der Affinitätsachse schneiden.

c) Das Teilverhältnis auf Strecken bleibt erhalten

Beweis: Nach Bild 341 ist

$$\overline{P_1T} : \overline{P_2T} = (x_t - x_1) : (x_2 - x_t) = \lambda$$

$$\overline{P_1'T'} : \overline{P_2'T'} = (x_t' - x_1') : (x_2' - x_t') = \lambda$$

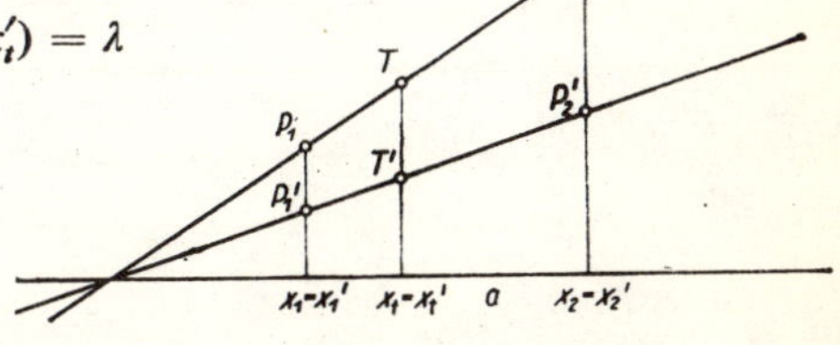

Bild 341

d) Die Parallelität bleibt erhalten

Beweis: Zwei Geraden g_1 und g_2 haben die Funktionsgleichungen:

$$y = m_1 x + n_1$$

$$y = m_2 x + n_2.$$

Die Bildgeraden sind dann durch die Gleichungen dargestellt

$$\frac{y'}{K} = m_1 x' + n_1$$

$$\frac{y'}{K} = m_2 x' + n_2.$$

Ist $m_1 = m_2$, so sind die Richtungsfaktoren der Bildgeraden $m_1 \cdot K$ und $m_2 \cdot K$ auch untereinander gleich, also $g_1' \parallel g_2'$. Der unendlich ferne Punkt von g wird dem unendlich fernen Punkt von g' zugeordnet.
Es werde nun ein Kreis um den Ursprung abgebildet. Es gilt

Kreis: $x^2 + y^2 = r^2$

Bild: $x'^2 + \frac{y'^2}{K^2} = r^2.$

Der Kreis wird also zur Ellipse mit den Achsen r und $K \cdot r$. Da die Ordinaten y' der Ellipse zur entsprechenden Koordinate des Kreises das konstante Verhältnis K haben, ergibt sich ohne weiteres die in Bild 342 dargestellte Zweikreiskonstruktion der Ellipse.
Eine Kreistangente mit dem Berührungspunkt P_1 hat die Funktionsgleichung

$$x x_1 + y y_1 = r^2.$$

Ihr entspricht die Gerade

$$x' x_1' + \frac{y'}{K} \cdot \frac{y_1'}{K} = r^2$$

oder

$$\frac{x' x_1'}{r^2} + \frac{y' y_1'}{K^2 r^2} = 1,$$

d. h., diese Gerade ist Tangente an die Ellipse mit dem Berührungspunkt $P'(x_1'; y_1')$, der aus P_1 durch die Abbildung hervorgeht. Damit ist die in Bild 123 gezeigte Tangentenkonstruktion bewiesen.

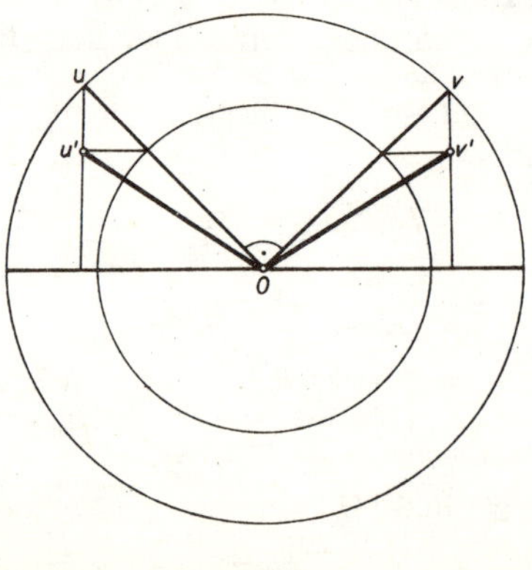

Bild 342

5.3. Konjugierte Durchmesser der Ellipse

Es gilt folgende **Definition:**

Das affine Bild eines Paares zueinander senkrechter Kreisdurchmesser bezeichnet man als konjugierte Ellipsendurchmesser.

In Bild 342 ist die Konstruktion zweier solcher Halbmesser OU' und OV' mittels Zweikreisekonstruktion dargestellt. Aus dieser Konstruktion soll eine weitere entwickelt werden, die es gestattet, aus zwei gegebenen konjugierten Durchmessern die Achsen der Ellipse zu finden.
Bild 343 entsteht aus Bild 342, indem das Dreieck OUU' um 90° gedreht wird. Dabei fallen U nach V, U' nach A und U_1 nach C. Jetzt liegen $\overline{AV}$ bzw. $\overline{CV'}$ achsenparallel. Man ergänzt zum Rechteck $ACV'V$ mit dem Diagonalschnittpunkt S. Nun ist infolge der achsenparallelen Lage des Rechtecks $\overline{SR} = \overline{SO} = \overline{SL}$. Also läßt sich um S der THALES-Kreis über $\overline{RL}$ durch O zeichnen. Weiterhin ist $\overline{V'L} = \overline{OC} = b$ und $\overline{RV'} = \overline{OV} = a$, also $\overline{RL} = a + b$. Aus diesen Tatsachen folgt die wichtige **Rytzsche Achsenkonstruktion:**
Gegeben sind die konjugierten Halbmesser OU' und OV' (Bild 344).
Gesucht sind die Halbachsen a und b.

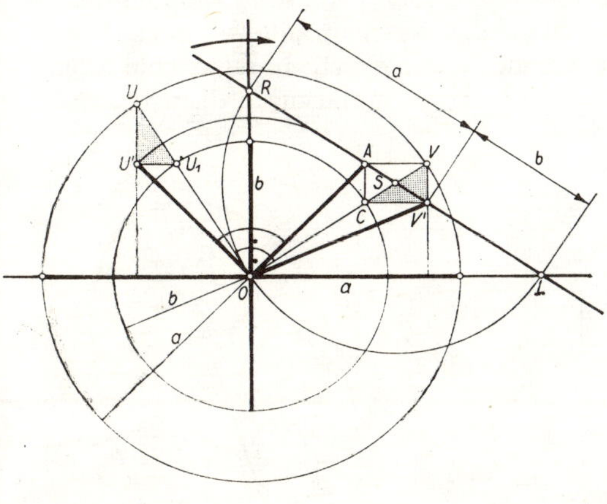

Bild 343

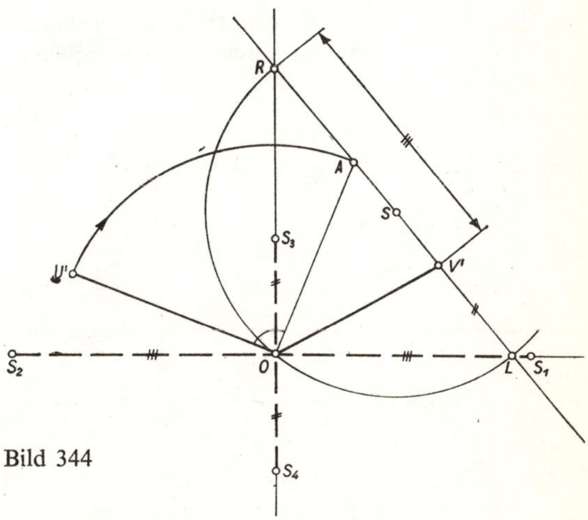

Bild 344

Lösung

1. Man dreht $\overline{OU'}$ um 90° und erhält $\overline{OA}$.
2. THALES-Kreis durch O um den Mittelpunkt S von $\overline{AV}$.
3. Beiderseitige Verlängerung von $\overline{AV'}$ liefert im Schnitt mit THALES-Kreis R und L.
4. $V'R = a$ auf OL von O aus abtragen.
   $V'L = b$ auf OR von O aus abtragen.

Da sehr oft bei Kreisabbildungen senkrechte Durchmesser vorliegen, erhält man zunächst konjugierte Ellipsendurchmesser, aus denen man dann die Ellipsenachsen nach RYTZ konstruiert. Die Ellipse kann nun mit Krümmungskreisen hinreichend genau gezeichnet werden.

5.4. Schräg-affine Abbildung in einer Ebene

Es soll nun die in 5.2. behandelte Abbildung verallgemeinert werden. Die Punkte P einer Ebene werden den Punkten P' derselben Ebene unter folgenden Bedingungen zugeordnet:

1. Die Verbindungsgeraden (Affinitätsstrahlen) zugeordneter Punkte sind untereinander parallel.
2. Die Punkte der Affinitätsachse entsprechen sich selbst.
3. Geraden gehen in Geraden über.

Aus der Definition folgt, daß sich entsprechende Geraden auf der Affinitätsachse schneiden. Es folgt weiter, wie Bild 345 sofort erkennen läßt, daß Teilverhältnisse erhalten bleiben. Auch die Parallelität ist invariant. Würden nämlich parallele Geraden in sich schneidende Geraden übergehen, so müßte der Schnittpunkt S' das Bild des gemeinsamen unendlich fernen Schnittpunktes S_∞ der ursprünglichen Geraden sein, d. h., die Affinitätsstrahlen müßten zu $S_\infty S'$, also zu den ursprünglichen Geraden, parallel laufen (Bild 346).
Es soll gezeigt werden, daß mit dieser Abbildung Kreise in Ellipsen übergeführt werden. In Bild 129 wurde gezeigt, wie man mittels THALES-Kreis die senkrechten Kreisdurchmesser finden kann, welche in senkrechte Ellipsendurchmesser übergehen. In Bild 347 werden in die zugeordneten, ortho-

Bild 345

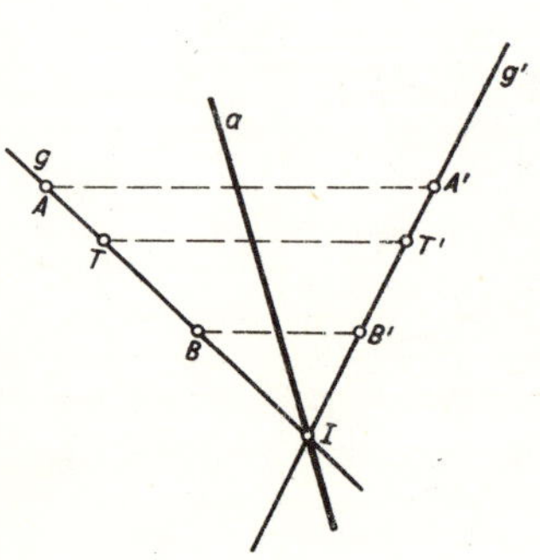

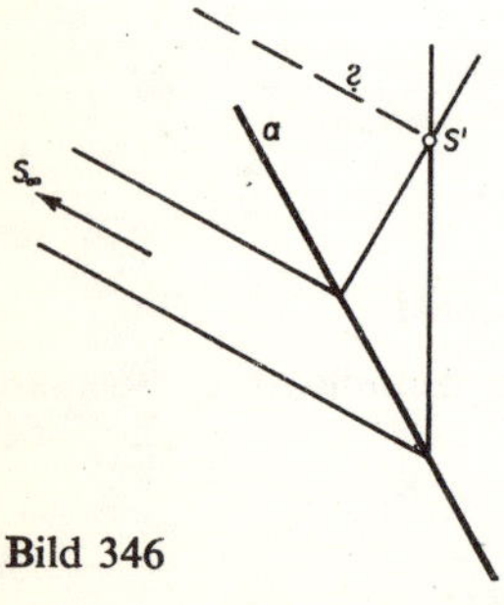

Bild 346

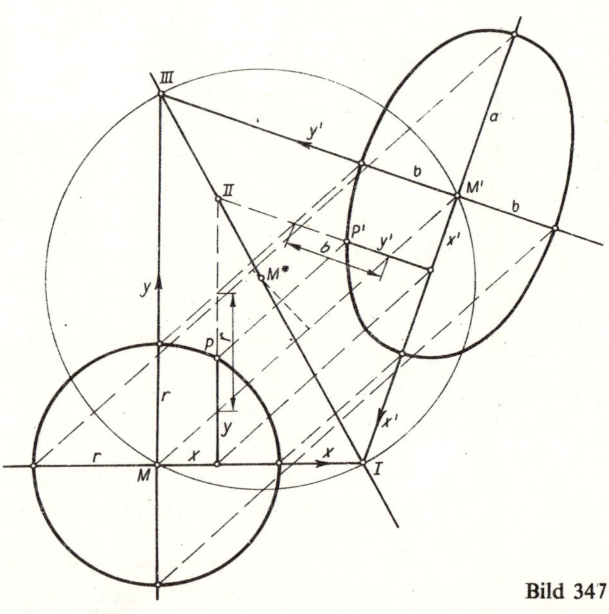

Bild 347

gonalen Durchmesserpaare die Koordinatensysteme x,y bzw. x',y' gelegt. Für den Punkt P des Kreises gilt dann

$$x^2 + y^2 = r^2.$$

Die Strahlenbüschel mit den Scheiteln I und II liefern die Proportionen

$$x : r = x' : a$$

und

$$y : r = y' : b.$$

Also folgt aus der Kreisgleichung die Gleichung

$$\frac{x'^2}{a^2} + \frac{y'^2}{b^2} = 1,$$

d. h., die Bildkurve ist eine Ellipse.

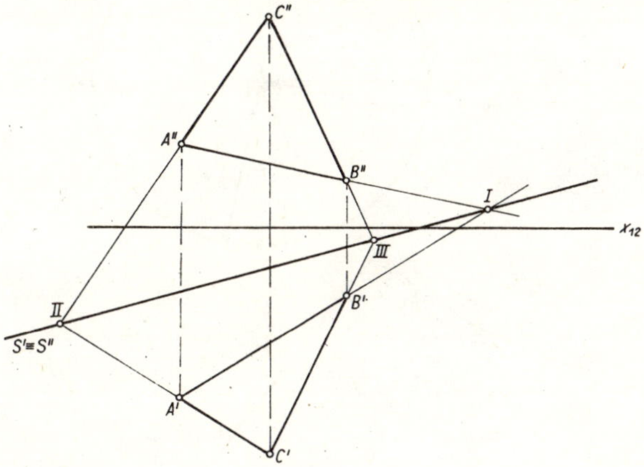

Bild 348

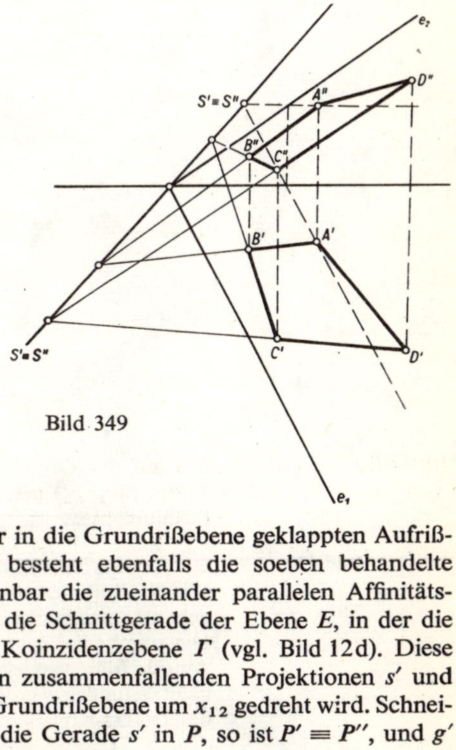

Bild 349

Zwischen der Grundriß- und der in die Grundrißebene geklappten Aufrißprojektion einer **ebenen** Figur besteht ebenfalls die soeben behandelte Affinität. Die Ordner sind offenbar die zueinander parallelen Affinitätsstrahlen. Die Affinitätsachse ist die Schnittgerade der Ebene E, in der die projizierte Figur liegt, mit der Koinzidenzebene Γ (vgl. Bild 12d). Diese Schnittgerade s projiziert sich in zusammenfallenden Projektionen s' und s'', wenn die Aufrißebene in die Grundrißebene um x_{12} gedreht wird. Schneidet also eine Gerade g ($g \subset E$) die Gerade s' in P, so ist $P' \equiv P''$, und g' und g'' müssen sich in $P' \equiv P''$ schneiden.
Bild 348 zeigt diese Affinität für ein Dreieck.
In Bild 349 ist eine Ebene E durch ihre Spuren dargestellt. Mit der Höhenlinie h, welche die Halbierungsebene Γ in S durchstößt, findet man $s = E \cap \Gamma$. Liegt nun die Grundrißprojektion eines in E liegenden Viereckes $ABCD$ vor, so kann mit s als Affinitätsachse die Aufrißprojektion gefunden werden, wenn z. B. zu A' vorerst A'' mit Höhenlinie gefunden wurde („Angelpunkt“).

Bild 350

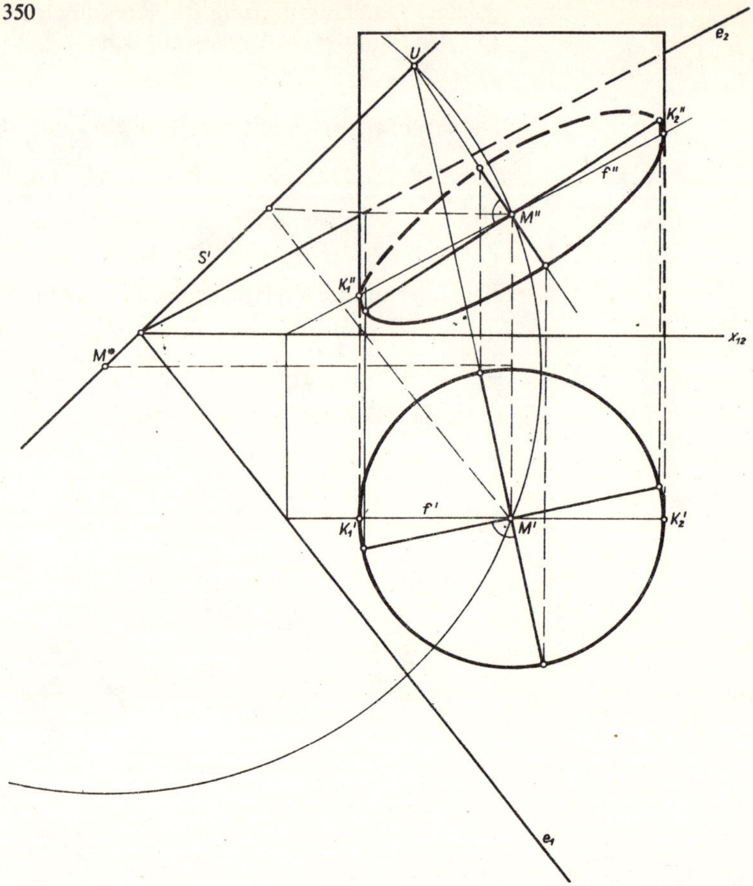

BEISPIEL 1

Ein auf der Grundrißebene stehender Drehzylinder werde durch die gegebene Ebene $E(e_1; e_2)$ geschnitten. Man konstruiere die Projektionen der entstehenden Schnittellipse.

Lösung (Bild 350)

Die Grundrißprojektion der Ellipse ist der Kreis k'. Zu diesem ist das affine Bild k'' mit der nach Bild 349 konstruierten Affinitätsachse zu ermitteln. M' geht als Angelpunkt in M'' über. Nach Bild 129 findet man die Achsen der Ellipse. Die durch die Zylinderachse gelegte Frontlinie f ergibt die Konturpunkte im Aufriß. Man vergleiche das Ergebnis mit Bild 142, wo die Achsen der Ellipse nicht gefunden werden konnten. (Man beachte, daß der zweite Schnittpunkt V des THALES-Kreises mit s' nicht gebraucht wird!)

5.5. Affinität im Raume

Die in 5.4. behandelte Affinität innerhalb einer Ebene kann wiederum verallgemeinert werden, wenn man zwei verschiedene, also nicht zusammenfallende Ebenen betrachtet. Man kann folgende Zuordnung dieser ebenen Punktmengen definieren:

Alle Punkte P der einen Ebene werden durch eine Parallelprojektion den Punkten P' der anderen Ebene zugeordnet.

In Bild 351 ist eine solche Affinität am ebenen Schnitt eines dreikantigen Prismas dargestellt. Die Kanten des Prismas sind die parallelen Projektionsstrahlen, welche die Punkte A, B, C der schneidenden Ebene E den Punkten A', B', C' der Basisebene zuordnen. Aus dem Bild ist ohne Schwierigkeit zu erkennen, daß bei dieser Abbildung die Teilverhältnisse von Strecken erhalten bleiben und daß sich zugeordnete Geraden auf einer Affinitätsachse a ($E \cap E' = a$) schneiden. Auch die Parallelität bleibt erhalten, wie der zu einer Seitenebene des Prismas gelegte Parallelschnitt zeigt (vgl. Bild 2). Dreht man E um a in E', so ergibt sich die in 5.4. behandelte Abbildung innerhalb einer Ebene.

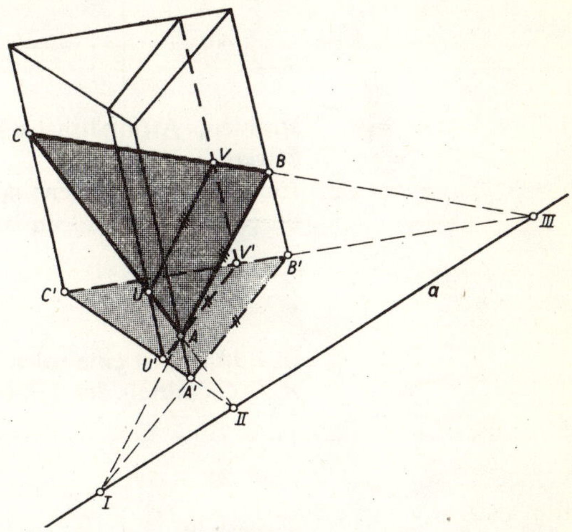

Bild 351

Deutet man die Prismenkanten als Lichtstrahlen, so ist $A'B'C'$ der Schlagschatten von ABC. Man erkennt, daß die Schlagschatten einer ebenen Figur in zwei verschiedene Ebenen die hier behandelte Affinität zeigen. Von dieser Tatsache wurde in 2.6. vielfach Gebrauch gemacht; die Schatten auffangenden Ebenen sind hier Π_1 und Π_2, die Affinitätsachse ist die Rißachse x_{12} (vgl. Bilder 196, 197, 199).

5.6. Allgemeine Affinitäten

Alle bisher in diesem Abschnitt behandelten Affinitäten haben gemeinsam, daß die zueinander affinen, ebenen Figuren mit parallelen Affinitätsstrahlen untereinander gekoppelt sind und daß eine Affinitätsachse existiert. Wenn diese besondere Lage der ebenen Figuren zueinander vorhanden ist, heißt die Abbildung **perspektive Affinität.**
Es können aber auch Affinitäten bestehen, bei denen zwar unendlich ferne Punkte in unendlich ferne Punkte übergehen (d. h. die Parallelität bleibt erhalten), für die aber die speziellen Eigenschaften (parallele Affinitäts-

Bild 352

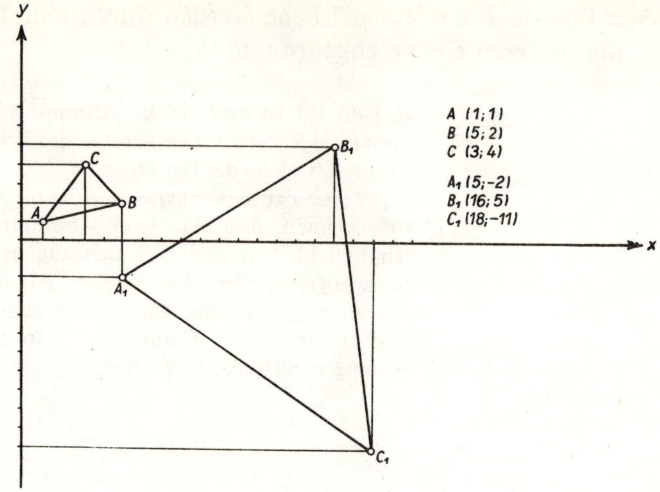

strahlen, Affinitätsachse) nicht vorhanden sind. Ein Beispiel soll dies zeigen:
Innerhalb einer Ebene sollen die Punkte $P_1(x_1; y_1)$ den Punkten $P(x; y)$ durch die Gleichungen zugeordnet werden:

$$x_1 = ax + by$$

$$y_1 = cx + dy. \qquad \text{(I)}$$

In Bild 352 ist eine solche Abbildung für ein Dreieck ABC auf ein Dreieck $A_1B_1C_1$ mittels der Transformationsgleichungen

$$x_1 = 2x + 3y$$

$$y_1 = 3x - 5y$$

dargestellt.

Bewegt sich P auf der Geraden g:

$$Ax + By + C = 0,$$

so läuft P_1 längs der Geraden g_1:

$$x_1 \cdot \frac{Ad - Bc}{ad - bc} + y_1 \cdot \frac{Ba - Ab}{ad - bc} + C = 0.$$

Diese Gleichung erhält man, indem man die Abbildungsgleichungen (I) nach x und y auflöst und die erhaltenen Werte in die Geradengleichung einsetzt. Die Richtungsfaktoren der Geraden sind

$$-\frac{A}{B} \quad \text{und} \quad -\frac{Ad - Bc}{Ba - Ab},$$

sie sind von C unabhängig, d. h., parallele Geraden gehen in parallele Geraden über. Die Abbildung ist also affin. Die Betrachtung des Bildes 352 zeigt aber bereits, daß eine Affinitätsachse nicht existiert, ebenso sind keine parallelen Affinitätsstrahlen vorhanden, die Abbildung ist also nicht perspektiv-affin.

Auf Raumgebilde übertragen, ergibt analog die lineare Transformation

$$x_1 = a_{11}x + a_{12}y + a_{13}z$$
$$y_1 = a_{21}x + a_{22}y + a_{23}z$$
$$z_1 = a_{31}x + a_{32}y + a_{33}z$$

die Abbildung eines Körpers auf einen anderen. Wegen der Invarianz der Parallelität geht z. B. ein Würfel in ein Parallelepipedon („Spat“) über.
Da eine tiefere Untersuchung solcher allgemeinsten affinen Abbildungen den Rahmen dieses Buches überschreiten würde, muß der Leser auf die Literatur verwiesen werden, welche diese Abbildungen umfassend behandelt.

5.7. Aufgabe 5.1

Zu 5.3.

5.1. In der Grundrißebene ist das Parallelogramm $A'B'C'D'$ gegeben, welches die Projektion eines Quadrates darstellen soll. Man bestimme die wahre Länge der Quadratseite und die Aufrißprojektion des Quadrates, dessen Mittelpunkt M die gegebene Höhe h über dem Grundriß habe.
Anleitung: Man operiere mit dem in das Quadrat einbeschriebenen Kreis, der im Grundriß als Ellipse mit dem umbeschriebenen Parallelogramm erscheint.

6. Axonometrie

6.1. Vorbetrachtungen

Bisher wurde oftmals eine *Schrägbildskizze* verwendet, wenn es galt, einen Raumvorgang anschaulich darzustellen. Die orthogonale Eintafelprojektion ergibt in vielen Fällen unanschauliche Bilder; das Bild eines auf der Projektionsebene stehenden Würfels z. B. ist ein Quadrat; eine quadratische Säule ergibt das gleiche Bild.
Von der orthogonalen Eintafelprojektion aus gelangt man zum Schrägbild, indem man entweder den Würfel schräg, d. h. mit gegen die Bildebene geneigten, parallelen Projektionsstrahlen, abbildet oder indem man den Würfel ein wenig dreht und kippt, so daß er nun mit einem Eckpunkt auf der Bildebene steht; der gekippte Würfel wird wieder orthogonal projiziert. In Bild 353 sind diese Projektionsvorgänge schematisch dargestellt.

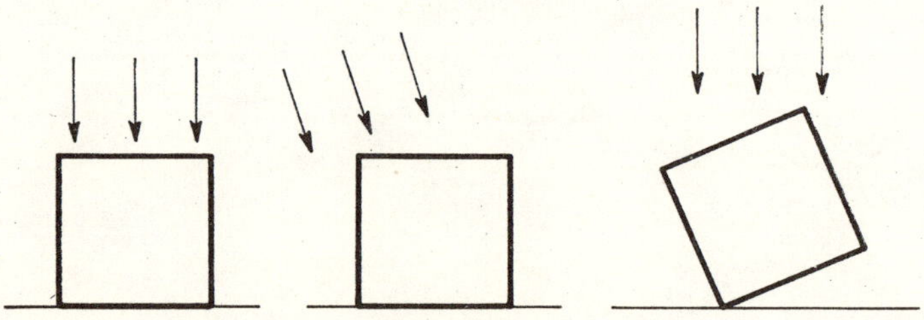

Bild 353

a *b* *c*

Für *jede Parallelprojektion* gelten die z. T. schon bei den Schattenkonstruktionen erwähnten Sätze:

Parallele Geraden sind im allgemeinen auch im Bild parallel (Bild 354). Zur Bildebene parallele, ebene Figuren bilden sich in wahrer Gestalt ab (Bild 355).

Bei einem auf der Bildebene stehenden Würfel bilden sich daher Grund- und Deckquadrat in wahrer Gestalt ab. Die zur Bildebene senkrechten Kanten des Würfels laufen auch im Bild zueinander parallel. Jedoch werden

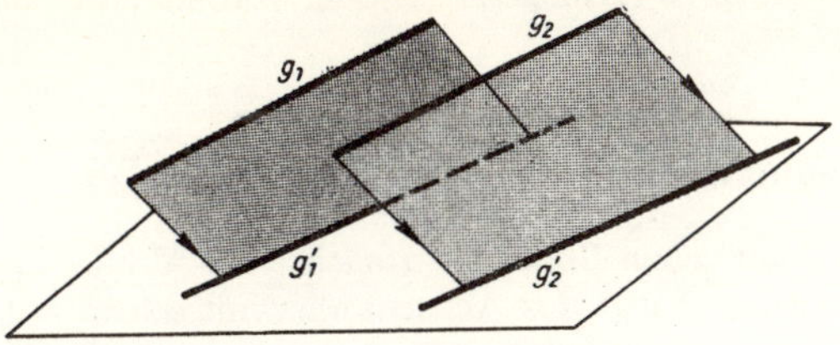

Bild 354

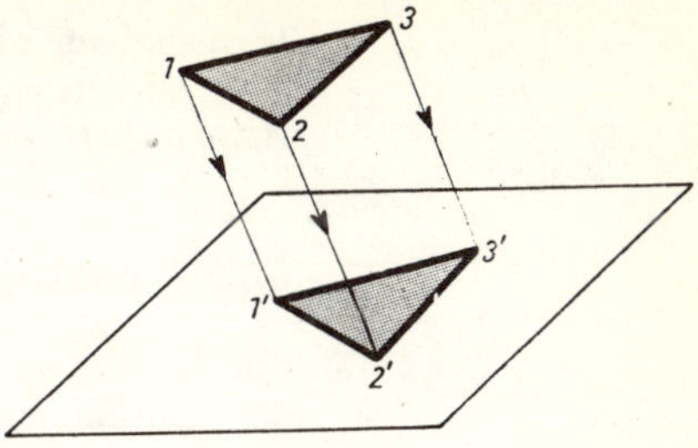

Bild 355

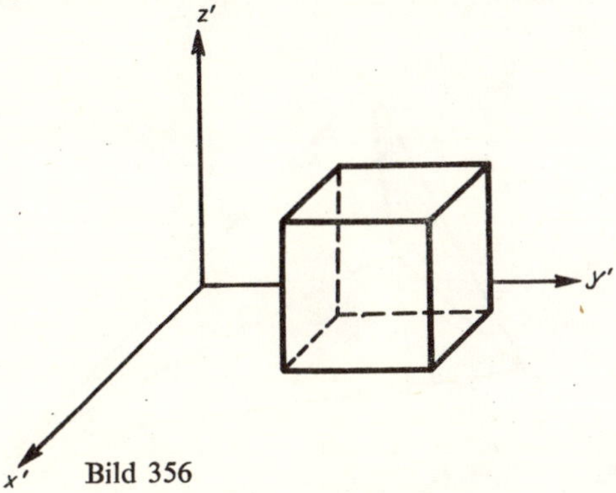

Bild 356

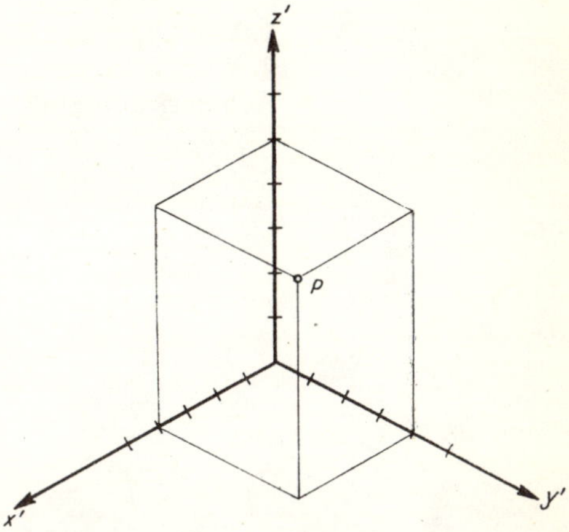

Bild 357

diese Kanten je nach gewählter Projektionsrichtung im Bilde in ihrer Richtung *verzerrt* und in ihrer Länge *verkürzt* (oder verlängert).

In Bild 356 ist ein Würfel im Schrägbild dargestellt. Gleichzeitig wird mit dem Würfel ein *räumliches Achsenkreuz* projiziert, dessen Achsen drei in einem Eckpunkt zusammenstoßenden Würfelkanten parallel sind. Die Achsen x, y, z stehen also senkrecht aufeinander; es liegt ein **rechtwinkliges Raumkreuz** vor.

Man erkennt aus Bild 356, daß der mit dem „angepaßten" Achsenkreuz abgebildete Körper wesentlich anschaulicher wirkt, weil er jetzt seiner räumlichen Lage nach fixiert erscheint. Nach der Methode der analytischen Geometrie werden nun **Raumkoordinaten** eingeführt, indem jedem Raumpunkt drei Koordinaten x, y, z zugeordnet werden. In Bild 357 ist z. B. der Punkt $P(+4;\ +4;\ +5)$ mit dem Achsenkreuz dargestellt. Das Achsenkreuz kann zur Bildebene (Zeichenebene) beliebige Lage haben, so daß sich die Achsenrichtungen verzerren und die auf den Achsen abgetragenen Einheiten verkürzen.

Aus Bild 357 kann rückwärts auf die Lage des Punktes im Raum geschlossen werden. Weil aus dem Bild durch Abmessen der Koordinaten auf den Achsen die Raumlage von Punkten ermittelt werden kann, heißt diese Darstellung die **axonometrische Projektion.**

Für die Axonometrie gilt also folgendes *Abbildungsprinzip*:

In der Axonometrie wird jedes Objekt auf ein angepaßtes Achsenkreuz bezogen und mit diesem gemeinsam abgebildet.

Je nachdem, ob die senkrechte oder schräge Parallelprojektion gewählt wird, spricht man von der *senkrechten* (*orthogonalen*) oder von der *schiefen Axonometrie*.

6.2. Orthogonale Axonometrie

Für den Entwurf eines axonometrischen Bildes ist zunächst die Abbildung des Achsenkreuzes von Bedeutung. Liegt das Achsenkreuz mit seinen auf den Achsen abgetragenen Längeneinheiten vor, läßt sich der abzubildende Gegenstand eintragen, sofern seine Lage zum Achsenkreuz bekannt ist. Es sind also primär folgende Fragen zu beantworten:

1. Wie bildet sich das Achsenkreuz bei orthogonaler Axonometrie ab?
2. Welche Verkürzungen erfahren hierbei die Längeneinheiten auf den drei Achsenrichtungen?

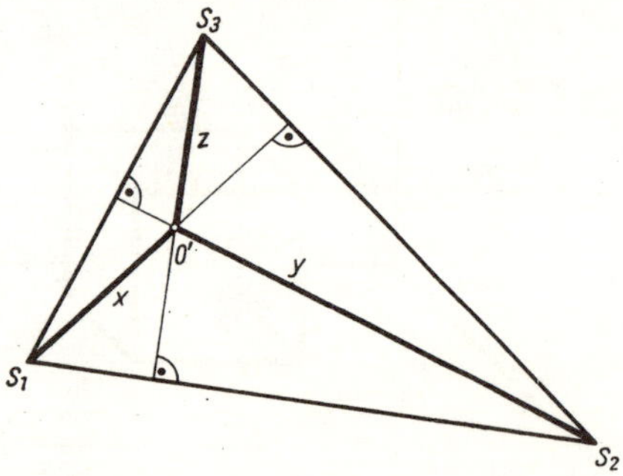

Bild 358

Zur Beantwortung der ersten Frage betrachtet man ein Achsenkreuz mit den Achsen x, y und z und dem Scheitel O. Es soll eine ***beliebige*** Lage zur Bildebene (Zeichenebene) haben. Die Spurpunkte S_1, S_2, S_3 der drei Achsen in der Bildebene bilden das *Spurdreieck*, dessen Seiten die Spuren der drei Koordinatenebenen des Achsenkreuzes sind. Bei senkrechter Projektion des Achsenkreuzes ergeben sich die Achsenbilder, die (ohne Striche) mit x, y, z bezeichnet werden (Bild 358). O geht in O' über, und die Achsenbilder schneiden einander in O'. Da nun z. B. die x-Achse Lot auf der y,z-Ebene ist, muß die Projektion der x-Achse senkrecht zur Spur S_2S_3 stehen; entsprechend gilt $z \perp S_1S_2$ und $y \perp S_1S_3$. Also gilt der Satz:

Bei orthogonaler Axonometrie sind die Achsenbilder die Höhen des Spurdreiecks.

Man kann Bild 358 als die Projektion einer Pyramide auffassen, deren Spitze O ist. Klappt man die Seitenflächen in die Bildebene um, so ergibt sich die umgelegte Spitze O_0 jeweils mit dem THALES-Kreis, da ja bei O selbst rechte Winkel sind. Die Fußpunkte F_1, F_2, F_3 (Bild 359) liegen daher innerhalb der Seiten des Dreiecks $S_1S_2S_3$ und niemals auf deren Verlängerungen. Dies ist nur bei spitzwinkligen Dreiecken der Fall. Man kann also schließen:

Das Spurdreieck ist stets spitzwinklig.

Bild 360 zeigt nochmals die gleiche Figur. Auf den umgelegten Achsen ist eine vorgegebene Längeneinheit e abgetragen. Beim Zurückklappen in die

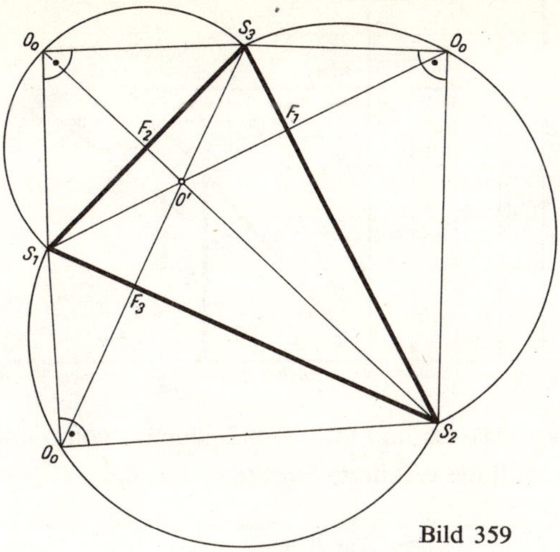

Bild 359

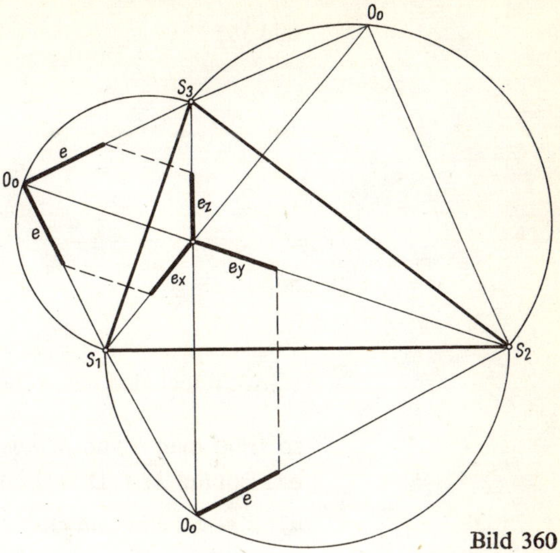

Bild 360

ursprüngliche Raumlage der Achsen ergibt sich für jede Achse die projizierte Längeneinheit e_x, e_y und e_z. Die Quotienten

$$\frac{e_x}{e}, \frac{e_y}{e}, \frac{e_z}{e}$$

stellen die **Verkürzungen in den Achsenrichtungen** dar. Sind α, β, γ die Neigungswinkel der Achsen gegen die Bildebene, so ist (Bild 361):

$$\cos\alpha = \frac{e_x}{e}; \quad \cos\beta = \frac{e_y}{e}; \quad \cos\gamma = \frac{e_z}{e}.$$

Bild 361

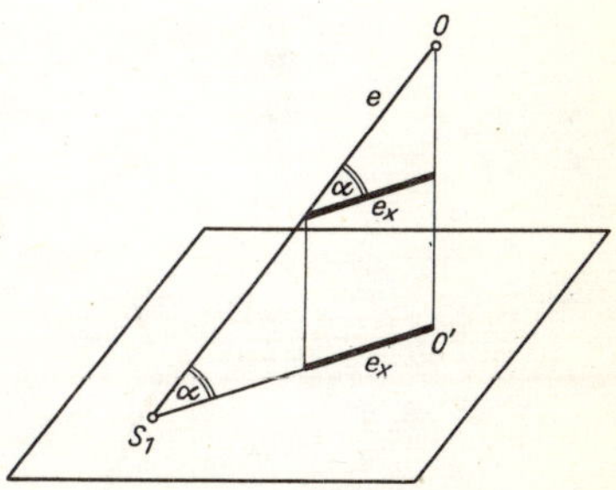

Die Verkürzungsmaße sind gleich dem Cosinus der Neigungswinkel der Achsen gegen die Bildebene.

Soll eine Strecke a, die geometrisch (also nicht durch ihre zahlenmäßig gegebene Länge) vorliegt, verkürzt werden, so verwendet man den **Sinusmaßstab** (Bild 362). Man legt neben das zu konstruierende Bild einen Kreisquadranten mit dem Radius e. Auf $\overline{MB}$ trägt man die aus dem Spurdreieck nach Bild 360 gefundenen Strecken e_x, e_y und e_z ab und erhält die Geraden MU, MV und MW, welche die Achsen x, y und z darstellen. Soll nun z. B. die Strecke a, die im Raum in der y-Achsenrichtung liegt, verkürzt werden,

Bild 362

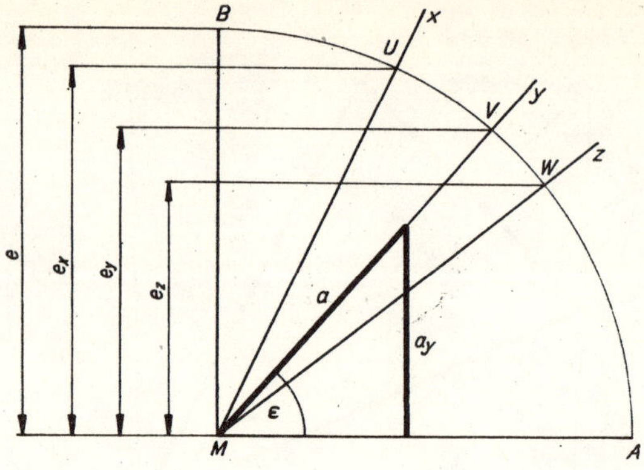

so trägt man a von M aus auf $\overline{MV}$ ab und fällt vom Endpunkt von a aus das Lot auf $\overline{MA}$. Dieses Lot stellt die verkürzte Strecke a_y dar; denn es gilt: $a_y : a = e_y : e\ (= \sin \varepsilon)$.

Mit dem Sinusmaßstab können also nur die Strecken verkürzt werden, die im Raum zu den Achsen des Raumkreuzes parallel liegen.

BEISPIEL 1

Ein Würfel von 4 cm Kantenlänge soll in eine durch ihr Spurdreieck gegebene Axonometrie übertragen werden.

Lösung (Bild 363)

In das gegebene Spurdreieck $S_1S_2S_3$ werden die Höhen eingezeichnet, die sich in O' schneiden. Nach Umlegung des Punktes O in die Bildebene trägt man auf den umgeklappten Achsen jeweils von O_0 aus die Strecke 4 cm ab und bestimmt durch Zurückklappen deren Verkürzungen. Die von O' ausgehenden Strecken $O'1'$, $O'2'$ und $O'3'$ werden zum Würfelbild ergänzt.

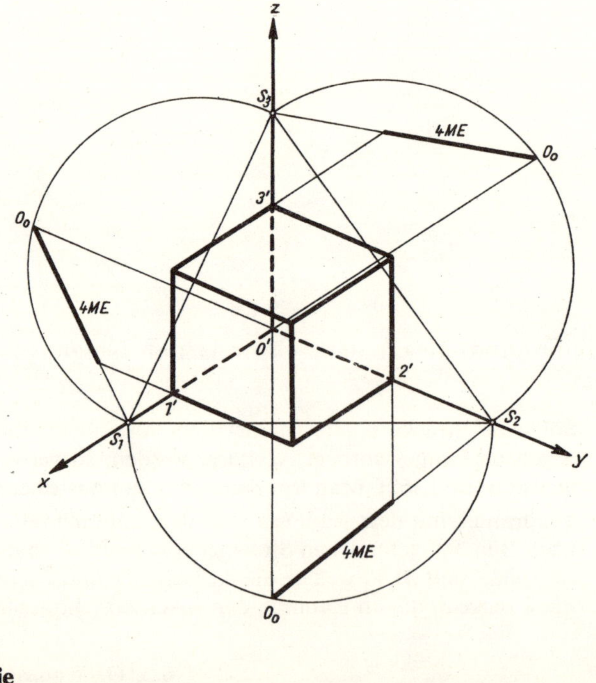

Bild 363

Man beachte, daß in Bild 363 der Scheitel *O* *hinter* der Bildebene angenommen wird, woraus sich dann die Sichtbarkeitsverhältnisse ergeben: Man projiziert den Würfel mit Achsenkreuz von hinten auf die Bildebene, betrachtet aber das entstandene Bild von vorn.

Es soll nun der Fall betrachtet werden, daß nicht das Spurdreieck gegeben ist, sondern die drei Verkürzungsverhältnisse

$v_x = \cos\alpha; \qquad v_y = \cos\beta; \qquad v_z = \cos\gamma.$

Bild 364

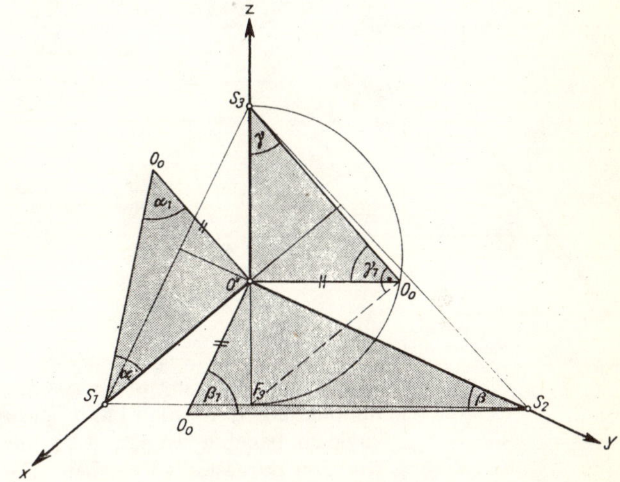

Zum Verständnis der *Konstruktion des Spurdreiecks aus den gegebenen Verkürzungen* v_x, v_y, v_z sei an Bild 364 eine Vorbetrachtung angestellt. Legt man durch die *z*-Achse die Lotebene zur Bildebene und klappt man diese in die Bildebene um, so entsteht das Dreieck $S_3O'O_0$. Hierbei gibt $O'O_0$ den Abstand von *O* von der Bildebene an. Das Achsenbild bleibt natürlich das gleiche, wenn man das Achsenkreuz selbst senkrecht zur Bildebene hebt oder senkt; das Spurdreieck würde sich lediglich ähnlich vergrößern oder verkleinern. Man kann also $O'O_0$ beliebig groß wählen. In Bild 364 treten in den umgelegten Dreiecken die Neigungswinkel α, β, γ auf. Weiterhin ist einzusehen, daß das Dreieck $F_3O_0S_3$ rechtwinklig ist im Punkte O_0; denn O_0F_3 ist die umgelegte Fallinie der Ebene S_1S_2O, und S_3O_0 ist das umgelegte Lot dieser Ebene.

BEISPIEL 2

Aus den gegebenen Verkürzungsverhältnissen v_x, v_y, v_z soll das Achsenbild konstruiert werden.

Lösung (Bild 365)

Nach Wahl der *z*-Achse gibt man sich auf ihr beliebig den Punkt O' an und errichtet auf *z* in O' das Lot von beliebiger Länge $O'O_0$. An $\overline{O'O_0}$ trägt man in O_0 den Winkel $\gamma_1 = 90° - \gamma$ an, dessen Schenkel S_3 ergibt (γ ergibt sich aus dem gegebenen $v_z = \cos\gamma$). Die beiden anderen, in Bild 364 schraffierten Dreiecke legt man, um Linien zu sparen, auch an die Senkrechte $O'O_0$ an, d. h., an $O'O_0$ werden in O_0 die Winkel $90° - \alpha$ und $90° - \beta$ angelegt, die auf *z* die Punkte $\overline{S|_1}$ und $\overline{S_2}$ ergeben. Die verlängerte *z*-Achse schneidet die Senkrechte in O_0 auf $\overline{S_3O_0}$ in F_3. Die Kreise um O' mit $\overline{O'\overline{S_1}}$ und $\overline{O'\overline{S_2}}$ als Radien schneiden die Senkrechte in F_3 zur *z*-Achse in S_1 und S_2. Das Achsenbild ist damit konstruiert.

Bild 365

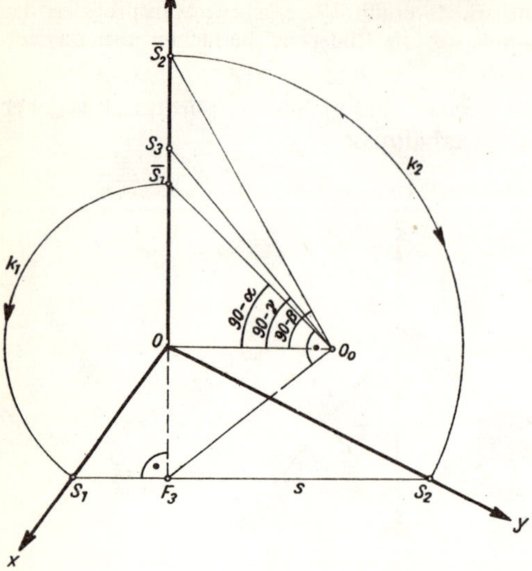

Bild 366

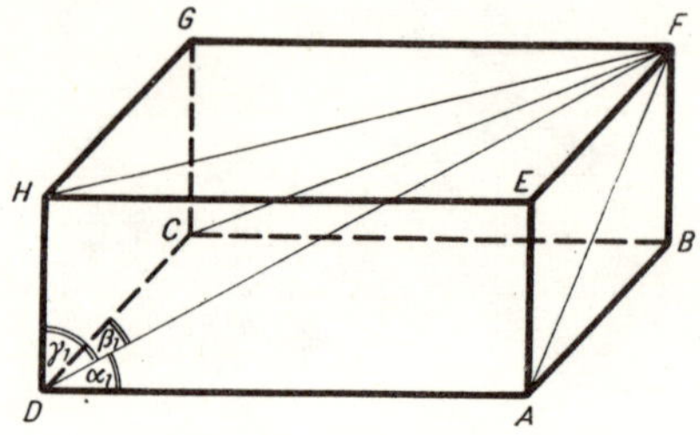

Die drei Verkürzungsmaße $\cos\alpha$, $\cos\beta$ und $\cos\gamma$ sind voneinander nicht unabhängig, d. h., man kann bei orthogonaler Axonometrie nicht alle drei zugleich beliebig wählen. Um dies zu beweisen, betrachtet man den in Bild 366 dargestellten Quader. Die Diagonale DF bildet mit den Seiten DA, DC und DH die Winkel α_1, β_1 und γ_1. Man liest nun aus der Figur ab:

$$\cos\alpha_1 = \frac{\overline{AD}}{\overline{DF}}; \quad \cos\beta_1 = \frac{\overline{CD}}{\overline{DF}}; \quad \cos\gamma_1 = \frac{\overline{HD}}{\overline{DF}}.$$

Also gilt $\cos^2\alpha_1 + \cos^2\beta_1 + \cos^2\gamma_1 = \dfrac{\overline{AD^2} + \overline{CD^2} + \overline{HD^2}}{\overline{DF^2}} = 1.$

Da $\sin^2\varphi + \cos^2\varphi = 1$ für beliebige Winkel φ ist, folgt weiter

$$1 - \sin^2\alpha_1 + 1 - \sin^2\beta_1 + 1 - \sin^2\gamma_1 = 1$$

oder

$$\sin^2\alpha_1 + \sin^2\beta_1 + \sin^2\gamma_1 = 2. \qquad \text{(I)}$$

Diese Beziehung kann auf das Raumkreuz angewandt werden, in dem $\overline{OO'}$ der Diagonalen DF des Quaders entspricht. Es gilt nun

$\alpha_1 = 90° - \alpha$; $\quad \beta_1 = 90° - \beta$; $\quad \gamma_1 = 90° - \gamma$ (Bild 364).

Also folgt,

da $\sin(90° - \varphi) = \cos\varphi$ ist, aus (I):

$$\cos^2\alpha + \cos^2\beta + \cos^2\gamma = 2$$

oder

$$\boxed{v_x^2 + v_y^2 + v_z^2 = 2}$$

Beachtet man diese Beziehung bei der Wahl der Werte v_x, v_y, v_z nicht, so läge keine Orthogonalprojektion mehr vor.
In der Praxis gibt man nicht die Werte v_x, v_y, v_z selbst an, sondern deren Verhältnisse zueinander. Folgende drei Fälle sind von Bedeutung:

Isometrie: $v_x : v_y : v_z = 1 : 1 : 1$

Die drei Achsen haben gegen die Bildebene gleiche Neigung.

Dimetrie: $v_x : v_y : v_z = 0{,}5 : 1 : 1$

Die y- und z-Achse haben die gleiche Neigung gegen die Bildebene. Die x-Achse läuft steiler.

Trimetrie: $v_x : v_y : v_z = a : b : c$

$a \neq b \neq c$.

Die Achsen haben unterschiedliche Neigung.
Der vor allem im Maschinenbau durch Standard festgelegte Fall der **Dimetrie** soll noch genauer betrachtet werden. In diesem Fall gilt also:

$$v_x^2 + v_y^2 + v_z^2 = 2, \qquad v_x : v_y : v_z = 0{,}5 : 1 : 1.$$

Aus diesem Gleichungssystem erhält man

$$v_x = \frac{1}{3}\sqrt{2}\,; \qquad v_y = v_z = \frac{2}{3}\sqrt{2}.$$

In Bild 367 sind die zu diesen Cosinuswerten gehörigen Winkel konstruiert worden. Mit diesen Winkeln kann dann nach Bild 365 das Achsenkreuz konstruiert werden. Das Auftragen der Einheiten auf den Achsen („Graduierung") erfolgt nach Bild 360, wobei die x-Einheit nun die Hälfte der y- bzw. z-Einheit betragen muß. Bild 368 zeigt das Bild des Achsenkreuzes nach diesen Vorgängen. In dem zuständigen Standard [$\sphericalangle(y; z) = 97^\circ\,10'$; $\sphericalangle(x; z) = 131^\circ\,25'$] sind formal die Winkel gegeben, welche die Achsenbilder miteinander bilden. Der technische Zeichner begnügt sich damit, der Geometer will die Begründung für die Größe dieser Winkel kennen.

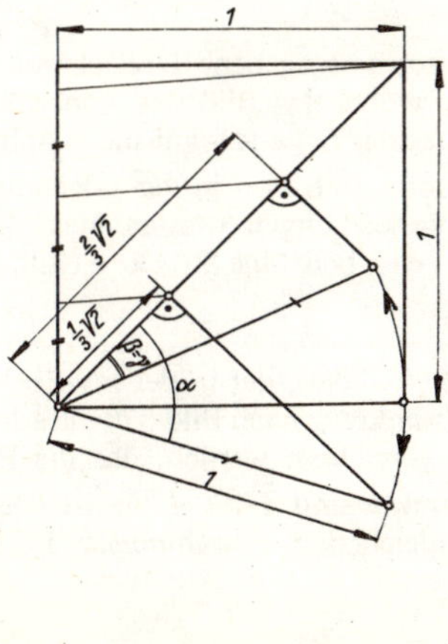

Bild 367

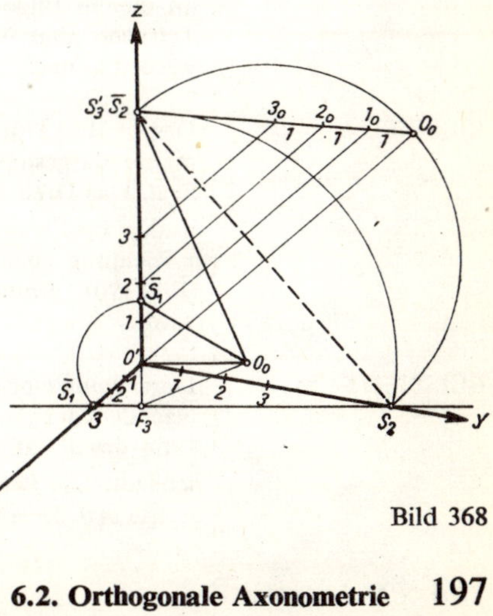

Bild 368

Für die Isometrie ergibt sich aus dem Gleichungssystem

$v_x^2 + v_y^2 + v_z^2 = 2,$

$v_x : v_y : v_z = 1 : 1 : 1$

für alle drei Verkürzungsverhältnisse der Wert $\sqrt{\frac{2}{3}}$.

Das Spurdreieck wird hierbei ein gleichseitiges Dreieck. Da in allen drei Achsenrichtungen die gleiche Verkürzung auftritt, wird beim technischen Zeichnen oftmals im Bild statt der verkürzten Länge die wahre Länge in den jeweiligen Achsenrichtungen aufgetragen, d. h., das gesamte Bild wird im Verhältnis $1 : \sqrt{\frac{2}{3}}$ vergrößert gezeichnet. Zeichentechnisch bietet dieses Verfahren natürlich den Vorteil, daß hier keine Verkürzungen vorgenommen werden müssen.

An einigen Beispielen sollen nun die für die orthogonale Axonometrie typischen Konstruktionsgänge gezeigt werden.

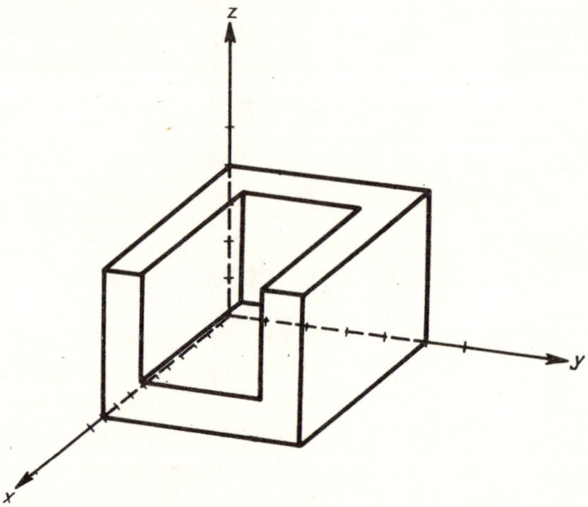

Bild 369

BEISPIEL 3

In Bild 369 ist ein kantiger Körper dargestellt. Der Leser überzeuge sich vor allem an diesem Bilde von der Anschaulichkeit axonometrischer Bilder und von der Tatsache, daß überdies noch aus dem Bilde die Maße des Körpers abgelesen werden können.

BEISPIEL 4

Das in Bild 370c geometrisch vorgegebene Dreieck soll in orthogonaler Axonometrie dargestellt werden, wobei das Bild des Achsenkreuzes in Bild 370a vorliegt. Das Dreieck soll mit seiner Seite AB auf die y-Achse gelegt werden; C liege in der x,y-Ebene. $\overline{AB}$ verkürzt sich also in der y-Richtung zu $\overline{A'B'}$ und h in der x-Richtung zu h'. Diese Verkürzungen werden über den Sinusmaßstab hinweg (Bild 370b) ermittelt, wobei eine beliebige Strecke e (Bild 370a) als Einheit gewählt wird.

BEISPIEL 5

Darstellung eines Kreises ($r = 4$ cm), der in der x,y-Ebene liegt.
Nachdem das gegebene Achsenkreuz nach Bild 370a graduiert worden ist (Bild 371), kann das Parallelogramm gezeichnet werden, das die Bildellipse tangential umschließt. Die Berührungspunkte sind $\overline{1}$ bis $\overline{4}$. M ist der Mittelpunkt. Die große Achse AB der Ellipse ist gleich dem Durchmesser des Kreises und ist das Bild

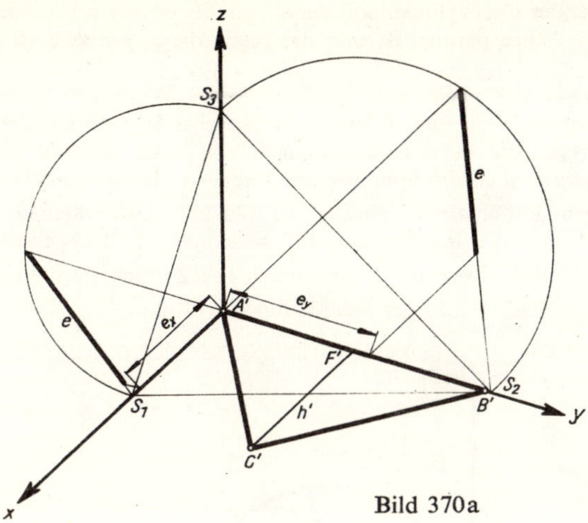

Bild 370a

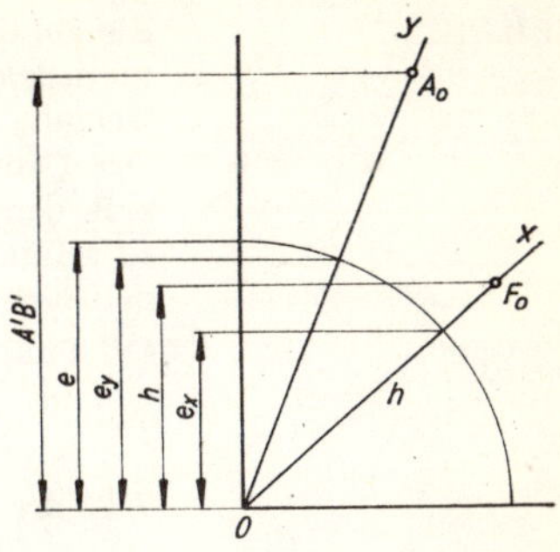

Bild 370b

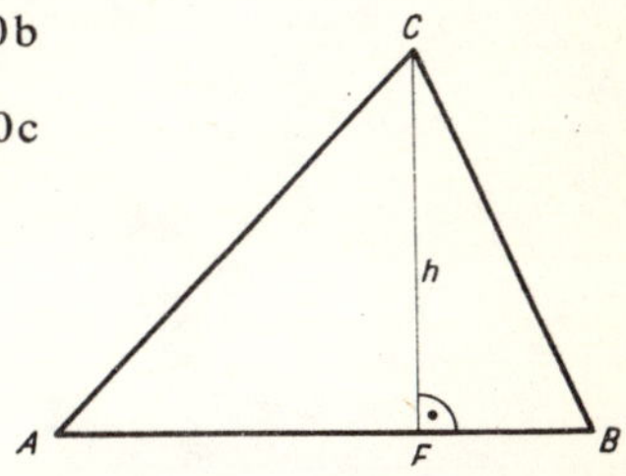

Bild 370c

des Durchmessers, der zur Bildebene parallel liegt; daher steht $\overline{AB}$ senkrecht auf dem Bild der z-Achse, die ja selbst Höhe auf der x, y-Ebene ist. Aus dem Ellipsenpunkt $\overline{4}$ kann mit der Zweikreisekonstruktion die Nebenachse ermittelt werden.

BEISPIEL 6

Darstellung einer Halbkugel ($r = 4$ cm), die auf der x,y-Ebene liegt.
Der Auflagekreis ergibt sich nach Bild 371. In Bild 372 ist k als Halbkreis über der großen Ellipsenachse der Konturkreis des Kugelbildes. Geht man vom Kugelmittelpunkt M aus parallel zur Achse $a = 4$ z-Einheiten „nach oben", so ist G der Gipfelpunkt (Pol) der Halbkugel.

Bild 371

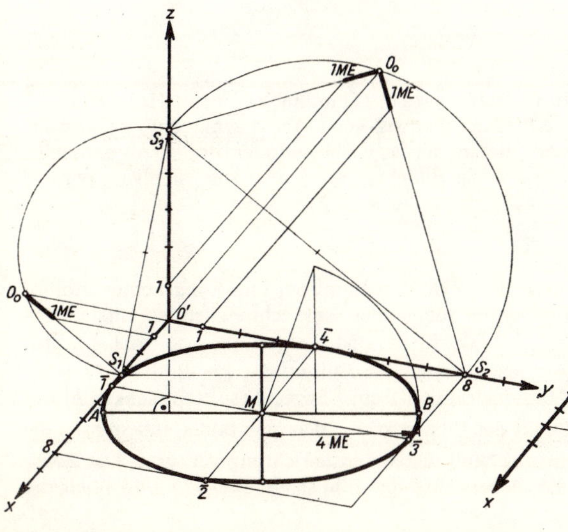

Bild 372

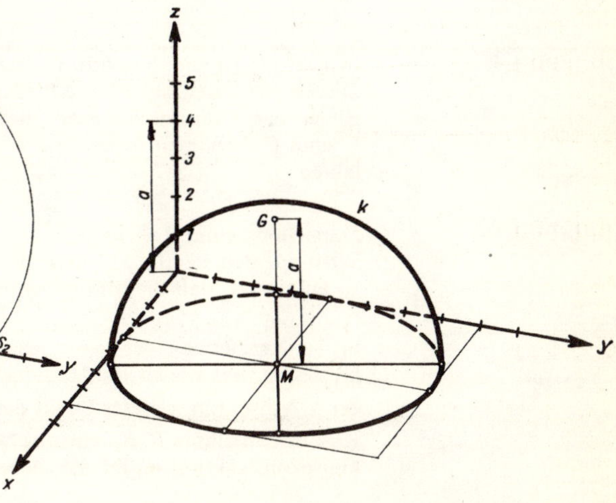

BEISPIEL 7

Ein auf der x, y-Ebene stehender Drehzylinder soll durch eine Ebene abgeschnitten werden, deren Spur e zur y-Achse parallel ist und die gegen die x, y-Ebene 45° Neigung hat (Bild 373).

Der Grundkreis des Zylinders gibt nach Bild 371 die Ellipse k. Verbindet man z. B. den Punkt 8 der z-Achse (V) mit dem Punkt 8 der x-Achse (U), so hat die so gefundene Gerade UV gegen die x-Achse im Raum 45° Neigung; im Bild ist natürlich dieser Winkel verzerrt, e ist die Spur der Schnittebene, die gegeben ist. Die Fallinien der Schnittebene laufen zu $\overline{UV}$ parallel. In Bild 373 ist zu erkennen, wie mit Hilfe von Stützdreiecken die ausgewählten Ellipsenpunkte (z. B. S_2 nach $\overline{S_2}$) gehoben werden. In $\overline{A}$ und $\overline{B}$ enden die Konturlinien des Zylinderstumpfes, $\overline{T}$ ist der „tiefste", $\overline{H}$ der „höchste" Punkt der Schnittellipse im Raum.

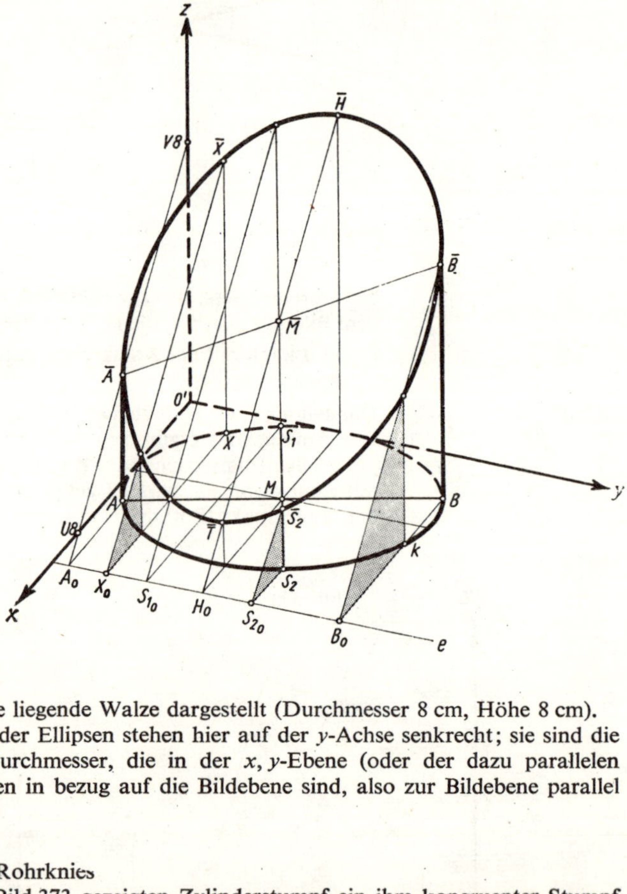

Bild 373

BEISPIEL 8

In Bild 374 ist eine liegende Walze dargestellt (Durchmesser 8 cm, Höhe 8 cm). Die Hauptachsen der Ellipsen stehen hier auf der y-Achse senkrecht; sie sind die Bilder der Kreisdurchmesser, die in der x, y-Ebene (oder der dazu parallelen Ebene) Höhenlinien in bezug auf die Bildebene sind, also zur Bildebene parallel laufen.

BEISPIEL 9

Darstellung eines Rohrknies

Wird auf den in Bild 373 gezeigten Zylinderstumpf ein ihm kongruenter Stumpf so aufgesetzt, daß die Stumpfachsen zueinander senkrecht stehen, so entsteht ein Rohrknie (Bild 375). Die Achse $\overline{M}\overline{M_1}$ ist parallel zur x-Achse; sie erscheint also in der Verkürzung der x-Achsenrichtung. Die Ellipse, die das Bild des Vorderkreises ist, hat wieder die Hauptachse von 8 cm Länge; diese steht senkrecht auf der x-Achse. Ein weiterer Punkt der Ellipse ist $\overline{K_2}$, den man findet, indem man die Konturmantellinie $K_1\overline{K_1}$ entsprechend der x-Achsenrichtung verkürzt. Die Zweikreisekonstruktion ergibt die Nebenachse der Ellipse. In Bild 375 sind noch die

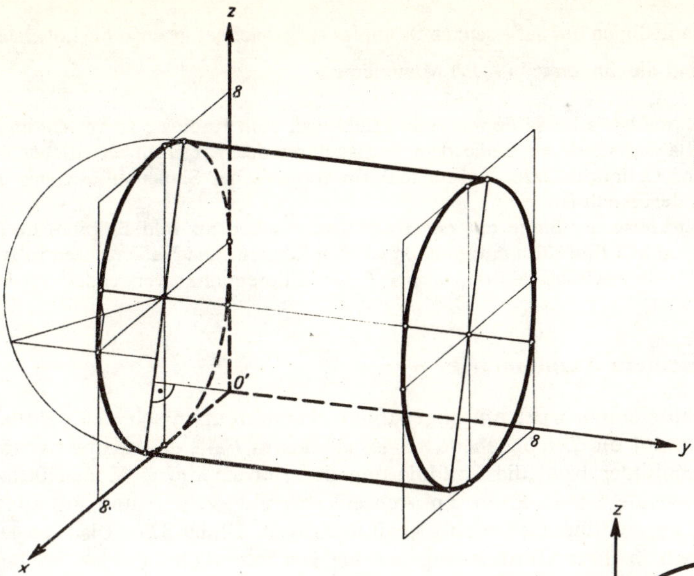

Bild 374

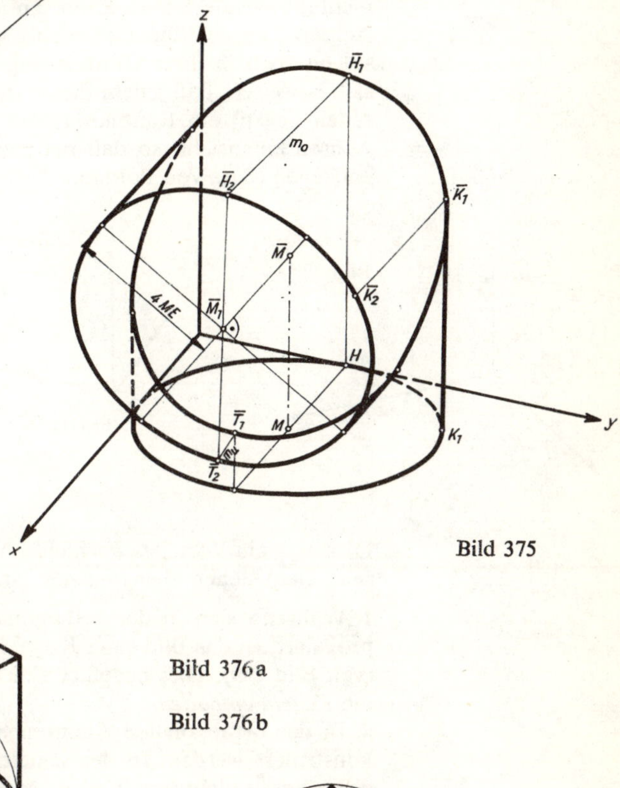

Bild 375

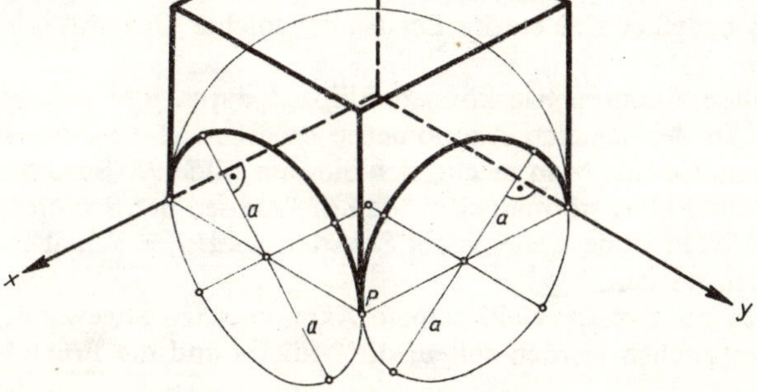

Bild 376a

Bild 376b

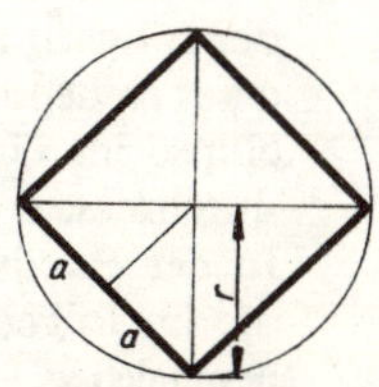

Konturmantellinien des aufgesetzten Stumpfes eingezeichnet, ebenso die „oberste“ $(\overline{\overline{H_2H_1}})$ und die „unterste“ $(\overline{\overline{T_2T_1}})$ Mantellinie.

BEISPIEL 10

Wird eine quadratische Säule mit einer Halbkugel vom Radius r so verschnitten, daß das Basisquadrat der Säule dem Auflagekreis der Kugel einbeschrieben ist (Bild 376b; Grundrißskizze), so entsteht ein romanischer Säulenaufsatz, der im Bild 376a dargestellt ist.
Die Schnittkreise der Säule mit der Halbkugel ergeben im Bild Ellipsen, deren Hauptachsen aus Bild 376a entnommen werden können. Die Nebenachsen folgen aus der Zweikreisekonstruktion, wobei P als Ellipsenpunkt verwendet werden kann.

6.3. Schiefe Axonometrie

Bildet man einen Körper mit angepaßtem Raumkreuz in schiefer Parallelprojektion auf die Zeichenebene ab, ist in diesem Falle eine Konstruktion der Achsenbilder bzw. die Graduierung der Achsen durch Konstruktion nicht notwendig; man kann ein Achsenkreuzbild wählen und auf diese Achsen Längeneinheiten beliebig groß auftragen. Bilder 377a bis c zeigen solche auch in ihrer Graduierung *beliebig gewählte* Achsenbilder. Es läßt sich beweisen, daß jedem dieser Bilder (falls die Achsen nicht in einer Geraden liegen) ein Raumkreuz mit gleich langen Einheitsstrecken auf den Achsen entspricht, so daß bei passender Projektionsrichtung diese Bilder entstehen (Satz von POHLKE).

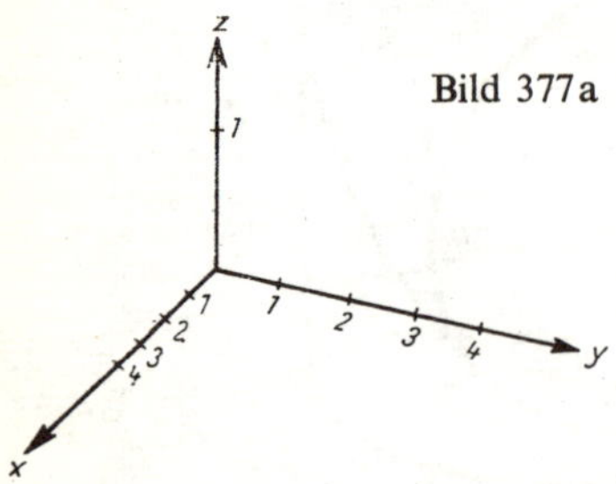

Bild 377a

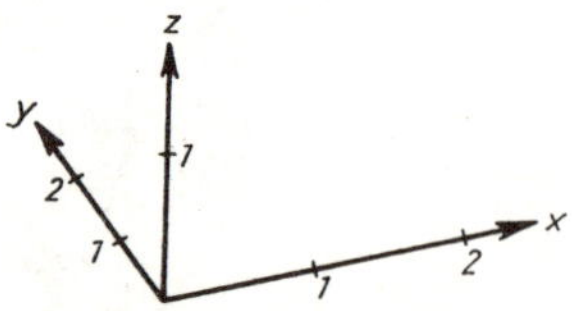

Bild 377b

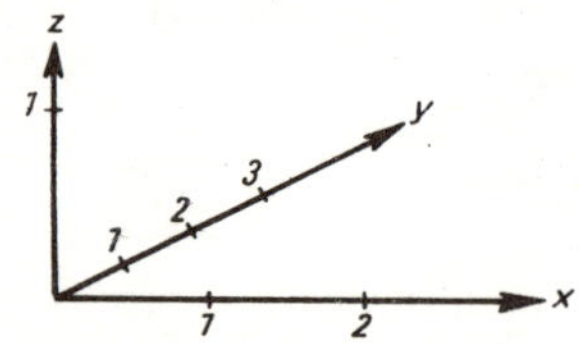

Bild 377c

Dies mag ein Vorteil der schiefen Axonometrie gegenüber der orthogonalen sein. Dem stehen aber folgende Nachteile gegenüber:

1. Während sich in der orthogonalen Axonometrie eine Kugel als Kreis projiziert, ist das Bild einer Kugel in schiefer Parallelprojektion eine Ellipse (vgl. Bild 199). Dies bedeutet eine starke *Entstellung* solcher Gegenstände, die *Kugeln enthalten.*
2. In der orthogonalen Axonometrie können Ellipsen durch ihre Achsen konstruiert werden. In der schiefen Axonometrie erhält man die Achsen der Ellipsen nicht unmittelbar. Man mache sich dies am Bild 195 (Schatten einer stehenden Scheibe) klar, wo man sieht, daß die Achsen der Schattenellipse im Grundriß nicht ohne weiteres als Schatten spezieller Scheibendurchmesser gefunden werden.

In der Praxis werden oft zwei spezielle schiefe Axonometrien angewandt, die im folgenden besprochen werden sollen, die **Militär-** und die **Frontalperspektive.**

a) Die *Militärperspektive* ist eine schiefe Axonometrie, bei der folgende zwei Festlegungen gelten:

1. *Die Bildebene ist die Grundrißebene.*
2. *Die Projektionsstrahlen haben gegen die Bildebene 45° Neigung.*

Hieraus folgt einerseits, daß alle ebenen Figuren, die horizontal im Raume, also parallel zur Bildebene liegen, sich in wahrer Gestalt abbilden, und andererseits, daß sich alle lotrechten Strecken in wahrer Größe ergeben (Bild 378). Das räumliche Achsenkreuz wird so in den Raum gelegt, daß die x,y-Ebene horizontal liegt und die z-Achse lotrecht nach oben geht. Dann bildet sich das Raumkreuz so ab, wie es z. B. Bild 379 zeigt. Die Einheiten auf den drei Bildachsen sind untereinander gleich groß und gleich der wahren Längeneinheit. In der Praxis wird das Achsenbild zum größten Teil nicht mitgezeichnet. Bild 380 zeigt einen Quader in Militärperspektive. Er wird „verkantet" gestellt, damit sich im Bild keine Kanten überdecken. Bild 381 stellt einen Kegel in Militärperspektive dar. In Bild 382 ist ein

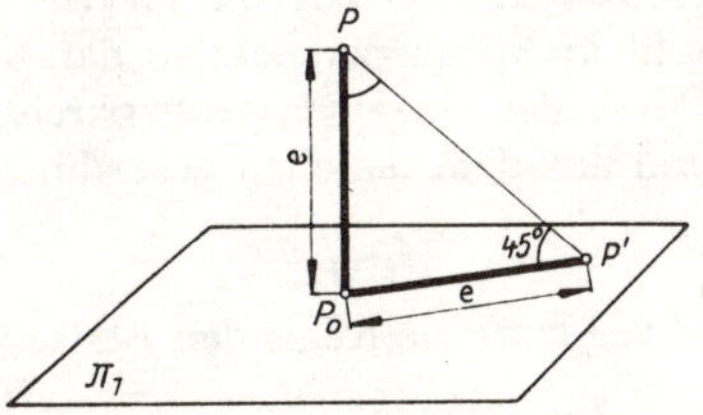

Bild 378

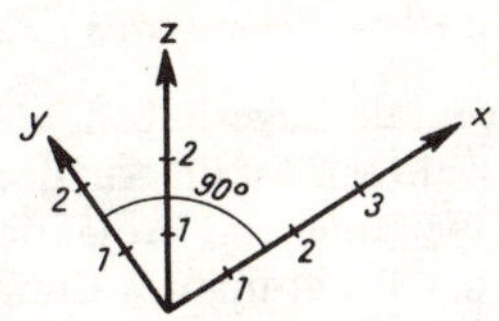

Bild 379

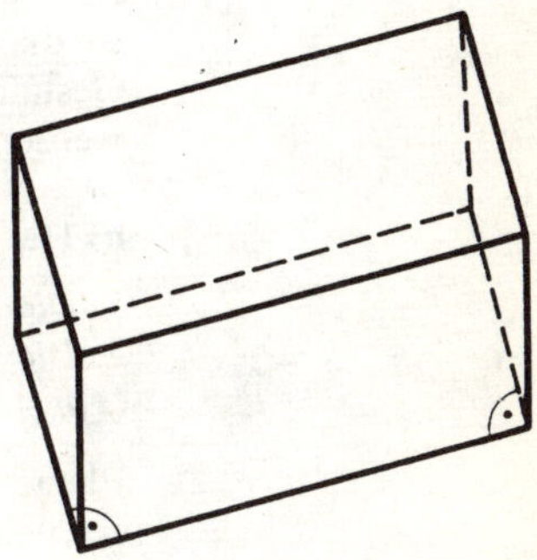

Bild 380

Bild 381

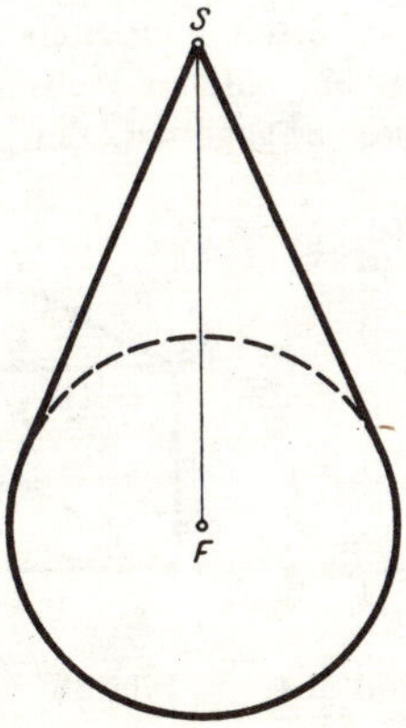

Bild 382

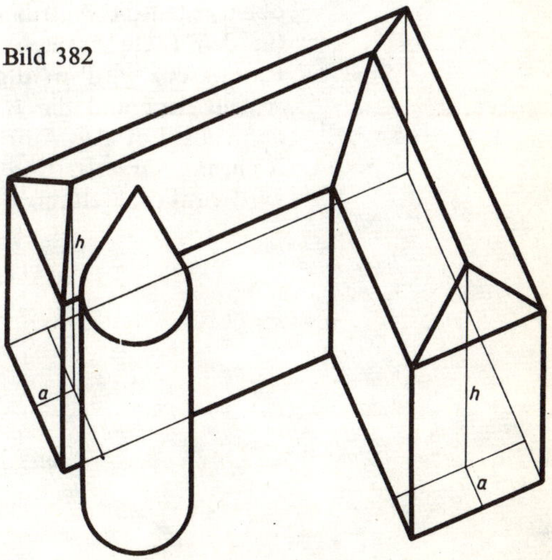

Bild 383

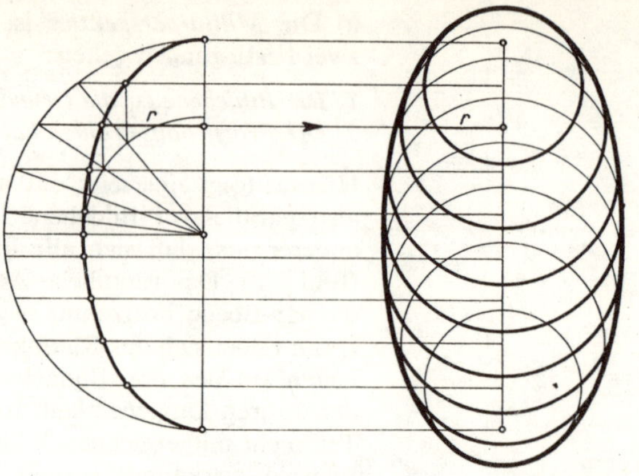

Gebäude abgebildet. So, wie das Bild sich gibt, würde man das Gebäude etwa sehen, wenn man es unter 45° Neigung von oben betrachtet, weshalb diese Projektionsart mitunter auch *Vogelperspektive* genannt wird. Bild 383 stellt ein Drehellipsoid in Militärperspektive dar. Die Kontur des Bildes ist die Umhüllungskurve der einzelnen Höhenkreise, die selbst in wahrer Gestalt erscheinen und aus dem daneben gezeichneten Aufriß entnommen werden.

b) Die *Frontalperspektive* trifft die folgenden Festsetzungen:

1. *Die Bildebene ist die Aufrißebene.*
2. *Die Projektionsstrahlen haben gegen die Bildebene eine beliebige Neigung (Für 45° Neigung wird diese Perspektive „Kavalierperspektive" genannt).*

Ebene Figuren, die frontale Lage haben, also parallel zur Bildebene liegen, erscheinen im Bild in wahrer Gestalt. Auf der Aufrißebene lotrechte Strecken werden je nach der Neigung der Projektionsstrahlen verkürzt (oder verlängert) und je nach der Richtung des Einfalls in eine bestimmte Richtung verzerrt. Fallen z. B. die Projektionsstrahlen von links unten nach rechts oben gegen die Aufrißebene, so wird das Bild eines Lotes, das nach vorn (in den I. Quadranten hinein) verläuft, nach rechts oben verzerrt. Das Raumkreuz wird im allgemeinen so gelegt, daß die y,z-Ebene parallel zum Aufriß liegt und die y-Achse eine Höhenlinie ist; die x-Achse erscheint dann als Lot der Aufrißebene in ihren Einheiten verkürzt und in ihrer Richtung verzerrt. Bild 384 zeigt ein solches Achsenbild. Die Verzerrung wird praktisch durch den Winkel angegeben, den das Bild der x-Achse

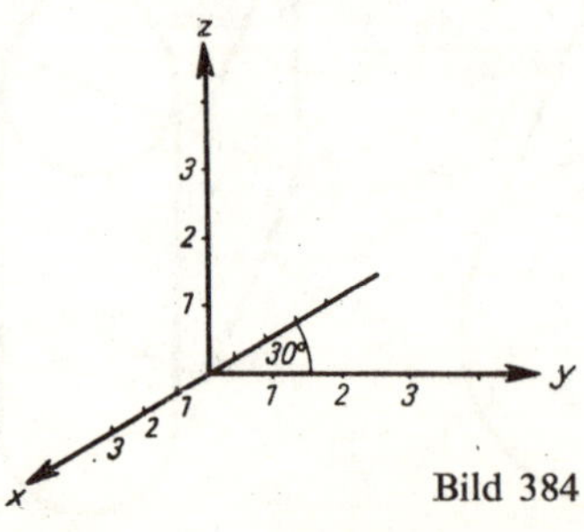

Bild 384

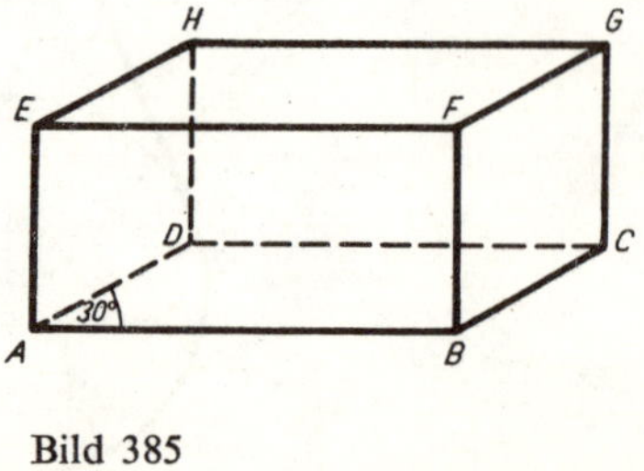

Bild 385

mit dem Bild der *y*-Achse bildet, wie es in Bild 384 angedeutet ist. Bild 385 stellt einen Quader in Frontalperspektive dar, wobei die Verzerrung 30° und die Verkürzung $\frac{1}{3}$ gewählt wurde; die wahre Kante *BC* des Quaders z. B. ist also dreimal so lang wie ihr Bild.

Bei einem im Raum *horizontal liegenden Kreis* verkürzen und verzerren sich alle Sehnen, die senkrecht auf dem zum Aufriß parallelen Durchmesser *AB* (Bild 386) stehen. Wird nun zunächst der Kreis um $\overline{AB}$ parallel zum Aufriß gedreht, so erscheint er in wahrer Gestalt im Bilde (Bild 386; Kreis *k*). Jetzt kann der Durchmesser $CD \perp \overline{AB}$ nach Vorgabe verzerrt (30°) und verkürzt $\left(\frac{1}{3}\right)$ werden. Hierauf lassen sich mit Dreiecken, die $\triangle\, MCC_1$ ähnlich sind, die übrigen Sehnen verzerren und verkürzen. Man erkennt, daß Kreis (*k*) und Ellipse affin sind mit $\overline{AB}$ als Achse und $\overline{CC_1}$ als Richtung der Affinitätsstrahlen. Bei dieser Konstruktion ergeben sich für die Ellipse *nicht* die beiden Achsen! Die Ellipse wird punktweise ermittelt.

Bild 387 zeigt einen Zylinder in Frontalperspektive. Die zur *z*-Achse parallelen Konturmantellinien sind Tangenten an die Basisellipse. Man findet deren Berührungspunkte *U* und *V*, indem man erst die zur *z*-Richtung affine Richtung $\overline{z}$ ermittelt und an den Kreis *k* die Tangenten der Richtung $\overline{z}$ mit den Berührungspunkten $\overline{U}$ und $\overline{V}$ legt. $\overline{U}$ und $\overline{V}$ gehen affin in *U* und *V* über. In Bild 387 ist der Konstruktionsgang eingezeichnet.

Es sei abschließend noch erwähnt, daß man im allgemeinen beim *Entwerfen von Raumskizzen* sich der Frontalperspektive bedient; man nennt diese Bilder dann oft auch *Schrägbilder*; sie stellen Bilder dar, die sich ergeben, wenn man einen Raumgegenstand schräg gegen eine Zimmerwand projiziert.

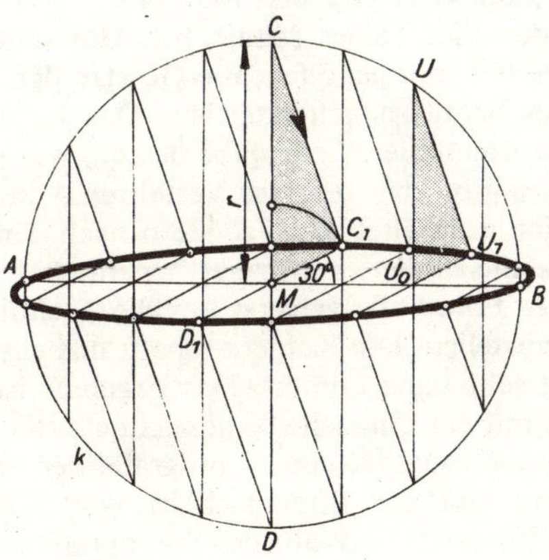

Bild 386

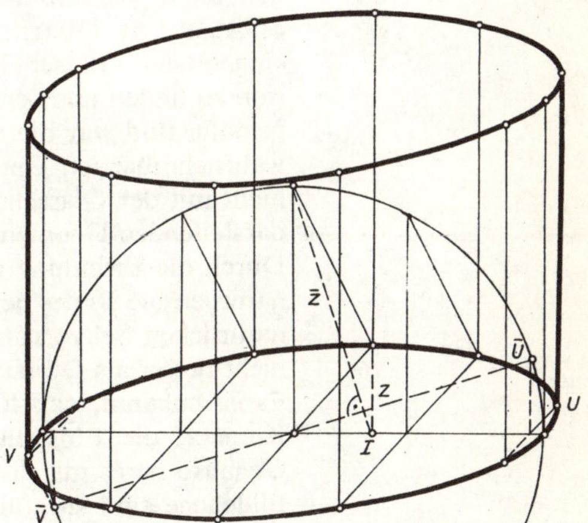

Bild 387

7. Zentralprojektion

7.1. Einleitung

Für die verständliche Darstellung von Bauentwürfen wird vielfach erforderlich, ein naturgetreues Bild der Baumassen zu schaffen. Der Laie – und das ist der Bauherr ja meistens – hat nicht das geschulte Vorstellungsvermögen eines Architekten. Hier hilft eine perspektivische Darstellung – die Zentralprojektion.

Wenn wir die Entwicklung der Malerei betrachten, so zeigen die frühen Meister einen flächenhaften Bildaufbau. Zwar finden sich hier schon fallende Linien, aber mit unserem fotoverwöhnten Auge lassen sich keine Tiefenwirkungen erkennen. Die frühen Meister kannten die Gesetzmäßigkeit der Perspektive noch nicht. Die Renaissance, die „Wiedergeburt", bricht mit den alten Traditionen und Gesetzen der Malkunst. In Deutschland ist es ALBRECHT DÜRER, der hier Neues schuf. Ein Holzrahmen mit einer eingesetzten Glasscheibe hat ihm geholfen, die Gesetze der Zentralprojektion zu finden und seinen Schülern weiterzugeben. Das auf die Glasscheibe gemalte Bild war die naturgetreue Wiedergabe dessen, was mit dem Auge wahrnehmbar ist. Und es gibt kein besseres Verfahren – wenn auch heute nicht mit der Glasscheibe gearbeitet wird, sondern nach den Gesetzen der darstellenden Geometrie die Bilder „konstruiert" werden.

Durch die Erfindung der Fotografie versetzt uns die Technik in die Lage, naturgetreue Bilder herzustellen. Die Kamera schafft uns ein Bild, das dem natürlichen Sehvorgang sehr nahe kommt. Das Ergebnis ist rein sachlich nicht besser als DÜRERS mit der Glasscheibe gezeichnete Bilder.

Es ist bekannt, daß für die Qualität einer Fotografie der Standpunkt der Kamera, die Einstellung und der Bildausschnitt von Wichtigkeit sind. Genauso ist es mit der Perspektive. Wahl des Standpunktes und Lage der Bildebene sind sorgfältig zu bestimmen, damit die Zentralprojektion eine brauchbare Perspektive wird.

Der Unterschied zwischen der Parallelprojektion und der Zentralprojektion sei hier kurz dargestellt.

Die *Parallelprojektion* des Bildes 388 ist mit dem menschlichen Auge nicht wahrnehmbar; es sei denn, wir hätten vier Augen (bei diesem Beispiel) in den den Körpermaßen entsprechenden Abständen *h* und *b*.

Bild 388

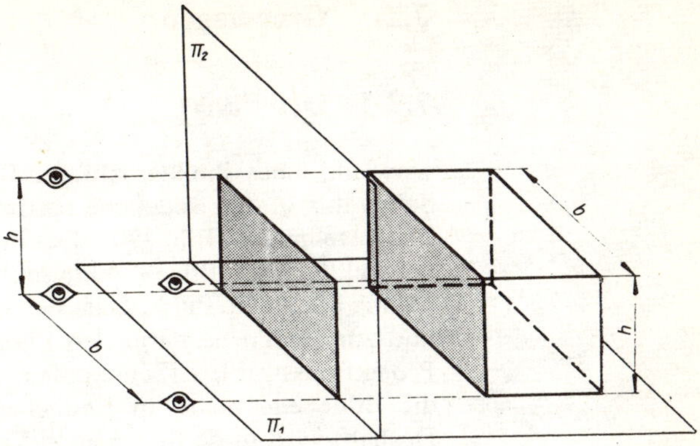

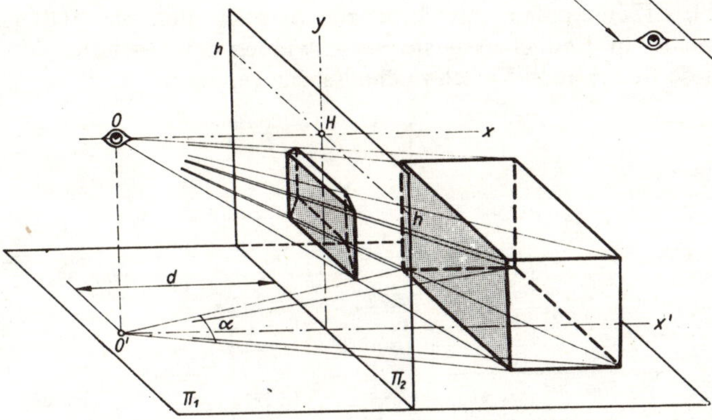

Bild 389

Anders dagegen die *Zentralprojektion*. Alle Punkte des Körpers werden durch die Sehstrahlen geradlinig mit dem Auge verbunden. Dort, wo die Sehstrahlen die Bildebene durchdringen, entsteht durch Verbinden der Durchdringungspunkte das perspektivische Bild (Bild 389).

Entnehmen wir dem Bild 389 einige Begriffe und Bezeichnungen, die für die Konstruktion perspektivischer Bilder benötigt werden:

Der **Augenpunkt** wird mit O [von oculus (lat.) das Auge] bezeichnet.

Die **Grundriß- oder Standebene** bezeichnen wir mit Π_1.

Die **Bildebene** Π_2 steht lotrecht auf Π_1.

Die **Spur der Bildebene** Π_2 wird mit e bezeichnet.

Standpunkt heißt die Grundrißprojektion O' des Augenpunktes O (später erscheint er mit der Bezeichnung ST).

Der Sehstrahl, der die Bildebene lotrecht trifft, heißt **Hauptstrahl** (x).

Zentraler Augen-, Haupt- oder Fluchtpunkt wird der Spurpunkt von x durch die Bildebene Π_2 genannt und mit H bezeichnet.

Die **Bildachse** y liegt in der Bildebene und schneidet x in H.

Der **Horizont** h ist die Spur einer zur Grundrißebene parallelen projizierenden Ebene durch den Augenpunkt O.

Die Grundrißprojektionen der äußeren Sehstrahlen (oder Projektionsstrahlen) sind die Schenkel des **Sehwinkels** α.

Der Abstand des Augenpunktes O von der Bildebene (oder im Grundriß des Standpunktes von der Bildebenenspur e) wird **Distanz** genannt und mit d bezeichnet.

Bevor auf die praktische Anwendung der Zentralprojektion eingegangen werden kann, müssen einige Grundlagen behandelt werden.

7.2. Grundlagen

7.2.1. Der Punkt

Das Bild eines Punktes auf der Bildebene wird durch den Spurpunkt des Sehstrahls in der Bildebene bestimmt. Wir nennen diesen Spurpunkt auch **Durchstoßpunkt** (Bild 390). Daraus folgt, daß von jedem Raumpunkt ein perspektivisches Bild – Bildpunkt – konstruiert werden kann. Eine Ausnahme bilden die Punkte, die sich in der durch den Augenpunkt *O* gehenden und zur Bildebene parallelen Ebene (Π_3 in Bild 391) befinden, weil deren Projektionsstrahlen (Sehstrahlen) zur Bildebene parallel sind. Sie treffen die Bildebene nicht im Endlichen – sie verschwinden im Unendlichen. Deshalb wird diese Ebene auch **Verschwindungsebene** genannt.

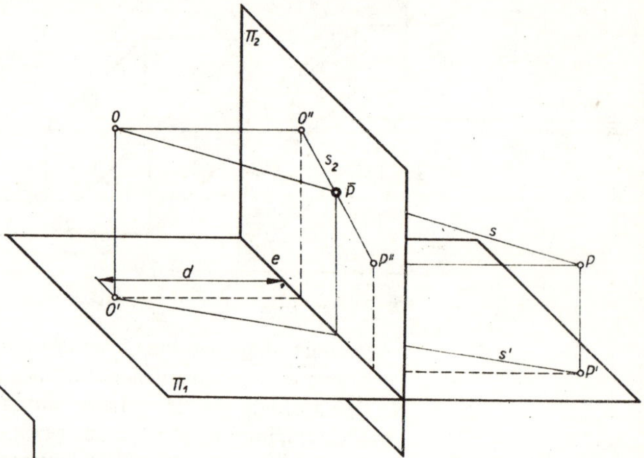

Bild 390

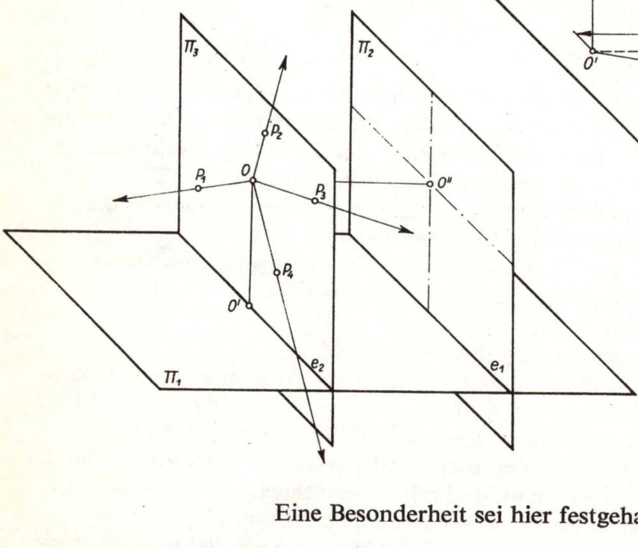

Bild 391

Eine Besonderheit sei hier festgehalten:

Jeder in der Bildebene liegende Raumpunkt fällt mit seinem Bildpunkt zusammen.

Wenn wir Bild 390 in die Zeichenebene übertragen, ergibt sich Bild 392. Wir benötigen das Grundrißbild P' des Raumpunktes P, seinen Aufriß P'' und die Projektionen des Augenpunktes, O' und O''. Nach dem Axiom 3*a* (s. unter 1.2.2.) wird ein Punkt durch den Schnitt zweier Geraden bestimmt. Der gesuchte Bildpunkt $\overline{P}$ liegt im Schnitt von s'' (Aufrißbild des Sehstrahls) mit dem auf e im Spurpunkt von s' errichteten Lot.

Bleiben wir bei unserem ersten Bild 390. Es ist nicht möglich, den Raumpunkt *P* genau zu bestimmen, weil jeder andere Raumpunkt auf dem Sehstrahl *OP* den gleichen Bildpunkt ergeben würde. In Bild 393 sind mehrere Punkte eingetragen, wobei die Situation der Bilder 390 bzw. 392 beibehalten wurde, um einen eindeutigen Vergleich zu ermöglichen.
Damit ist die Brücke zur Darstellung der Geraden geschlagen.

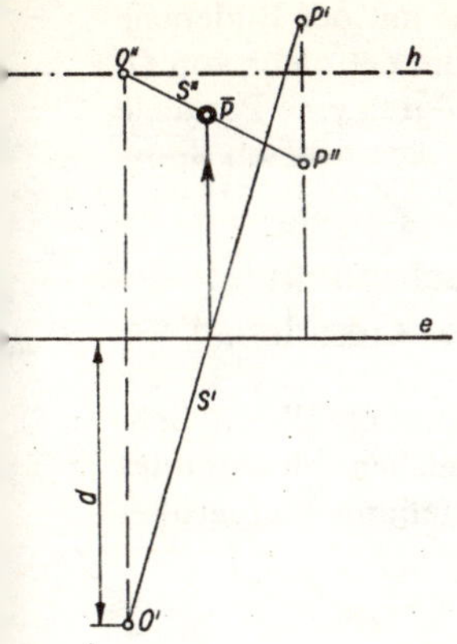

Bild 392

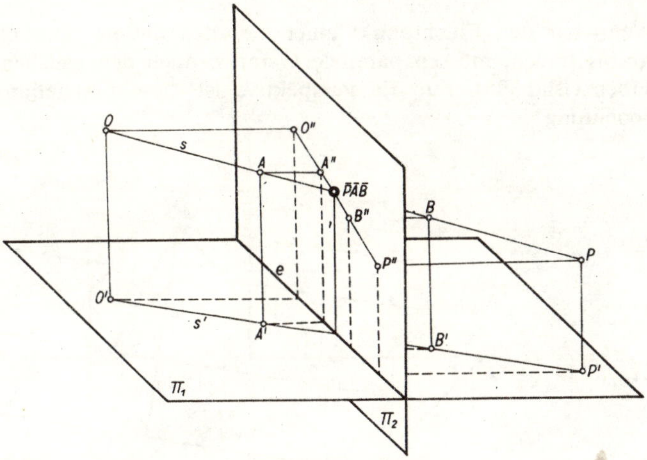

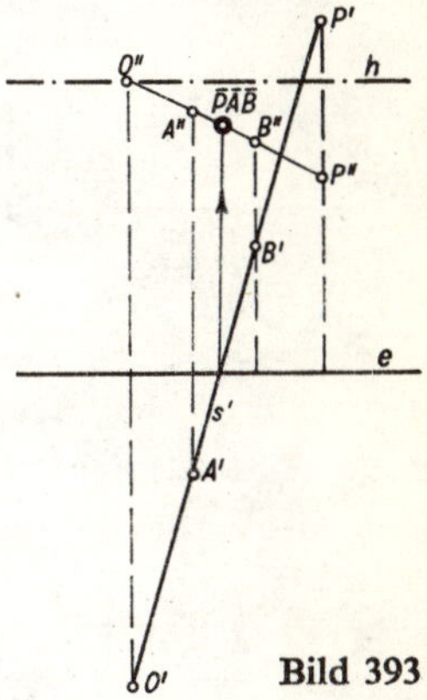

Bild 393

7.2.2. Die Gerade

Eine Gerade *g* ist bestimmt durch den Raumpunkt *P* und ihren Spurpunkt *S* in der Bildebene Π_2 (Bild 394). In der bekannten Weise ist der Bildpunkt $\overline{P}$ zu konstruieren. $S\overline{P}$ wird das perspektivische Bild der Geraden *g*. Wandert *P* auf der Geraden *g*, bleiben die Sehstrahlen in der Ebene, die durch *O* und *g* bestimmt ist (sog. projizierende Ebene). Die Bilder des wandernden

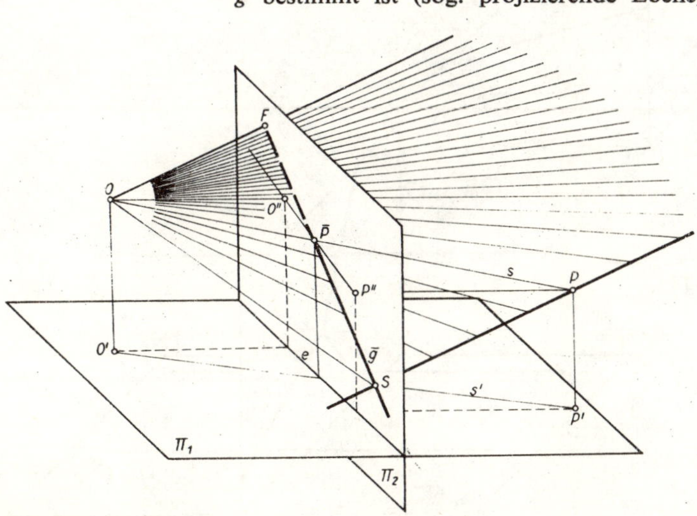

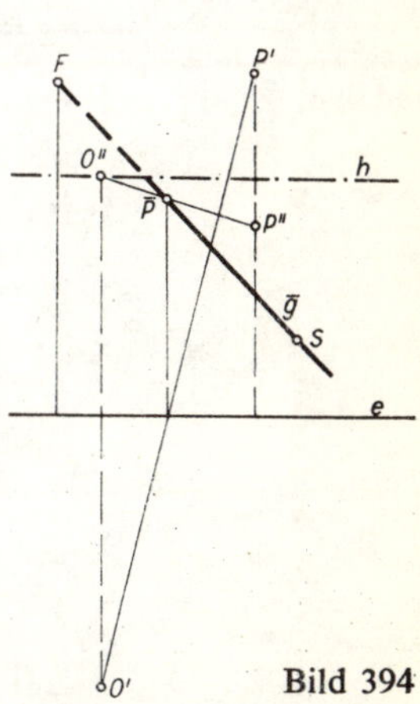

Bild 394

Raumpunktes liegen in der Schnittgeraden dieser Ebene mit der Bildebene ($\bar{g}$). Entfernt sich der Raumpunkt P auf der Geraden g immer mehr von O, nähert er sich mehr und mehr einem Spurpunkt F, der durch eine Parallele zur Geraden g durch den Augenpunkt O entsteht. Man nennt diesen Spurpunkt den **Fluchtpunkt** der Geraden g.

Das Bild einer Geraden ist die Verbindungslinie von Spur- und Fluchtpunkt.
Der Fluchtpunkt ist der Bildpunkt des unendlich fernen Punktes der Geraden.

Wenn wir den Fluchtpunkt einer Geraden mittels eines parallelen Sehstrahls finden, müssen parallele Geraden auch den gleichen Fluchtpunkt haben (Bild 395). Für die Perspektive ist diese Feststellung von großer Bedeutung!

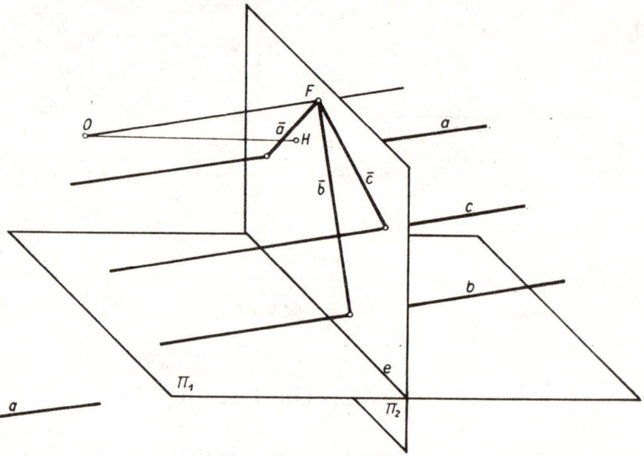

Bild 395

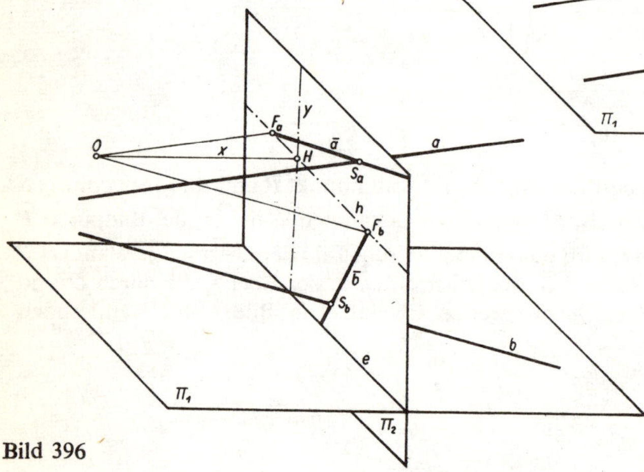

Bild 396

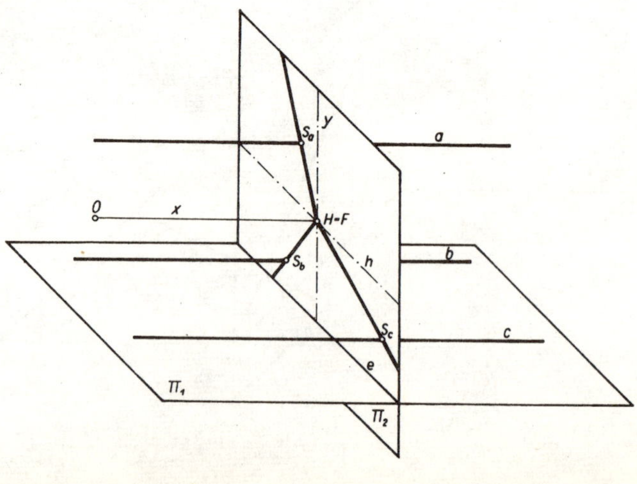

Bild 397

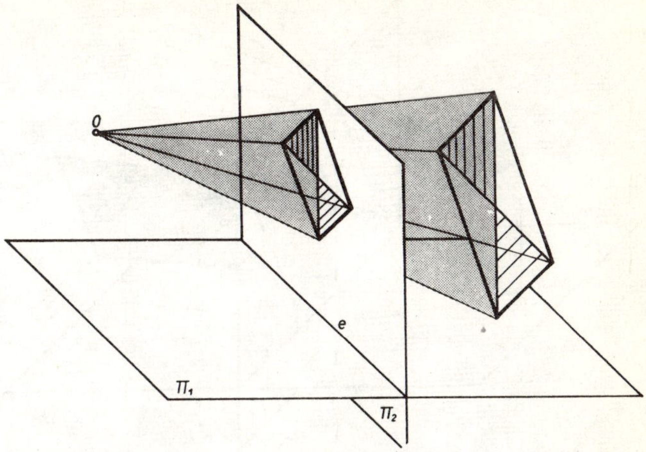

Bild 398

Die horizontal zur Grundrißebene Π_1 verlaufenden Geraden haben ihre Fluchtpunkte auf dem Horizont (Bild 396). Durchstößt eine Gerade die Bildebene lotrecht, so ist ihr Fluchtpunkt der Hauptpunkt. Diese Geraden werden **Tiefenlinien** genannt (Bild 397). Nun haben aber nur die Geraden Fluchtpunkte, deren parallele Sehstrahlen die Bildebene durchstoßen. Zur Bildebene und untereinander parallele Gerade haben weder Spur- noch Fluchtpunkte in dieser und bilden sich parallel ab. Die projizierende Ebene oder Sehstrahlenebene schneidet die Bildebene in einer Parallelen (Bild 398). Zusammenfassung:

1. Das Bild einer Geraden ist im allgemeinen eine Gerade.
2. Das Bild einer Geraden, die durch den Augenpunkt geht, ist ein Punkt.
3. Der Fluchtpunkt einer Geraden ist der Spurpunkt des zur Geraden parallelen Sehstrahls in der Bildebene.
4. Parallele Geraden haben einen gemeinsamen Fluchtpunkt.
5. Zur Bildebene parallele Geraden bilden sich parallel ab. Sie haben keinen Fluchtpunkt.
6. Der geometrische Ort aller horizontal verlaufenden Geraden ist der Horizont.
7. Für lotrecht auf der Bildebene stehende Geraden wird der Hauptpunkt zum Fluchtpunkt.

7.2.3. Die Ebene

Wir wollen bei der Betrachtung der Ebene die Gesetzmäßigkeiten vorwegnehmen, weil sie denen der Geraden analog sind.

1. Das Bild einer Ebene ist im allgemeinen eine Ebene.
2. Eine Ebene, die durch den Augenpunkt geht, zeigt als Bild eine Gerade (ihr Bild ist die Schnittgerade mit der Bildebene).
3. Die Fluchtgerade einer Ebene ist die Spurgerade der zur Ebene parallelen Ebene durch den Augenpunkt.
4. Parallele Ebenen haben die gleiche Fluchtgerade. Die Fluchtgerade aller waagerechten Ebenen ist der Horizont.

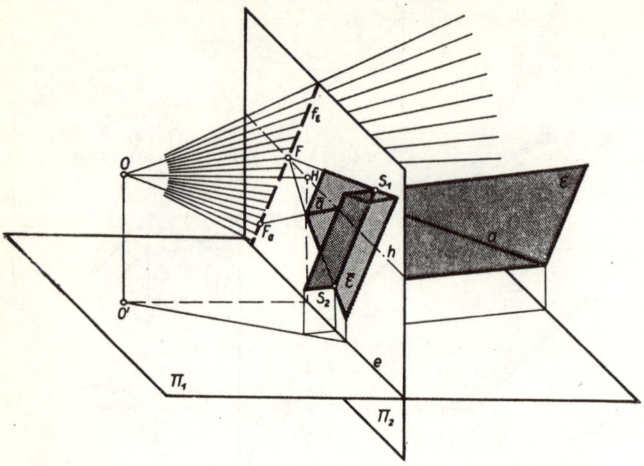

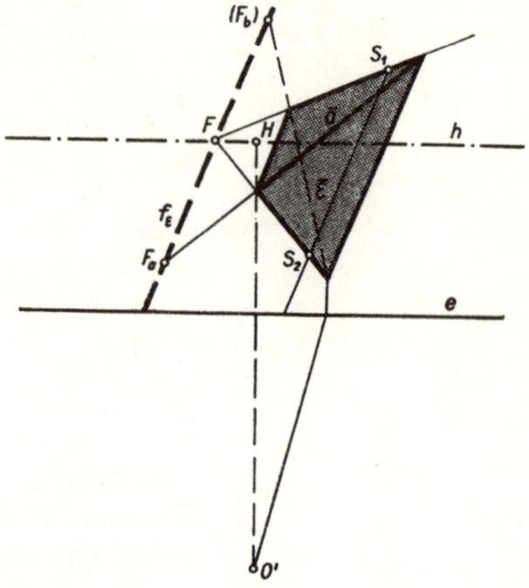

Bild 399

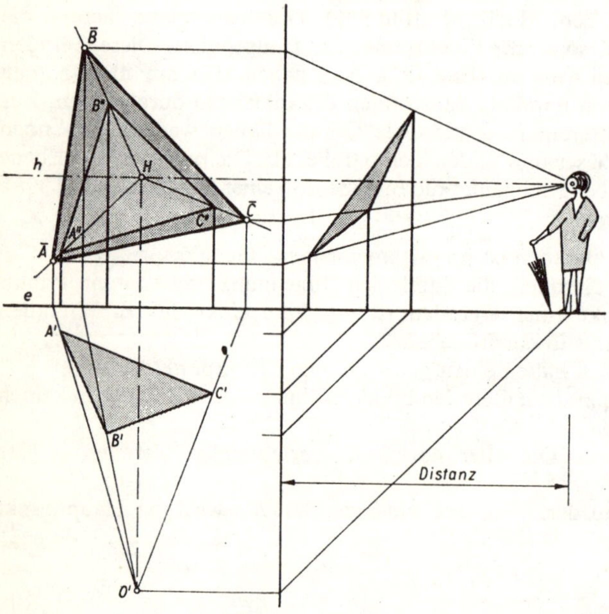

Bild 400

Der Punkt 3 verlangt einige Erläuterungen. Betrachten wir Bild 399. Die Ebene ε durchdringt die Bildebene in der Spur S_1S_2. Die projizierende Ebene durch den Augenpunkt O und parallel zu ε ist durch die Sehstrahlen kenntlich gemacht. Die Schnittgerade f_ε mit der Bildebene ist die Fluchtgerade der Ebene ε. Auf dieser Fluchtgeraden liegen die Fluchtpunkte aller Geraden, die in der Ebene ε liegen. In Bild 399 ist das durch die Diagonalen a und (b) gezeigt. Da die langen Seiten der Ebene parallel der Grundrißebene verlaufen, muß der Fluchtpunkt dieser Seiten im Horizont liegen.

Gegeben ist der Grund- und Aufriß eines Dreiecks *ABC*, der Horizont *h*, die Bildebenenspur *e* und der Standpunkt *O'*. Mit Hilfe der Durchstoßmethode, wie sie unter 7.2.1. beschrieben wurde (vgl. Bild 392), werden die Bildpunkte $\overline{A}$, $\overline{B}$ und $\overline{C}$ konstruiert und miteinander verbunden. Um diese Konstruktion etwas zu verdeutlichen, ist zusätzlich der Seitenriß eingetragen (Bild 400). Man decke ihn aber beim Nachkonstruieren dieser Perspektive ab und benutze ihn nur zur Kontrolle.

7.2.4. Wahre Größe in der Perspektive

Es wird unter Umständen nötig sein, aus zentralperspektivischen Bildern die wahren Größen abzunehmen (vgl. 7.13.). In vielen Fällen brauchen wir aber für die Konstruktion von perspektivischen Bildern Geraden, auf die wir die Maße der Ansichten oder Grundrisse übertragen können. Aus den bisher behandelten Gebieten ist zu erkennen, daß die Lage der Bildebene für die Größe der perspektivischen Bilder von Bedeutung ist. An Bild 401 ist das mit den Strecken *AB*, *CD* und *EF* verdeutlicht, die gleich groß sind und mit ihren Fußpunkten *B*, *D* und *F* lotrecht auf der Grundrißebene stehen. Die Strecke *AB* liegt in der Bildebene und fällt mit ihrem Bild zusammen, *CD* vor der Bildebene mit dem vergrößerten Bild $\overline{CD}$ und $\overline{EF}$ hinter der Bildebene mit dem verkleinerten Bild $\overline{EF}$. Bild 402 zeigt die Konstruktion in der Zeichenebene unter Verwendung des Seitenrisses und ist ohne weitere Erklärungen zu verstehen.
Unter Verwendung der Erkenntnis, daß horizontale parallele Geraden einen gemeinsamen Fluchtpunkt auf dem Horizont haben, kann von jeder Strecke, die senkrecht auf der Standebene steht und in Zentralperspektive gegeben ist, die wahre Größe ermittelt werden. Als Beispiel ist die Strecke

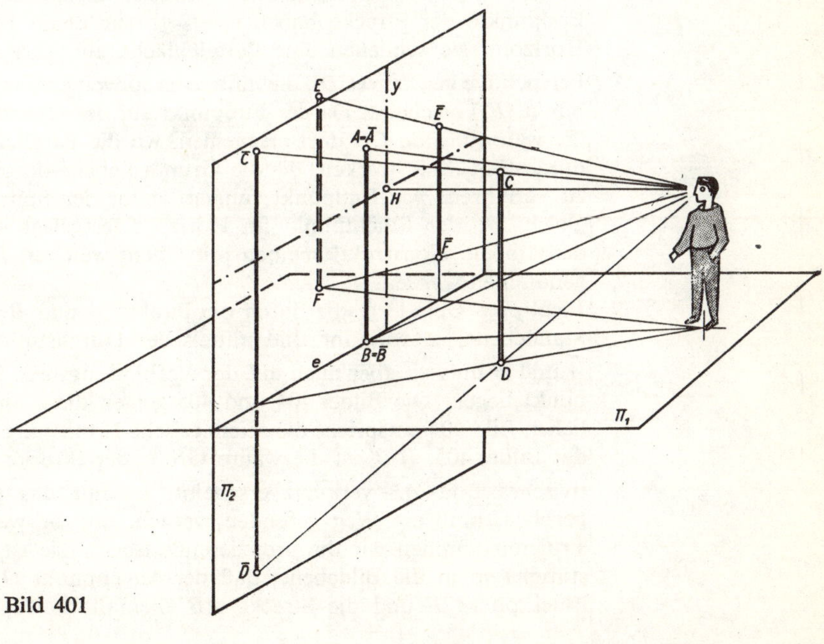

Bild 401

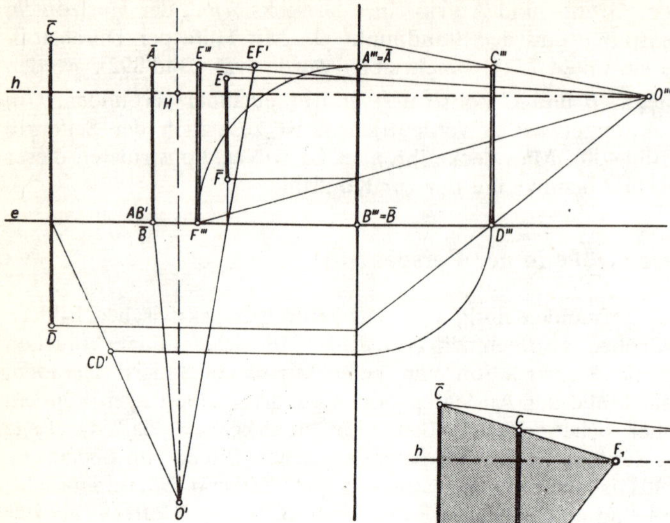

Bild 402

Bild 403

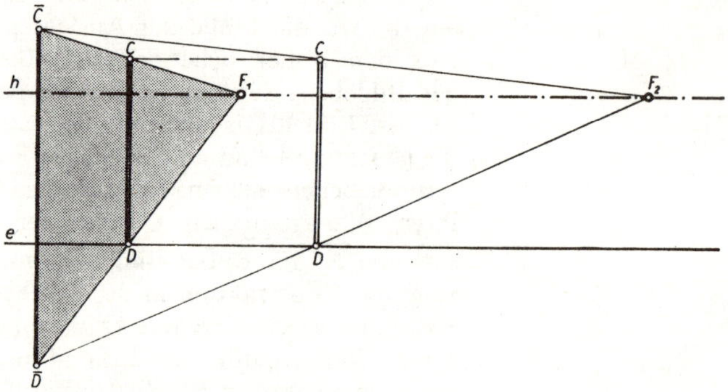

CD aus den Bildern 401 und 402 verwendet worden. In Bild 403 ist $\overline{CD}$ in Beziehung zu *e* und *h* gegeben. Parallele, horizontale Geraden durch die Endpunkte der Strecke haben einen gemeinsamen Fluchtpunkt auf dem Horizont, sie schließen eine Parallelfläche ein. Ihre vordere Seite ist in Perspektive gegeben ($\overline{CD}$), die hintere ist so weit entfernt, daß sie als Fluchtpunkt (F_1) erscheint. Da der Fußpunkt auf der Grundrißebene steht, muß die wahre Größe *CD* dort erscheinen, wo die Parallelfläche die Bildebene durchstößt. Bei Strecken, die die Grundrißebene durchstoßen, ist genauso zu verfahren. Als Fußpunkt fungiert dann der Spurpunkt. Dabei ist es gleich, wo der Fluchtpunkt im Horizont festgelegt wird. In Bild 403 ist deshalb die Konstruktion noch mit einem weiteren Fluchtpunkt F_2 vorgenommen worden.

Liegt eine Gerade *g*, die durch die Punkte *A* und *B* bestimmt ist, in der Standebene, so wird ihr Bild mittels der Durchstoßmethode konstruiert. $\bar{A}$ und $\bar{B}$ müssen aber auch auf der Verbindungslinie Spurpunkt – Fluchtpunkt liegen. Die Bilder 404 und 405 zeigen diese Situation. Dem räumlichen Bild 404 entspricht die zeichnerische Ermittlung in der Zeichenebene des Bildes 405. *A'B'* ist die wahre Größe der Strecke *AB*, deren perspektivisches Bild $\overline{AB}$ verkürzt erscheint. Ist nur das perspektivische Bild gegeben, muß ein Weg gefunden werden, um die wahre Größe zu konstruieren. Drehen wir die projizierende Ebene (sie ist durch *O* und *g* bestimmt) so in die Bildebene, daß der Augenpunkt *O* horizontal um den Fluchtpunkt *F* und die Strecke *AB* ebenfalls horizontal um den Spur-

Bild 404

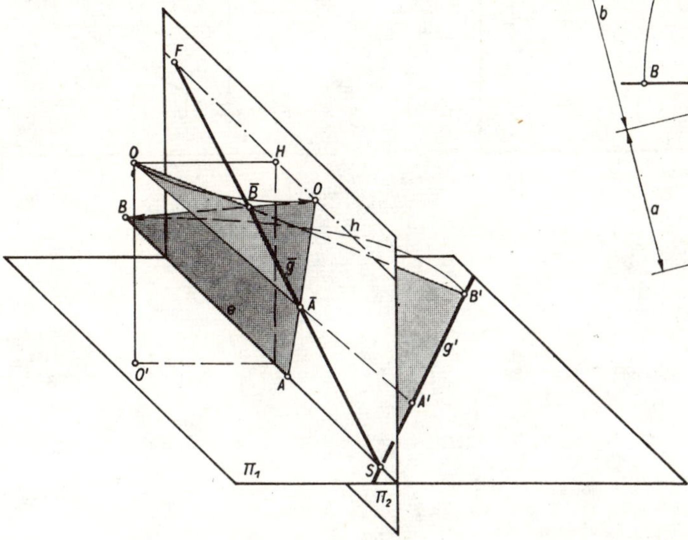

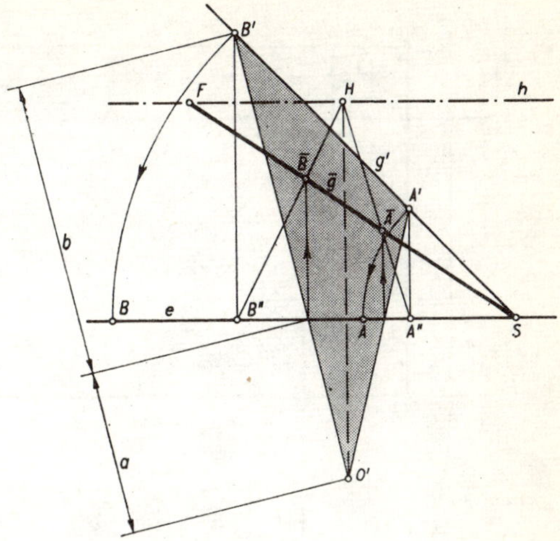

Bild 405

punkt S drehen, erhalten wir die dunkel angelegte Fläche in Bild 406 (und 404). Bei dieser Drehung bleiben die Proportionen auf den Sehstrahlen erhalten (Augenpunkt O : Bildpunkt $\bar{B}$: Raumpunkt B). Aus den Bildern 405 und 406 ist abzulesen $a : b = c : d$. Praktisch sieht es so aus, daß nur das Bild $\overline{AB}$, die Bildebenenspur e, Bildachse und Distanz bzw.

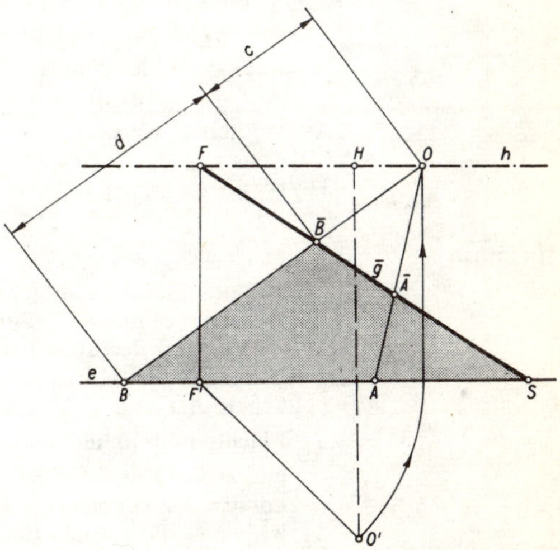

Bild 406

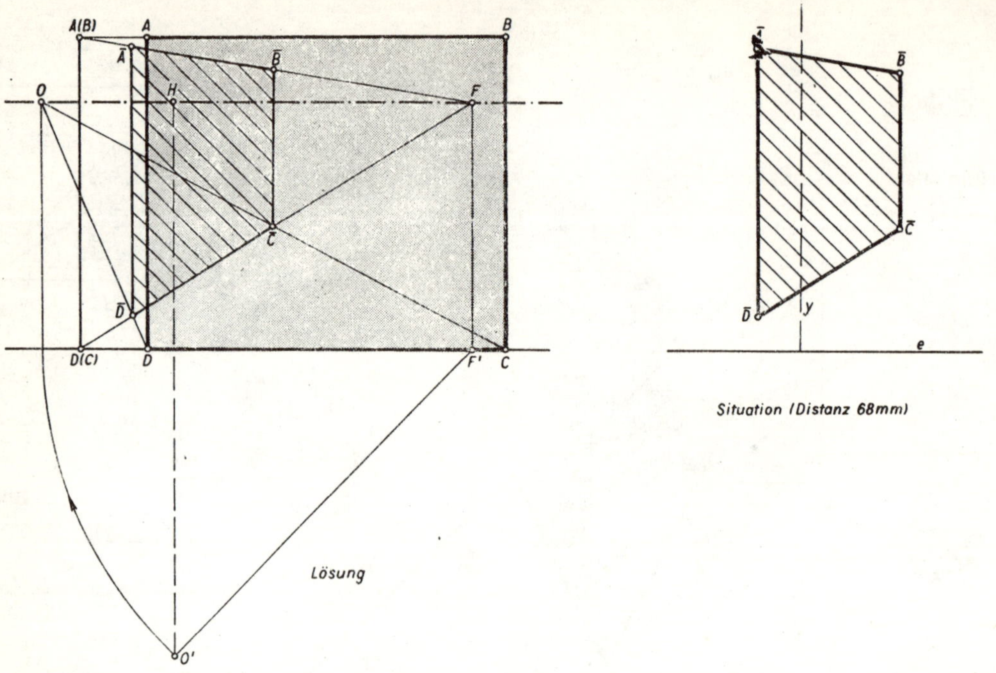

Bild 407

Hauptpunkt und Standpunkt gegeben sind (siehe Bild 406). Durch Verlängern der Strecke werden Spur- und Fluchtpunkt gefunden. Um die Grundrißprojektion des Fluchtpunktes F' wird der Standpunkt in die Bildebene gedreht. Projektionsstrahlen von O durch $\bar{A}$ und $\bar{B}$ ergeben im Schnitt mit der Bildebenenspur e die wahre Länge AB.
Auf die Ermittlung wahrer Größen bei nicht horizontalen Geraden kann verzichtet werden, weil in der Regel die Standebene horizontal verläuft und über die wahren Größen horizontaler und vertikaler Geraden die Aufgabe gelöst werden kann.

BEISPIEL 1

Gegeben ist das perspektivische Bild der rechteckigen Fläche $\bar{A}\bar{B}\bar{C}\bar{D}$, die lotrecht auf der Standebene steht, dazu die Bildebenenspur e, die Bildachse und die Distanz (s. Bild 407, Situation). Gesucht ist die wahre Größe dieser Fläche. Zuerst wird der Standpunkt O' eingetragen, dann der Fluchtpunkt F bestimmt. Damit ist der Horizont gefunden. Wir benutzen ihn, um die wahre Länge der Seiten AD und BC zu ermitteln. Drehen wir dann den Augenpunkt um den Fluchtpunkt in die Bildebene, finden wir mit den Projektionsstrahlen durch $\bar{C}$ und $\bar{D}$ die Grundseite DC, auf der wir die wahre Größe der Fläche $ABCD$ errichten können. Es sei noch vermerkt, daß es bei dieser Übung nicht unbedingt erforderlich ist, die Maße aus den Bildern genau zu übernehmen.

7.3. Vorbereiten der Perspektive

7.3.1. Der Fluchtpunkt

Uns allen ist die Beobachtung bewußt, daß Eisenbahnschienen am Horizont „zusammenlaufen", Alleen, Häuserzeilen, Telegrafenmasten ebenfalls (Bild 408). Alle parallelen horizontalen Kanten treffen sich am Horizont im zentralen Augen- oder Fluchtpunkt *H*. Der zentrale Augen- oder Fluchtpunkt liegt im Schnittpunkt der Bildachse mit dem Horizont. Dabei erscheinen in der Perspektive die in der Grundrißebene parallel zur Bildebene verlaufenden Geraden ebenfalls parallel und waagerecht. Die Perspektive wird dann naturgetreu, wenn wir die normale Augenhöhe von etwa 1,65 m annehmen. Der Hauptpunkt ist allerdings nur dann als Fluchtpunkt zu verwenden, wenn die Körperkanten in der Grundrißprojektion *untereinander parallel* sind und *lotrecht zur Bildebene* verlaufen. Wird ein Körper über Eck betrachtet, fliehen die Kanten zu zwei oder mehreren Fluchtpunkten. Darauf wird später näher eingegangen.

Bild 408

7.3.2. Horizont und Bildebene

Es war gesagt, daß der Horizont möglichst in Augenhöhe liegen soll, um eine naturgetreue Darstellung zu erzielen. Das wird aber nicht in allen Fällen möglich und erwünscht sein. Denken wir an städtebauliche Entwürfe. Hier ist zwar die *normale Perspektive* (Bild 409a) für einen Platzraum richtig, nicht aber für die Darstellung des gesamten Ensembles. In diesem Fall wird der Horizont über die Häuser verlegt. Diese Darstellung heißt *Vogelperspektive* (Bild 409b). Weiter wird in Einzelfällen der Horizont in die Grundrißebene oder nur etwa 20 cm darüber verlegt. Wir haben die *Froschperspektive* (Bild 409c).

Die Bestimmung des Horizontes kann nicht verallgemeinert werden. Angenommen, ein Baukörper ist 3,30 m hoch. Bei einer normalen Augenhöhe von 1,65 m liegt der Horizont mittig und würde in der Perspektive zu einer Halbierung führen, die nicht günstig, ja langweilig ist. Vorteilhaft liegt der Horizont unterhalb der Mitte. Am Beispiel eines Innenraums sei das veranschaulicht. Bild 410 bringt vier Darstellungsformen des Raumes. Die Symmetrie im Bild 410a ist langweilig, besser ist Bild 410b, weil die Bildachse nicht mehr Symmetrieachse ist. Gefährlich kann ein hochliegender Horizont werden (Bild 410c). Wir gehen in der Beurteilung von Bildern zwangsläufig von fixen Vorstellungen aus. Versetzen wir uns in diesen Raum und betrachten ihn „stehend", also mit etwa 1,65 m Augenhöhe! Auf die Raumhöhe übertragen ist das Urteil fertig: Der Raum ist sehr niedrig. Bleibt der Horizont unterhalb der Mitte (Bild 410d), wirkt der Raum größer, höher. Durch wechselndes Abdecken der Bilder 410c und d können diese Feststellungen nachempfunden werden.

Wichtig ist die richtige Lage der Bildebene. Sie wird in der Grundrißprojektion festgelegt. Vom Standpunkt *ST* aus betrachtet, kann sie vor dem Körper, eine Körperkante berührend, den Körper schneidend oder hinter dem Körper liegen. Berührt die Bildebene eine vertikale Körperkante,

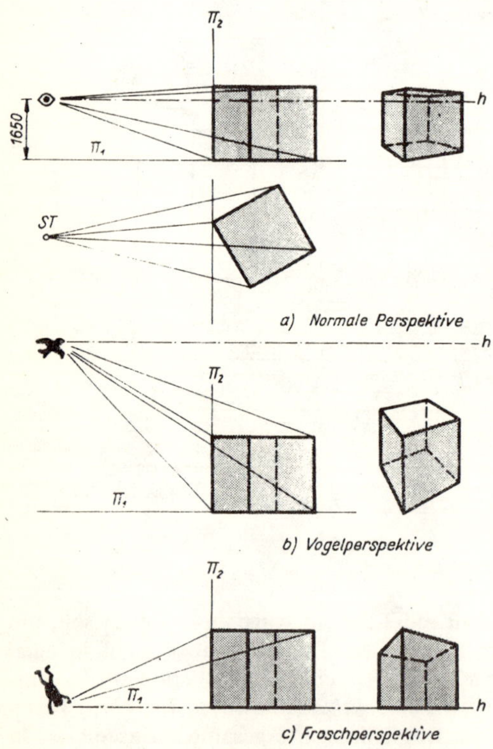

Bild 409

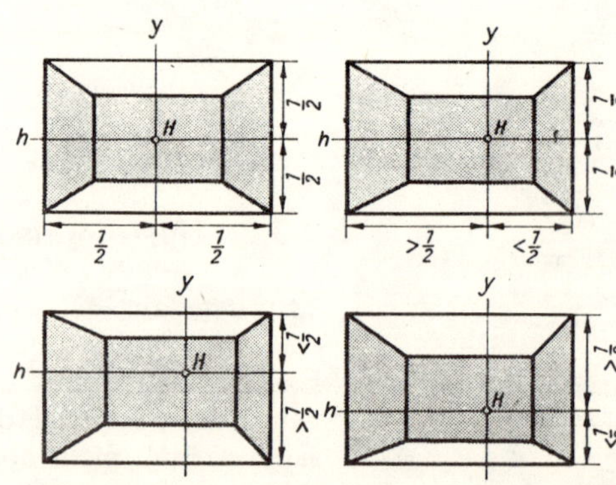

Bild 410

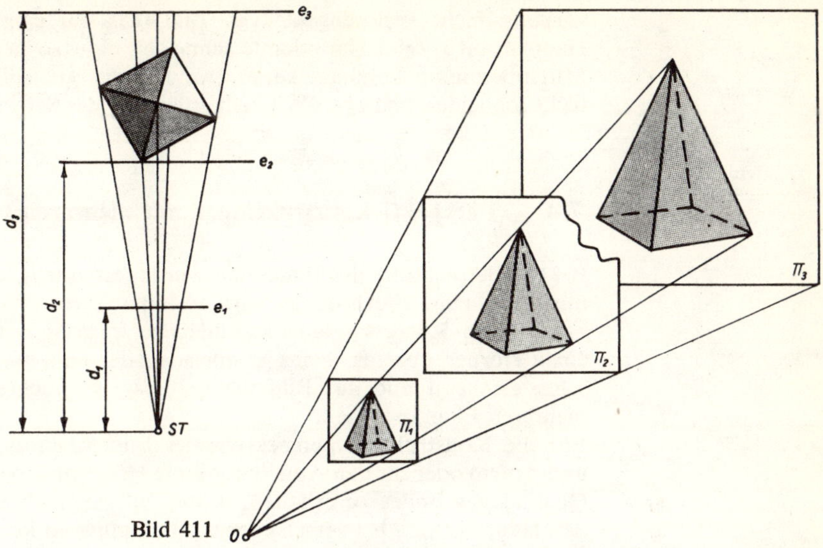

Bild 411

erscheint diese Kante in der Perspektive in ihrer wahren (dem Maßstab entsprechenden) Größe. Wird die Lage der Bildebene vor dem Körper gewählt, ist das konstruierte perspektivische Bild kleiner, liegt sie hinter dem Körper, wird es größer (vgl. Bild 411).

7.3.3. Standpunktbestimmung

Von Bedeutung ist die richtige Wahl des Standpunktes. Wir erleben immer wieder, daß fotografische Bilder uns bekannter Architekturen fremd wirken. Die Erklärung liegt meistens darin, daß der Fotograf einen ungewöhnlichen Standpunkt gewählt hat. Der Hauptstrahl x soll etwa den Schwerpunkt der darzustellenden Körper berühren.
In der Einleitung war gesagt, daß die Grundrißprojektion der äußeren Sehstrahlen die Schenkel des Sehwinkels α sind. Es ist bekannt, daß das menschliche Sehfeld bei ruhiger Kopfhaltung und bewegtem Auge in der Breite etwa 54°, in der Höhe über dem Horizont 27° und darunter 10° umfaßt. Aus dieser Erkenntnis abgeleitet, wird der Sehwinkel bestimmt. Um Verzerrungen am Bildrand zu vermeiden, muß er kleiner als der Blickfeldwinkel sein und ist $\leqq 40°$. Die **Distanz** d des Standpunktes ST von der Bildebene e muß mindestens das $1^1/_2$fache der größten Ausdehnung b sein, darf aber nicht größer als das 3fache sein, damit die perspektivische Tiefen-

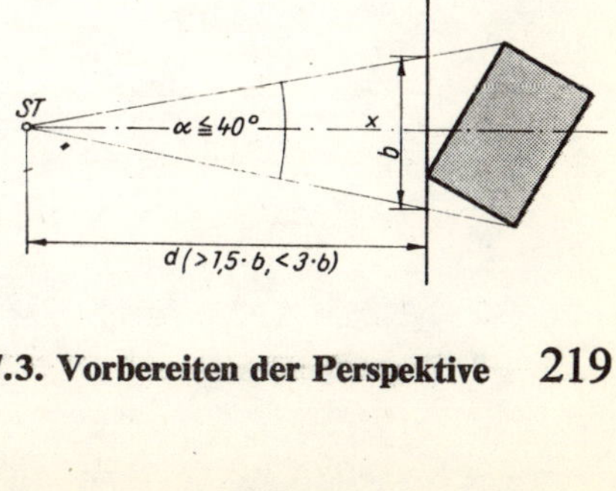

Bild 412

wirkung nicht verlorengeht (vgl. Bild 412). Zu empfehlen ist, daß der Hauptstrahl x keine Hauptkante schneidet, da es so zu einer unangenehmen Mittenbetonung kommen kann. Der Hauptstrahl soll die Bildebene lotrecht schneiden und etwa Winkelhalbierende des Sehwinkels sein.

7.4. Perspektivkonstruktionen mit mehreren Fluchtpunkten

Bei der Betrachtung des Bildes 408 wurde festgestellt, daß der Hauptpunkt nur dann zum Fluchtpunkt wird, wenn wir es mit Tiefenlinien zu tun haben, also Körperkanten die Bildebene lotrecht treffen. Betrachten wir einen Körper übereck – das ist meistens der Fall, weil der Körper plastischer erscheint und das Bild mehr aussagt –, fluchten die Kanten nach mehreren Fluchtpunkten.

Für die Konstruktion perspektivischer Bilder benötigen wir den Grund- und Aufriß oder für den Aufriß konkrete Höhenangaben. Um eine optimale Qualität des Bildes zu erhalten, sollten vorweg mehrere kleine Bilder mit den Hauptformen bei verschiedenen Standpunkten konstruiert werden. Bei geübten Zeichnern ist das später kaum noch nötig.

Gehen wir vom Bekannten aus: Bildebene und Standpunkt werden bestimmt, der Horizont ist normalerweise in Augenhöhe, etwa 1650 mm hoch anzunehmen und muß in Beziehung zum darzustellenden Gegenstand gebracht werden. Dazu wird der Horizont in den Aufriß eingetragen. Die Bestimmung der Fluchtpunkte paralleler, horizontaler Geraden ist aus dem Abschnitt 7.2.2. bekannt (vgl. Text und Bild 395 und 396).

In Bild 413 ist ein Würfel dargestellt. Die Bildebene wird zweckmäßig so gelegt, daß eine Körperkante mit ihr zusammenfällt. Diese Kante erscheint in der Perspektive in ihrer wahren Größe, und wir nennen sie **Maßvertikale**. Zu den Körperkanten parallele Sehstrahlen ergeben im Schnitt mit der Bildebene die Fluchtpunkte F_1 und F_2, die in den Horizont zu übertragen sind. In der bekannten Weise werden die Sehstrahlen durch die Körper-

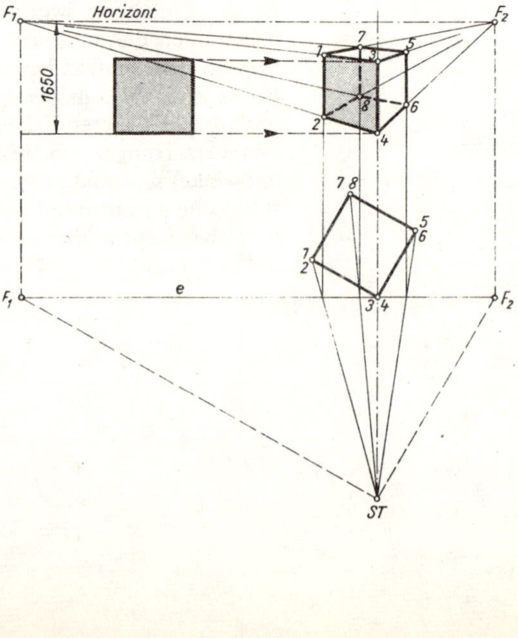

Bild 413

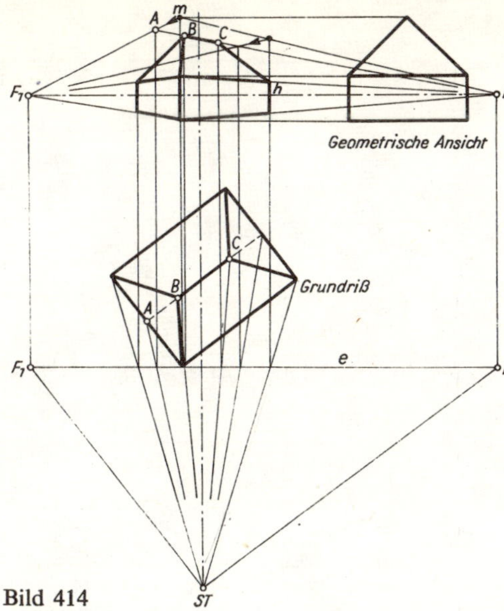

Bild 414

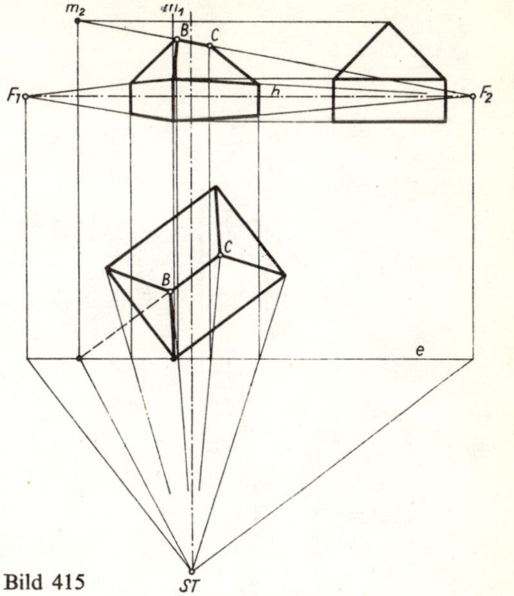

Bild 415

kanten gezogen und durch die Schnittpunkte der Sehstrahlen mit der Bildebene die Ordner gezogen. Die Ecken *3* und *4* werden höhenmäßig aus der geometrischen Ansicht übertragen. Nach F_1 gefluchtet, ergeben sich die Punkte *1* und *2* im Schnitt der Fluchtlinien mit den zugehörigen Ordnern. In gleicher Weise werden die anderen Ecken gefunden und das perspektivische Würfelbild vollendet.

Nach den gleichen Grundsätzen konstruieren wir das Bild eines Hauses mit Walmdach (Bild 414). Die Maßvertikale *m* dient zur Übertragung der Höhen aus der geometrischen Ansicht. Grundlinie und Traufe des Baukörpers sind leicht gefunden. Schwierigkeiten bereitet die Bestimmung der Firstlinie mit den Anfallspunkten. Zuerst ist der Punkt *A* zu bestimmen (bei einem Satteldach wäre das der Firstpunkt des Giebels). Über die wahre Höhe, in der Maßvertikalen *m* angetragen, wird nach F_1 gefluchtet und im Schnitt mit dem aus dem Grundriß übertragenen Ordner *A* gefunden.

Damit liegt die Firstlinie fest. Die Anfallspunkte *B* und *C* liegen dann im Schnittpunkt ihrer Ordner mit der Firstlinie.

In Bild 415 wird für den gleichen Gebäudekörper eine andere Konstruktion gewählt. Aus der Erkenntnis heraus, daß nur in Schnittgeraden mit der Bildebene die wahre Höhe abgetragen werden kann, verlängern wir den Grundriß der Firstlinie bis zum Schnitt mit der Grundrißspur der Bildebene. Hier wird die Maßvertikale m_2 errichtet, die Firsthöhe abgetragen und nach F_2 gefluchtet. Die Anfallspunkte *B* und *C* liegen auf der gefundenen Firstlinie und sind in der bekannten Art zu bestimmen.

Ein Einfamilienhaus mit Garage soll perspektivisch dargestellt werden (Bild 416). Der vorhandene Maßstab von Grund- und Aufriß verlangt eine gewisse Vergrößerung der Perspektive. Folglich muß die Bildebene hinter das Gebäude verlegt werden. Die Bildebene wird durch die hintere Gebäudekante gelegt. Dadurch ist eine Maßvertikale *I* gegeben. Ein Konstruieren

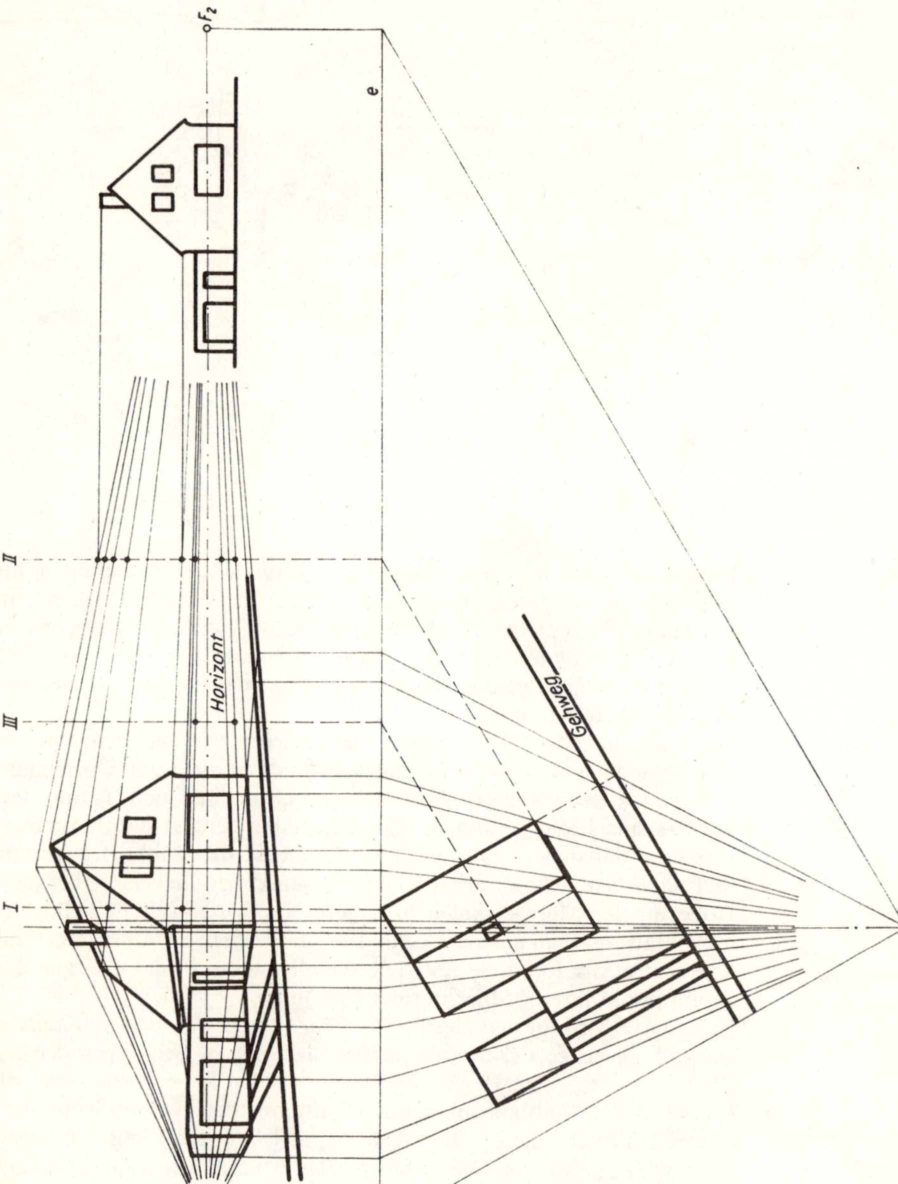

Bild 416

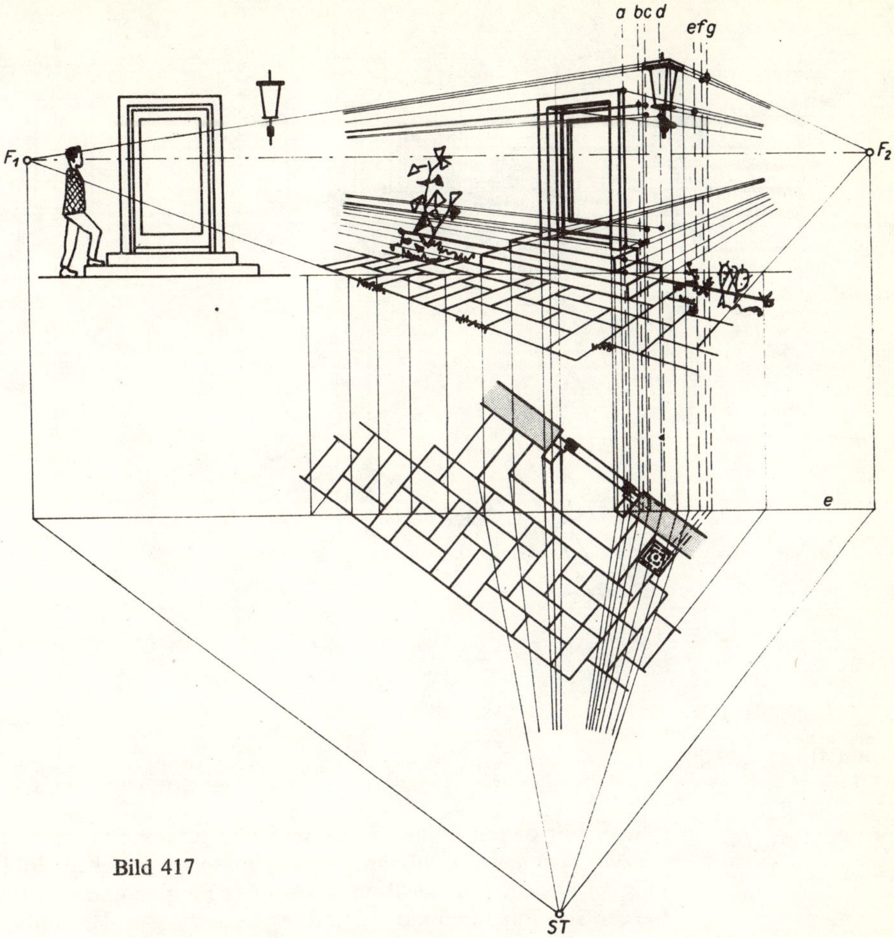

Bild 417

über die hintere, nicht sichtbare Gebäudekante ist recht umständlich, da die Höhenlinien über Umwege nach vorn geholt werden müssen. Zweckmäßig wird für den vorderen Giebel eine Maßvertikale *II* geschaffen. Die Schornsteinhöhen werden über den vorderen Giebel bestimmt und dann auf F_1 gefluchtet. Die Konstruktion der Garage erfolgt mit Hilfe der Maßvertikalen *III*. Der Gehweg wird über eine Verlängerung der einen Gebäudeseite bestimmt.

Ein weiteres Beispiel ist ein Hauseingang im Bild 417. Die Maßvertikale *a* gestattet ein Konstruieren der Stufen und des Gewändes (Türumrahmung). Für die Türblattdarstellung werden die Maßvertikalen *b*, *c* und *d*, für die Laterne *e*, *f* und *g* konstruiert. Der Plattenbelag wird aus den Schnittpunkten mit der Bildebenenspur im Grundriß gefunden. Bei einiger Übung wird es nicht mehr nötig sein, derartig viele Maßvertikalen für Türblatt und Laterne zu benutzen. Es genügt, wenn die Hauptkanten konstruiert werden.

Bei der Konstruktion perspektivischer Bilder wird es oft vorkommen, daß mehrere Körper darzustellen sind und diese nicht parallel zueinander

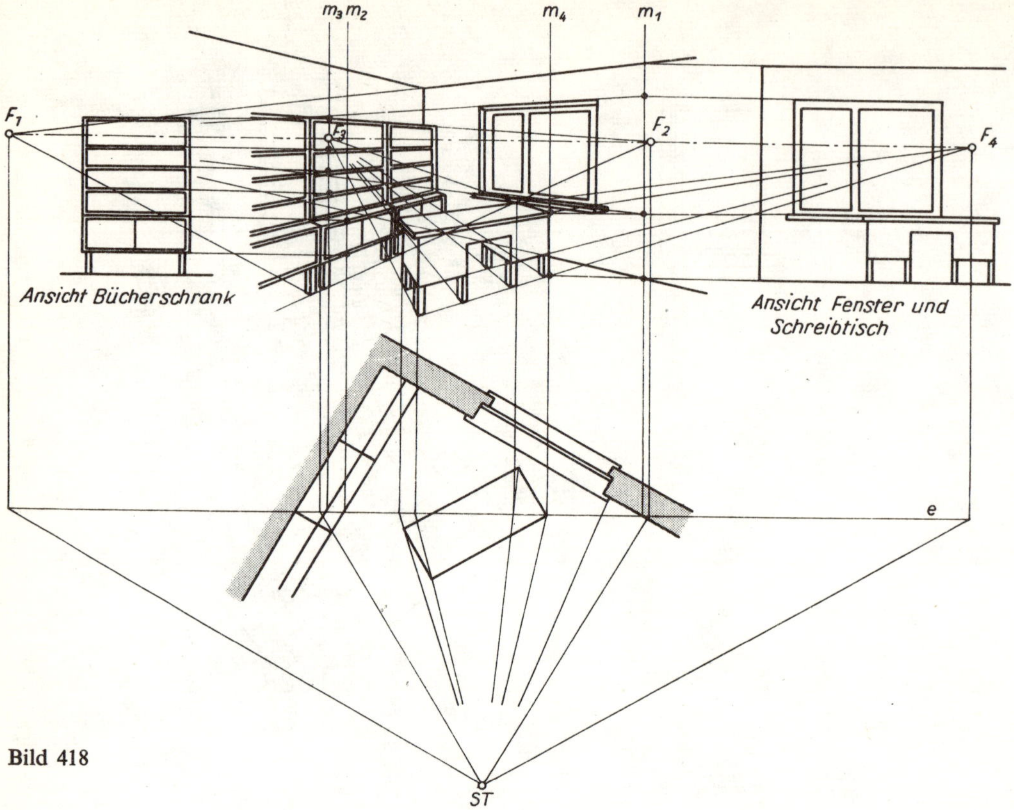

Bild 418

stehen. Für diesen Fall sind mehrere Fluchtpunkte zu bestimmen und die Einzelkörper jeweils auf ihre Fluchtpunkte zu beziehen. Bild 418 soll als Beispiel dienen. Für die Raumecken, das Fenster und den Bücherschrank werden die Fluchtpunkte F_1 und F_2 benutzt. Zur Höhenmessung ist die Maßvertikale m_1 geeignet. Auch der Bücherschrank könnte über m_1 konstruiert werden. Die Umwege bei der Konstruktion sind aber ungenau. Besser und einfacher ist es, neue Maßvertikalen zu benutzen. Im Beispiel: m_2 für das Unterteil und m_3 für den Schrankaufsatz. Der nicht parallel zu den Raumwänden aufgestellte Schreibtisch hat andere Fluchtpunkte, die in bekannter Weise gefunden werden. Die Maßvertikale m_4 ist durch die Lage der Bildebene gegeben.
So lassen sich natürlich auch Darstellungen mit mehr als vier Fluchtpunkten konstruieren. Es sei hier noch einmal darauf hingewiesen, daß alle Fluchtpunkte horizontaler Geraden auf dem Horizont liegen müssen.

7.5. Konstruktionen mit dem Kellergrundriß

Bei der Wahl des Horizontes wird normalerweise die Augenhöhe mit 1650 mm angenommen. Das führt bei hohen Baukörpern zu schleifenden Schnittpunkten und somit zu Ungenauigkeiten. Deshalb ist es vorteilhaft, den perspektivischen Grundriß in einer gedachten, tiefliegenden Kellerebene

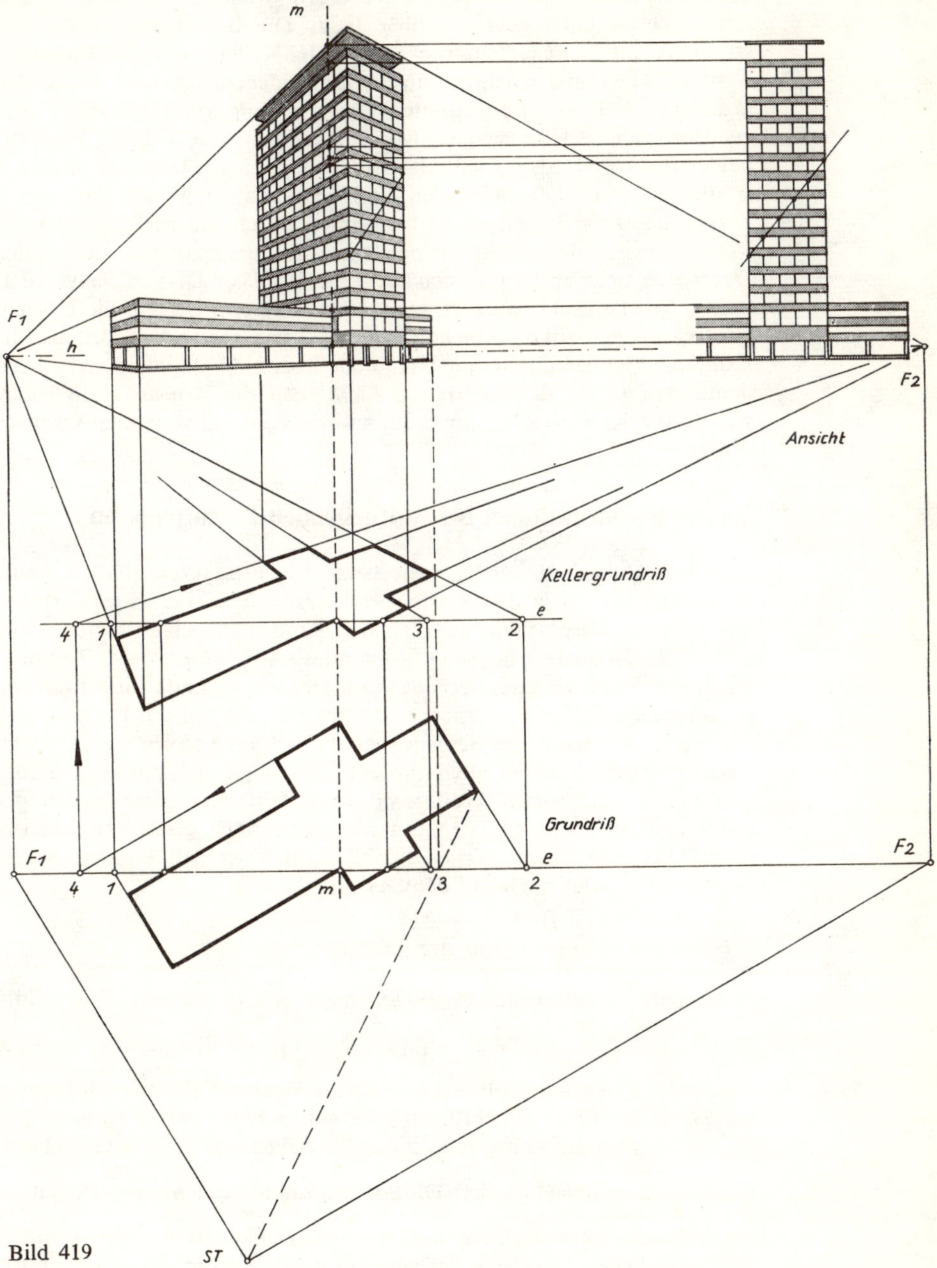
m
F1
h
F2
Ansicht
Kellergrundriß
e
4
1
3
2
Grundriß
F1
F2
4
1
m
3
2
e
ST

Bild 419

zu konstruieren. In Bild 419 sind die Grundrißrichtungen bis zur Grundrißspur *e* der Bildebene verlängert. Die gefundenen Spurpunkte *1* bis *4* werden in eine neue Bildebenenspur des Kellergrundrisses übertragen, die auf der Zeichenebene entsprechend höher liegt. Die Schnittpunkte der Fluchtstrahlen ergeben die Gebäudeecken, und der Kellergrundriß kann gezeichnet werden. Da wir in den Schnittpunkten der Bildebenenspur mit dem Gebäudegrundriß wie in den Spurpunkten *1* bis *4* jeweils Maßvertikalen haben, ist zu überlegen, welche geeignet ist. Eindeutig erweist sich die Schnittkante beider Baukörper als vorteilhaft (im Grundriß als *m* bezeichnet).
In diese Maßvertikale *m* werden die Höhen aus der Ansicht für beide Baukörper übertragen. Mit den Fluchtlinien durch die Meßpunkte und den Vertikalen aus dem Kellergrundriß ist die Perspektive schnell vollendet. Der Raster der Fenster läßt sich leicht mit Hilfe von Diagonalen von der Ansicht in die Perspektive übertragen. Voraussetzung ist, daß die Horizontalgliederung der Baukörper schon in Perspektive gesetzt ist. Bei dem hohen Baukörper ist das durch eine Diagonale über ein Feld von 5 mal 5 Fenstern demonstriert. Als Beweis für die Richtigkeit der Konstruktion ist in bekannter Weise die rechte äußere Kante in Perspektive gesetzt (gestrichelte Linie).

7.6. Konstruktionen bei weitliegenden Fluchtpunkten

In der Regel werden nicht mehr beide Fluchtpunkte auf dem Reißbrett liegen können, da ja die konstruierte Perspektive weitaus größer wird als die Bilder in diesem Lehrbuch. Einmal kann man sich so helfen, daß eine zweite Reißschiene oder eine passende Latte unter dem Reißbrett in Richtung des Horizontes verkeilt wird. Der weitliegende Fluchtpunkt kann so auf dieser Schiene markiert werden. Das tut man am besten mit einer Nadel, an die dann die Schiene beim Fluchten angelegt wird. Das Einstecken einer Nadel ist auch für den anderen Fluchtpunkt und für den Standpunkt von Vorteil. Weitere bewährte Hilfsmittel sind das Perspektivlineal und der Strahlenraster, auf die später noch gesondert eingegangen wird. Hier nun einige Wege, die beschritten werden können, wenn ein Fluchtpunkt nicht mehr auf dem Reißbrett liegt.

7.6.1. Verhältnisteilung der Distanz

In Anwendung des Strahlensatzes teilen wir die Distanz zur Hälfte (Bild 420). Parallel zur Geraden $ST\,F_1$ ergibt sich ein neuer Fluchtpunkt $\frac{1}{2}\,F_1$, den wir in die Perspektive übertragen. Der Giebel des Hauses wird mit Hilfe der Sehstrahlen und Fluchtlinien zum nahen Fluchtpunkt F_2 in bekannter Weise konstruiert. Vom Hauptpunkt H ziehen wir zu den Giebelpunkten Geraden, die halbiert werden. Die Schnittpunkte werden auf $\frac{1}{2}\,F_1$ gefluchtet; parallel verschoben ergeben sich die Fluchtlinien zu F_1, und somit kann die Perspektive vervollständigt werden. Aus Gründen der Anschaulichkeit sind die untere und obere Fluchtlinie auf F_1 eingetragen. Natürlich ist auch eine andere Teilung möglich, z. B. $\frac{1}{3}$, $\frac{1}{4}$ u. a.

Bild 420

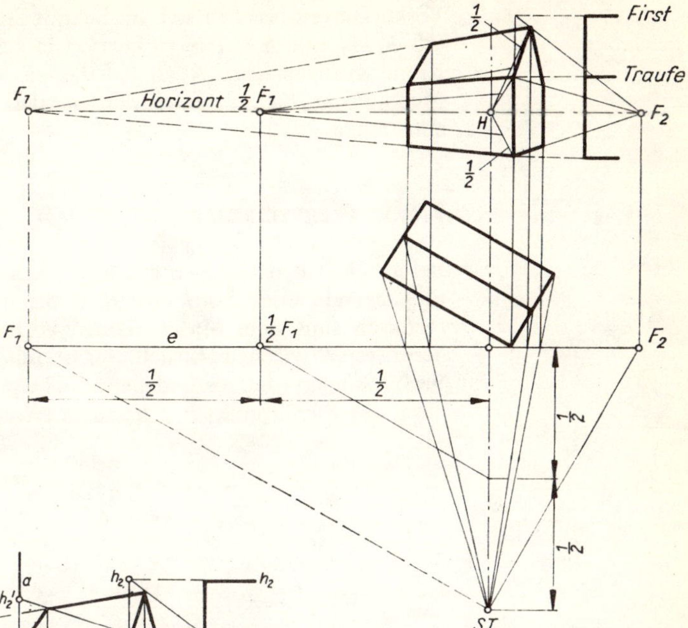

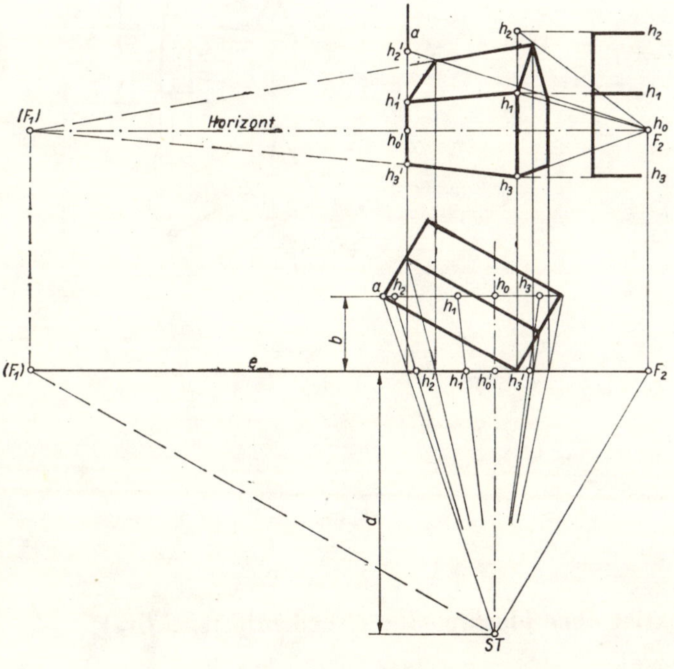

Bild 421

7.6.2. Verhältnisteilung der Höhe

In der Gebäudekante, die die Bildebene berührt, können wir die wahren Höhen eintragen. Die Verkürzung der zurückliegenden Kante *a* in Bild 421 kann mit Hilfe des Strahlensatzes ermittelt werden. Die Verkürzung erfolgt im Verhältnis der Entfernung $d + b$ zur Distanz. Die wahren Höhen werden in einer Parallelen zur Bildebenenspur durch *a* angetragen, die

Verkürzungen ergeben sich im Schnitt ihrer Sehstrahlen mit der Bildebene (h_2', h_1', h_0' und h_3'). Die verkürzten Höhen werden in der Perspektive der Kante *a* angetragen. Auch bei diesem Verfahren kann ohne den weiten Fluchtpunkt F_1 gearbeitet werden, der im Bild nur zur Beweisführung eingezeichnet ist.

7.6.3. Wegverfahren

Bei gleichen Bedingungen wie in Bildern 420 und 421 wird in Bild 422 der rückliegende Giebel im Grundriß bis in die Bildebenenspur verlängert. Dadurch sind zwei Maßvertikalen vorhanden, und beide Giebel sind in der perspektivischen Ansicht leicht mit Hilfe von F_2 darzustellen. Die Verbindungen der gefundenen Giebelpunkte fluchten nach dem weitliegenden Fluchtpunkt F_1, der nicht erforderlich ist.

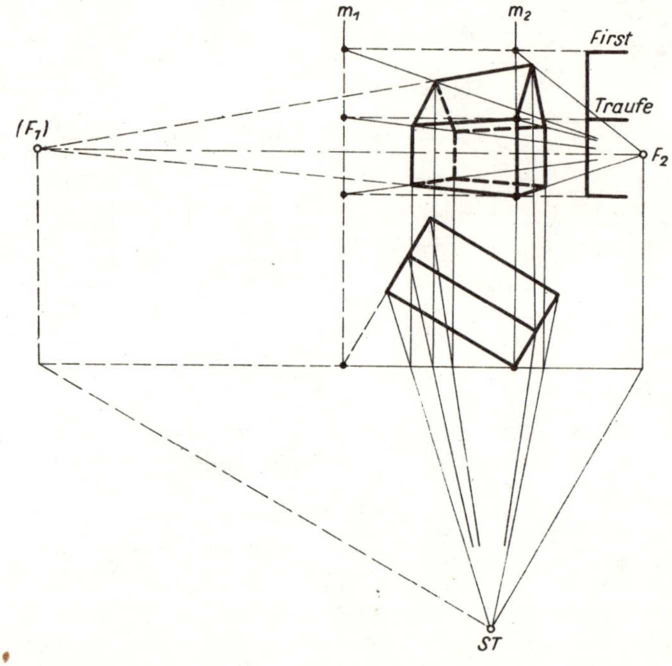

Bild 422

7.7. Perspektive ohne Fluchtpunkte (Netzhautperspektive)

Es ist möglich, ein perspektivisches Bild ohne Fluchtpunkte zu konstruieren. Mit den bekannten Gesetzen der Dreitafelprojektion kann eine Perspektive gezeichnet werden. Die Sehstrahlen aus dem Grund- und Seitenriß sind dazu nötig; sie werden zum Schnitt gebracht, und die Verbindung der gefundenen Körperecken ergibt das fertige Bild (s. Bild 423).
Nach gleichen Überlegungen ist die *Netzhautperspektive* aufgebaut. Allerdings kommt hier ein sehr wesentlicher Gedanke hinzu. Die Netzhaut des menschlichen Auges ist fast eine Kugelschale. Dieser natürlichen Netzhaut

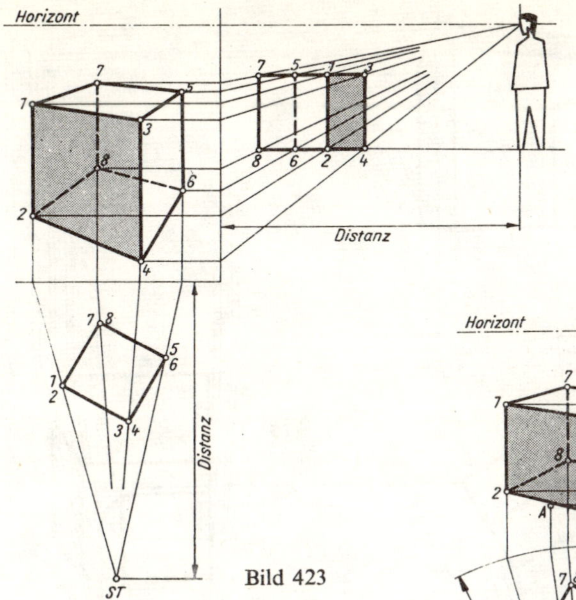

Bild 423

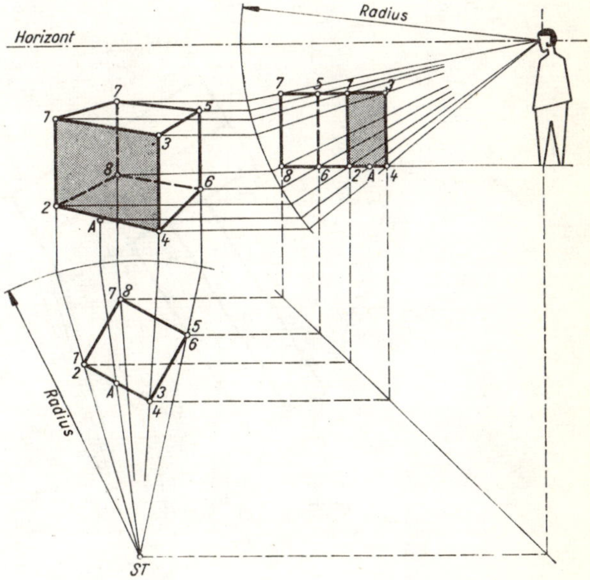

Bild 424

entspricht die Bildebene bei der Netzhautperspektive. Der Vorteil liegt darin, daß die besonders bei größerem Sehwinkel auftretenden Verzerrungen gemindert werden. Das Bild 424 bringt bei gleichen Bedingungen wie in Bild 423 eine Netzhautperspektive. Der Radius der Bildebene ist gleich der Distanz und muß im Grund- und Seitenriß gleich sein. Ein Vergleich der Bilder 423 und 424 zeigt eindeutig den Unterschied im perspektivischen Bild.

Bei der Netzhautperspektive handelt es sich um eine in der Praxis übliche Konstruktion perspektivischer Bilder. Die im Bild durch Verbinden der beiden konstruierten Punkte gefundene Gerade ist aber – streng genommen – eine Kurve. In Bild 423 ist die Kante *2 4* halbiert und der neue Punkt *A* in Perspektive gesetzt.

Er liegt außerhalb der gezogenen Kante *2 4*.

Für die praktische Anwendung der Netzhautperspektive ist es zweckmäßig, Grund- und Seitenriß in paralleler Achse darzustellen und die Sehstrahlen des Seitenrisses um 90° zu drehen.

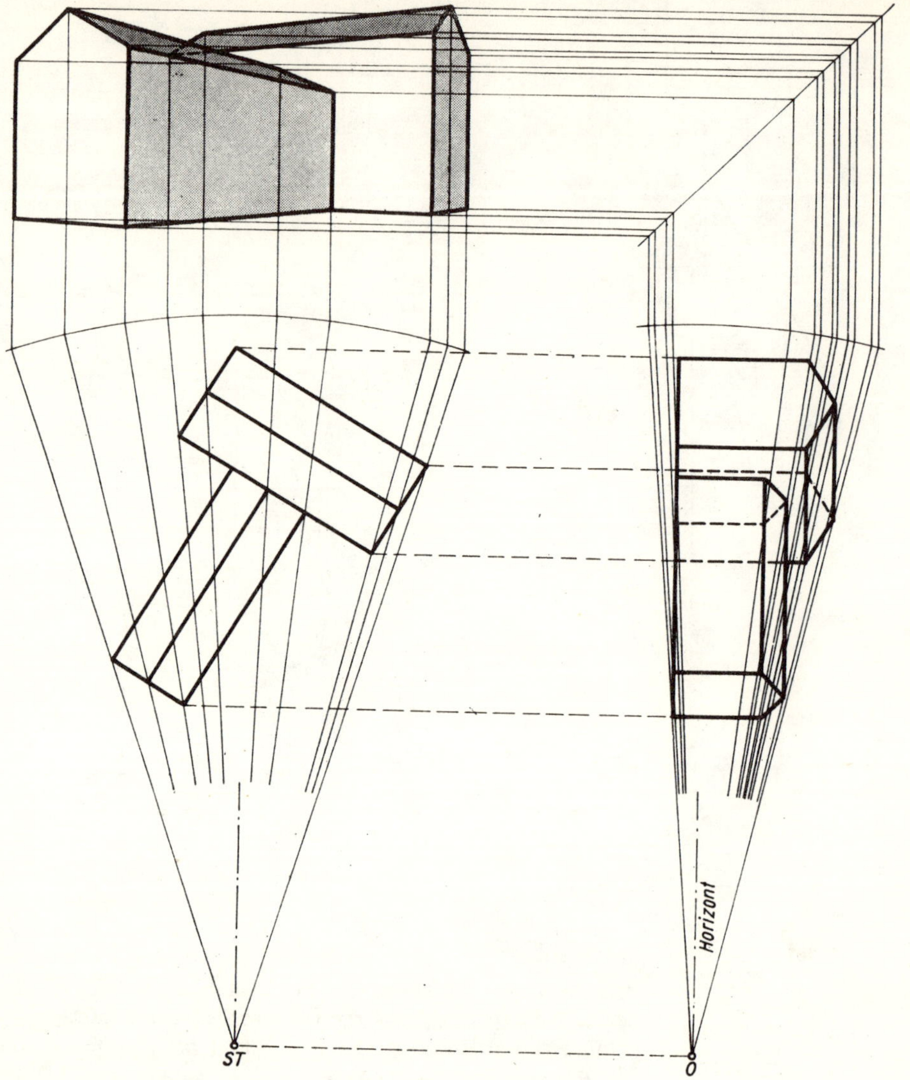

Bild 425

Bild 425 zeigt die Anwendung für einen zusammengesetzten Baukörper. Zu beachten ist immer die richtige Darstellung im Seitenriß, damit das Bild gelingt. Stand- und Augenpunkt (*ST* und *O*) sowie die Gebäudekanten müssen genau übereinanderliegen. Sie sind auch die Zirkelpunkte für das Einzeichnen der Bildebene.
Die Netzhautperspektive ist besonders dann geeignet, wenn der Standpunkt nahe am Objekt liegen muß. Das wird vor allem bei Innenräumen oft der Fall sein.

7.8. Fluchtpunkte nichthorizontaler Geraden

Die Fluchtpunkte liegen nur dann auf dem Horizont, wenn die Geraden horizontal verlaufen. Bisher wurde der Fluchtpunkt einer Geraden so gefunden, daß man parallel zu dieser einen Sehstrahl durch den Standpunkt legte und mit der Bildebene zum Schnitt brachte. Das gleiche gilt für nicht horizontale Geraden, die also gegen den Grundriß unter einem Winkel $\alpha \neq 0$ geneigt sind. Als Beispiel dient ein Satteldach in Bild 426. Die Grundrißprojektion der Fluchtpunkte F_2, F_o und F_u ist gleich, denn auch

Bild 426

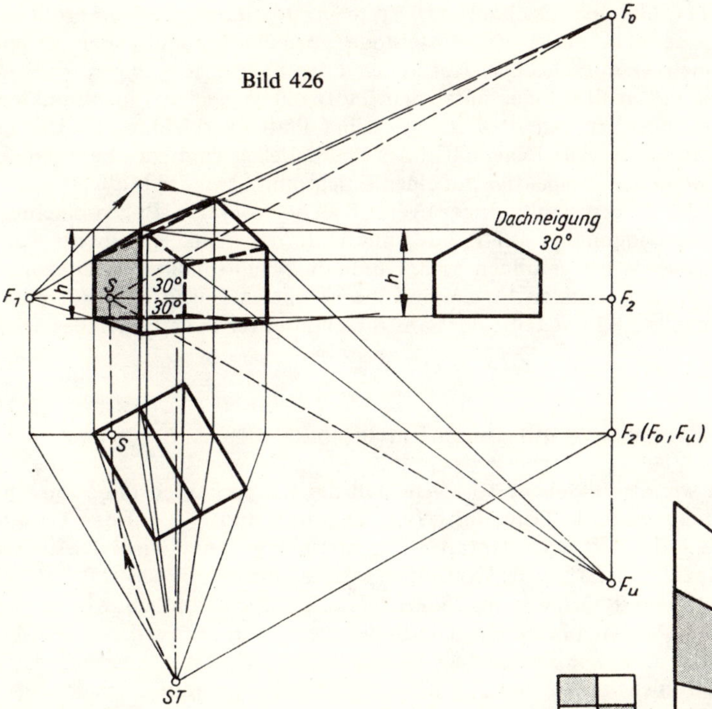

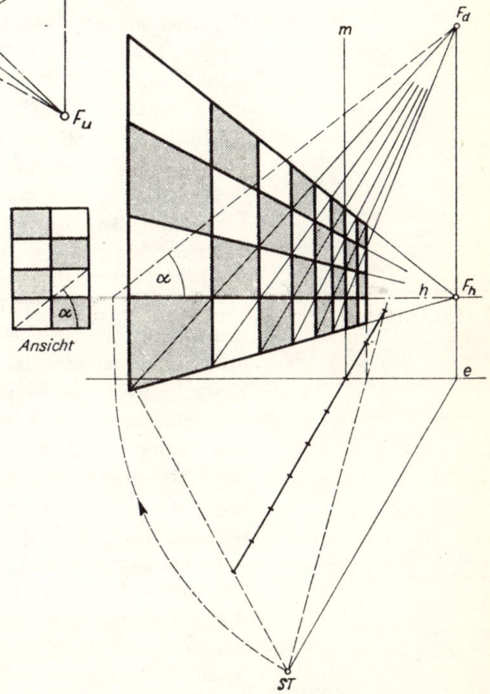

Bild 427

die Grundrißprojektion der unteren Gebäudekante fällt mit der der beiden Orte (schräge Dachkanten am Giebel) zusammen. F_2 liegt auf dem Horizont; F_o und F_u müssen lotrecht darüber bzw. darunter liegen. Um die Höhe der Fluchtpunkte zu bestimmen, klappt man STF_2 um F_2 in die Bildebene und trägt im neu gefundenen Punkt S im Horizont den Winkel der Dachneigung nach oben und unten an. Im Schnitt der Schenkel dieser Winkel mit der Lotrechten durch F_2 liegen die gesuchten Fluchtpunkte F_o und F_u. Die Konstruktion der perspektivischen Ansicht ist nach Auffinden der Traufpunkte durch Fluchten auf F_o und F_u leicht möglich. Das Beispiel bringt als Probe die bereits bekannte Konstruktion des Firstpunktes.
Für Dächer, Gaupen (Dachaufbau), Treppen, Böschungen, Ecken profilierter Gesimse u. a. m. ist diese Methode vorteilhaft anzuwenden. Auch Fensterfluchten mit gleichen Abständen oder andere Reihungen können leicht mit diesen über oder unter dem Horizont liegenden Fluchtpunkten konstruiert werden. An dem Beispiel einer Plattenverkleidung sei das in Bild 427 erläutert. Alle Diagonalen des Plattenbelags sind parallel, folglich fluchten sie in der Perspektive auf einen Fluchtpunkt. An der Maßvertikalen *m* wird der Fugenschnitt angetragen. Die horizontalen Fugen fluchten auf F_h, die Diagonalen auf F_d, der mit Hilfe des Winkels α in der vorbeschriebenen Weise gefunden wird. Durch die Schnittpunkte der Diagonalen mit den horizontalen Fugen sind die vertikalen Fugen einzuzeichnen. Zur Kontrolle sind mit Hilfe der Sehstrahlen zwei vertikale Fugen bestätigt worden.

7.9. Perspektive mit einem Fluchtpunkt

Können wir die Bildebene so legen, daß die Körperkanten diese lotrecht treffen, fluchten diese Tiefenlinien (vgl. Text und Bild 397) auf den Hauptpunkt, der deshalb auch zentraler Fluchtpunkt genannt wird. Diese Art der Perspektive ist auch als **Zentralperspektive** bekannt.
In Bild 428 sind Grund- und Seitenriß aufgetragen, ähnlich wie in der bekannten Dreitafelprojektion. Die Bildebene liegt in der vorderen Würfelfläche *1*, *2*, *3*, *4*. Die Distanz des Standpunktes *ST* ist mit 2,5*b* festgelegt. Die Sehstrahlen zu *1*, *2* und *3*, *4* bringen durch die gewählte Lage der Bildebene keine neuen Schnittpunkte. Die Sehstrahlen zu *5*, *6* und *7*, *8* schneiden die Bildebene und werden in die Ansicht übertragen.
Damit sind die Vertikalen unserer perspektivischen Ansicht gefunden, wenn auch noch nicht begrenzt. Im Seitenriß wird der Horizont festgelegt und in die perspektivische Ansicht übertragen. Im Schnittpunkt mit der Bildachse liegt der zentrale Augenpunkt *H*. Aus dem Seitenriß werden die Würfelhöhen in die perspektivische Ansicht übertragen, und im Schnitt mit den Ordnern ergeben sich die Ecken *1*, *2*, *3* und *4*. Alle Körperkanten, die rechtwinklig zur Bildebene verlaufen, treffen sich im zentralen Augenpunkt *H*. Folglich werden *1*, *2*, *3* und *4* nach *H* gefluchtet. Die *Fluchtlinien* schneiden die zu *5*, *6*, *7* und *8* gehörigen Vertikalen in den Körperecken *5*, *6*, *7* und *8*. Die gefundenen Körperecken werden miteinander verbunden, und das perspektivische Würfelbild ist fertig.
Zur Kontrolle und zum besseren Verständnis sind in Bild 428 die Sehstrahlen auch im Seitenriß eingezeichnet. Sie ergeben zu *1*, *3* und *2*, *4* keine neuen Schnittpunkte. Diese Punkte werden direkt in die perspektivische

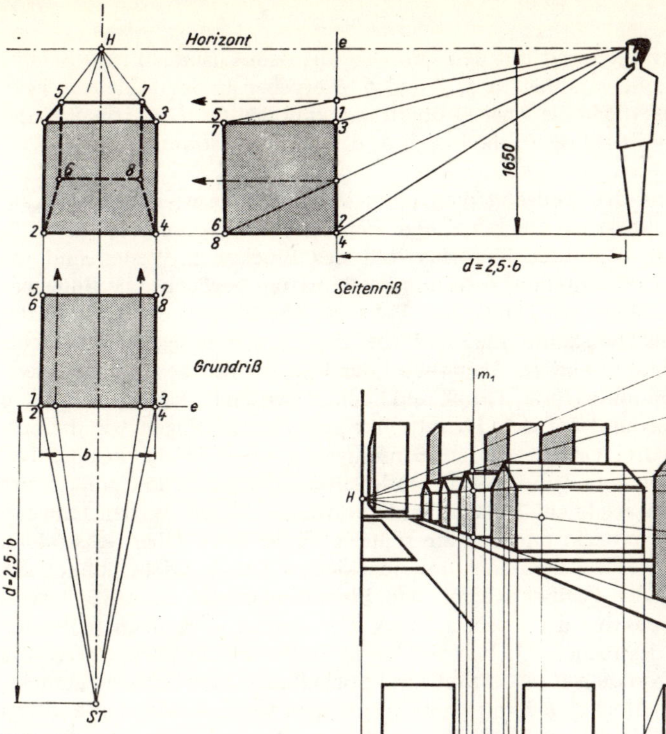

Bild 428

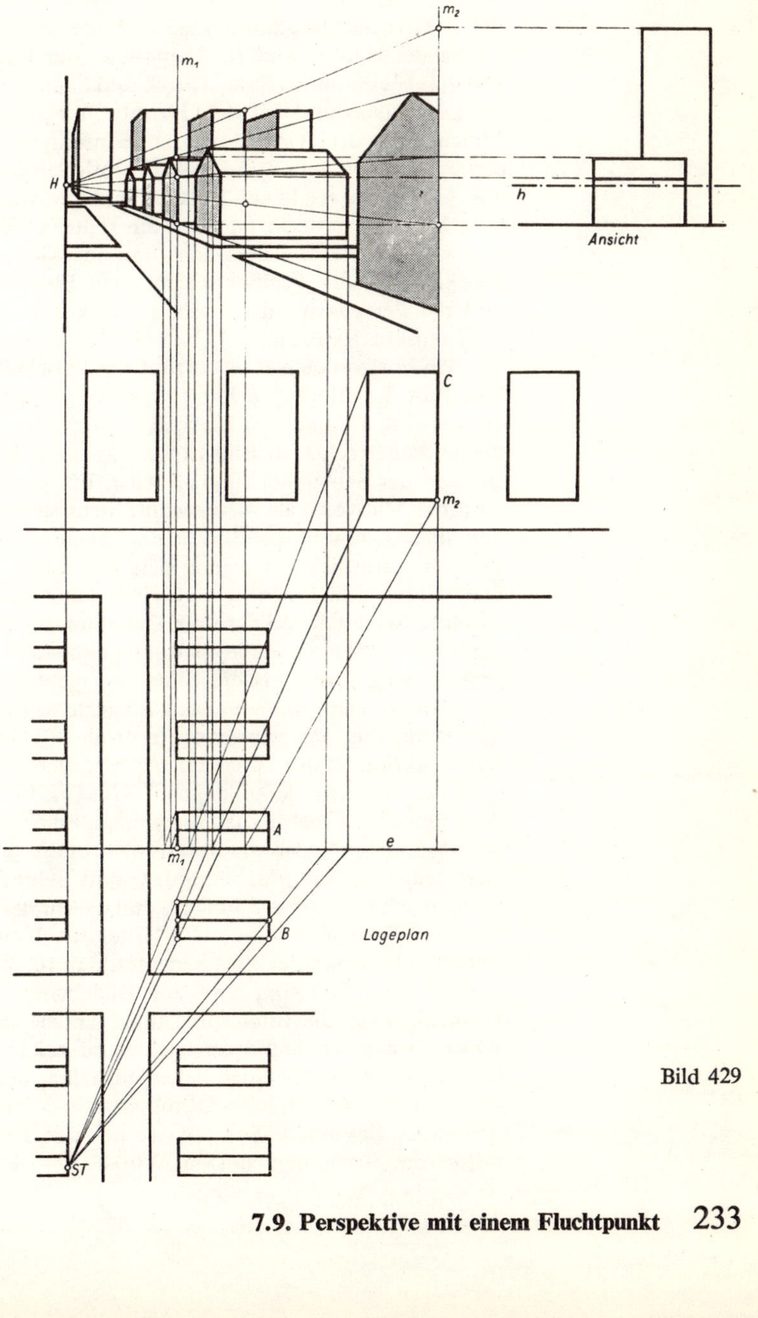

Bild 429

Ansicht übertragen und mit den Ordnern aus dem Grundriß zum Schnitt gebracht. Die Sehstrahlen zu *5*, *7* und *6*, *8* ergeben in der Bildebene neue Schnittpunkte, die in die Ansicht übertragen, mit den Ordnern von *5*, *6* und *7*, *8* zum Schnitt gebracht, die Ecken *5*, *6*, *7* und *8* bestimmen.

BEISPIELE

Sehen wir uns den Teil-Lageplan eines Wohnkomplexes in Bild 429 an. Als Standpunkt ist ein Blick aus dem Fenster eines Wohnhauses gewählt. Die Bildebene liegt in der Vorderfront des Blockes *A*. Weiter sind die Ansichten der beiden Haustypen und der Horizont gegeben. Die Bildachse errichtet sich längs der Hausgiebel links der Straße und erscheint in der Perspektive als Hauskante. Im Schnitt mit dem Horizont liegt unser Fluchtpunkt, der Hauptpunkt *H*. Zuerst wird das Bild des Blockes *A* konstruiert. Die drei Meßpunkte (First, Traufe und Sockel) werden in der Maßvertikalen m_1 angetragen und auf den Hauptpunkt gefluchtet. Bringen wir die entsprechenden drei Ordner des straßenseitigen Giebels in die Perspektive, ergeben sich im Schnitt mit den Fluchtlinien die nötigen Schnittpunkte, um den Giebel zu zeichnen. First-, Trauf- und Sockellinien werden teilweise vom Block *B* verdeckt und deshalb später eingezeichnet. Über Sehstrahlen und Ordner werden dann die drei markierten linken Giebelpunkte des Blockes *B* in der Perspektive mit den Fluchtlinien zum Schnitt gebracht und die Perspektive des Giebels Block *B* vollendet. Die noch fehlenden zwei Punkte des rechten Giebels werden in die Perspektive übertragen und mit den horizontalen First-, Trauf- und Sockellinien zum Schnitt gebracht. Das Bild des Blockes *B* kann dann ausgezogen werden. Mit den anderen Häusern ist wie mit dem Block *B* zu verfahren. Bei dem noch angedeuteten Giebel ganz rechts im Bild ist zu erkennen, wie sehr dieser schon verzerrt ist, weil der Sehwinkel zu groß wird. Für die Hochhäuser im Hintergrund wird die Maßvertikale m_2 gewählt. Sichtbar konstruiert ist in Bild 429 nur der Block *C*, damit das Bild übersichtlich bleibt.

Die Zentralprojektion eignet sich besonders gut für die perspektivische Darstellung von Innenräumen. Bedingung ist, daß die Bildebene parallel zu einer Wandfläche liegt und Tiefenlinien vorhanden sind. Bild 430 zeigt das Innenbild einer Halle in Rahmenkonstruktion. Damit das Bild etwas lebhaft wird, legen wir die Bildachse nicht in die Hallenachse. Die Bildebene deckt sich mit dem ersten Binderfeld. Im Schnittpunkt von Horizont und Bildachse liegt wieder der zentrale Fluchtpunkt *H*. Ausgang unserer Konstruktion ist der Hallenquerschnitt, der aus Grundriß und Querschnitt gefunden wird (Binderaußenprofil *ABCDE*, Binderinnenprofil *FGHIK*). Mit dem zentralen Fluchtpunkt verbunden, ergeben sich die Fluchtlinien. Über den Grundriß werden die Sehstrahlen in die perspektivische Ansicht projiziert und mit den Fluchtstrahlen zum Schnitt gebracht. Damit sind die nötigen Schnittpunkte gefunden, und die Binder können ausgezogen werden. Alle zur Bildebene parallel verlaufenden Kanten sind auch im perspektivischen Bild parallel. Das bedeutet, daß für unser Beispiel die Binderfüße parallel zum Horizont und zur Bildebenenspur e'' liegen müssen. Zur Kontrolle sind die Binderfüße miteinander verbunden. Da mit der Reißschiene waagerechte Linien leichter zu zeichnen sind, wird meistens nur über Sehstrahlen der einen Seite gearbeitet, und die Schnittpunkte mit den Fluchtlinien der anderen Raumseite werden über waagerechte Linien gefunden. Besondere Sorgfalt ist bei der Konstruktion der Firstpunkte nötig, da durch den spitzen Winkel der Sehstrahlen sog. „schleifende

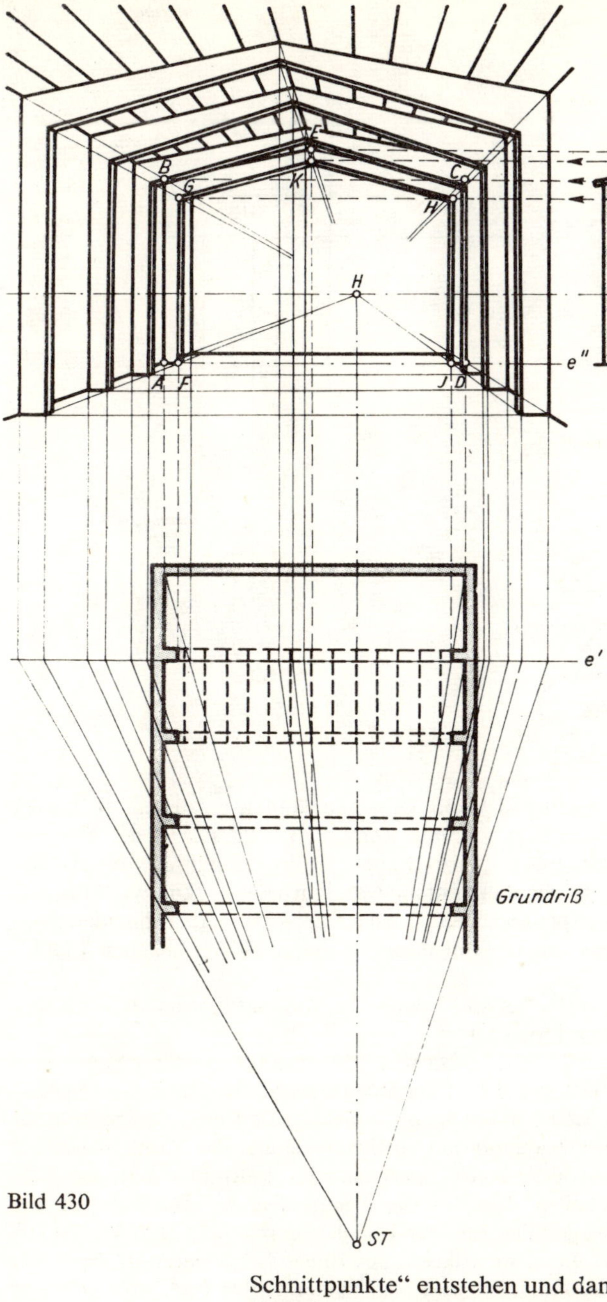

Bild 430

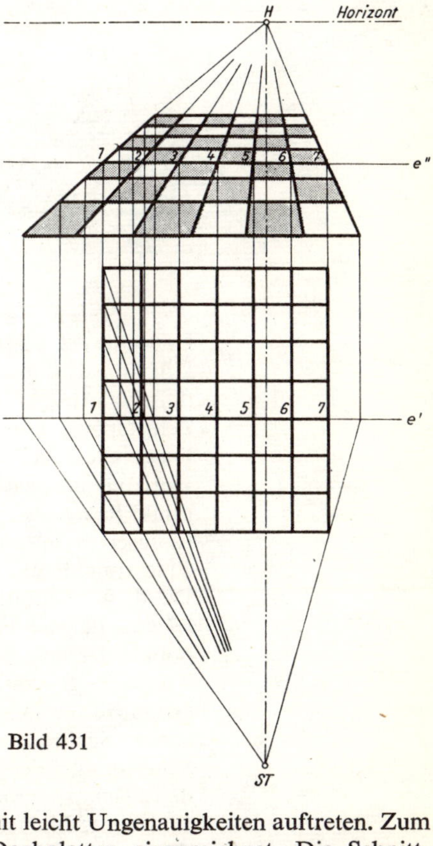

Bild 431

Schnittpunkte“ entstehen und damit leicht Ungenauigkeiten auftreten. Zum Schluß werden die Fugen der Dachplatten eingezeichnet. Die Schnittpunkte mit der Bildebene werden aus dem Grundriß in die Ansicht projiziert, mit der Außenbegrenzung *BEC* des Binders zum Schnitt gebracht und auf *H* gefluchtet. Das Problem der „schleifenden Schnittpunkte“ ist auch bei der Darstellung von Fußbodenplatten vorhanden (Bild 431). Bei der

Bild 432

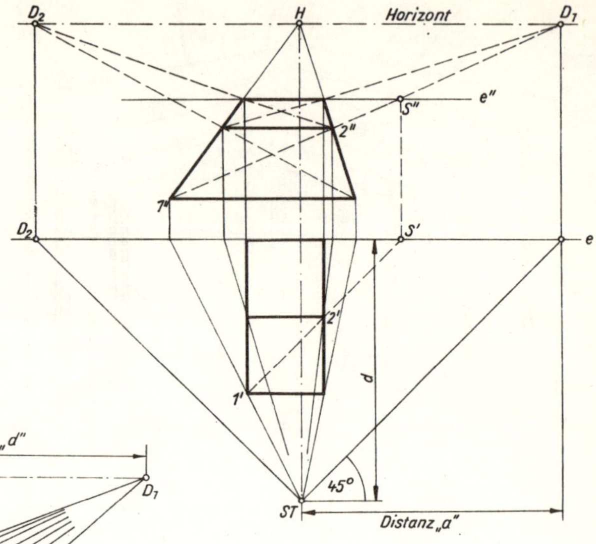

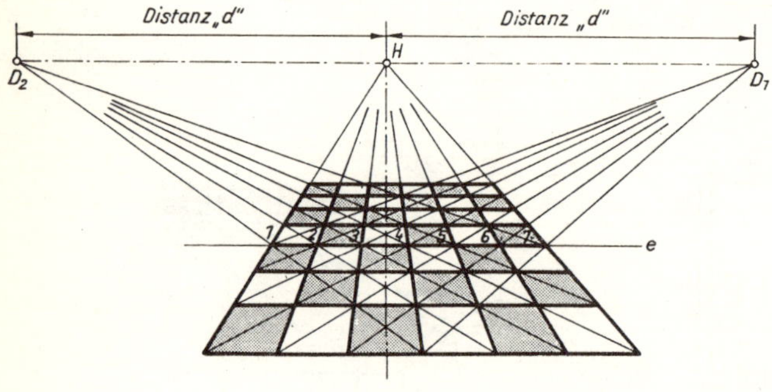

Bild 433

Häufung der Platten können leicht Ungenauigkeiten entstehen. Mit einer Hilfskonstruktion kann hier geholfen werden. In Bild 432 ist die perspektivische Ansicht von zwei quadratischen Fußbodenplatten mittels der Zentralperspektive in der bekannten Art konstruiert. Die verlängerten Diagonalen der perspektivischen Ansichtsprojektionen schneiden den Horizont im gleichen Punkt, weil parallele Geraden den gleichen Fluchtpunkt haben.
In unserem Beispiel verlaufen die Diagonalen horizontal, folglich liegen ihre Fluchtpunkte auf dem Horizont.
Da dieser Schnittpunkt vom zentralen Fluchtpunkt *H* die gleiche Entfernung hat wie die Distanz *d*, heißt er **Distanzpunkt**. Mit Hilfe der Distanzpunkte D_1 und D_2 ist es möglich, ohne Sehstrahlen eine perspektivische Ansicht z. B. von Fußbodenplatten zu konstruieren. Zur Kontrolle ist im Grundriß die Diagonale *1*, *2* verlängert bis zum Spurpunkt *S* in der Bildebene. Senkrecht über *S'* liegt in der Perspektive *S''* ebenfalls als der Schnittpunkt der Diagonalen mit der Bildebenspur *e''*. In Bild 433 ist mit den Distanzpunkten die Konstruktion des Bildes 431 wiederholt. Spur der Bildebene, Bildachse, Horizont und die Distanz rechts und links (D_1 und D_2) sind festzulegen. In der Bildebene werden die Plattenabstände (Punkte *1* bis *7*) im entsprechenden Maßstab aufgetragen. Über *1* bis *7* wird nach D_1 und D_2 gefluchtet. Durch die Schnittpunkte gehen die Plattenfugen. Welche der beiden Konstruktionen (Bild 431 oder Bild 433) gewählt wird, ist von Fall zu Fall zweckmäßig festzulegen.

7.10. Der Kreis in der Perspektive

Der Kreis bildet sich in der Perspektive als solcher ab, wenn er in der Bildebene liegt oder parallel dazu und der Hauptpunkt zugleich Mittelpunkt ist bzw. der Hauptstrahl durch diesen geht. Bei allen anderen Lagen des Kreises bilden die Sehstrahlen einen schiefen Kreiskegel, mit anderen Worten: Alle anderen perspektivischen Kreisbilder sind Kegelschnitte, also Ellipsen, Parabeln oder Hyperbeln.
Für die Darstellung des Kreises in der Parallelprojektion wurden Tangentenquadrate oder andere Hilfslinien benutzt. Bei der Zentralprojektion ist es nicht anders. In der Peripherie liegende Punkte werden konstruiert und dann zum Kreisbild vollendet. Bilder 434 und 435 bringen zwei Möglichkeiten, einmal als reine Zentralprojektion in Bild 434. Das Tangentenquadrat wird rechtwinklig zur Bildebene gezogen, die zugleich Mittellinie wird. Mit den Diagonalen haben wir die Peripheriepunkte *1* bis *8*. Zuerst werden die Fluchtlinien auf den zentralen Fluchtpunkt *H* gezogen. Mit den Sehstrahlen durch *A* und *B* ist dann leicht das perspektivische Bild des Tangentenquadrates gefunden. Mit dem Einzeichnen der Diagonalen in die Perspektive sind auch die Peripheriepunkte *1* bis *8* bestimmt, und das perspektivische Bild des Kreises kann mit dem Kurvenlineal gezeichnet werden.
Einen anderen Weg zeigt Bild 435. Hier werden zwei Tangentenquadrate verwendet, eines frontal, das andere unter 45° dazu. Mit den Distanzpunkten sind auch hier leicht die acht Peripheriepunkte zu bestimmen.

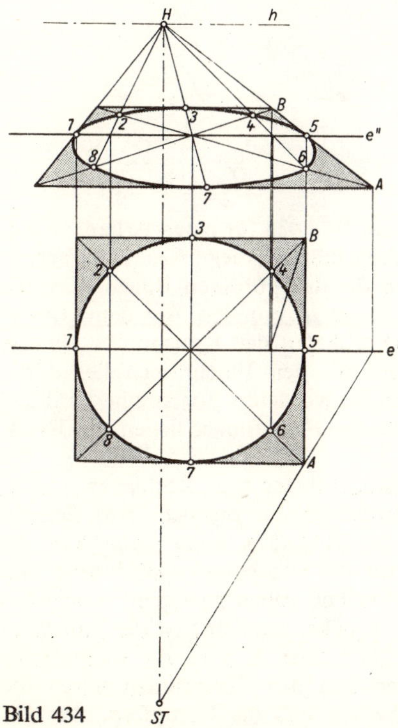

Bild 434

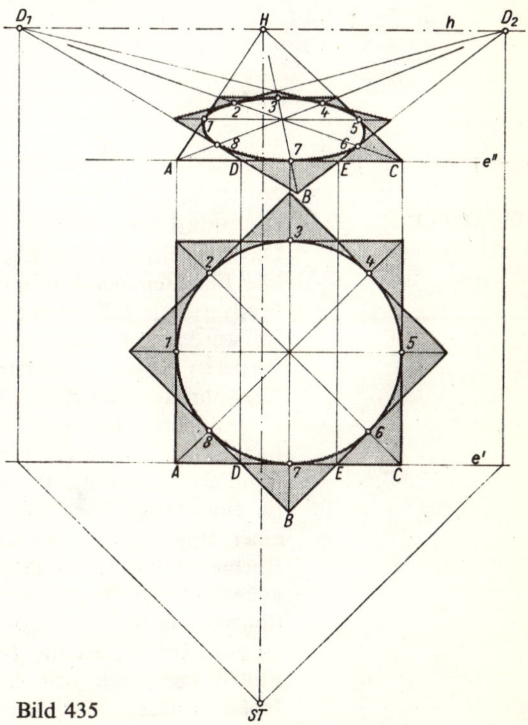

Bild 435

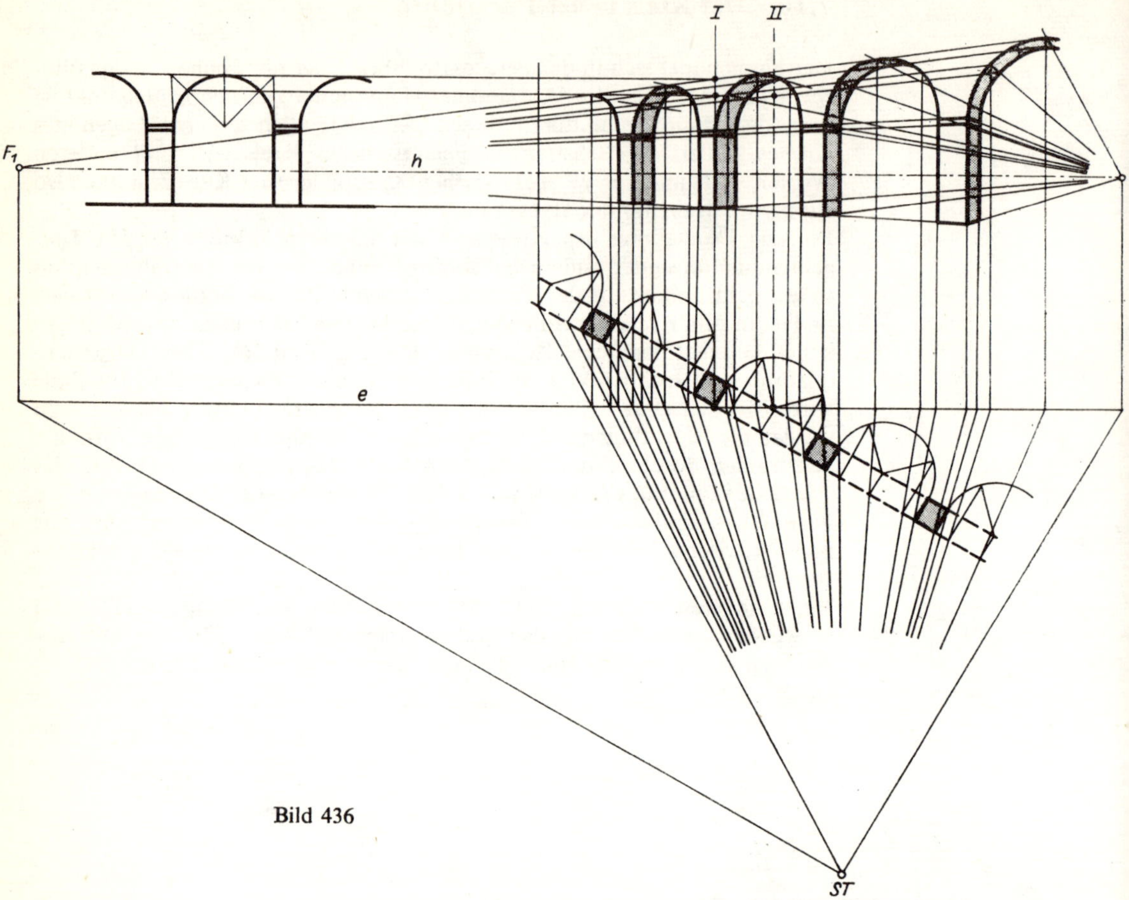

Bild 436

BEISPIELE

Die praktische Anwendung finden wir in Bild 436 für einen Arkadengang. Da die Kreispunkte gleiche Fluchten haben, läßt sich hier etwas vereinfachen. Die Fluchten der Kreispunkte werden für den vorderen Bogen über die Maßvertikale *I*, für den hinteren Bogen über *II* gefunden. Aus dem Grundriß werden mit den Sehstrahlen die Vertikalen der Kreispunkte für die vorderen Bogen gefunden; im Schnitt mit den Fluchtlinien liegen die Kreispunkte. Von diesen Kreispunkten der vorderen Bogenreihe wird auf F_2 gefluchtet; im Schnitt mit den hinteren Fluchtlinien liegen die Kreispunkte der hinteren Bogenreihe.

Parallele Längsschnitte durch einen Kreiszylinder sind Rechtecke. Damit ist eine Möglichkeit zur Kreiszylinderdarstellung gegeben. Am Beispiel einer Bogenbrücke sei das angewendet (Bild 437), auch wenn hier die Rechtecke durch die Trägerscheiben für die Fahrbahn gegeben sind und außerhalb des Bogens liegen. Diese Scheiben geben genügend Konstruktionspunkte für die Bogenführung der Brücke. Zunächst ist die Fahrbahn zu zeichnen. 8_v ist die Maßvertikale, und über 8_h wird die rückwärtige Flucht bestimmt. Mit den Sehstrahlen und den Fluchtlinien durch die Höhenpunkte auf 8_v können alle Scheiben und die Kämpferpunkte (K_r

Bild 437

Bild 438

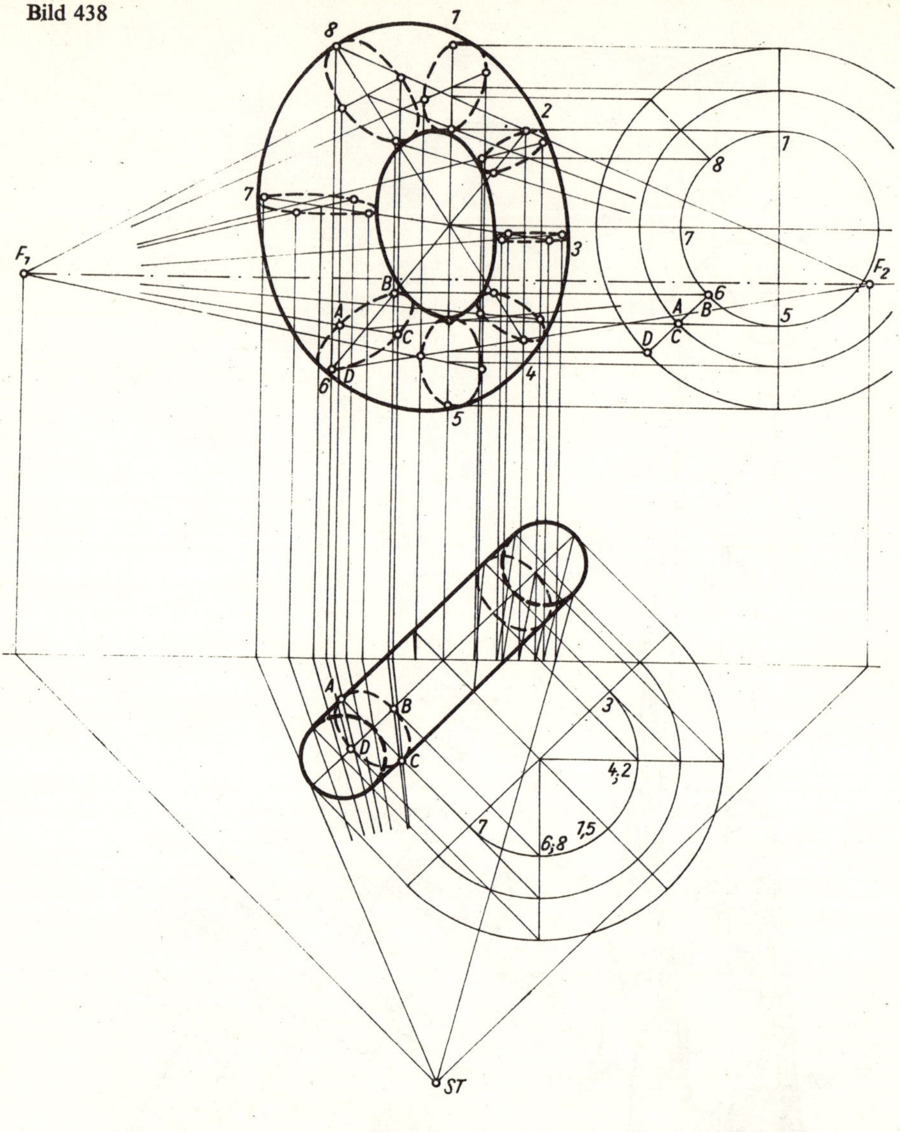

und K_i) konstruiert werden. Damit ist der Bogen ausreichend bestimmt und kann mit dem Kurvenlineal gezeichnet werden. Für die Konstruktion der Fahrbahn und der Dämme sind keine Linien eingezeichnet, um das Bild übersichtlich zu halten.

Umdrehungskörper werden zweckmäßig so ermittelt, daß mehrere Querschnitte gelegt werden. Diese sind im perspektivischen Bild darzustellen. Eine Umschreibung der gefundenen Einzelschnitte gibt dann das Ansichtsbild. Ein Ring ist in Perspektive zu setzen (Bild 438). Durch acht Querschnitte, deren wahre Flächen Kreise sind, ist die Perspektivkonstruktion möglich. Maßvertikale ist die Mittelachse unseres Ringes. Damit sind je

zwei Punkte der Schnitte *1* und *5* sowie, auf F_2 gefluchtet, der Schnitte *3* und *7* gefunden. Über die Schnittmittelpunkte dieser vier Schnitte wird auf F_1 gefluchtet, und die Bestimmungspunkte der Schnitte *1*, *3*, *5* und *7* ergeben sich im Schnitt mit den zugehörigen Ordnern aus dem Grundriß. Ähnlich werden die Schnittflächen *2*, *4*, *6* und *8* in ihren Bestimmungspunkten konstruiert und vervollständigt. Ein Umfahren mit dem Kurvenlineal – außen wie innen – vervollständigt die perspektivische Ansicht unseres Ringes.
In ähnlicher Weise können natürlich andere runde, nicht kreisförmige Flächen und Körper perspektivisch dargestellt werden. Immer sind genügend Bestimmungspunkte zu wählen, damit eine einwandfreie Darstellung entsteht.

7.11. Perspektivische Spiegelung

Die Gesetze der Reflexion oder Spiegelung besagen, daß auf eine Fläche auffallende Energiewellen (z. B. Licht) so zurückgeworfen werden, daß einfallender und reflektierter Strahl mit der Fläche gleich große Winkel bilden und in einer Ebene liegen. An Bild 439 erläutert, bedeutet das, daß die Höhe *h* des dargestellten Basttierchens oberhalb der Spiegelfläche gleich der unterhalb der Spiegelfläche sein muß. Das vom Auge erkannte Bild ist aber, bedingt durch die Lage des Horizontes, nicht gleich. Eine Ausnahme ist nur dann gegeben, wenn der Augenpunkt und somit der Horizont in der Spiegelebene liegen. An den eingestrichelten Sehstrahlen in Bild 439 ist das leicht erkenntlich. Während bei dem wirklichen Bild beide Ohrspitzen vom Sehstrahl berührt werden, ist das beim Spiegelbild nicht der Fall.
Die Anwendung der Erkenntnisse der Spiegelung zeigt Bild 440. Es handelt sich um ein Ehrenmal am Wasser. Wir haben es mit einer Wasserspiegelung zu tun. Ein Weg, um zum perspektivischen Bild zu kommen, ist die Konstruktion mit dem „Kellergrundriß“. Die Wasserfläche (Reflexionsfläche) wird bis unter das Bauwerk verlängert, und in dieser Ebene ist dann der Kellergrundriß zu konstruieren. Durch Antragen *gleicher* Höhen nach oben und nach unten entstehen beide Bilder: das wirkliche Bild und das Spiegelbild. Bei dem gewählten Beispiel ist nicht mit dem Kellergrundriß gearbeitet worden. Auf der Maßvertikalen m_1 werden die Höhen nach oben und unten angetragen und beide Bilder in der bekannten Weise konstruiert. Für die Böschung wird eine neue Maßvertikale m_2 möglichst außerhalb des Bildes gewählt, um die Übersichtlichkeit zu wahren. Durch die Darstellung der Böschung wird ein Teil des Spiegelbildes verdeckt.

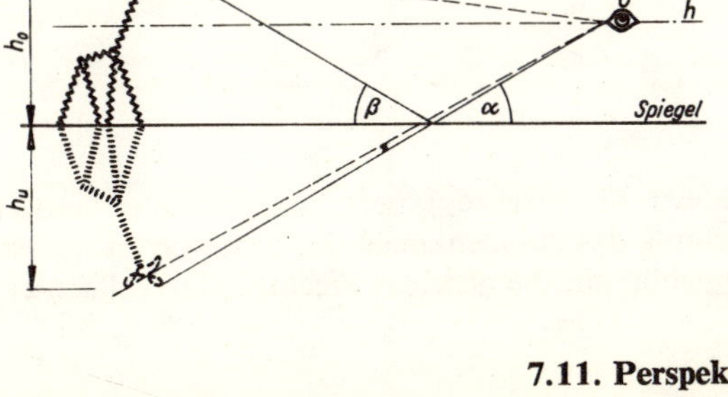

Bild 439

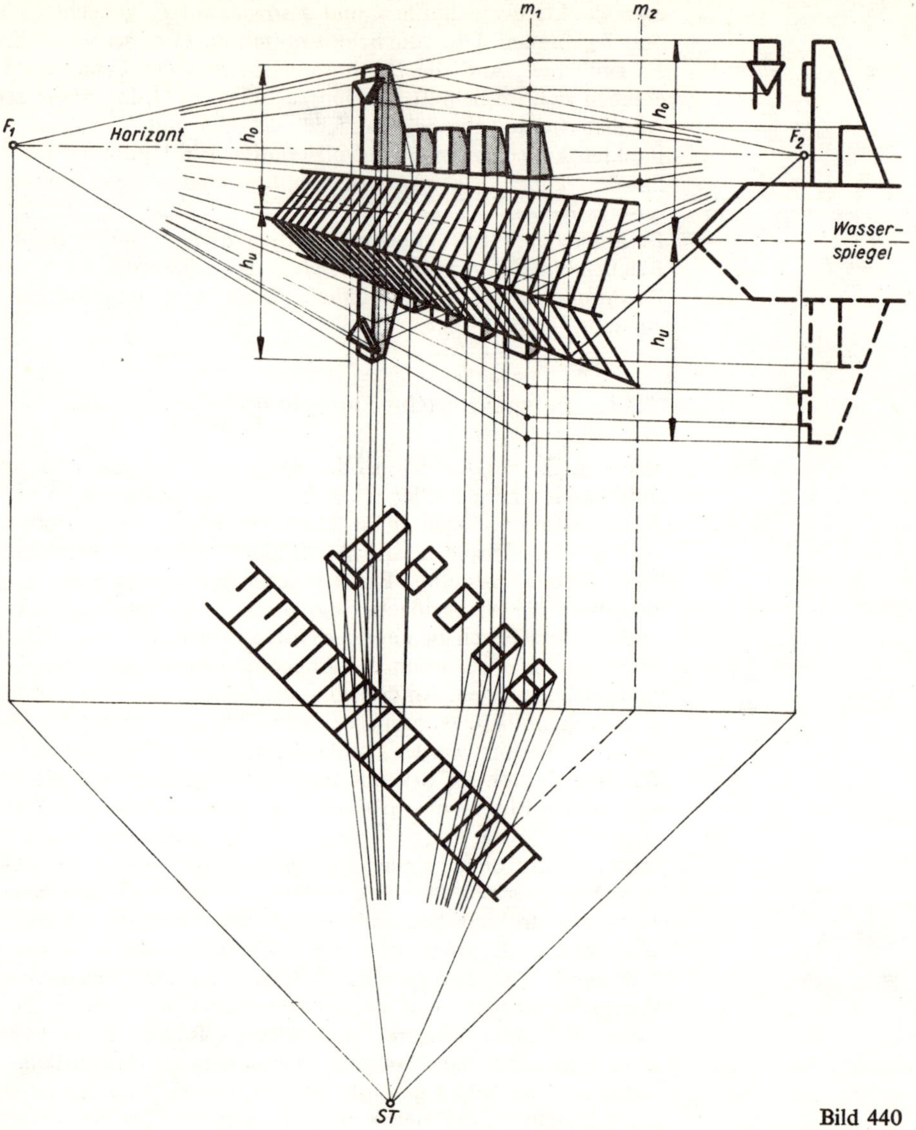

Bild 440

Je höher der Horizont liegt, um so mehr verdeckt das Spiegelbild der Böschung das des Denkmals. Zu beachten ist unbedingt, daß Naturbild wie Spiegelbild auf die gleichen Fluchtpunkte gefluchtet werden müssen.

7.12. Hilfsmittel für weitliegende Fluchtpunkte

7.12.1. Perspektivlineal

Der Satz vom Peripheriewinkel stand Pate bei der Erfindung des Perspektivlineals. Machen wir folgenden Versuch (Bild 441): Auf ein Zeichendreieck wird die Winkelhalbierende am 90°-Winkel aufgezeichnet und bis zur Hypotenuse verlängert. Mit dem Zirkel ziehen wir auf dem Reißbrett einen Kreis, dessen Durchmesser nicht größer sein soll als die Katheten des benutzten Dreiecks. Das Zeichendreieck legen wir so auf den Kreis, daß der Scheitelpunkt des rechten Winkels die Peripherie berührt. Sodann werden zwei Nadeln dort in die Peripherie gesteckt, wo die Katheten die Peripherie schneiden: Drehen wir das Zeichendreieck nun im Kreis so, daß es immer die Nadeln berührt, stellen wir fest: Die Winkelspitze fährt über die Peripherie, und die Winkelhalbierende schneidet die Peripherie immer im Punkt P_1. Beim Antragen eines beliebigen Winkels α am Dreieck beobachten wir das gleiche: Schnitt bei jeder Stellung im Punkt P_2.
Das Perspektivlineal (Bild 442) besteht aus drei Schenkeln, die durch eine Flügelschraube fest miteinander verbunden werden können. Am Rand des Reißbrettes werden zwei Stifte befestigt, an denen zwei Schenkel anliegen.

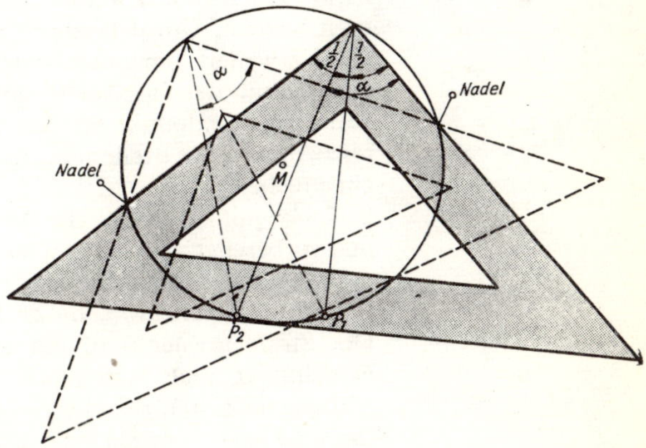

Bild 441

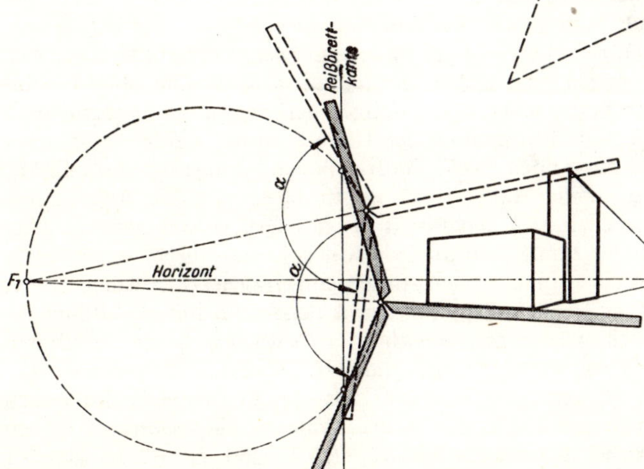

Bild 442

Mit dem Drehpunkt des Perspektivlineals wird beim Bewegen über diese Stifte ein Kreisbogen beschrieben. Die Richtung des festen, dritten Schenkels „fluchtet" somit auf den in der Peripherie liegenden weiten Fluchtpunkt F_1. Um das Perspektivlineal richtig einzurichten, werden zwei Fluchtlinien benötigt: Eine ist durch den Horizont bereits gegeben, eine weitere muß konstruiert werden. Der Winkel α ist dann so einzustellen, daß der dritte Schenkel zu beiden Fluchtlinien beim Bewegen des Perspektivlineals parallel zu liegen kommt. Bei der Behandlung großer Entwürfe mit weitliegenden Fluchtpunkten ist die Anwendung des Lineals von Vorteil. Auch wenn beide Fluchtlinien nicht mehr auf dem Reißbrett liegen, kann dieses Hilfsmittel angewendet werden. Allerdings wird ein Umstellen des Perspektivlineals dabei in den meisten Fällen nötig sein.

7.12.2. Strahlenraster

Unter 7.6.2. war als Methode für eine Perspektivkonstruktion mit weitliegenden, nicht erreichbaren Fluchtpunkten die Verhältnisteilung der Höhe erläutert. Als bewährtes Hilfsmittel kann man sich einen *Strahlenraster* anfertigen (Bild 443). Ein Stück Zeichenkarton wird mit einem Strahlenraster versehen. Der Maßstab muß der Größe entsprechen. Für die zur Anlegekante senkrechten, parallelen Linien eignet sich ein Abstand von 2 mm. Die Strahlen werden zum Standpunkt gezogen und dürfen nicht zu breit werden. Um den eingetragenen Standpunkt herum wird der Karton etwas erweitert, um einen Nadelpunkt zu erhalten. Die Größe des Strahlenrasters muß der darzustellenden Perspektive entsprechen: Die Länge muß von dem Standpunkt bis hinter die letzte Gebäudekante des Grundrisses reichen, und die Breite muß mindestens den größten Höhen des Bauwerks entsprechen.

Bild 444 gibt die praktische Anwendung wieder. Die Perspektive wird normal vorbereitet, die Sehstrahlen werden eingetragen und durch ihre Schnittpunkte mit der Bildebene die Ordner gelegt. In der Ansicht ist der Horizont unbedingt einzutragen, da er für die Höhenmessung als Neutrale dient. Der Strahlenraster wird mit einer Nadel drehbar so befestigt, daß sich Nadelpunkt und Standpunkt decken. Im Beispiel der darzustellenden Häuserzeile sind durch die Wahl der Bildebene zwei Maßvertikalen gegeben (m_1 und m_2). Hier sind die Höhen normal anzutragen. Um ohne Fluchtpunkte zu konstruieren, müssen alle nötigen verkürzten oder vergrößerten Höhen durch die Verhältnisteilung der Höhe ermittelt werden. Für unser Beispiel sind also auch noch zwei „Maßvertikalen" nötig: m_3 und m_4. Die Höhenermittlung für die Maßvertikale m_3 ist dargestellt. Die Anlegekante des Strahlenrasters wird an den Punkt m_3 des Grundrisses geführt. Hier werden rechtwinklig zum Sehstrahl (zur Anlegekante) durch m_3 die wirklichen Höhen aus der geometrischen Ansicht angetragen: G ist Anlegekante, dann H, T und F. Im Schnittpunkt der Anlegekante mit der Bildebene werden dann auch wieder rechtwinklig zur Anlegekante die verkürzten Höhenpunkte G' (liegt in der Anlegekante), H', T' und F' gefunden.

Von dem durch H' gehenden Horizont aus, der in der perspektivischen Ansicht gegeben ist, werden in die Maßvertikale m_3 die verkürzten Höhen mit dem Stechzirkel übertragen: H'–G', H'–T' und H'–F'. In gleicher Weise wird mit m_4 verfahren. Natürlich ist es nicht nötig, die Verbindungs-

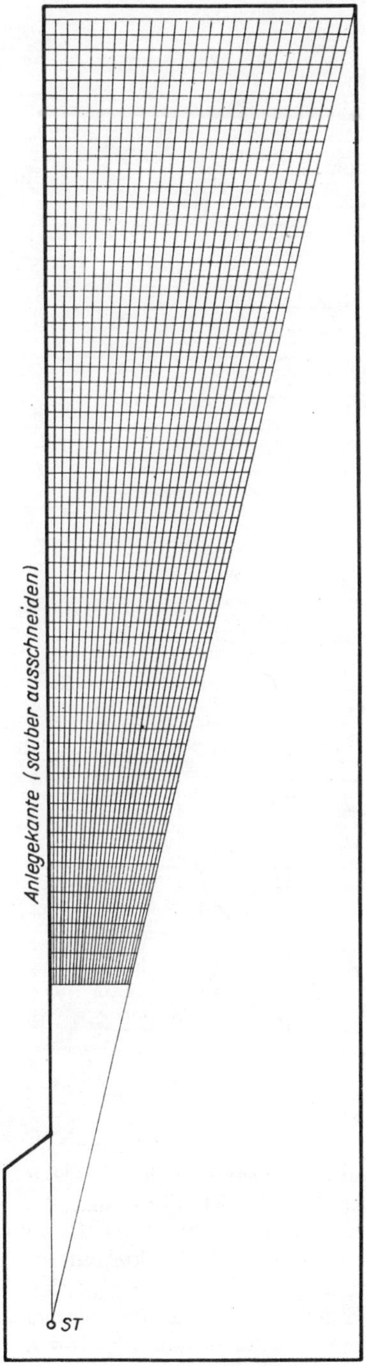

Bild 443

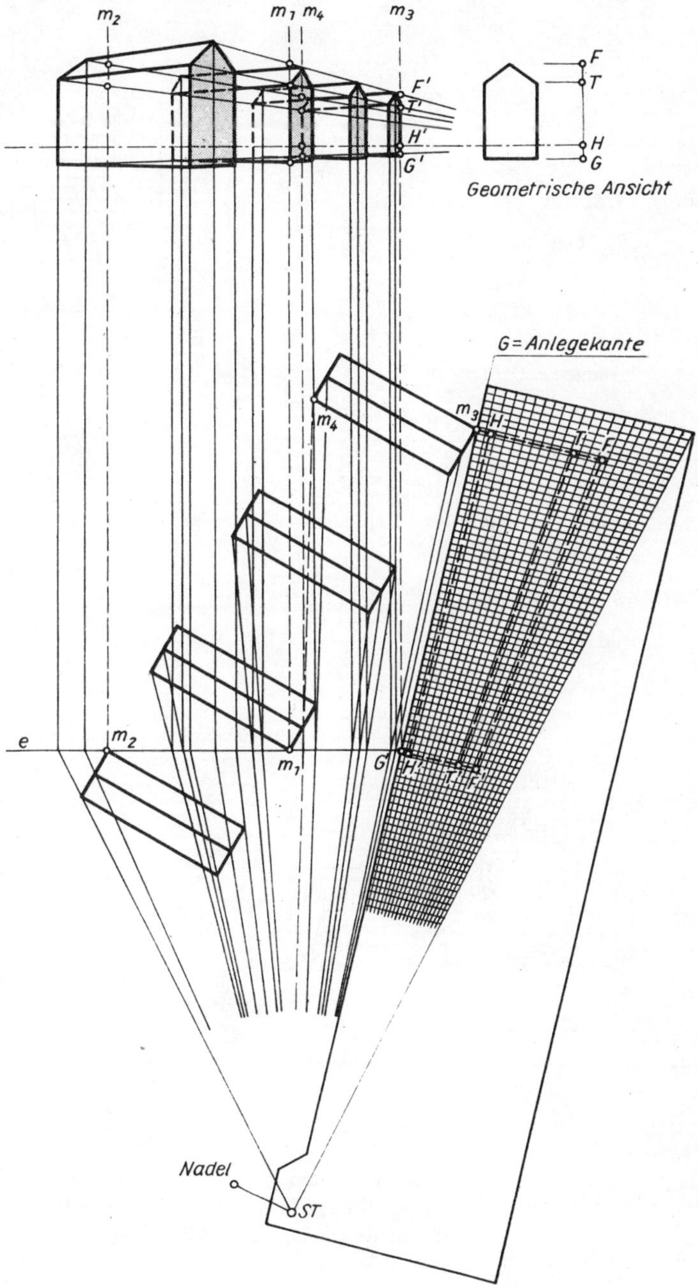

Bild 444

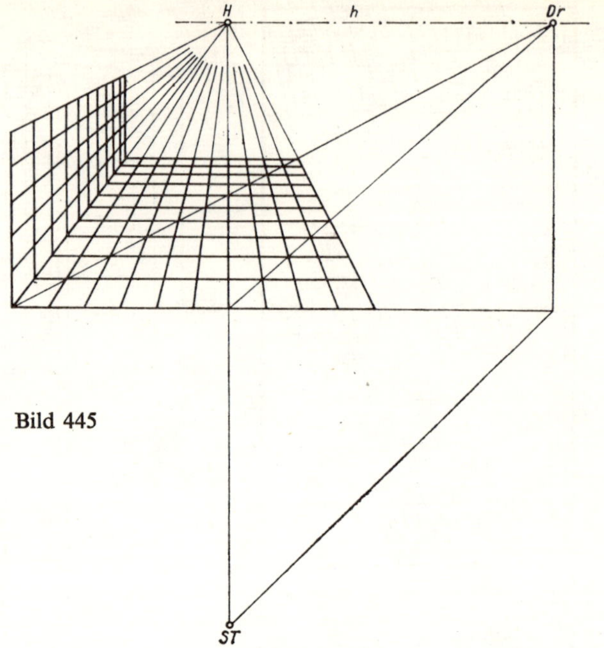

Bild 445

Bild 446

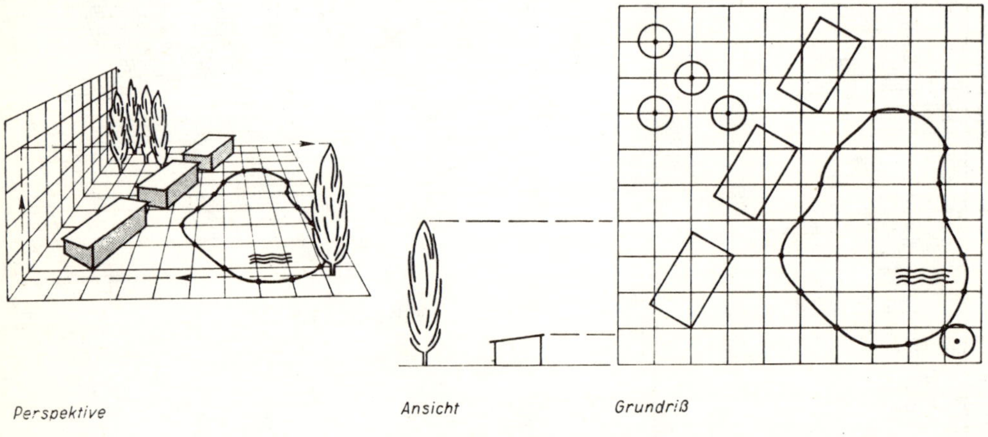

linien zwischen H und H', T und T' usw. auf dem Raster zu ziehen. Dazu ist der Raster ja durch die Sehstrahlen vorbereitet. Es reicht ein Punkt aus, damit man sich beim Abgreifen der verkürzten Höhen nicht verirrt. Dann verbindet man die Höhenpunkte auf m_1 und m_3 bzw. die Punkte auf m_2 und m_4 miteinander. Dadurch sind alle Vertikalen, die mit den Sehstrahlen projiziert werden können, höhenmäßig bestimmt, und die Perspektive kann fertiggestellt werden. Mit dem Strahlenraster können also alle Höhen in ihren Verkürzungen oder Vergrößerungen (wenn die zu bestimmende Höhe zwischen Bildebene und Standpunkt liegt) bestimmt und somit eine Perspektive ohne Fluchtpunkte konstruiert werden.

Es ist möglich, den Raster, wenn er unter transparentes Zeichenpapier gelegt wird, als Sehstrahlenraster zu verwenden. Dadurch erspart man sich die Vielzahl der Sehstrahlen. Allerdings muß dann der Raster verbreitert werden, dem Sehwinkel entsprechend. Es sei jedoch darauf verwiesen, daß damit die so nötige Kontrolle kaum noch möglich ist, da ja keine Sehstrahlen gezeichnet werden.
Einen anderen Strahlenraster kann man sich fertigen, um ohne besondere Konstruktionen perspektivische Bilder direkt in diesen Raster einzutragen. Eine quadratische Rasterfläche wird mittels eines Distanzpunktes in Perspektive gesetzt (Bild 445). Um auch die Höhen in ihren Verkürzungen einfach zu erhalten, wird unser Raster durch eine seitliche, vertikale Rasterfläche ergänzt. Auch hier brauchen wir für das perspektivische Bild den Grundriß und Höhenangaben (s. Bild 446, Grund- und Aufriß). Über den Grundriß wird ein quadratischer Raster gelegt und markante Punkte des Grundrisses in den Perspektivraster übertragen. So ist es recht einfach, auch gekrümmte Flächen in Perspektive darzustellen, wie bei unserem Bild der See. Um die rechten Höhen der Perspektive zu finden, wird über den Aufriß die Höhe genommen und im Raster der seitlichen Vertikalfläche entsprechend eingetragen. Bei der Pappel am See ist das demonstriert. Vom Grundrißpunkt aus wird in die Vertikalrasterfläche gefahren, vier Quadrate aufwärts und wieder horizontal zurück bis über den Grundrißpunkt der Pappel. Die Höhen verkürzen sich genauso wie die Breiten, wie man an der hinteren Pappelgruppe erkennen kann, die ja auch 4 Quadrate hoch ist.

7.13. Rekonstruktion gegebener Perspektiven

Es wird mitunter nötig sein, gegebene Perspektiven, z. B. Fotografien, zu rekonstruieren, um den Standpunkt des Fotografen zu ermitteln oder um Grundriß und Ansicht des fotografierten Bauwerks zu bestimmen.

7.13.1. Fluchtpunktperspektive

Betrachten wir Bild 447. Eine Fotografie des Pergamon-Altars ist gegeben, und der Grundriß dieses weltbekannten Bauwerks soll daraus entwickelt werden. Wir müssen dazu den bisher begangenen Weg zur Perspektive zurückgehen, von der Perspektive zurückkonstruieren. Die Bildachse ist bei einem Foto normalerweise in der Mitte des Bildes, wenn es sich nicht um einen Bildausschnitt handelt. Der Horizont ist leicht zu bestimmen. Durch je zwei Fluchtlinien nach links und rechts werden die Fluchtpunkte ermittelt, ihre Verbindung ist der Horizont. Sodann ist der Standpunkt zu suchen, der auf der verlängerten Bildachse, auf dem Hauptstrahl, liegen muß. Unterhalb des Fotos wird die Bildebene eingezeichnet, und die Fluchtpunkte werden eingetragen. Der Fluchtstrahlenwinkel (F_1STF_2) beträgt bei rechtwinkligen Körpern immer 90°. Folglich liegt der Standpunkt im Schnitt des Hauptstrahls mit der Peripherie eines unterhalb der Bildebenenspur geschlagenen Halbkreises (THALES-Kreis) von F_1 nach F_2. Nachdem der Standpunkt aufgefunden ist, wird in umgekehrter Weise vom Foto weg in den Grundriß gearbeitet. Die zur Konstruktion nötigen

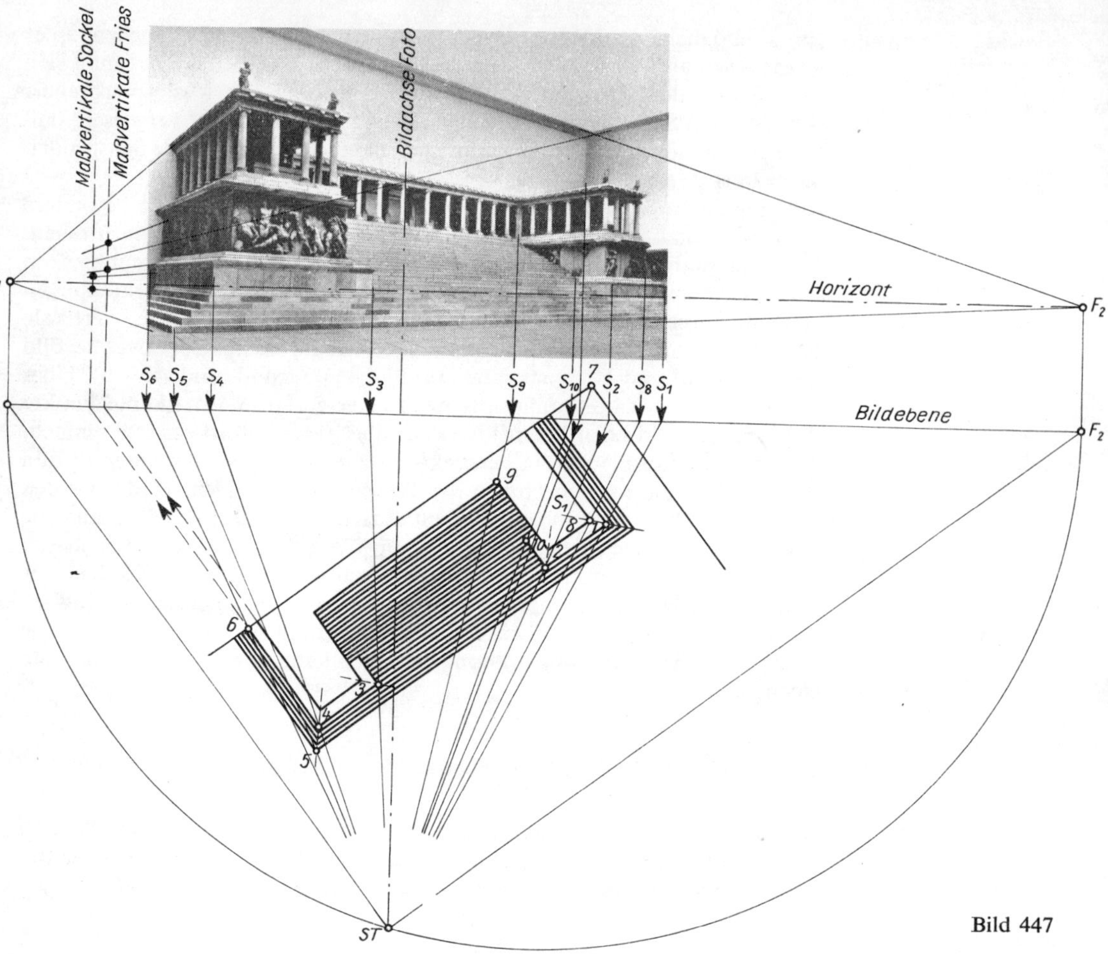

Bild 447

Vertikalen werden aus dem Foto in die Bildebenenspur verlängert und dann auf den Standpunkt bezogen. Dadurch sind die Sehstrahlen S_1 bis S_{10} gefunden, und mit dem Zeichnen des Grundrisses kann begonnen werden.

Um das Beispiel einfach zu halten, sind für den Grundriß nur die Stufen, der Sockel und der Fries rekonstruiert worden. Beginnen wir mit S_1. Auf diesem Sehstrahl muß die rechte Ecke des rechten Sockels liegen, und wir wählen sie beliebig in *1*. Liegt *1* näher nach *ST*, ergibt sich ein kleinerer, weiter von *ST* ein größerer Grundriß. Zum Fluchtstrahl STF_2 parallel durch diesen Punkt *1* gezogen, ergibt sich die vordere Sockelflucht, auf der die Punkte *2*, *3* und *4* im Schnitt mit den Sehstrahlen S_2, S_3 und S_4 gefunden werden. Unter 45° zur Flucht dieser vier Ecken liegen die Stufenkanten und die Ecken des bekannten Pergamon-Frieses. Über S_5 im Schnitt mit der eingestrichelten Winkelhalbierenden wird die Stufenecke *5* bestimmt. Die rückwärtige Begrenzung des Bauwerkes wird durch eine Parallele zu STF_1, gezogen durch Punkt *4*, im Schnitt mit S_6 gefunden, und die Raumecke *7* liegt im Schnitt mit einer Parallelen zu STF_2 durch *6* mit dem Seh-

strahl S_7. Alsdann wird die Lage des Frieses über S_8 bestimmt. Durch Parallelen zu den Fluchtstrahlen kann er vervollständigt werden. Die obere Begrenzung des Frieses bzw. die letzte Stufe wird über S_9 gefunden und das Ende des Sockels im Schnitt mit der Treppe über S_{10}. Die Anzahl der Altarstufen läßt sich aus dem Foto ablesen. Da die unterste und oberste Stufe bestimmt sind, kann leicht diese Entfernung durch die Anzahl der restlichen Stufen geteilt werden, und der Grundriß ist fertig.
Einen Maßstab haben wir noch nicht gefunden. Das ist auch nur dann möglich, wenn ein Maß aus dem Foto ersichtlich ist, also beispielsweise eine Maßlatte mitfotografiert wurde. Trotzdem hat unser Grundriß einen unbekannten Maßstab x. Sollen nun die Ansichten des Altars gezeichnet werden, müssen diese den gleichen Maßstab x haben wie der Grundriß. Es können immer Maße der gegebenen Grund- und Aufrisse in Schnittpunkten mit der Bildebene in den Maßvertikalen angetragen werden. Wir bilden solche Maßvertikalen für den Sockel und Fries und finden Höhen im gleichen unbekannten Maßstab x des Grundrisses.

7.13.2. Zentralperspektive

Bei der Rekonstruktion von Fotografien, die dem Bild der Zentralperspektive entsprechen, ergeben sich insofern Schwierigkeiten, als der Standpunkt nicht mit den Fluchtpunkten ermittelt werden kann. Leicht ist der zentrale Fluchtpunkt (hier mit Z bezeichnet) gefunden und damit Horizont und Bildachse. In Bild 448 haben wir eine Innenaufnahme, einen Blick gegen die Westwand des romanischen Domes zu Quedlinburg. Der zentrale Fluchtpunkt wird mit drei oder vier Fluchtlinien gesucht, Horizont und Bildachse werden dann eingetragen. Um den Standpunkt zu ermitteln, nehmen wir Distanzpunkte zu Hilfe. Die kassettierte Decke eignet sich dazu. Es ist sicher anzunehmen, daß die Kassetten quadratisch sind. So können zwei Distanzpunkte bestimmt werden. Um sicher zu gehen, suchen wir weitere Diagonalen, die die gefundenen Distanzpunkte bestätigen. Bei der Quedlinburger Basilika finden wir einen niedersächsischen Stützenwechsel: ein Pfeiler wechselt mit zwei Säulen. Die romanischen Basiliken setzen sich im Grundriß aus Quadraten zusammen. Jeweils eine Gruppe des Stützenwechsels bildet dann eine Seite des Grundquadrates. Das vorliegende Foto gestattet es, zwei Diagonalen zu ziehen, und zwar jeweils zu den Eckpunkten der Pfeilersockel. Dadurch sind die Punkte D_1 und D_2 ausreichend bestätigt, wenn auch kleine Korrekturen nötig sind. Nun ist es recht einfach, den Standpunkt aufzufinden. Für das Konstruieren des Grundrisses ist es zweckmäßig, die Bildebene in einen der Diagonalpunkte zu legen. Um eine brauchbare Größe des Grundrisses zu erhalten, wählen wir die mittleren Pfeiler. Aus dem Foto werden Pfeiler und Sockel in die Bildebene projiziert. Durch Diagonalen ist der Querschnitt schnell vollendet. Vom linken mittleren Pfeiler aus werden dann die Diagonalen, die für die Distanzpunktbestimmungen im Foto eingetragen wurden, im Grundriß gezeichnet, und die vorderen Pfeiler sowie die Vorlagen an der Westwand können eingetragen werden. Durch Sehstrahlen wird die Westwand vervollständigt. Für die Eintragung der Säulen ist eine weitere Überlegung nötig. Der Flucht nach sind die Kämpfer der Pfeiler etwas niedriger als die der Säulen. Folglich ist der Rundbogen der Arkaden etwas gestelzt. Die Verbindung

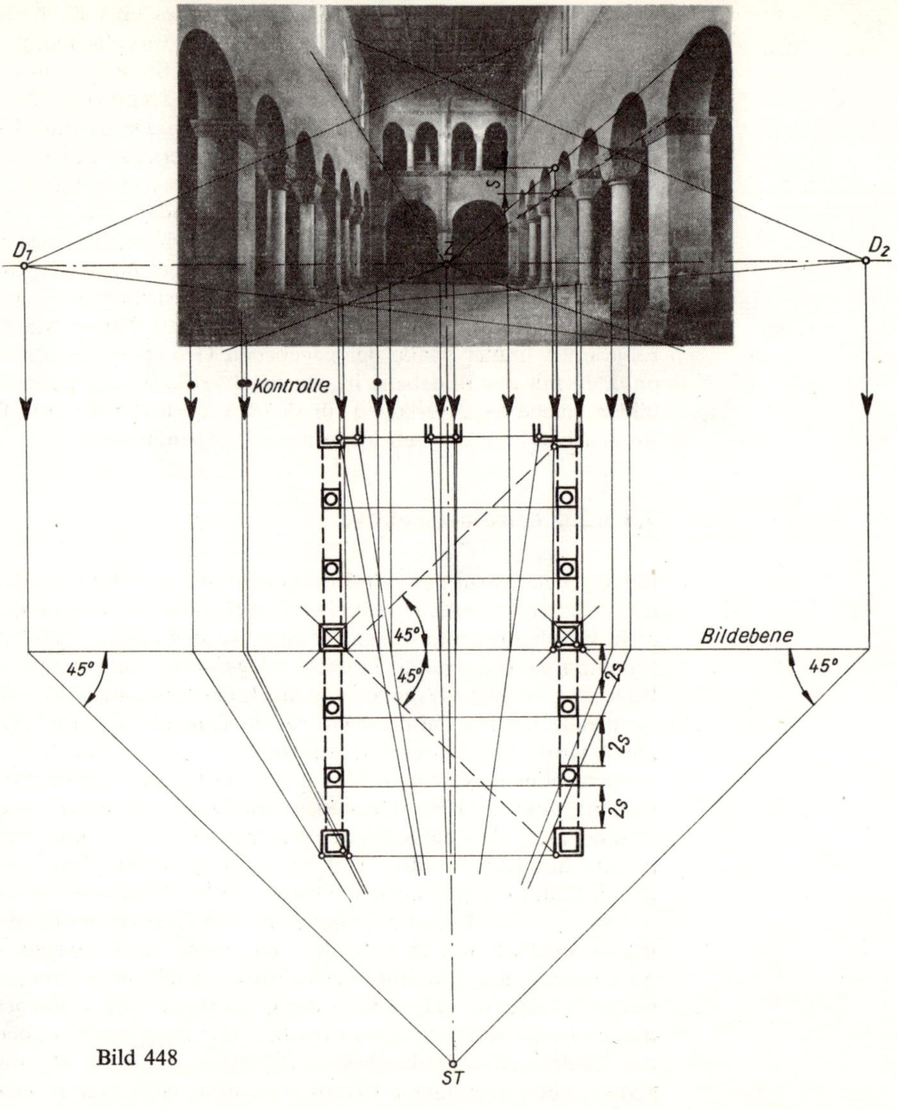

Bild 448

der Säulenkämpfer über den mittleren Pfeiler hinweg läßt an seiner Vorderkante die Bogenhöhe *s* ablesen. 2*s* wird somit der Durchmesser der Rundbögen und kann in dem Grundriß eingetragen werden. 2*s* geht jeweils vom Pfeiler aus, dann ist die Wanddicke (= Pfeilerdicke) abzutragen usw. Der Querschnitt der Säule kann mit den Sehstrahlen einer Säule konstruiert werden. Um den gefundenen Grundriß zu kontrollieren, wählen wir die linke Raumecke und den linken, vorderen Pfeiler.
Auch bei diesem Beispiel ist es nur dann möglich, Höhenmaße abzunehmen, wenn eine Höhenmaßlatte mitfotografiert wurde. Ansonsten sind alle Höhen, die in der Ebene des mittleren Pfeilers gemessen werden, im gleichen Maßstab wie der Grundriß.

7.14. Schatten in der Perspektive

Der Schatten gibt dem perspektivischen Bild eine verstärkte plastische Wirkung, es wird natürlicher. Als Lichtquelle, die bei Schattenwurf vorhanden sein muß, kann die Sonne als natürliche oder eine Lampe als künstliche dienen. Vorerst befassen wir uns mit Schattenkonstruktionen bei natürlichem Licht. Bei der großen Sonnenentfernung werden die Sonnenstrahlen als parallel angenommen.

7.14.1. Übertragungsmethode

Der Schatten eines Körpers wird in der bereits bekannten Art unter dem üblichen Lichtwinkel von 45° im Grund-, Auf- und Seitenriß konstruiert. Danach wird die Perspektive des Körpers mit seinem Schatten entwickelt. Am Beispiel eines Konsolsteins (Bild 449) ist diese Methode dargestellt.

Da für die Schattenkonstruktion in der Dreitafelprojektion die Lage der Risse zweckmäßig lot- und waagerecht ist, legen wir die Bildebene schräg in die Darstellung und übertragen die Sehstrahlenschnittpunkte. Da F_1 weit außen liegt, tragen wir die Perspektive nach dem Wegverfahren mit den Maßvertikalen m_1 und m_2 auf. Da es sich um bekannte Dinge handelt, erübrigt sich eine weitere Erläuterung zum Beispiel.

7.14.2. Perspektivische Schattenkonstruktionen

Es ist ohne besondere Schwierigkeiten möglich, in eine vorhandene Perspektive Schattenbilder einzutragen. Da die Sonnenstrahlen als parallel angenommen werden, müssen sie einen Fluchtpunkt auf der Bildebene haben. Dieser Fluchtpunkt soll mit F_s bezeichnet werden. Jeder der parallelen Sonnenstrahlen hat seine Grundrißprojektion, und alle Grundrißprojektionen haben, da sie ebenfalls parallel sind, einen gemeinsamen Fluchtpunkt, der lotrecht unter oder über F_s im Horizont liegt und mit F_s' bezeichnet werden soll.

Betrachten wir Bild 450. Es ist der Normalfall angenommen: Die Sonne steht im Rücken des Betrachters. In der Isometrie ist zu erkennen, daß der Sonnenstrahl die Grundrißebene durchstößt und unterhalb dieser dann die verlängerte Bildebene in F_s. Lotrecht darüber liegt in der Schnittgeraden beider Ebenen F_s', auf den die Grundrißprojektion des Sonnenstrahls fluchtet. Im Schnittpunkt vom Sonnenstrahl und seiner Grundrißprojektion liegt der Durchdringungspunkt des Sonnenstrahls durch die Grundrißebene, der auch den Schatten begrenzt. Neben dieser Isometrie ist eine Perspektive bei ähnlichen Lichtverhältnissen dargestellt.

Eine Gegenlichtsituation ist in Bild 451 gegeben. Der Sonnenstrahl durchstößt die Bildebene oberhalb der Grundrißebene, noch bevor der Gegenstand erreicht ist. Lotrecht darunter liegt wiederum in der Schnittgeraden beider Ebenen der Fluchtpunkt F_s', auf den die Grundrißprojektion und auch der Schatten fluchten. Im Schnitt des Sonnenstrahls mit seiner Grundrißprojektion liegt auch hier der Durchdringungspunkt und damit die Schattenbegrenzung. Auch beim Bild 451 ist neben der Isometrie eine Perspektive bei Gegenlichtverhältnissen zu sehen.

Bild 449

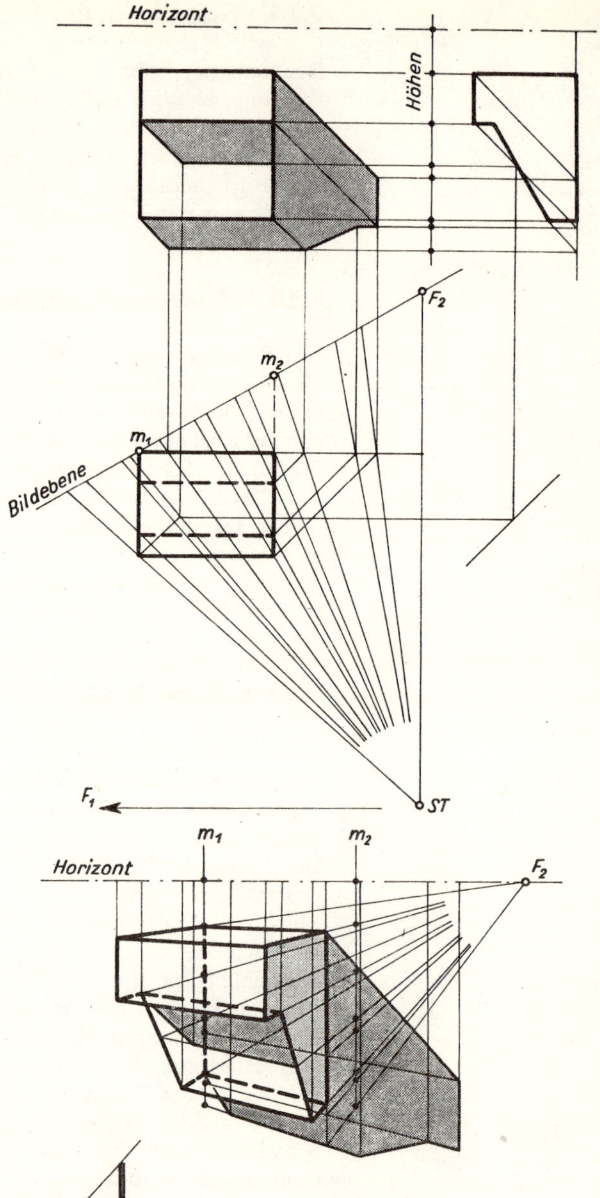

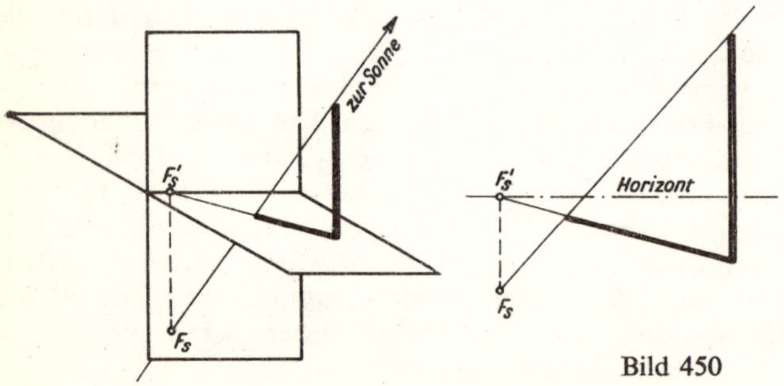

Bild 450

Bild 451

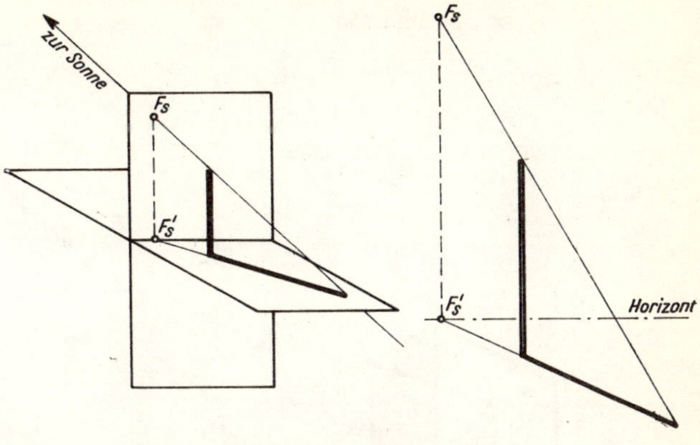

Aus den Darstellungen in Bild 450 und 451 erkennen wir:

Der Lichtstrahlenfluchtpunkt F_s liegt bei Rückenlicht unter dem Horizont und bei Gegenlicht über dem Horizont. Der Fluchtpunkt der Lichtstrahlengrundrisse F liegt immer im Horizont, lotrecht zu F_s.
Weiter ist festzustellen, daß die von Sonnenstrahl und Grundrißprojektion bestimmten Flächen Lichtebenen sind, also die Grundrißprojektionen Grundrißspuren dieser Lichtebenen sind.

BEISPIELE

Eine Rechteckfläche ist in Perspektive gesetzt (Bild 452), und der Schatten soll bei Rückenlicht konstruiert werden. F_s liegt unterhalb des Horizontes an beliebiger Stelle, F_s' lotrecht darüber im Horizont. Zuerst werden die Lichtstrahlen durch *1* und *2* auf F_s gezogen, anschließend die Grundrißspuren der Lichtebenen auf F_s'. In den Schnittpunkten werden *1'* und *2'* gefunden. Die Verbindung beider muß, da sie mit den Flächenkanten parallel ist, auf F_1 fluchten. Der Schattenwurf der stehenden Fläche ist mit *3 1' 2' 4* bestimmt, jedoch wird ein Teil des Schattens durch die Fläche verdeckt.

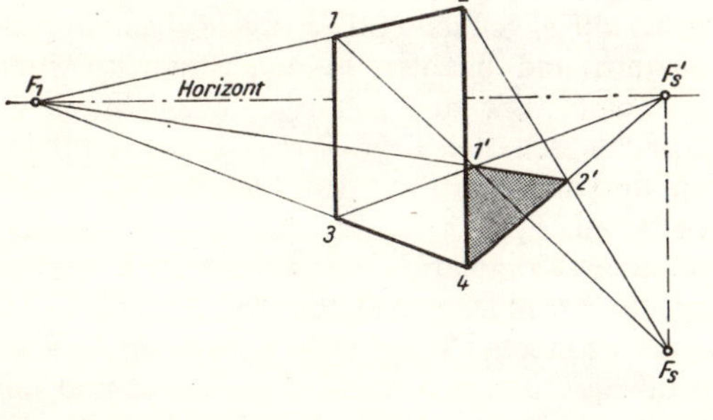

Bild 452

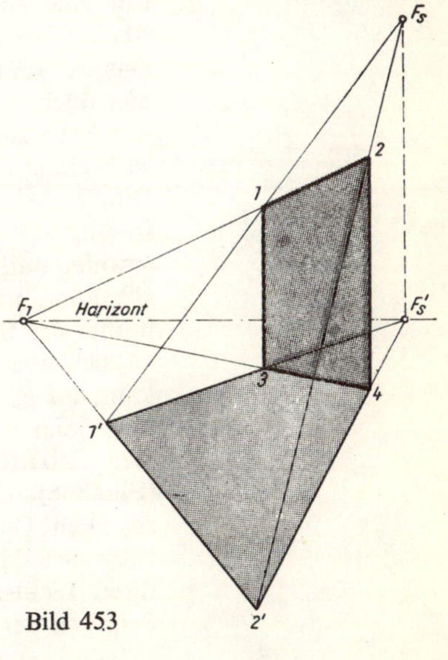

Bild 453

Bild 454

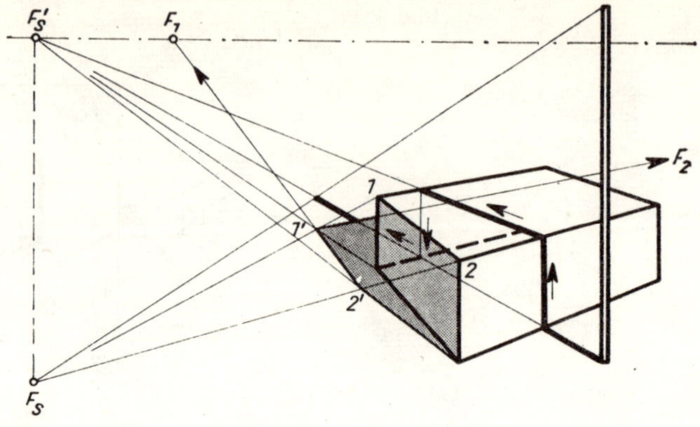

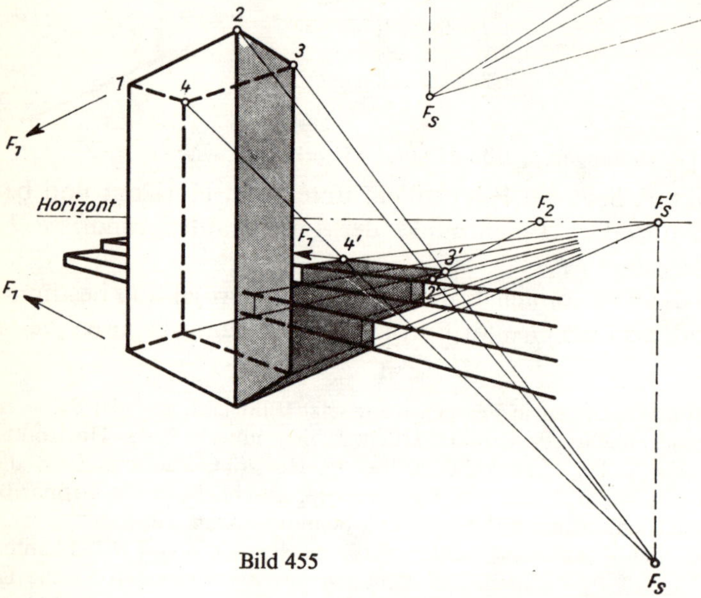

Bild 455

Für eine ähnliche Rechteckfläche soll der Schatten bei Gegenlicht konstruiert werden (Bild 453). Die Konstruktion ist die gleiche wie vorher. Das Schattenbild liegt vor der Fläche und diese im Eigenschatten. Auch hier fluchten *1′ 2′* auf F_1.

Ein Stab steht vor einem Quader (Bild 454). Der Schatten des Quaders ist leicht ermittelt, ebenfalls der Schatten des Stabes, der allerdings über den Quader „klettern" muß.

In Bild 455 ist ein Quader aufrecht vor zwei Stufen gestellt. Die Sonnenstrahlen durch *2*, *3* und *4* werden auf F_s gefluchtet. Die zugehörigen Grundrißspuren müssen wieder klettern und fluchten in den Stufenauftritten immer wie in der Grundebene auf F_s'. Die zu *3* gehörige Grundrißspur ist an sich überflüssig, da sie im Schlagschatten liegt. Wenn *2′* bestimmt ist, kann auf F_2 gefluchtet werden, und im Schnitt mit dem Lichtstrahl durch *3* liegt dann *3′*. *3′4′* fluchtet wieder auf F_1.

Der Schatten einer abgestützten Kragplatte soll konstruiert werden (Bild 456). Dafür ist es nötig, die Grundrißprojektion der Kragplatte zu zeichnen. Da der Schatten an die senkrechte Wand fällt, werden die Grundrißspuren der Lichtebenen beim Berühren der Wand aufgerichtet und mit ihren Lichtstrahlen zum Schnitt gebracht. Durch *1′*, *2′* und *3′* ist der Schatten der Platte bestimmt. Um den Schatten auf den beiden Stützen *a* und *b* zu ermitteln, muß ein kleiner Umweg beschritten werden. *a* und *b* werden auf die unteren Kanten der Platte bezogen. Lotrecht darunter liegt die untere Schattengrenze im Schnitt mit den Lichtstrahlen durch *2* und *3* und der Flucht auf F_1.

Mit dem schon Bekannten kann ein Schattenwurf auf eine schräge Fläche durchaus konstruiert werden. Betrachten wir in Bild 457 die Stange vor einem Zelt! Der Zeltschatten ist schnell gefunden, die Schattenbegrenzung des Schattens der Stange ebenfalls. Dieser Schatten muß wiederum „klettern". Aus der Grundrißprojektion des Lichtstrahls durch die Stangenspitze wird der Schnitt mit der Grundrißprojektion des Zeltfirstes in den First projiziert. Über den im First gefundenen Punkt muß der Schatten „klettern".

Um einiges komplizierter ist die Konstruktion eines Schattens wie in Bild 458. Der Schatten, den die Dachgaupe auf die Dachfläche wirft, ist zu konstruieren. Um die Grundrisse der Lichtstrahlen zeichnen zu können,

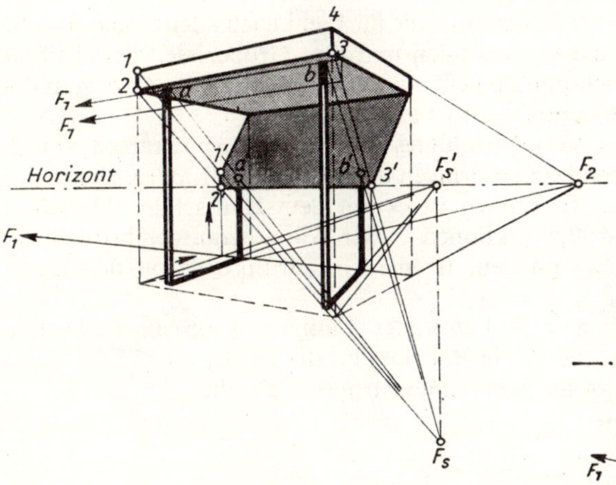

Bild 456

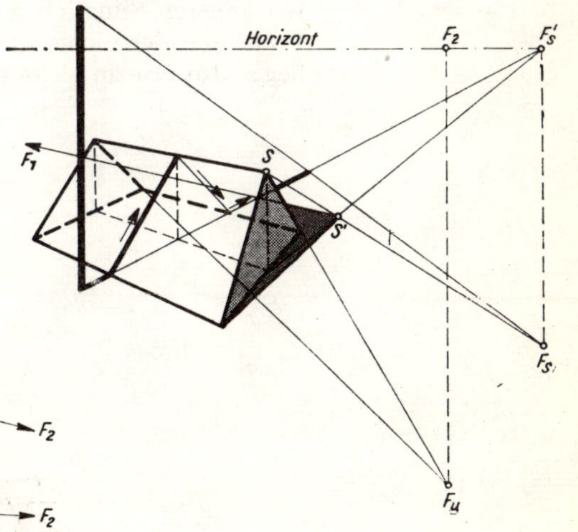

Bild 457

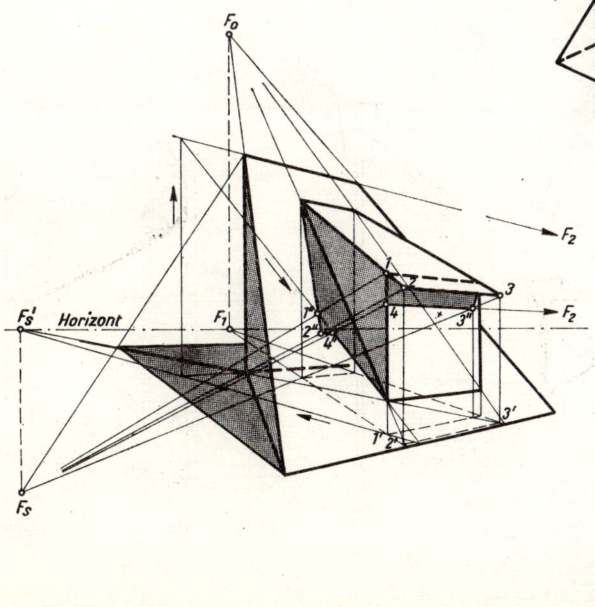

Bild 458

muß die Grundrißprojektion der Gaupe in Perspektive gesetzt werden. Für die Konstruktion des Schattenpunktes *1''* ist die Lichtebene durch *1'* zu bestimmen. Im Schnitt der Lichtebenenspur in der Dachfläche mit dem Lichtstrahl durch *1* liegt *1''*. Mit dem oberen Anfallspunkt der Gaupe verbunden und über *1''* hinaus verlängert, liegt im Schnitt mit dem Lichtstrahl durch *2* der Schattenpunkt *2''*. Dieser wird auf F_2 gefluchtet bis zum Schnitt mit der Lichtebenenspur von *1* in *4''*. Die Begrenzung des Schlagschattens nach unten ist dann durch die Lichtebenenspur gegeben. Der Schatten des auskragenden Schleppdaches auf der Gaupenansicht wird über einen Lichtstrahl durch *3* und seinen Schnitt mit der aufgerichteten Grundrißprojektion gefunden. Da F_2 außerhalb der Zeichenebene liegt, wird *4* mit Hilfe eines Lichtstrahls von F_s durch *4''* gefunden.

7.14.3. Schattenkonstruktionen bei künstlicher Beleuchtung

Da diese Aufgabe selten vorkommt, sei hier nur das Wesentliche erläutert. Im Gegensatz zum Sonnenlicht haben wir keine Parallelstrahlen. Bild 459 bringt als Beispiel eine Straßenlaterne, die ihr Licht nach allen Seiten strahlt. Wir haben auch hier die Lichtstrahlen und ihre Grundrisse, die leicht zu konstruieren sind. Fluchtpunkte sind einmal die Lichtquelle *L*, zum anderen die senkrechte Projektion der Lichtquelle *L'*.

Für den Schatten des Verkehrsschildes ziehen wir Lichtstrahlen von *L* über die Ecken des Schildes und bringen diese mit den Grundrißspuren der Lichtebenen zum Schnitt. Ähnlich ist es mit dem Hausschild. Allerdings müssen hier die Grundrißprojektionen an der Wand heraufgeführt werden. Um sie konstruieren zu können, ist die Grundrißprojektion des Hausschildes nötig.

Bei anderen Situationen, z. B. hängenden Lampen, kann die senkrechte Projektion der Lichtquelle (*L'* in Bild 459) an der Decke oder einer Wand liegen. Im Prinzip bleibt die Schattenkonstruktion gleich.

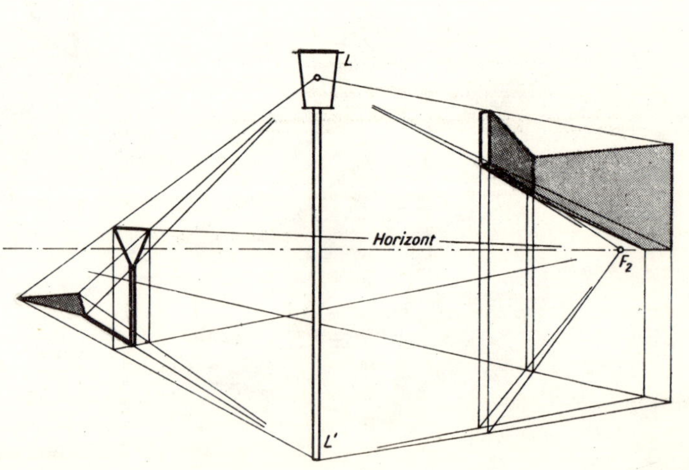

Bild 459

7.15. Aufgaben 7.1 bis 7.14

Zu 7.2.1.

7.1. Das Raumbild des Raumpunktes *P* ist zu konstruieren, dessen Grundriß *P'* 40 mm links vom Ordner *O'O''* und 56 mm über der Bildebenenspur *e* liegt. Der Aufriß *P''* ist mit 24 mm über *e*, die Distanz mit 52 mm und der Horizont *h* mit einer Höhe von 42 mm gegeben.

Zu 7.2.2.

7.2. Es ist das Bild der Geraden *g* zu konstruieren, die durch die Punkte *A* und *B* bestimmt ist. Bei einer Distanz von 60 mm liegt der Horizont 50 mm hoch. *A* liegt 52 mm links, *B* 44 mm rechts vom Hauptstrahl. Die Projektionen der Punkte liegen alle oberhalb der Bildebenenspur *e*: *A'* 64 mm, *A''* 26 mm, *B'* 22 mm und *B''* 8 mm.

Zu 7.2.3.

7.3. Zu dem gegebenen Grund- und Aufriß des Dreiecks *ABC* (Bild 460) ist das perspektivische Bild zu konstruieren. Im Bild ist der Teil des Dreiecks besonders zu kennzeichnen, der vor der Bildebene liegt.

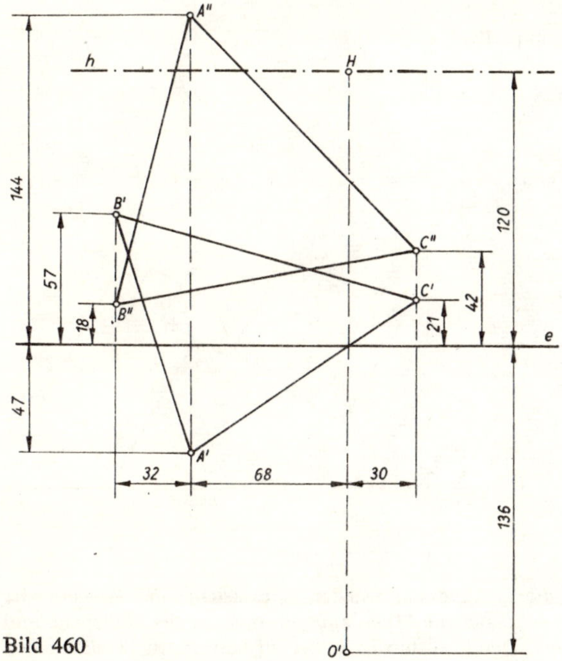

Bild 460

Bild 461

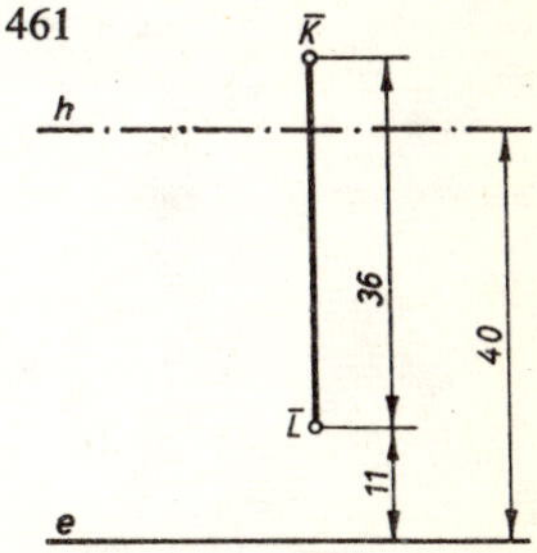

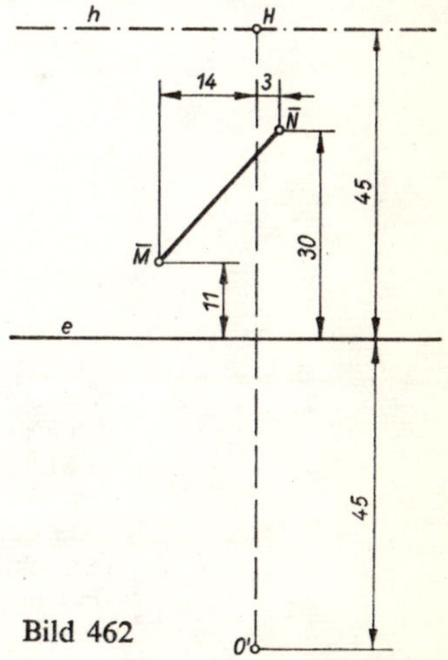

Bild 462

Zu 7.2.4.

7.4. Es ist die wahre Größe der Strecke *KL* zu ermitteln, die lotrecht auf der Standebene steht. Der Fußpunkt *L* liegt in der Standebene. Gegeben ist das Bild $\overline{K}\overline{L}$, *e* und *h* (Bild 461).

7.5. Gegeben ist das perspektivische Bild $\overline{M}\overline{N}$ einer Strecke, die in der Standebene liegt, der Standpunkt *O'*, die Bildebenenspur *e* und der Horizont. Zu konstruieren ist die wahre Länge der Strecke *MN* (Bild 462).

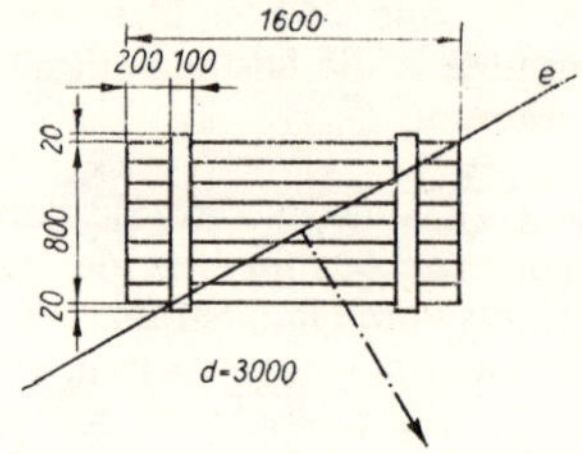

Bild 463

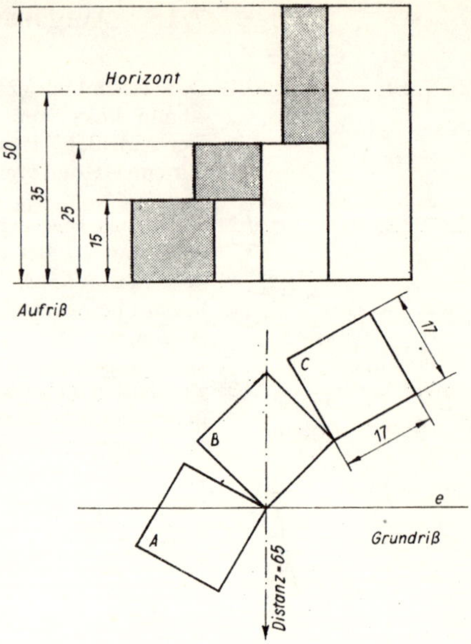

Bild 464

Bild 465

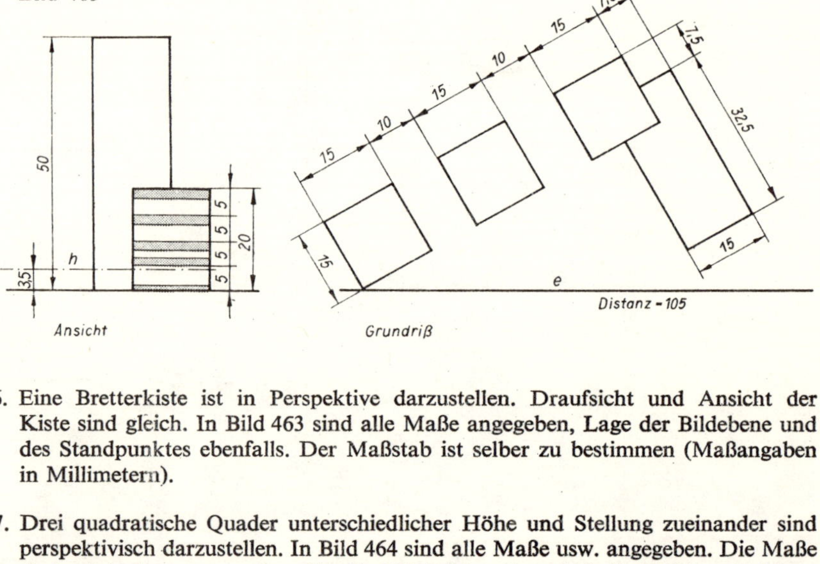

Zu 7.4. 7.6. Eine Bretterkiste ist in Perspektive darzustellen. Draufsicht und Ansicht der Kiste sind gleich. In Bild 463 sind alle Maße angegeben, Lage der Bildebene und des Standpunktes ebenfalls. Der Maßstab ist selber zu bestimmen (Maßangaben in Millimetern).

7.7. Drei quadratische Quader unterschiedlicher Höhe und Stellung zueinander sind perspektivisch darzustellen. In Bild 464 sind alle Maße usw. angegeben. Die Maße sind original zu verwenden, für die Winkel im Grundriß die üblichen Zeichendreiecke.

Zu 7.5. 7.8. Eine Gebäudegruppe ist mittels des Kellergrundrisses in Perspektive abzubilden. Die nötigen Angaben sind in Bild 465 zu finden. Die angegebenen Maße sind zu verwenden.

Zu 7.4. bis 7.7. 7.9. Der plastische Buchstabe *H* ist in Perspektive darzustellen (siehe Bild 466). Damit eine eigene Beurteilung der bisher behandelten Möglichkeiten der Perspektivkonstruktionen möglich wird, ist die Konstruktion auszuführen

a) über den Grund- und Seitenriß,
b) als Netzhautperspektive,
c) mittels der Durchstoßpunkte und
d) als normale Fluchtpunktperspektive mit den Fluchtpunkten F_l und F_r.

Zu 7.8. 7.10. Ein rautenförmiger Körper ist mit den in Bild 467 angegebenen Maßen perspektivisch darzustellen. In der vorderen Fläche ist eine Raute eingeschnitten. Die Konstruktion ist so aufzubauen, daß nur für die Übertragung der Maße in die Ansichtsfläche Sehstrahlen verwendet werden. Alle anderen Kanten können mit den Fluchtlinien auf die Fluchtpunkte F_o und F_u bzw. F_l gefunden werden.

Zu 7.9. 7.11. Gegeben ist der Teilgrundriß und Schnitt eines Ausstellungsraums, der in Perspektive dargestellt werden soll. An Gegenständen sind eine Vitrine, der Sockel für eine Plastik und ein Läufer mit darzustellen. Die Decke hat eine höherliegende Lichtdecke. Alle Maße sind Bild 468 zu entnehmen. Der zweckmäßige Maßstab der Darstellung ist selbst zu bestimmen.

Zu 7.10. 7.12. Ein Kreiszylinder von 1600 mm ∅ und 1000 mm Höhe steht auf der Standebene lotrecht und ist in Perspektive zu setzen. Der Horizont liegt bei 1650 mm, die Distanz ist mit 3000 mm anzunehmen, und die Bildebene geht durch die Achse. Die Bildachse ist selbst zu bestimmen (bitte nicht mittig!).

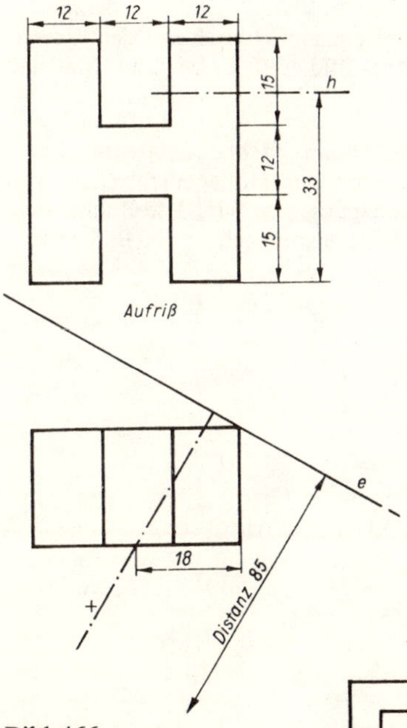

Bild 466

Bild 467

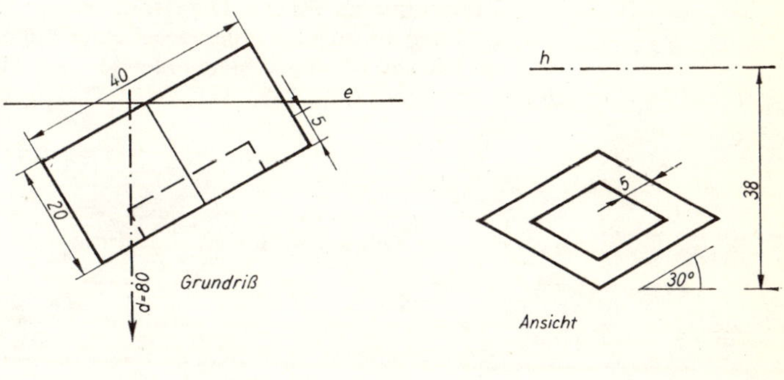

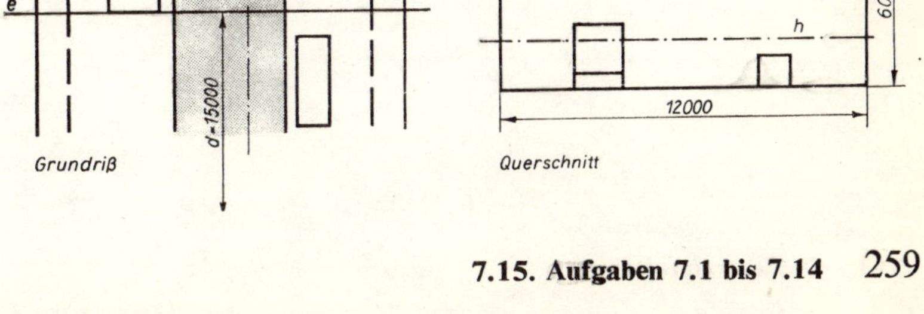

Bild 468

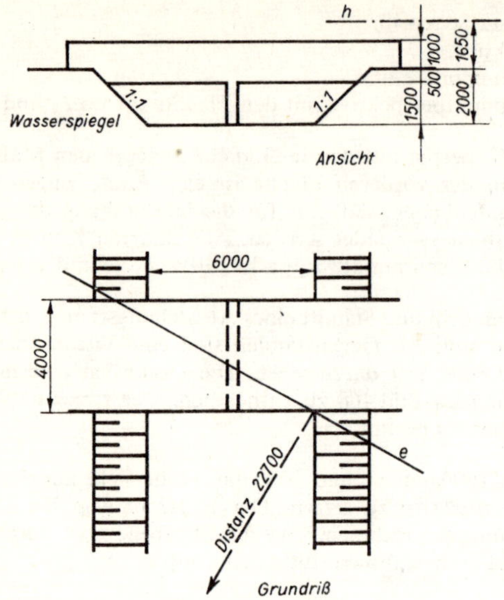

Bild 469

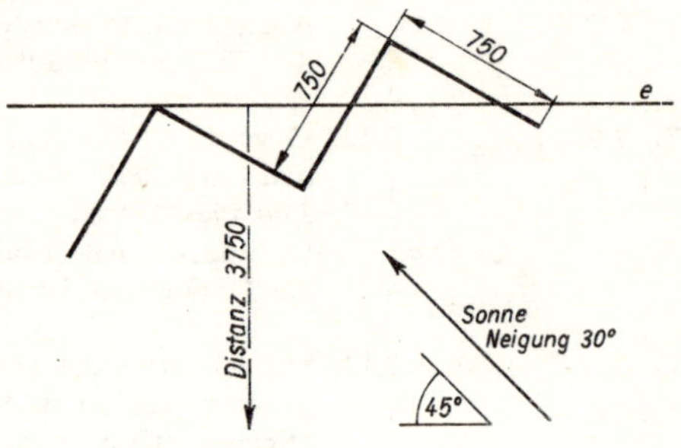

Bild 470

Zu 7.11.

7.13. Die Brücke über einen 6000 mm breiten Kanal ist perspektivisch mit der Wasserspiegelung darzustellen (siehe Grund- und Aufriß Bild 469). Es wird ein Maßstab von 1 : 200 empfohlen.

Zu 7.14.

7.14. Eine vierteilige spanische Wand, Feldbreite 750 mm, Höhe 2100 mm, ist in Perspektive zu setzen. Der Horizont ist mit normaler Höhe einzutragen. Der Schatten ist zu konstruieren bei einer Sonnenneigung von 30°. Die Sonne steht im Rücken des Betrachters unter 45°. Als Maßstab eignet sich 1 : 50 (Bild 470).

8. Lösungen

Lösungen zu Abschnitt 2.

2.1. Bild 471

2.2. Bild 472

2.3. Bild 473

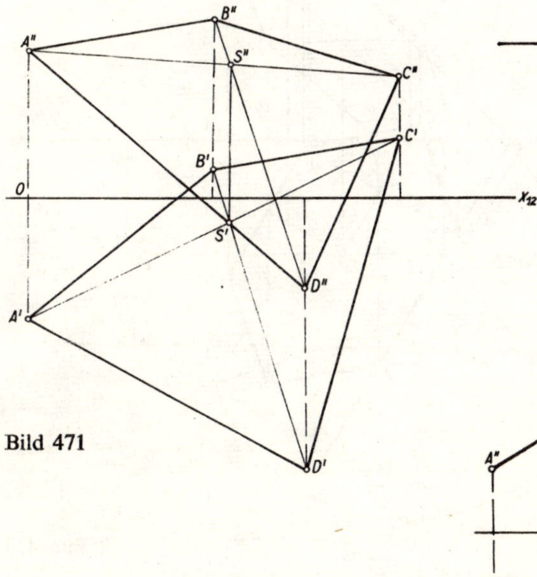

Bild 471

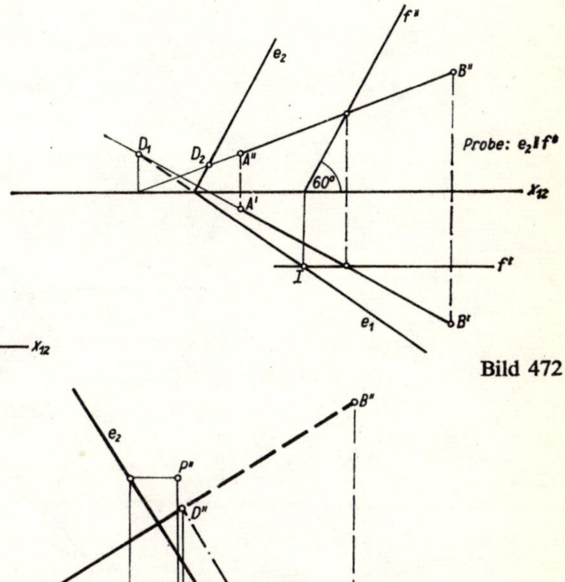

Bild 472

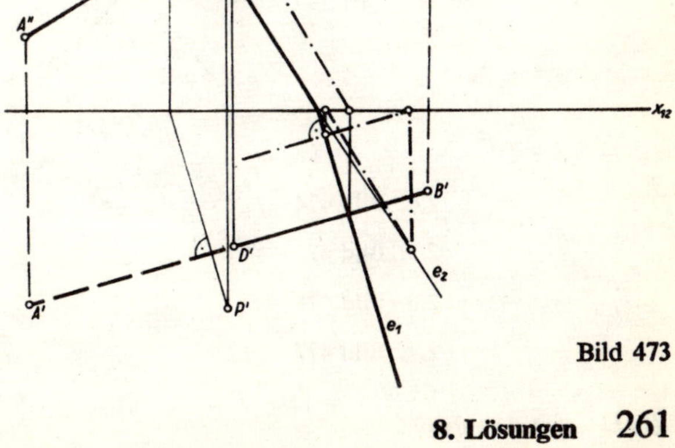

Bild 473

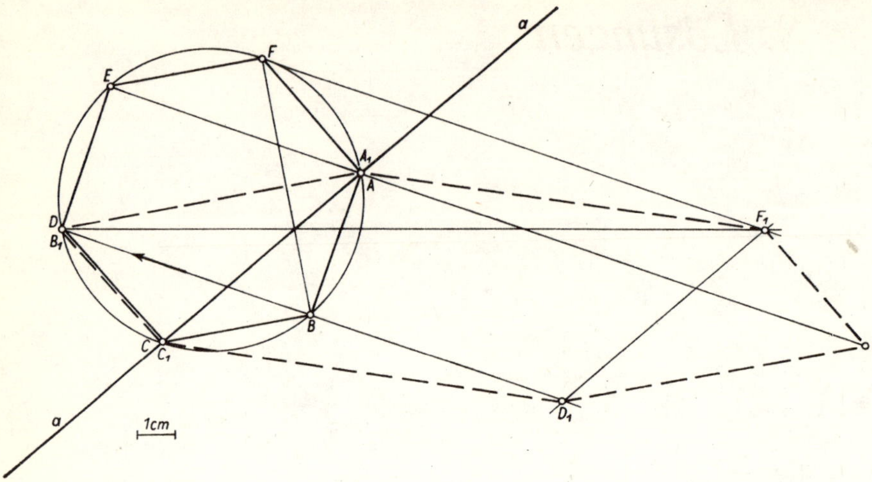

Bild 474

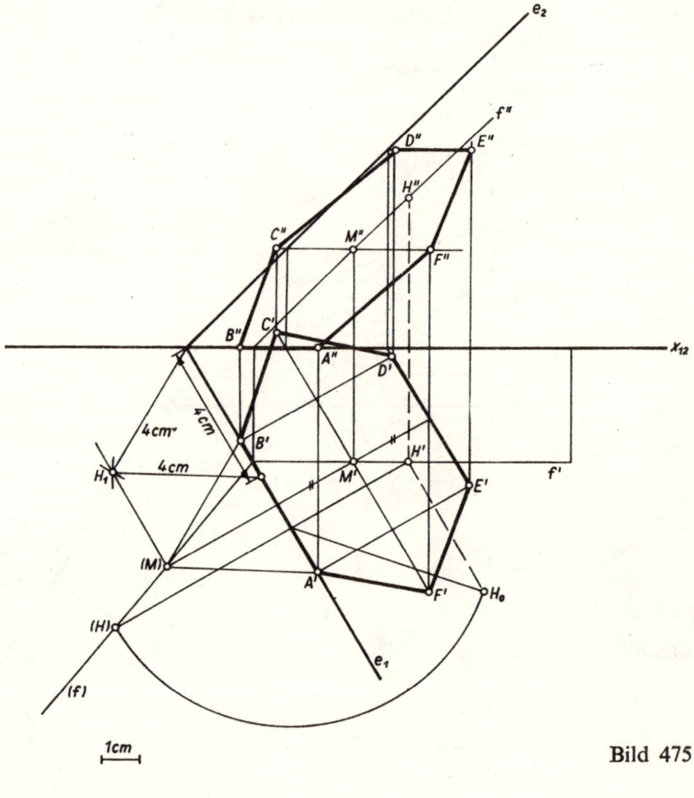

Bild 475

2.4. Bild 474

2.5. Bild 475

2.6. Bild 476

2.7. Bild 477

Bild 476a

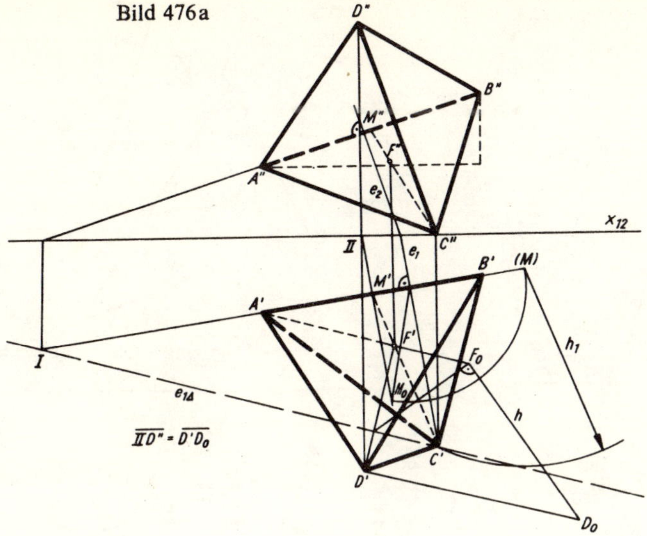

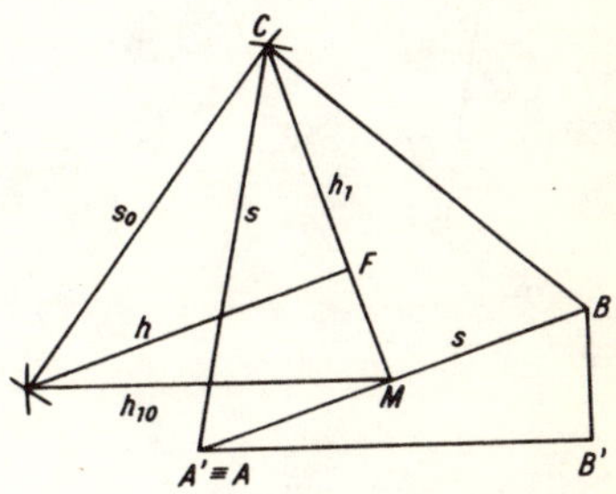

Bild 476b

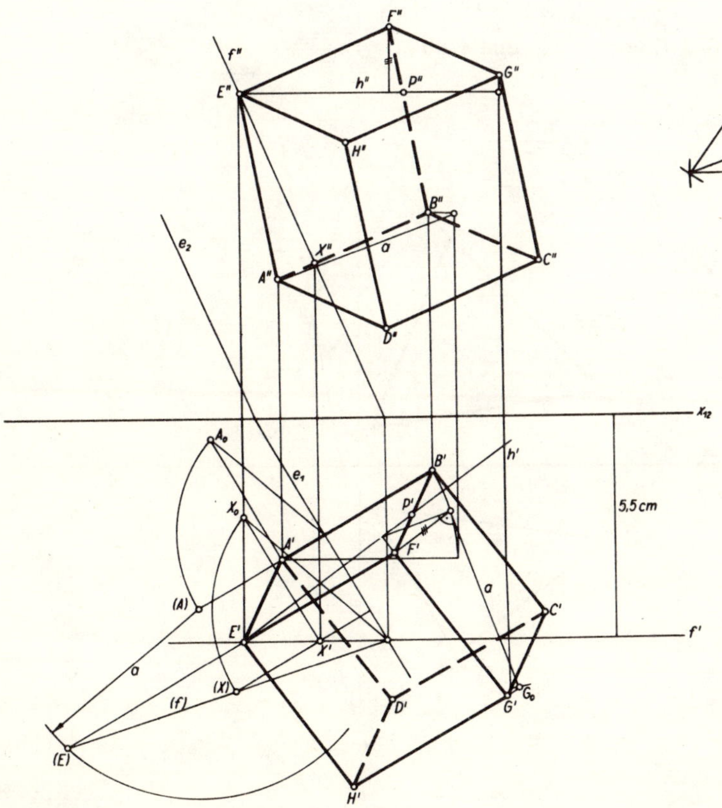

Bild 477

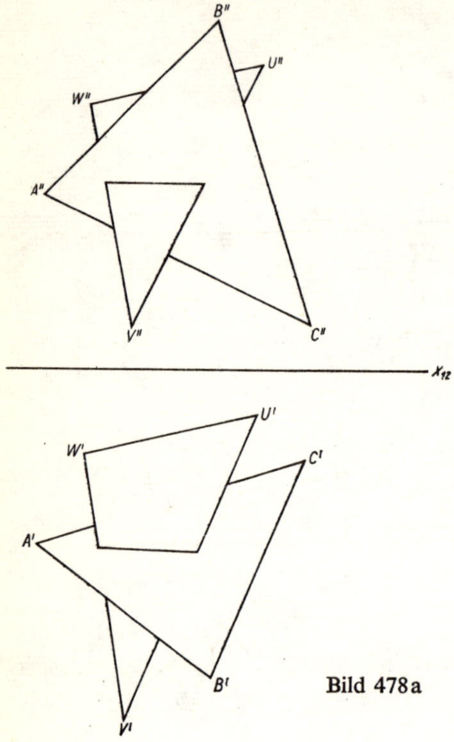

Bild 478a

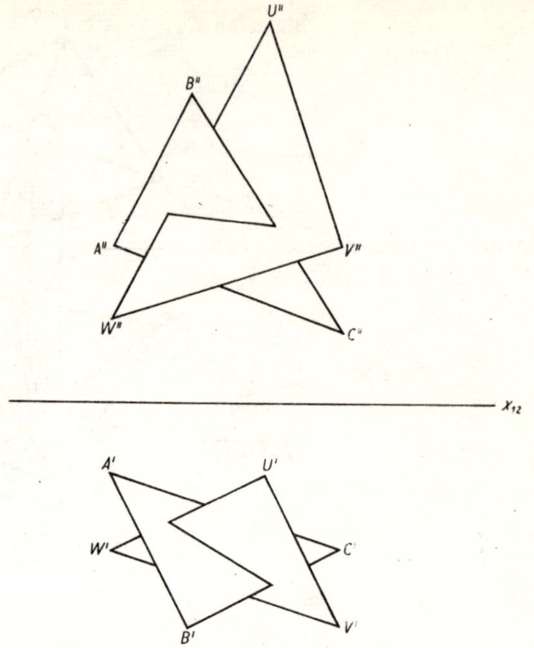

Bild 478b

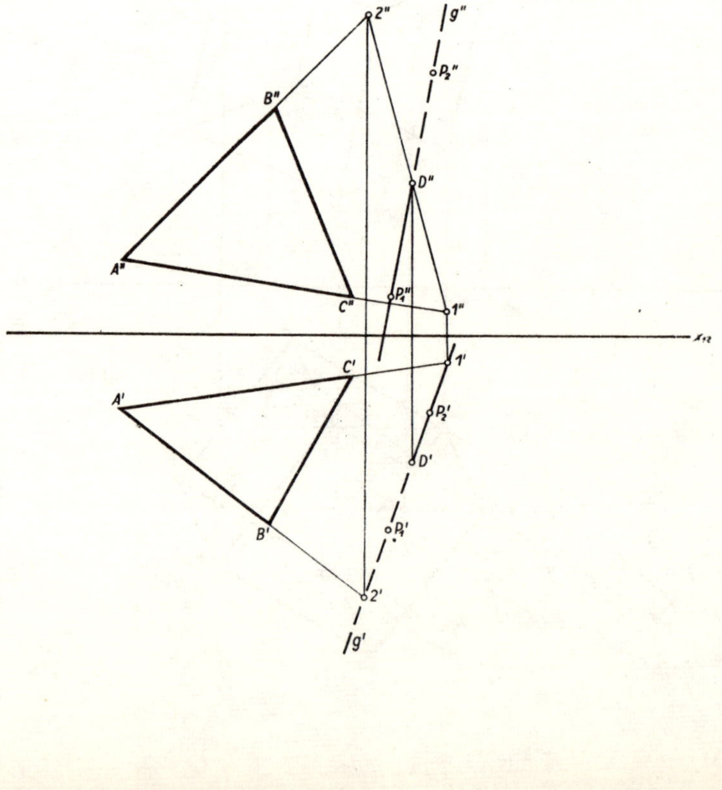

Bild 479

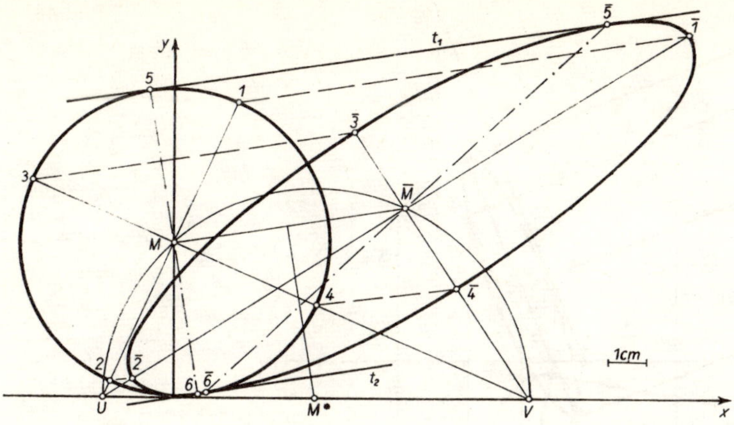

Bild 480

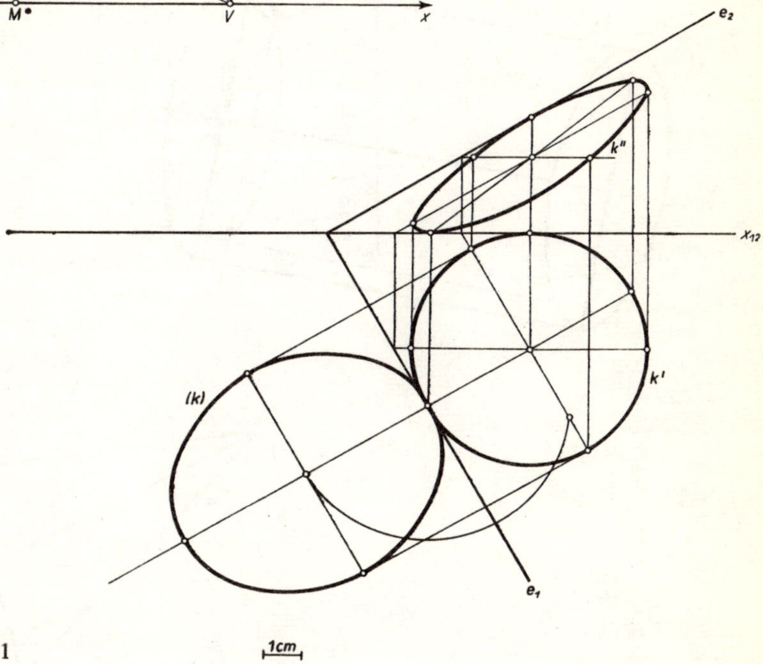

Bild 481

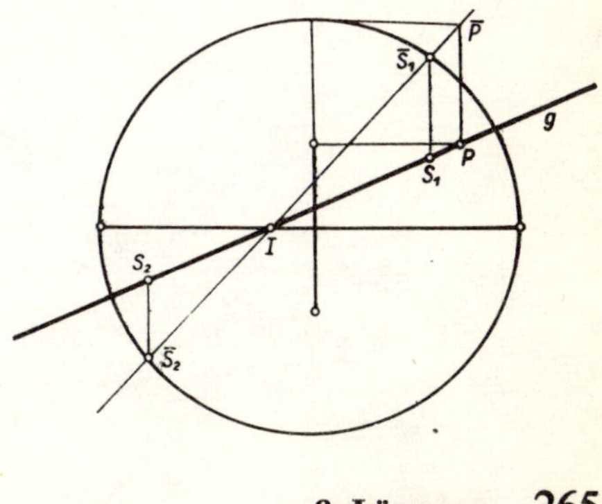

2.8. Bild 478
2.9. Bild 479
2.10. Bild 480
2.11. Bild 481
2.12. Bild 482

Bild 482

Bild 483

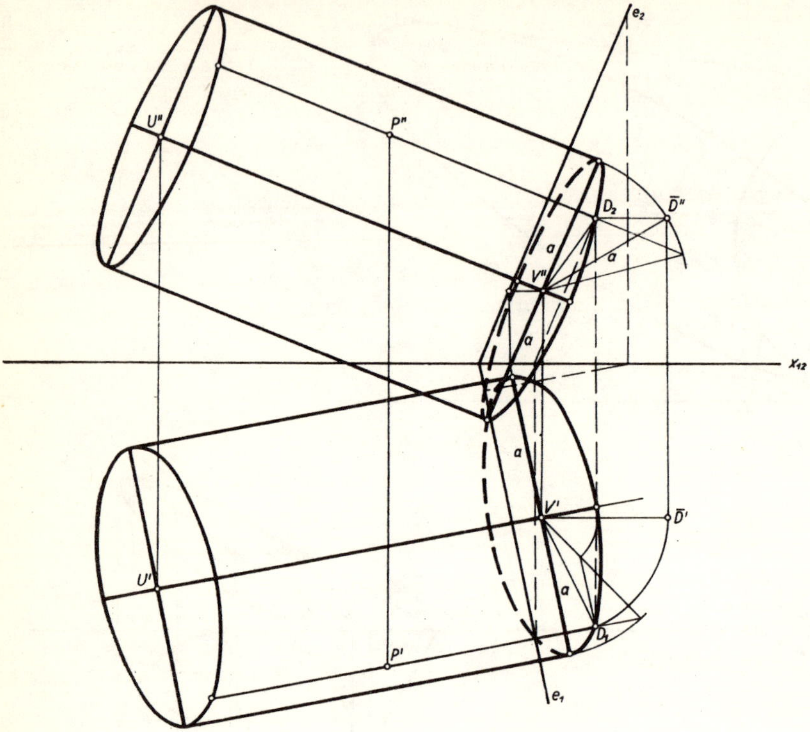

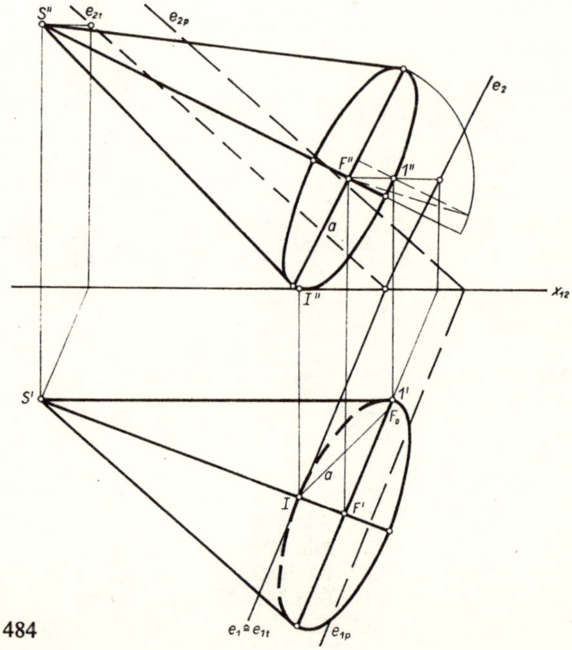

Bild 484

2.13. Bild 483
2.14. Bild 484
2.15. Bild 485
2.16. Bild 486

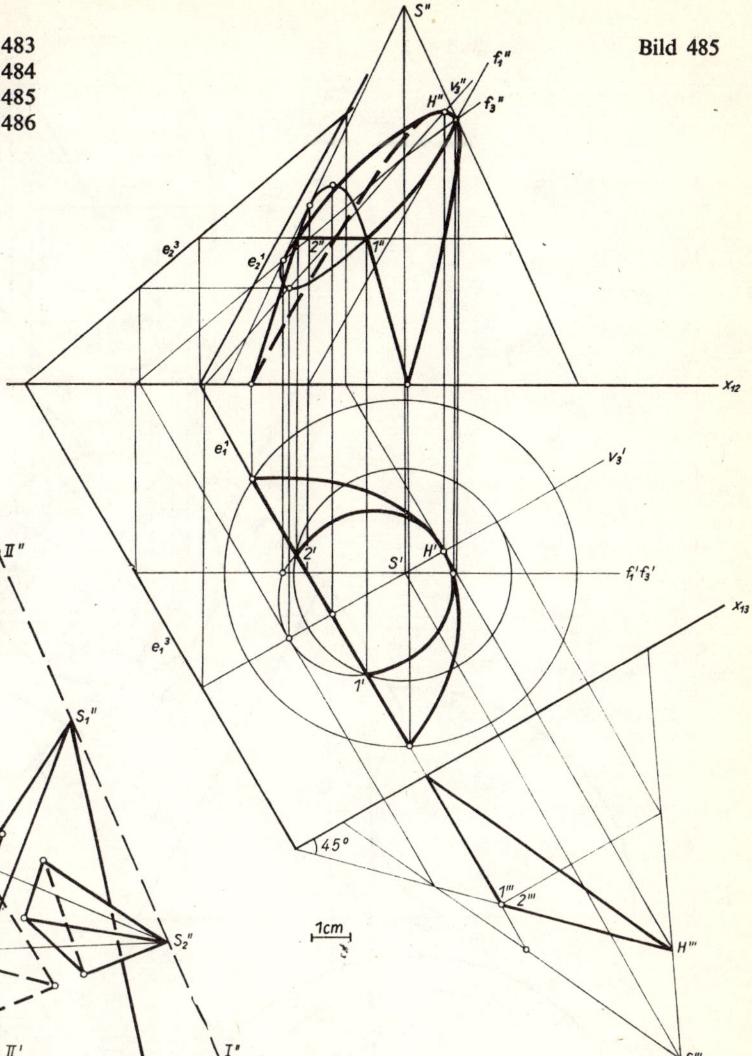

Bild 485

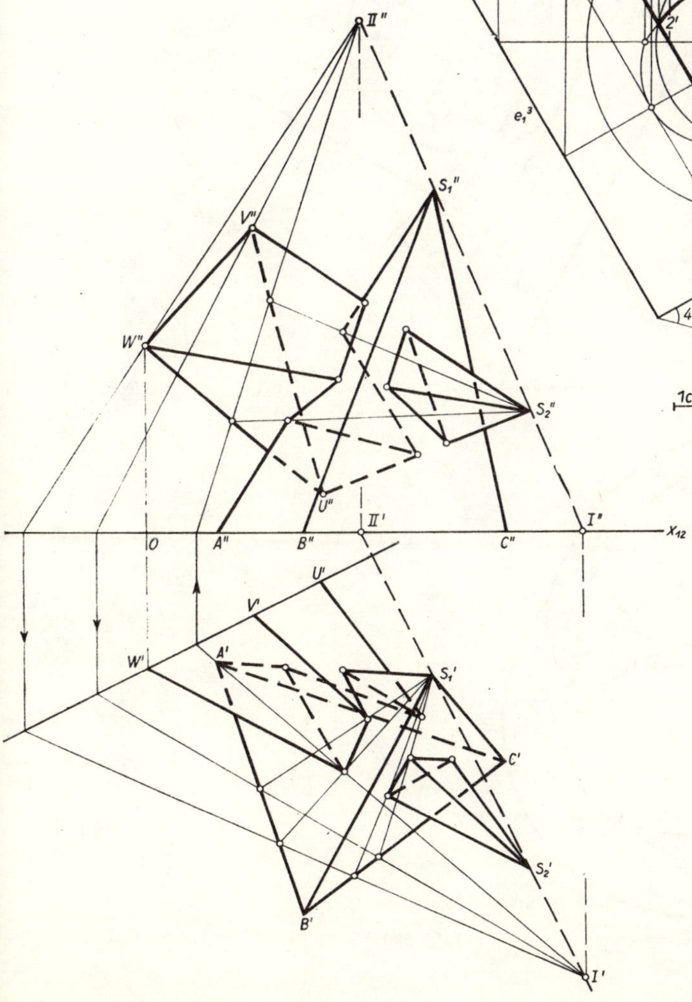

Bild 486

Bild 487

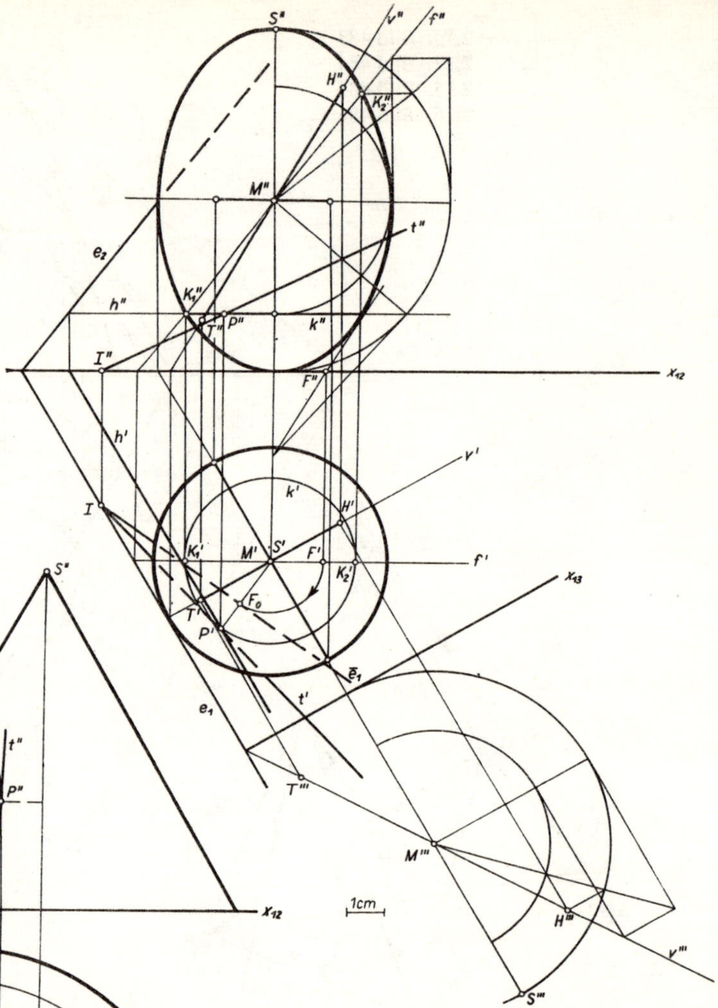

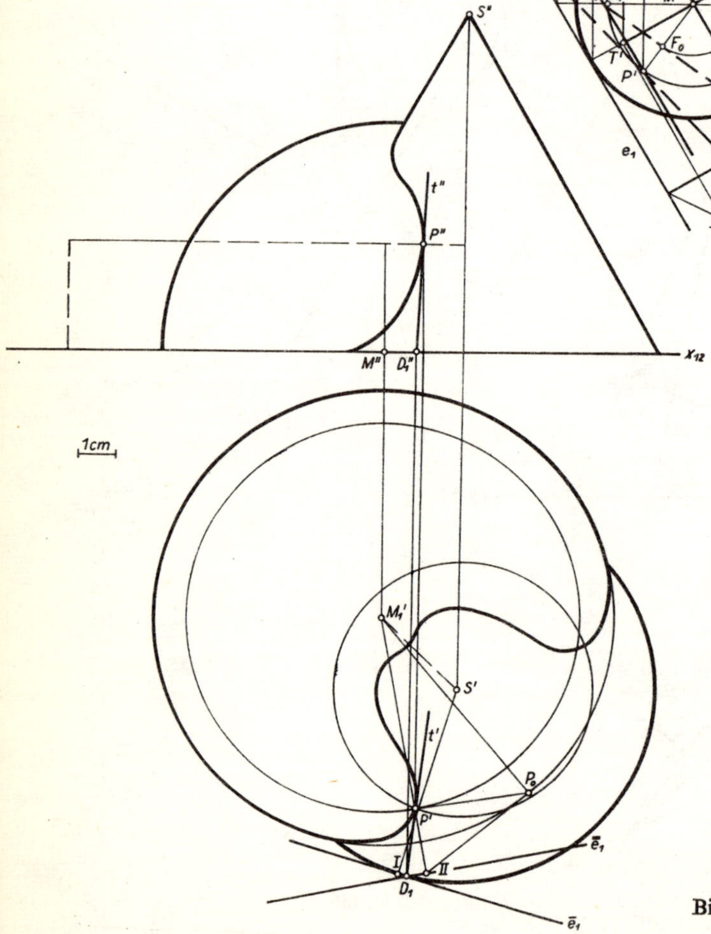

Bild 488

2.17. Bild 487
2.18. Bild 488
2.19. Bild 489
2.20. Bild 490
2.21. Bild 491

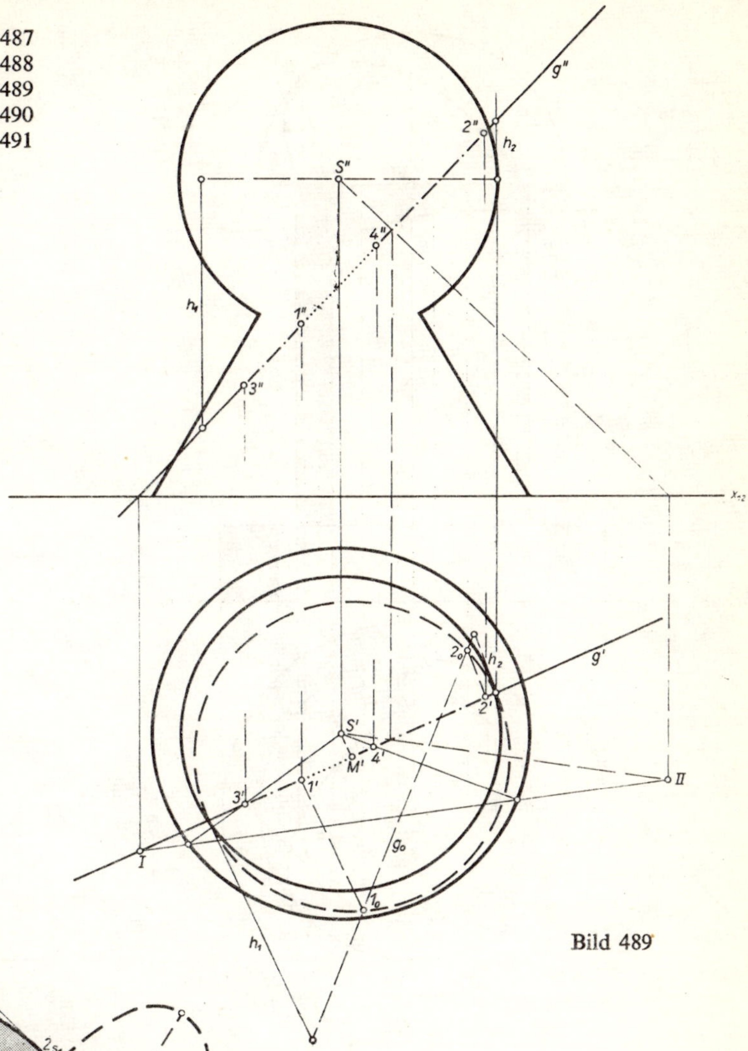

Bild 489

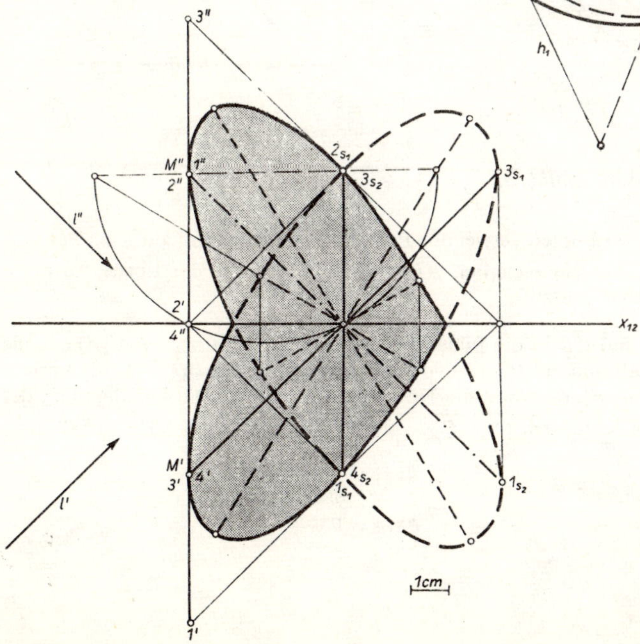

Bild 490

Bild 491

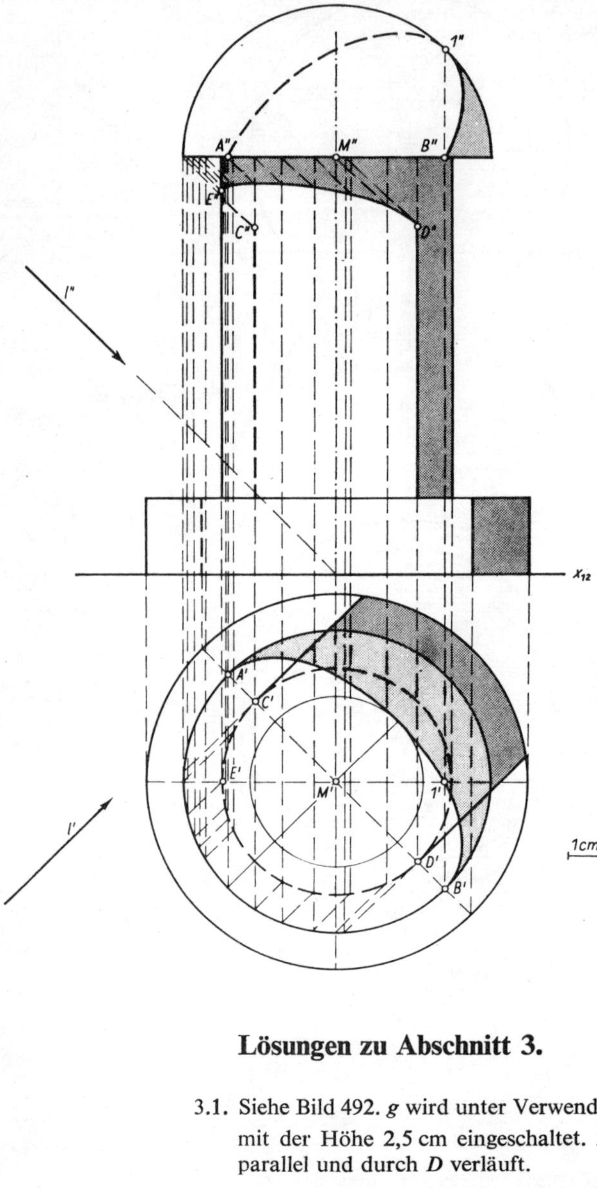

Bild 492

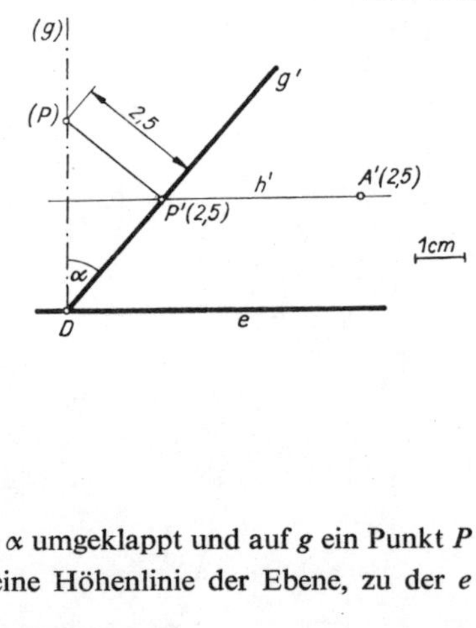

Lösungen zu Abschnitt 3.

3.1. Siehe Bild 492. g wird unter Verwendung von α umgeklappt und auf g ein Punkt P mit der Höhe 2,5 cm eingeschaltet. $\overline{AP}$ ist eine Höhenlinie der Ebene, zu der e parallel und durch D verläuft.

3.2. Man klappt $\overline{AB}$ und $\overline{CD}$ in die Bildebene. Auf $[A]$ $[B]$ trägt man von $[A]$ aus die Strecke $AP = 4$ ab und auf (C) (D) von (D) aus die Strecke $DQ = 3$. Man erhält $[P]$, (Q) und damit P', Q' sowie die Höhen von P und Q. Die Umklappung der Strecke PQ ergibt schließlich $\overline{\langle P\rangle \langle Q\rangle} = \overline{PQ} = 6{,}25$ und $\alpha = 13{,}5°$ (Bild 493).

3.3. g_1, g_2: windschief
g_1, g_3: sich schneidend
g_1, g_4: windschief
g_2, g_3: windschief
g_2, g_4: sich schneidend
g_3, g_4: parallel

3.4. Bild 494

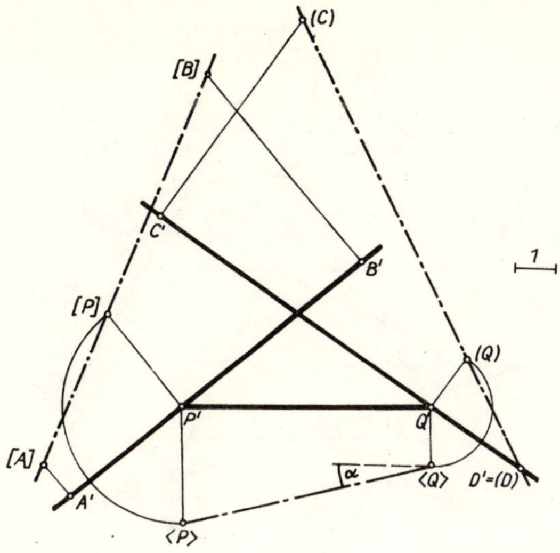

Bild 493

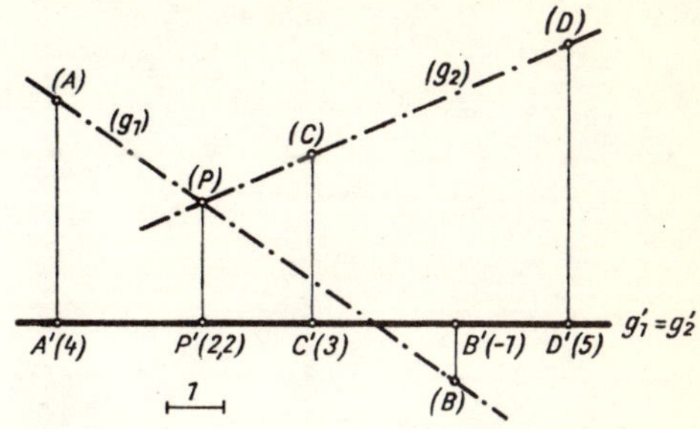

Bild 494

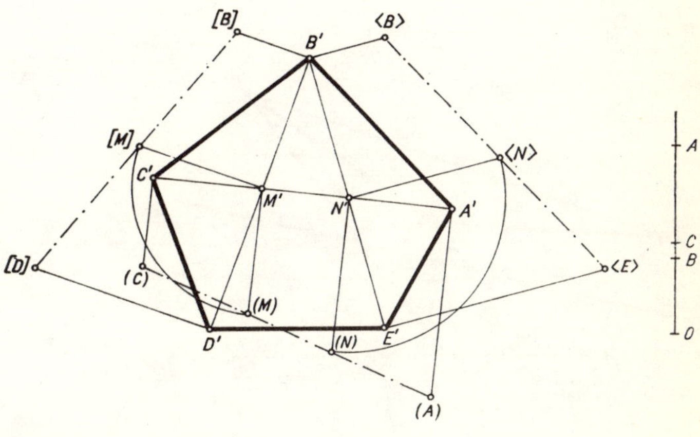

Bild 495

3.5. Bild 495. Die Höhen von M und N werden aus der Umklappung der Diagonalen AC entnommen. Die Umklappung der Diagonalen BM und BN liefert dann die gesuchten Höhen von D und E.

3.6. Je zwei Ebenen schneiden sich in einer Geraden. Die sich ergebenden drei Geraden müssen sich im gesuchten Punkt P schneiden. Durch Konstruktion des Stützdreiecks einer der drei Ebenen mit $\overline{PP'}$ als senkrechter Kathete ergibt sich $h = \overline{PP'} = 1{,}45$.

3.7. Man erhält die Höhenlinien der Dreiecksebenen nach Bild 223. Da die Höhenlinien beider Ebenen spitze Winkel miteinander bilden, erhält man die gesuchte Schnittgerade durch die in Bild 236 angegebene Konstruktion (Bild 496).

3.8. Eine durch g gelegte Vertikalebene schneidet die Pyramidenflächen in $\overline{PQ}$ und $\overline{RQ}$. Die Höhe von Q ergibt sich aus der Umklappung von $\overline{AS}$. Schließlich klappt man die Vertikalebene um und erhält als Schnitt von $[g]$ mit $P'[Q]$ bzw. $R'[Q]$ die Punkte $[M]$ und $[N]$. M' und N' sind die Projektionen der gesuchten Durchstoßpunkte (Bild 497).

Bild 496

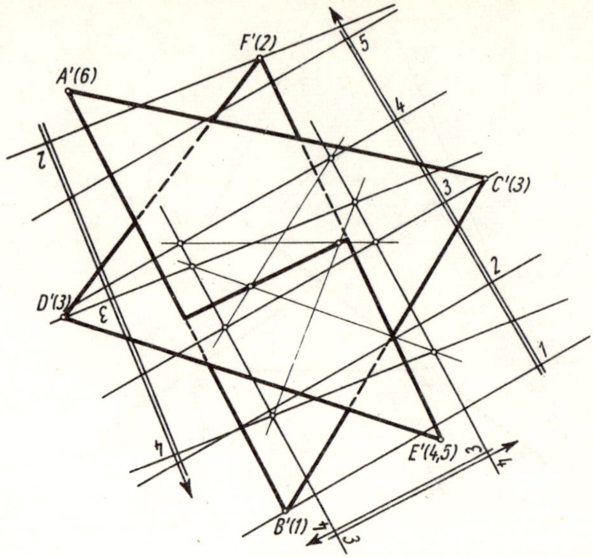

Bild 497

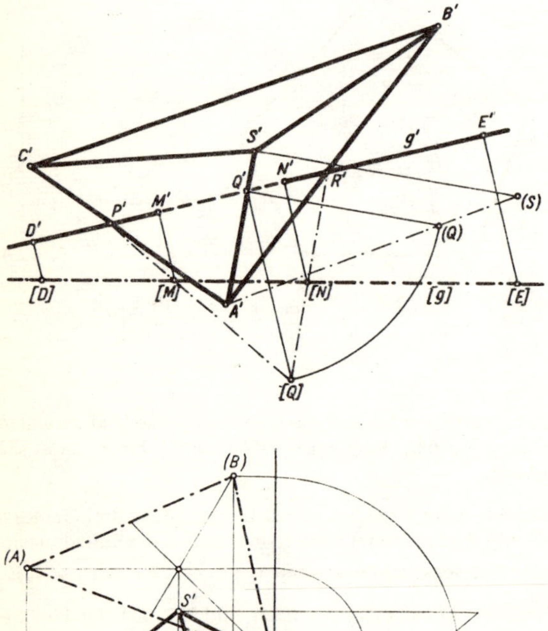

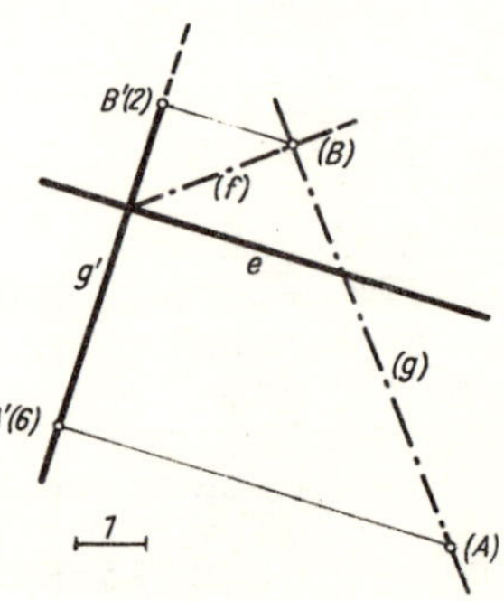

Bild 498

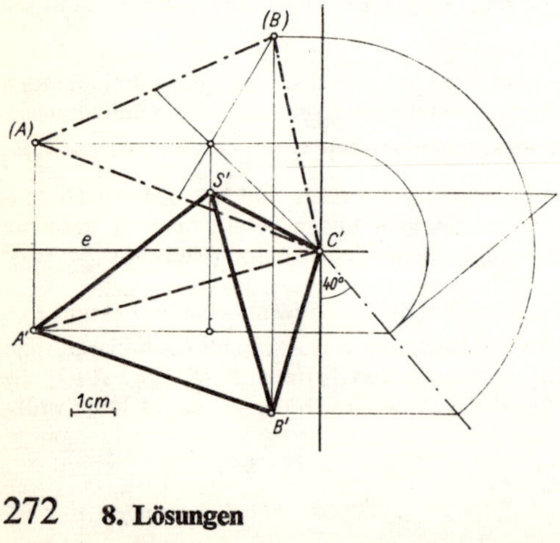

Bild 499

3.9. Man klappt $\overline{AB}$ in die Bildebene um. Eine Senkrechte zu $\overline{(A)(B)}$ durch (B) stellt die Umklappung (f) einer Fallinie der gesuchten Ebene dar. Durch den Spurpunkt von f verläuft senkrecht zu $\overline{A'B'}$ die gesuchte Spur e (Bild 498).

3.10. $\overline{BP} = 5{,}6$ cm.

3.11. Die Schnittfigur ist ein regelmäßiges Sechseck mit der Seitenlänge $l = 2{,}12$ cm.

3.12. Man konstruiert aus den gegebenen Maßen das Dreieck $(A)(B)(C)$ und bestimmt den Schwerpunkt. Parallel zur Seitenhalbierenden von $(B)(C)$ legt man durch $C = (C) = C'$ die Spur e der Ebene, in der die Grundfläche der gekippten Pyramide liegt. Die weitere Konstruktion erfolgt entsprechend Beispiel 2 aus 2.2.10. (Bild 499).

3.13. Bild 500. $\sphericalangle MSF = \sphericalangle [M][S][F] = \beta$

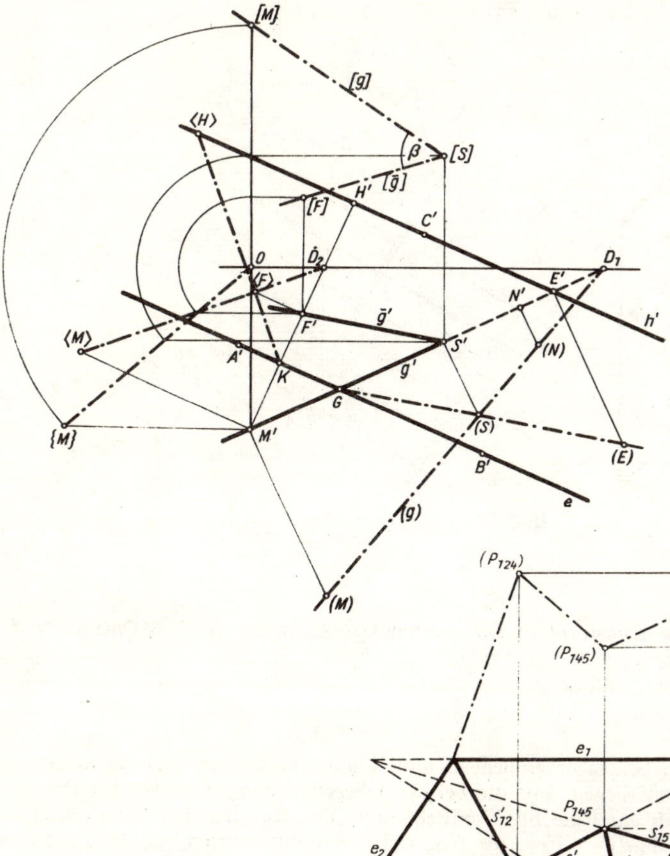

Bild 500

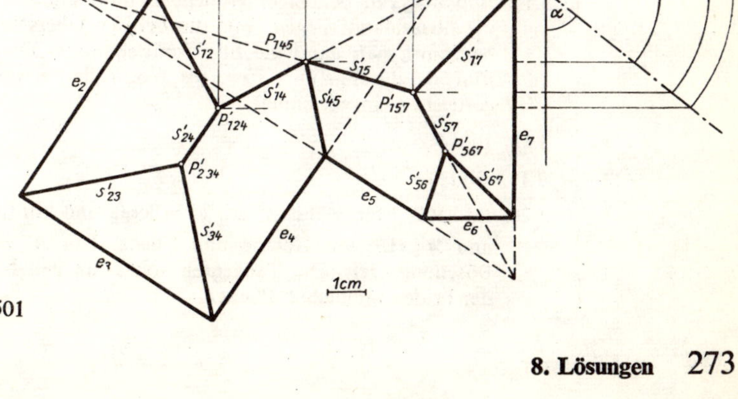

Bild 501

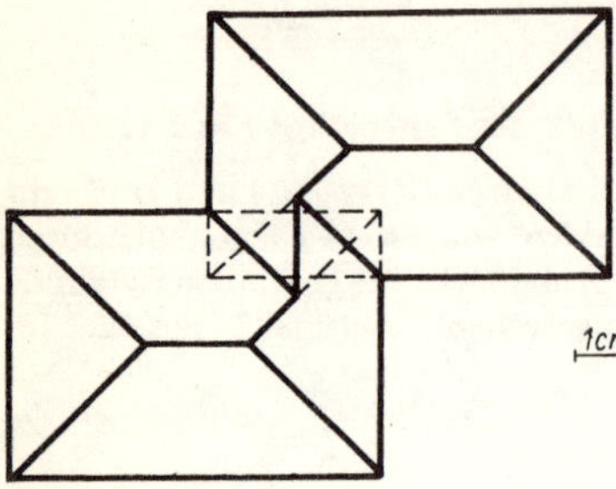

Bild 502

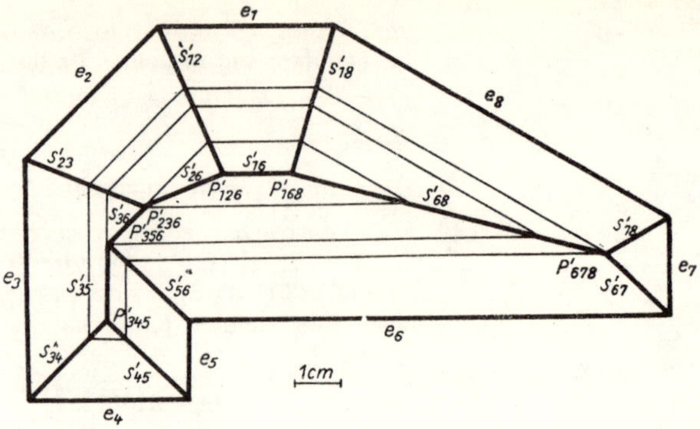

Bild 503

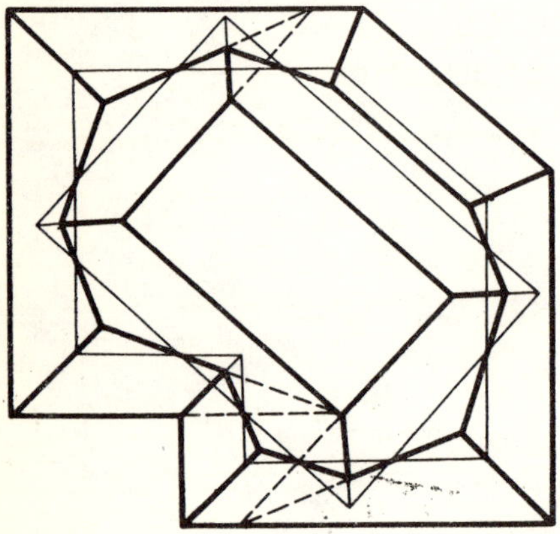

Bild 504

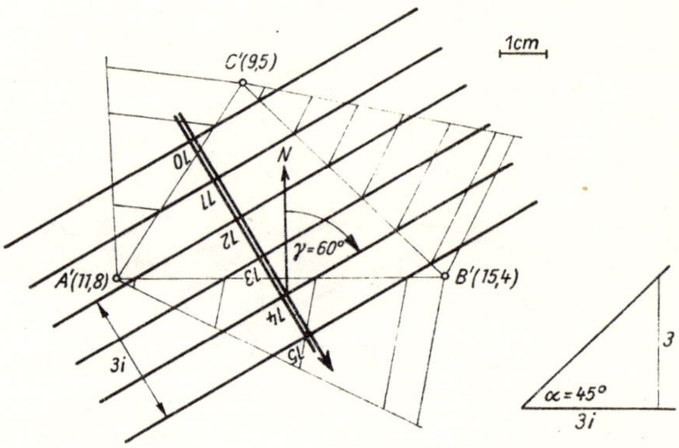

Bild 505

3.14. Bild 501. Die Konstruktion der wahren Größe ist nur für die Dachfläche E_1 eingezeichnet.

3.15. Bild 502

3.16. Bild 503

3.17. Bild 504. Ein beliebiger Höheneinschnitt ergibt ein Viereck und ein Siebeneck, die übereinanderliegen. Für die bei der Überschneidung entstehenden Dreiecke bestimmt man dann die Inkreismittelpunkte. Die Konstruktion kann auch nach Bild 501 durchgeführt bzw. als Kontrolle verwandt werden (in einigen Fällen gestrichelt eingezeichnet).

3.18. Bild 505

3.19. Bild 506

3.20. Bild 507. Man wählt A' auf g' beliebig und konstruiert die Stützdreiecke $A'[A]D$ und $A'[A]B$ von Gerade und Ebene. Um A' zeichnet man mit $r = \overline{A'B}$ den Böschungskreis. Die Tangenten von D an den Kreis sind die Spuren e_1 und e_2 der beiden möglichen Ebenen.

3.21. $\alpha > \beta$: D liegt außerhalb des Kreises um A, die Aufgabe hat zwei Lösungen.
$\alpha = \beta$: D liegt auf dem Böschungskreis. Es gibt nur eine Tangente durch D an den Böschungskreis. Die Aufgabe hat eine Lösung.
$\alpha < \beta$: D liegt innerhalb des Böschungskreises. Die Aufgabe hat keine Lösung.

3.22. Bild 508

3.23. Bild 509

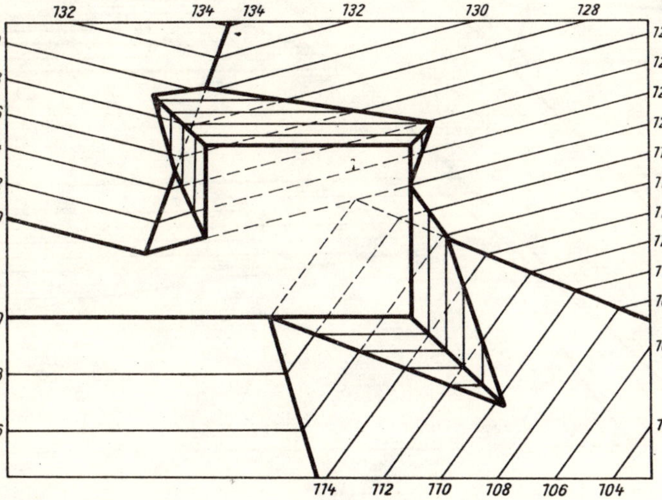

Bild 506

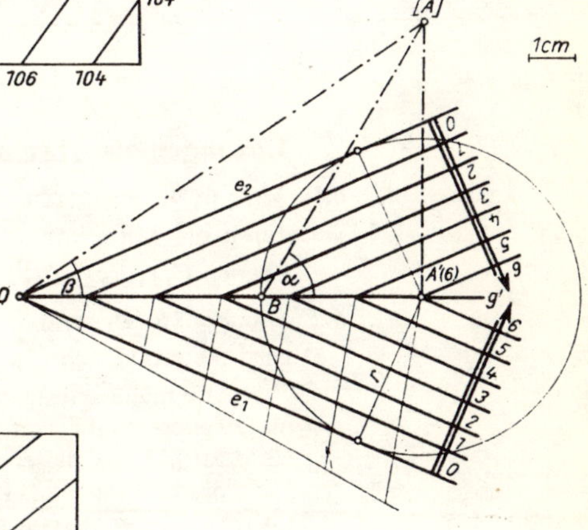

Bild 507

Bild 508

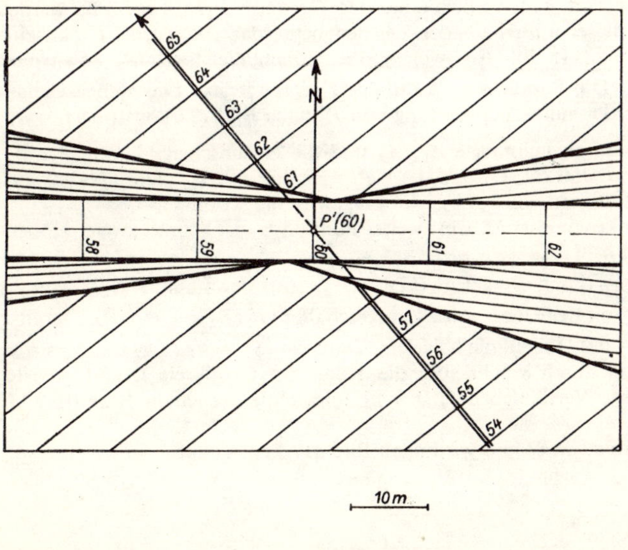

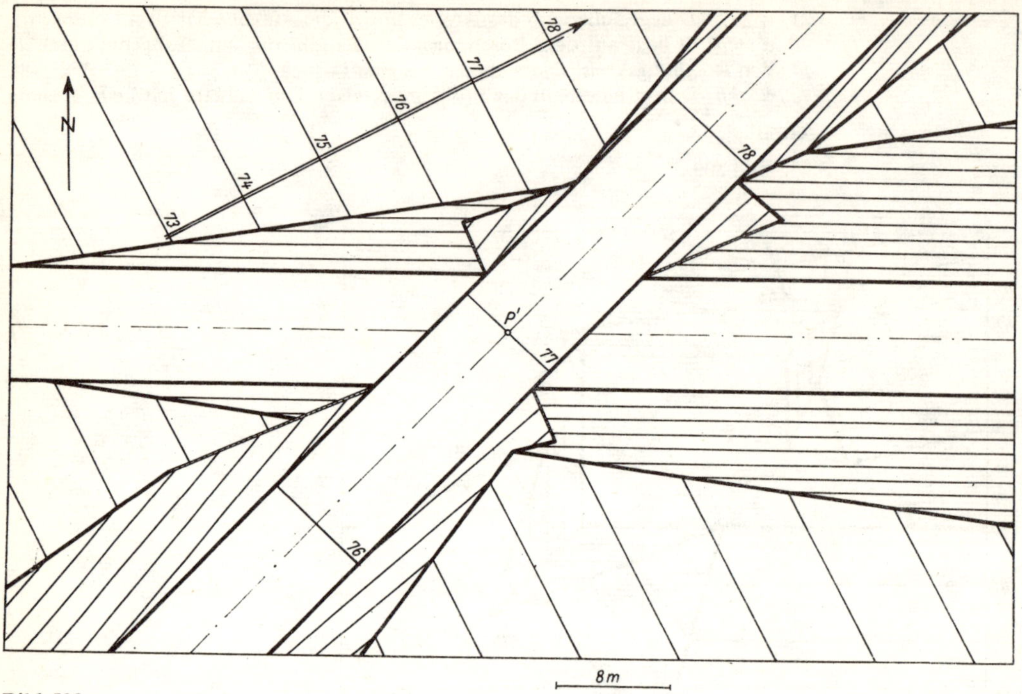

Bild 509

Lösungen zu Abschnitt 4.

4.1. $M(3; 6; 4)$, $r = 5$. Zu je zwei Punkten P_i, P_k wird die Ebene Γ_{ik} konstruiert, die durch die Mitte von $\overline{P_iP_k}$ geht und senkrecht zu $\overline{P_iP_k}$ ist. Der Schnitt der drei Ebenen Γ_{12}, Γ_{13}, Γ_{23} ergibt M. $r = \overline{MP_1} = \overline{MP_2} = \overline{MP_3}$.

4.2. Die Punkte P_1 und P_2 in Bild 510 sollen eine positive Höhe besitzen. Zuerst wird die große Achse $\overline{A_1A_2}$ der Bildellipse bestimmt. Die Ebene Σ von k ist durch P_1P_2M eindeutig festgelegt. $\overline{A_1A_2} = e$ ist die Spur von Σ. Da bereits $M \in e$, kann als zweiter Punkt von e der Spurpunkt der Geraden P_1P_2 bestimmt werden (Bild 510). Liegt dieser außerhalb der Zeichenebene, dann konstruiert man eine Höhenlinie h von Σ. In Bild 510 wurde eine Höhenlinie durch P_2 konstruiert $(\overline{P_1'(U)} = \overline{P_2'[P_2]})$. Die Parallele zu h durch M ergibt $\overline{A_1A_2}$. Die Nebenscheitelpunkte B_1', B_2' werden unter Verwendung von P_2' nach Bild 122 konstruiert.

4.3. k_1 besitzt die Hauptscheitelpunkte A_1, A_2 und die Nebenscheitelpunkte B_1, B_2; k_2 hat die Hauptscheitel C_1, C_2 und die Nebenscheitel D_1, D_2 (Bild 511).
a) Σ_1, Σ_2 seien die Ebenen von k_1, k_2. Zunächst wird die Schnittgerade $s = \Sigma_1 \cap \Sigma_2$ bestimmt. Ein Punkt von s ist M. Ein zweiter Punkt $S \in s$ ist Schnitt zweier Höhenlinien $h_1 \in \Sigma_1$ und $h_2 \in \Sigma_2$.
In Bild 511 wird h_1 durch B_2 gelegt $(h_1' \parallel \overline{A_1A_2})$. Auf der Fallinie D_1M von Σ_2 wird ein Punkt V mit der Höhe von P_2 eingeschaltet $(\overline{B_2'\langle B_2\rangle} = \overline{D_1'[U]})$. Durch V wird parallel $\overline{C_1C_2}$ die Höhenlinie h_2 gelegt. Dann ist $\{S\} = h_1 \cap h_2$ und $s = \overline{SM}$. Eine Vertikalebene durch s schneidet die Kugel im Großkreis l, und aus der Umklappung dieser Vertikalebene $[(l) = u]$ folgen die gesuchten Schnittpunkte $\{R, Q\} = s \cap l$.
b) k_3 ist die Polare zu R, Q und wird nach Bild 317 konstruiert.

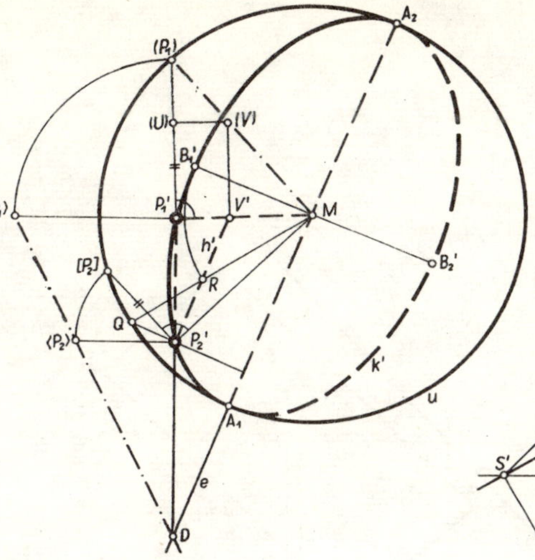

Bild 510

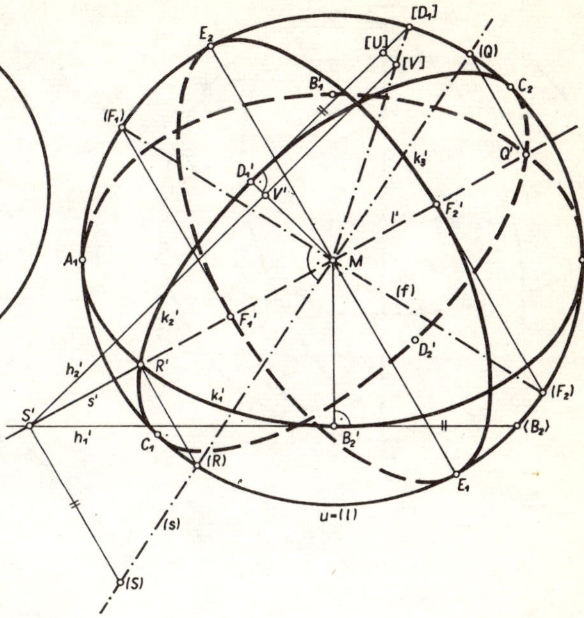

Bild 511

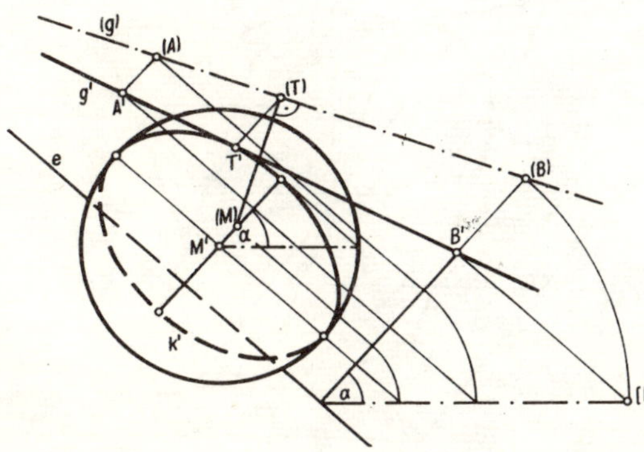

Bild 512

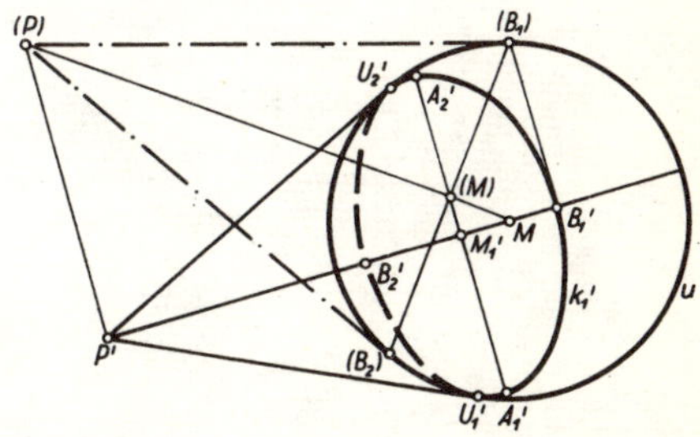

Bild 513

4.4. a) Konstruktion der Spur e der Ebene Σ durch A, B und M (Bild 512). Σ wird um e in die Bildebene umgeklappt. Das Lot von (M) auf $(A)\,(B)$ ergibt (T). (T) ist der umgeklappte Berührungspunkt zwischen Gerade und Kugel. $\overline{(M)\,(T)} = r$ ist der Radius der gesuchten Kugel. Durch Zurückklappen folgt T'.
b) Die große Achse von k' ist parallel zu e. Die Nebenscheitelpunkte ergeben sich nach Bild 512 unter Verwendung eines Stützdreiecks von Σ.

4.5. Die Menge der Berührungspunkte ist ein Kleinkreis k_1, dessen Ebene senkrecht zu $\overline{PM}$ ist (die Tangenten bilden einen Kreiskegel, der die Kugel in k_1 berührt). Die Konstruktion von k_1 ergibt sich aus Bild 513 in Verbindung mit Bild 322.

4.6. Siehe Bild 514. Die Bildebene wurde als durchsichtig angenommen und die Aufgabe in der Eintafelprojektion gelöst (Verwendung der dort üblichen Bezeichnungen).

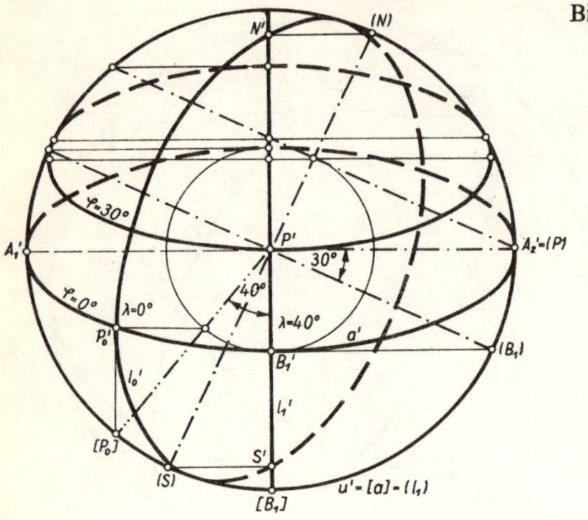

Bild 514

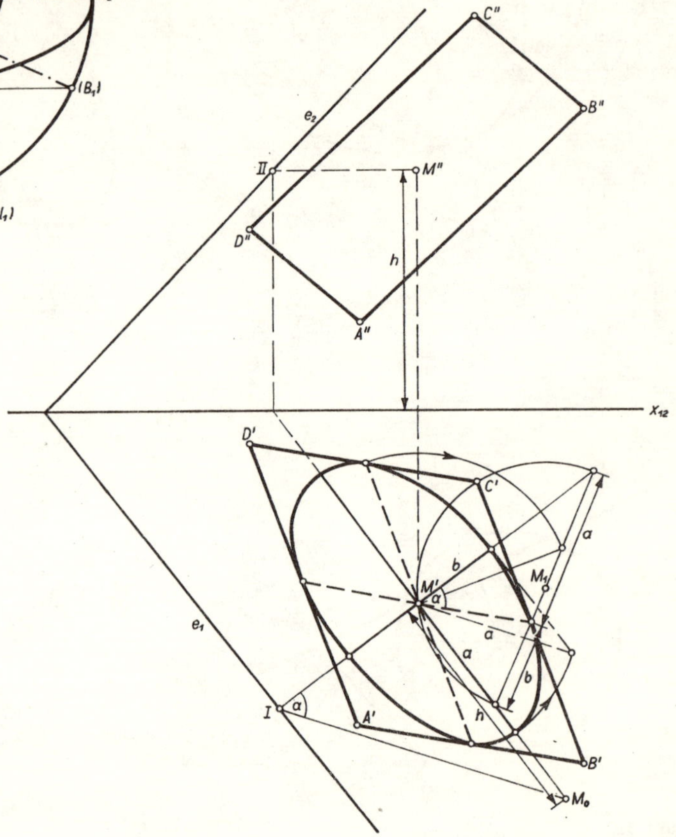

Bild 515

Lösung zu Abschnitt 5.

5.1. Bild 515

Lösungen zu Abschnitt 7.

7.1. Bild 516

7.2. Bild 517

7.3. Bild 518

7.4. Bild 519

7.5. Bild 520

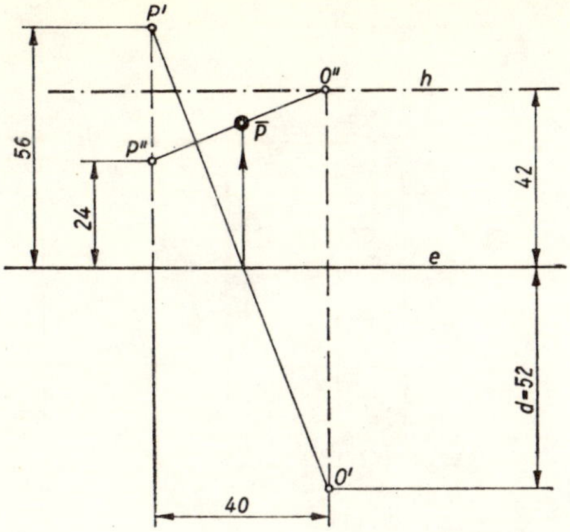

Bild 516

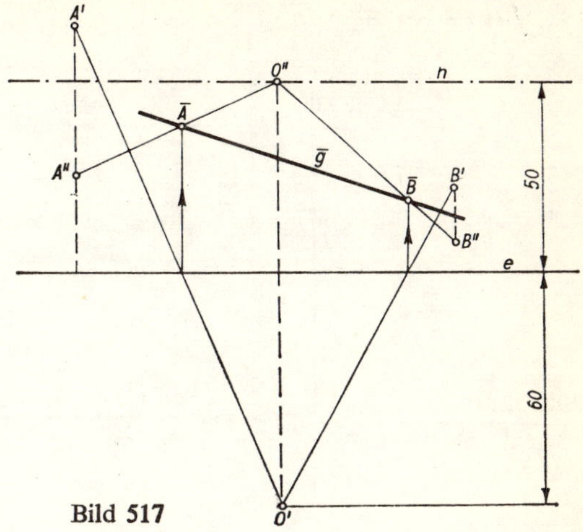

Bild 517

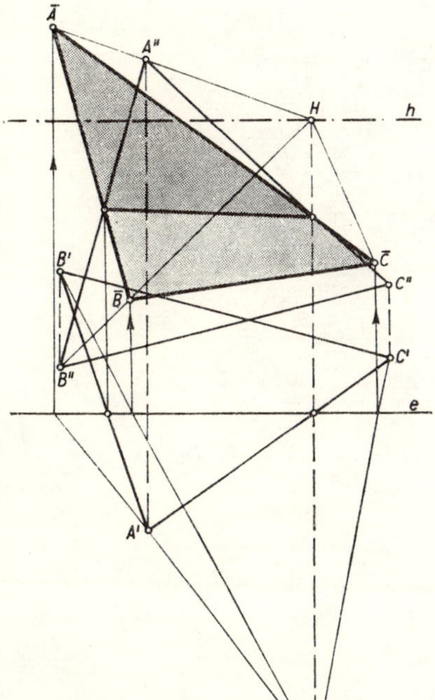

Bild 518

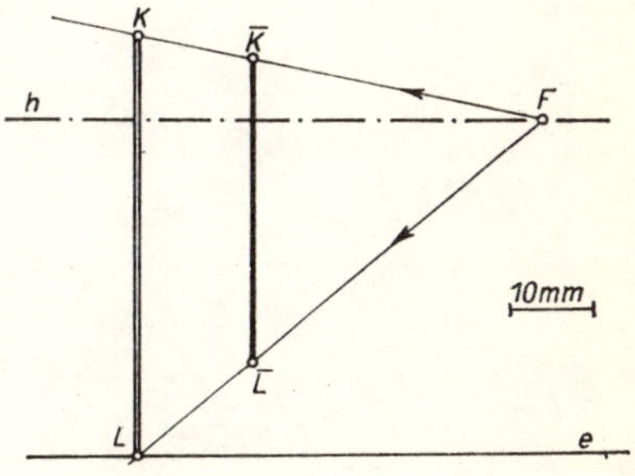

Bild 519

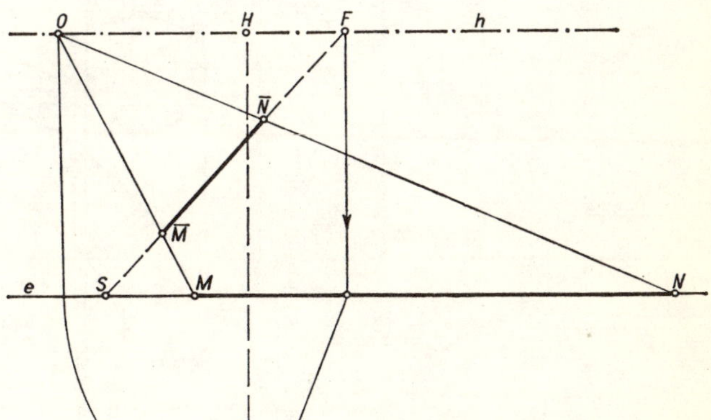

Bild 520

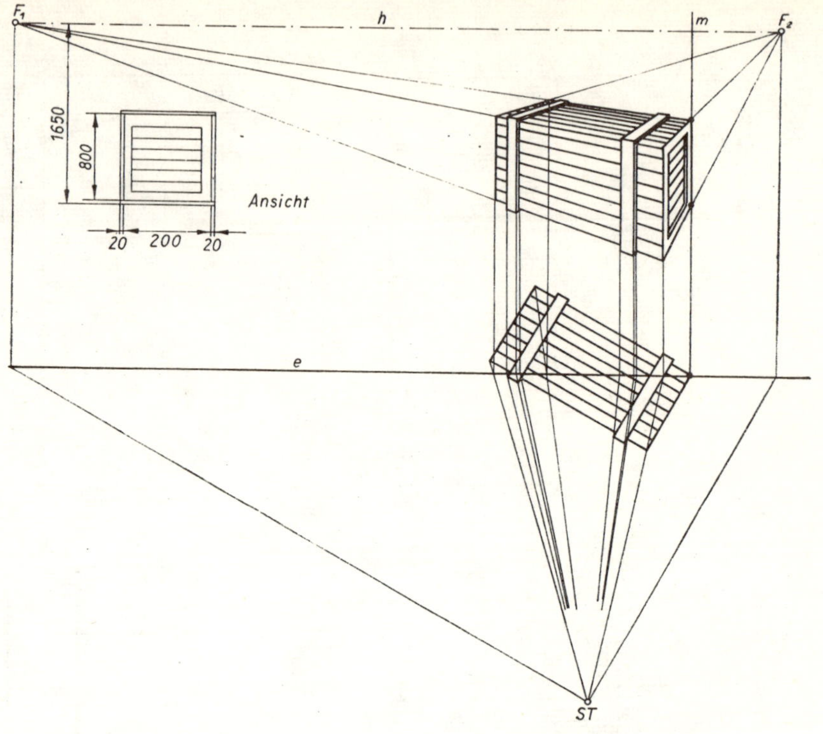

Bild 521

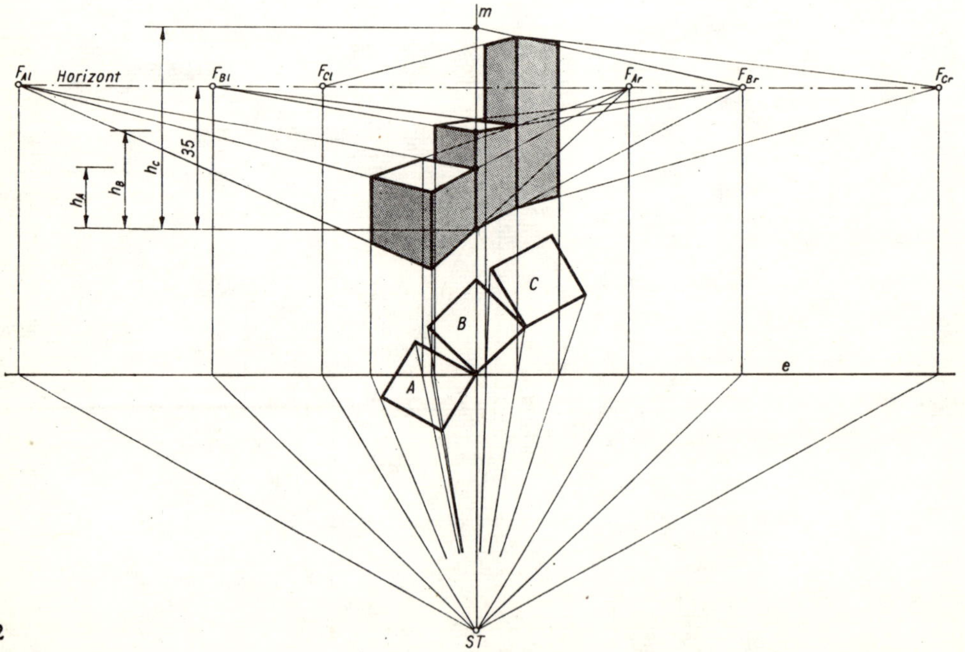

Bild 522

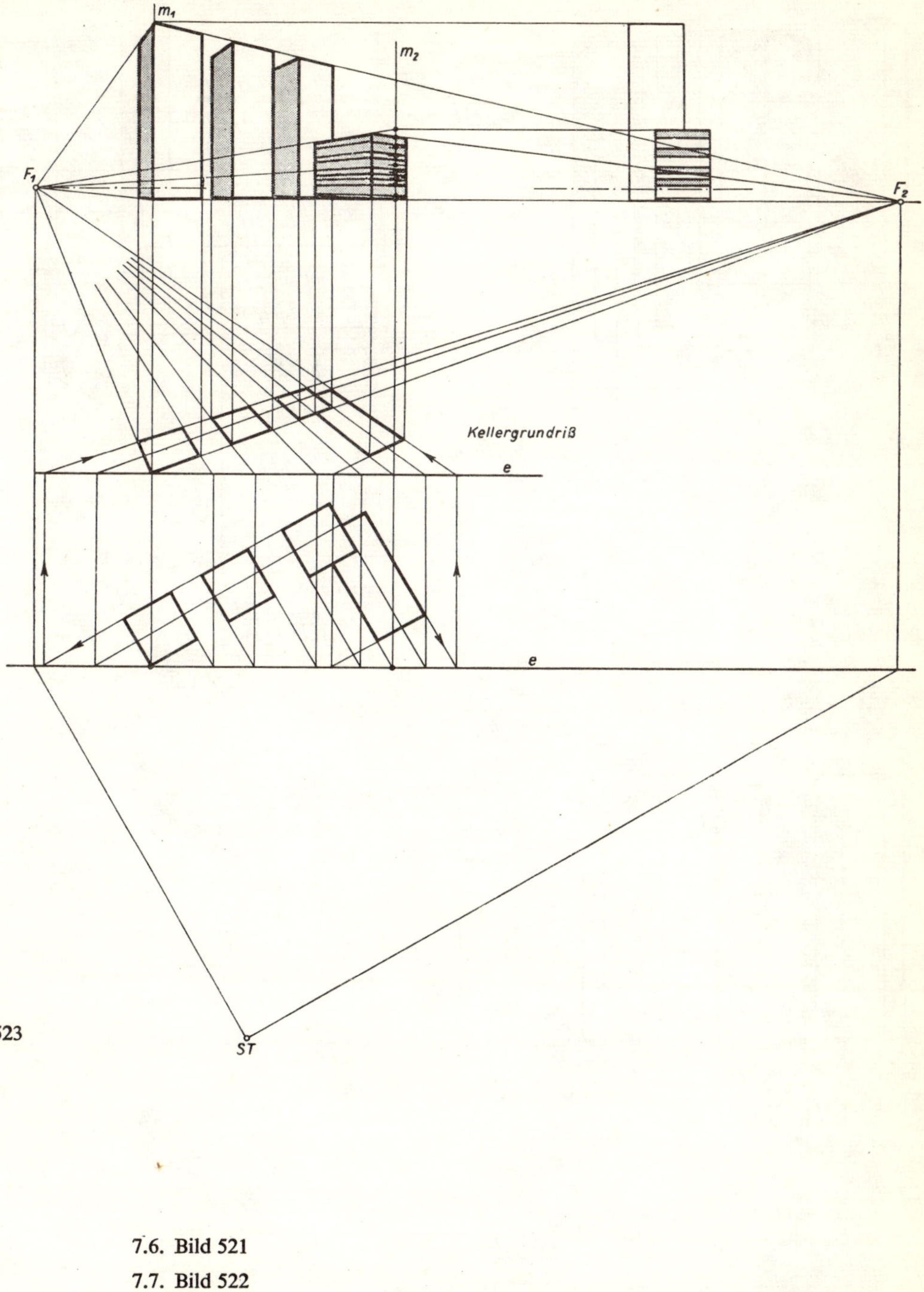

Bild 523

7.6. Bild 521

7.7. Bild 522

7.8. Bei dieser Aufgabe ist bei der Höhenbestimmung des niederen Baukörpers ein kleiner Umweg zu beschreiben, weil die Maßvertikale m_2 außerhalb liegt (Bild 523).

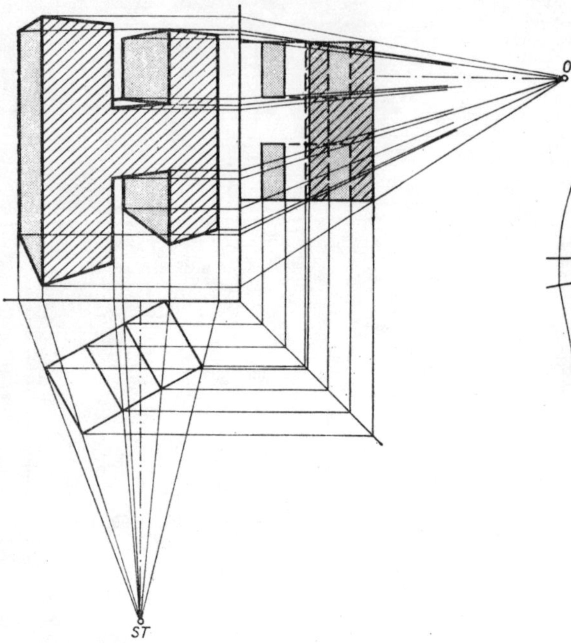

Bild 524a

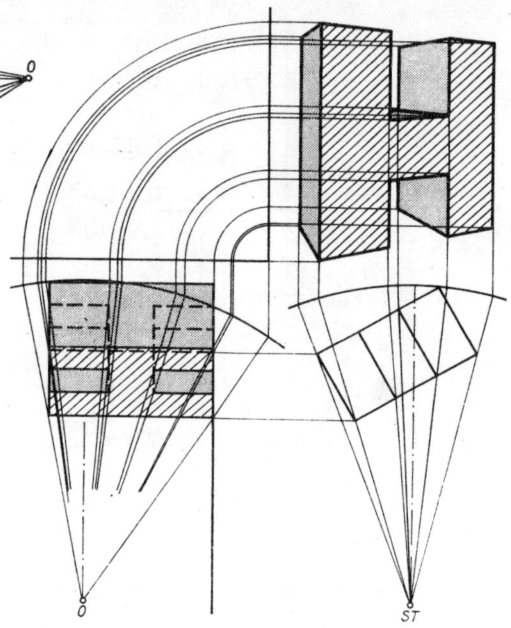

Bild 524b

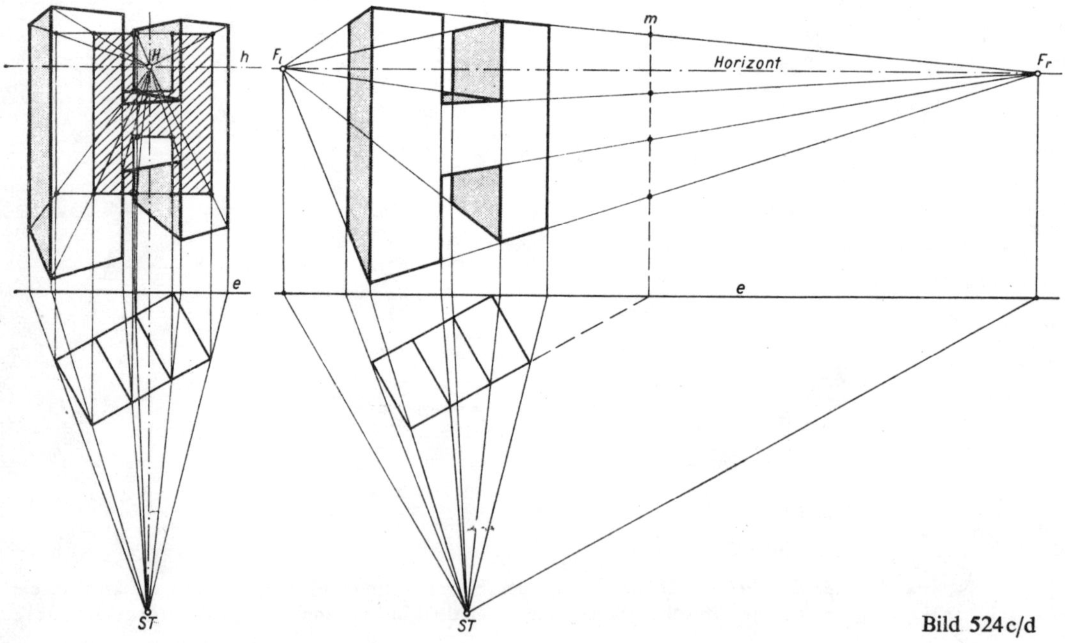

Bild 524c/d

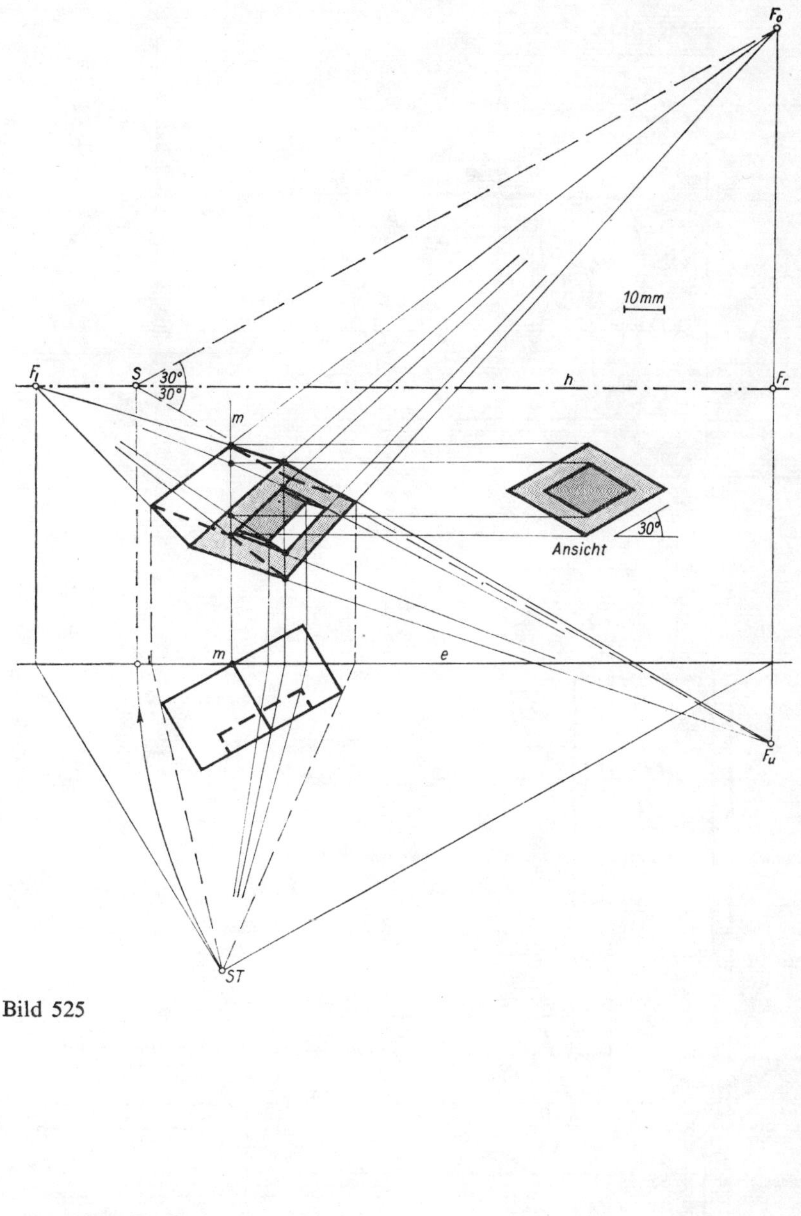

Bild 525

7.9. Bei den Teilaufgaben a) und b) ist die Ansicht in der Perspektive schraffiert, weil damit der Seitenriß markiert wurde. Der Seitenriß ist durch die Verdrehung des Körpers sonst unübersichtlich. Die Erkenntnis dieser vierteiligen Aufgabe ist sicher die, daß die Fluchtpunktperspektive (Bild 524d) am wenigsten Zeit beansprucht, dafür etwas mehr Platz durch den weitliegenden Fluchtpunkt F_r benötigt wird.

7.10. Bild 525

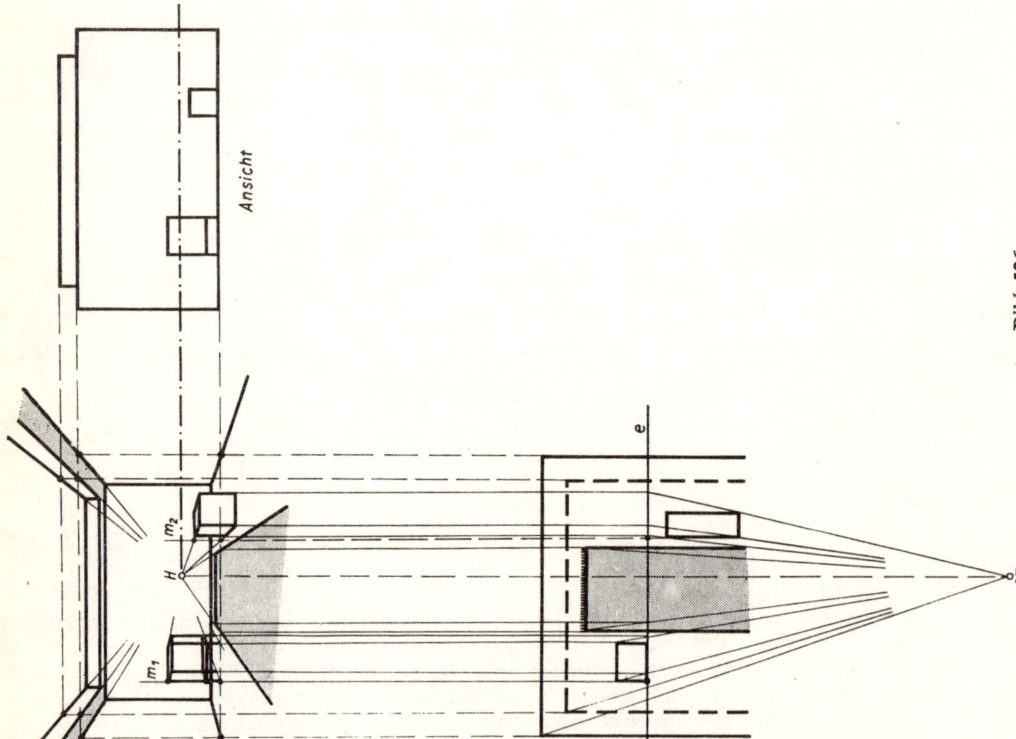

Bild 526

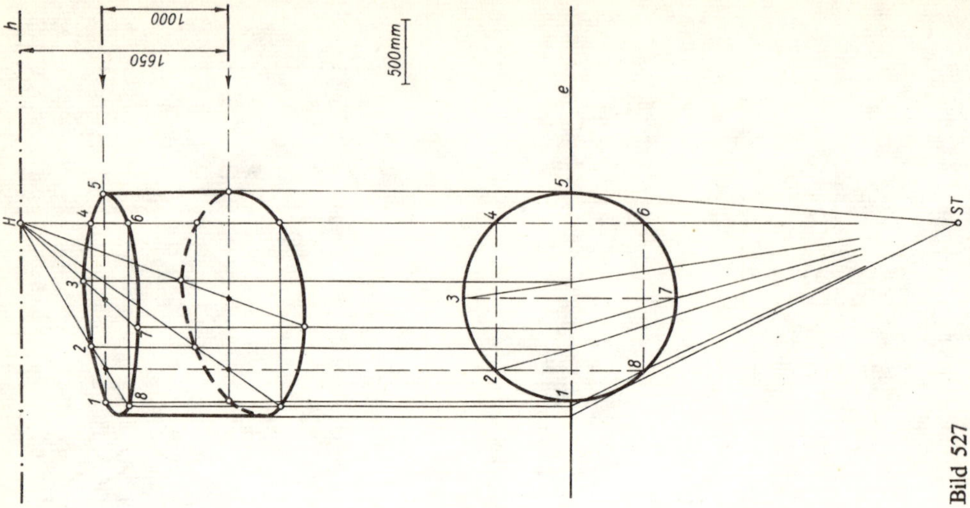

Bild 527

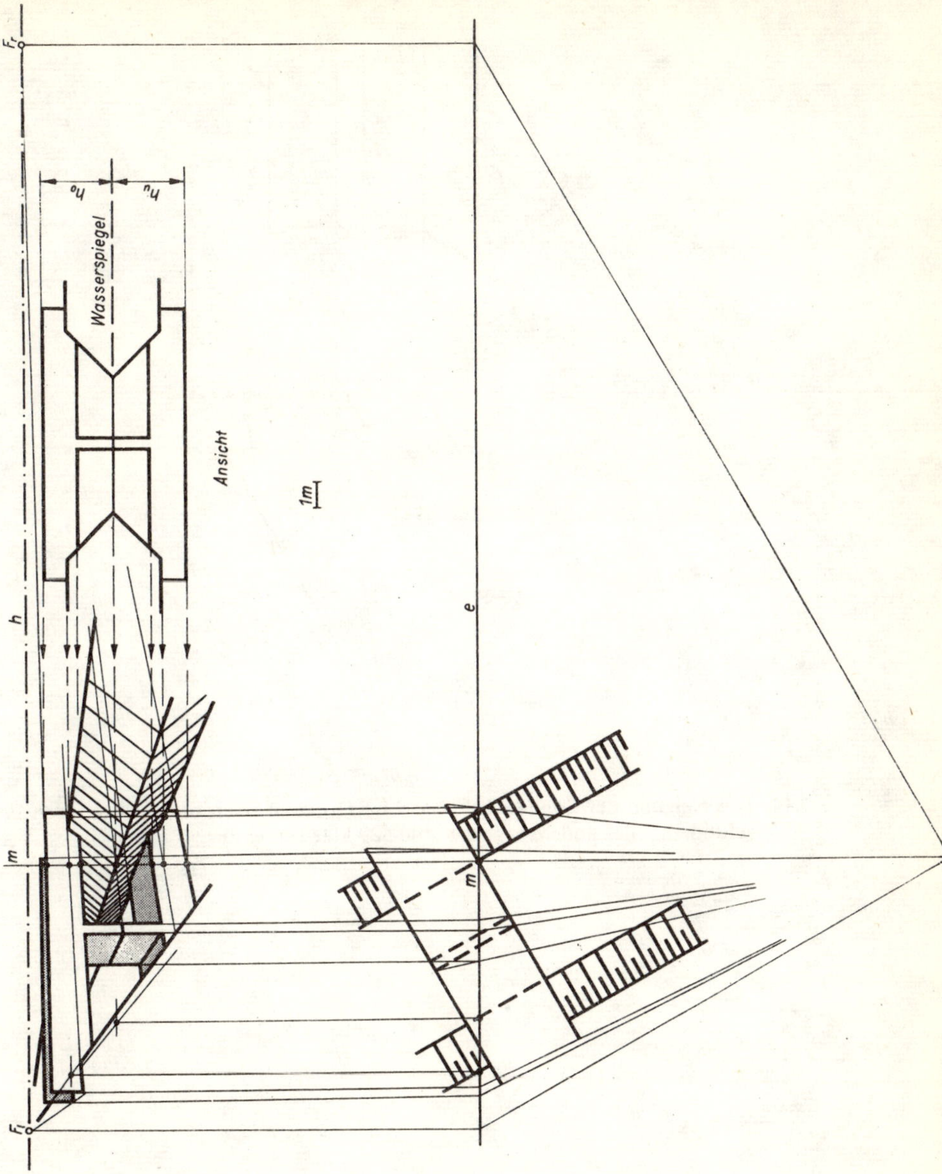

Bild 528

7.11. Bild 526

7.12. Bild 527

7.13. Zuerst werden die 4 Schnittpunkte der Bildebene mit den Böschungskanten in die Perspektive übertragen und auf F_l gefluchtet. Damit ist das Kanalbett mit der Böschung bestimmt. Die Wasserlinie der linken Böschung ist verdeckt und wird nicht benötigt. Über die Maßvertikale *m* sind mit Hilfe der Fluchtlinien und Sehstrahlen alle nötigen Kanten zu finden. Die Konstruktion der Böschungslinien ist weggelassen, um das Bild deutlich zu halten (Bild 528).

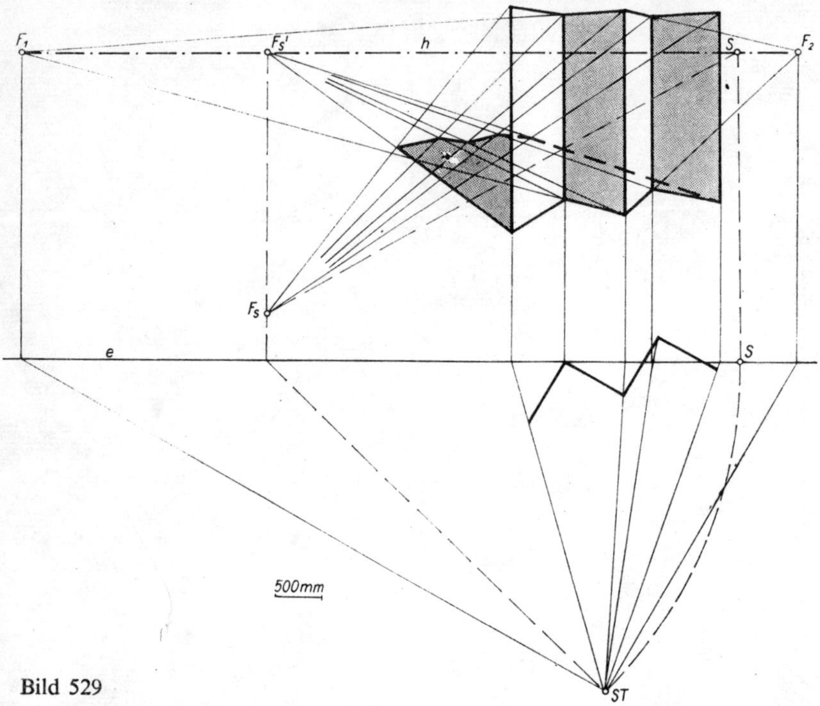

Bild 529

7.14. Die Neigung der Sonne wird von *S* im Horizont nach unten abgetragen und F_s gefunden. Alles andere sagt das Bild 529 klar genug aus.

Sachwortverzeichnis